神经网络稳态解与差分方程周期解

Steady State Solutions of Neural Networks and Periodic Solutions of Difference Equations

王根强　著

暨南大学出版社
JINAN UNIVERSITY PRESS

中国·广州

图书在版编目（CIP）数据

神经网络稳态解与差分方程周期解/王根强著. —广州：暨南大学出版社，2012.9
ISBN 978-7-5668-0255-2

Ⅰ.①神… Ⅱ.①王… Ⅲ.①人工神经网络—计算—研究②差分方程—周期解—研究
Ⅳ.①TP183 ②O241.3

中国版本图书馆CIP数据核字（2012）第155364号

出版发行：暨南大学出版社

地　址：中国广州暨南大学
电　话：总编室（8620）85221601
　　　　营销部（8620）85225284　85228291　85228292（邮购）
传　真：（8620）85221583（办公室）　85223774（营销部）
邮　编：510630
网　址：http://www.jnupress.com　http://press.jnu.edu.cn

排　版：广州市天河星辰文化发展部照排中心
印　刷：佛山市浩文彩色印刷有限公司

开　本：787mm×1092mm　1/16
印　张：13.75
字　数：326千
版　次：2012年9月第1版
印　次：2012年9月第1次

定　价：33.00元

本书由广东技术师范学院资助出版

序 言

众所周知，微分方程能较为精确地描述事物的运动规律，因此它一直是人们研究实际问题的重要数学模型. 早在微分方程发展的古典时期，由于力学、物理学、几何学等的需要，数学家曾把注意力主要集中在求微分方程的通解上，后来又发展了解的性态研究. 差分方程被看作是微分方程的离散化形式，在电子计算机科学高度发展的今天，差分方程为微分方程的实际应用提供了有力的工具. 但由于差分方程是离散时间的模型，故若离散化的角度不同，同一个微分方程可能离散化成不同的差分方程. 原来微分方程所具有的解的形态，相应的差分方程的解也不一定能够保持. 再者，差分方程属于离散数学的范畴，而微分方程属于连续数学的范畴，离散数学的基本原则却不能完全被连续数学所代替，它有着自己的理论基础. 因此对差分方程的解的定性和定量的研究是很有必要的.

近十多年来，差分方程的周期及边值问题的研究引起了国内外人们的关注，出现了许多很好的成果. 特别是我国相当部分的年轻学者参与了这一方面的研究，他们将原来研究微分方程的一些经典分析工具，拓展性地用到差分方程的周期及边值问题的研究中去，取得了令人瞩目的成果，这里不一一列举. 但是，据我了解，目前国内还没有出版以差分方程的周期及边值问题为主线的专著. 人工神经网络作为仿真模型是涉及神经科学、思维科学、人工智能、应用数学和计算机科学等多个领域的交叉学科，它的方法和理论已被人们广泛应用到自然科学、工程技术和管理等各个领域. 大部分神经网络模型是以微分系统或差分系统的形式出现的. 对模型定性研究时必须先求出稳态解（即与时间无关的解）. 但由于神经网络模型中的控制函数往往是神经元的状态值（先验的）非线性函数，有些甚至是不连续的，所以讨论神经网络稳态解往往是一件十分烦琐的事情. 现阶段国内外，虽然发表了一些关于神经网络模型稳态解的求法或存在性研究的一些成果，但尚未形成理论体系.

广东技术师范学院年轻学者王根强教授，以他近十年来从事数位神经网络的稳态解问题与差分方程的周期及边值问题两方面的研究，和他的合作者们在国内和国际有关学术刊物上发表的一些文章为主要素材，将以微分方程或差分方程为模型的神经网络的稳态解的问题与差分方程的周期及边值问题的解的问题，从理论角度将它们归结到相关的非线性代数系统的解的问题，并将素材加以系统化，以神经网络的稳态解系统（非线性代数系统为背景）为主线，写成此书. 其内容主要包括四个方面：一、介绍了某些可精确求稳态解的（特别是带有不连续控制函数）神经网络，利用线性代数、组合分析排除和差分递推求差分方程周期解等方法，给出了这些神经网络模型稳态解的明确表达式；二、通过研究差分方程的非平凡周期解的分岔问题，说明非线性代数系统随着未知量的个数的变化和某些系数的变化，非平凡解的存在性和非平凡解的特征会引起变化，从而导致相关的神经网络模型非平凡稳态解也出现分岔现象，这对于神经网络模型的设计和解的定性研究有一定的意义；三、介绍利用迭合度理论，不动点理论和临界点理论来分别研究与神经网络稳态解的问题和差分方程的周期及边值问题相关的两类非线性代数系统，建立解的存在性定理，并从这些存在性定理导出神经网络模型的稳态解和差分方程的周期及边值问题分别应有的结果；四、简要介绍利用偏差分方程作为工具，研究神经网络模型的“双周期解”和“神经网络模型行波解”的一些结论.

本书的写作思想和内容有显著的特色. 我推荐本书以专著的形式正式出版，并以此为本专著的序言. 相信它的出版对相关专业的高年级本科生和研究生的学习研究以及对从事相关专业的科技人员的参考有一定的帮助.

燕居让
2012 年 5 月 1 日
于山西大学

前　言

离散数学与连续数学是描述、刻画和表达现实世界物质运动的两种有力的工具．从数学的角度来说，连续与离散的某些结果是可以互通的．但是，离散数学的基本原则却不能完全被连续数学所代替，它有着自己的理论基础．

经典的差分方程作为数列的递推式子，在计算数学中起着一定的作用．在电子计算机科学高度发展的今天，离散数学自然是计算机、信息系统、工程控制和社会经济等学科的理论基础之一，而差分方程（描述离散时间的系统）是离散数学中的一类重要模型．差分方程可以看成微分方程的离散化．我们不能仅仅局限于对差分方程的迭代计算，而很有必要对差分方程的解的性态进行研究．对差分方程的周期及边值问题的研究也凸显重要．

人工神经网络作为仿真模型是涉及神经科学、思维科学、人工智能、应用数学和计算机科学等多个领域的交叉学科．人工神经网络特有的非线性适应性信息处理能力，克服了传统人工智能方法对于直觉，如模式、语音识别、非结构化信息处理方面的缺陷，使之在神经专家系统、模式识别、智能控制、组合优化、预测等领域得到成功应用．人工神经网络与其他传统方法相结合，将推动人工智能和信息处理技术不断地发展．现在神经网络理论已广泛应用到自然科学、工程技术和管理等各个领域．大部分神经网络模型是以微分系统或差分系统的形式出现的．对模型定性研究必须先求出稳态解（即与时间无关的解）．但由于神经网络模型中的控制函数往往是神经元的状态值（先验的）非线性函数，有些甚至是不连续的，所以讨论神经网络稳态解往往是一件十分烦琐的事情．

大部分神经网络的稳态解问题与差分方程的周期及边值问题有着密切的内在联系，抽象出诸问题的共性，将它们放在一起进行研究，可获事半功倍的效果．通常研究差分方程周期及边值问题的方法，可以用来讨论神经网络的稳态解的问题．特别是神经网络中，有些带有各种各样的以神经元的状态值（先验的）为变量的非线性不连续控制函数，这给差分方程的周期及边值问题带来新的且富有挑战性的任务．本专著正是基于此目的而作．

本专著所用的素材是笔者近十年来从事数位神经网络稳态解的问题与差分方程的周期及边值问题两方面的研究，和笔者的合作者们在有关杂志上发表的一些文章（包括笔者一些尚未发表的近作）．为了完整性，也引用了其他学者几篇文章中的好的结论．

由于神经网络稳态解的问题与差分方程的周期及边值问题在理论上可以统一到非线性代数系统解的问题上来，故本专著的写作主要以神经网络稳态解的问题为主要线索来展开．本专著的内容共分为七章：在第一章中，为了方便部分初学者，我们给出了有关差分、周期数列、矩阵、神经网络稳态解和差分周期及边值问题等有关概念和性质，并指出神经网络稳态解、差分周期及边值问题和非线性代数系统之间的关系；第二章主要介绍某些可精确求稳态解的神经网络，利用线性代数、组合分析排除和差分递推等方法给出了这些神经网络模型稳态解的明确表达式；在第三章中，为了给设计神经网络人员提供参考，我们主要介绍两类神经网络稳态解的分岔问题，说明神经元数目的调整和模型参数的微小变化，有时会影响到稳态解的特性和存在性；本专著的第四章到第六章，主要介绍利用迭合度理论，不动点理论和临界点理论来分别研究与神经网络稳态解的问题和差分方程的周期及边值问题相关的两类非线性代数系统，建立解的存在性定理，并举例说明它们的应用；在第七章中，主要简介数位神经网络周期行波解的概念，并给出一个数位神经网络 6 – 周期行波解的明确表达式.

本专著的写作得到了广东省自然基金项目（批准号：9151008002000012）的资助，本书的出版得到广东技术师范学院专著出版基金的资助.

在本专著的初稿完成后，梁海华老师（博士）、已毕业的研究生梁超平和温坤文为本书的校对修改和打印提供了不少的帮助. 黑龙江大学任洪善教授在本专著的初稿完成后，详细审查了初稿并提出很多宝贵的修改意见. 我对他们的帮助一一表示感谢.

在这里，我要感谢郑穗生教授，是他引领我进入差分方程的研究领域. 本书所采用的素材，相当一部分是来自和他合作并以我为第一作者的已发表的论文. 我对郑穗生教授的指导和帮助，表示由衷的敬意！

我特别要提到的是燕居让教授，自 1985 年以来，他对我一直热忱地进行引领、指导和帮助. 在本专著的初稿完成后，燕教授还花时间详细审查了初稿并提出很多宝贵的修改意见. 在本专著出版之际，他欣然挥毫，特为此书作序，是对我的莫大鼓舞和鞭策，我发自肺腑地向燕教授表示万分的感谢和敬意！

王根强

2012 年 5 月

于广州华南师范大学高校教师村

目录

第一章　预备知识

本章将介绍一些相关的基本概念和定理，为以后各章做准备．第一节主要介绍差分与求和的一些性质；第二节介绍周期数列的概念和性质；第三节介绍相关的矩阵知识；第四节论述神经网络稳态解与差分周期及边值问题和非线性代数系统的关系．

先引进几个记号：分别以 $\mathbf{C}$，$\mathbf{R}$，$\mathbf{Z}$ 表示复数集、实数集和整数集；设 $G\subseteq\mathbf{R}$，用记号 $\mathbf{Z}G$ 表示集合 $\mathbf{Z}\cap G$. 于是，自然数集 $\mathbf{N}=\mathbf{Z}[0,+\infty)$，而正整数集 $\mathbf{N}_+=\mathbf{Z}(0,+\infty)$.

§1.1　差分与求和的性质

这一节简单介绍数列的一些差分与求和的性质．读者如需要更进一步了解相关内容，可参见差分方程的专著，如本章参考文献 2 和 26 等．

定义 1.1　给定数列 $\{x_n\}_{n\in\mathbf{Z}G}$，若 n，$n+1\in\mathbf{Z}G$，则

$$\Delta x_n=x_{n+1}-x_n$$

称为数列 $\{x_n\}_{n\in\mathbf{Z}G}$ 在 n 的向前差分，Δ 称为向前差分算子；若 $n-1$，$n\in\mathbf{Z}G$，则

$$\nabla x_n=x_n-x_{n-1}$$

称为数列 $\{x_n\}_{n\in\mathbf{Z}G}$ 在 n 的向后差分，∇ 称为向后差分算子．

显然，若 n，$n+1\in\mathbf{Z}G$，则 $\Delta x_n=\nabla x_{n+1}$.

定义 1.2　给定数列 $\{x_n\}_{n\in\mathbf{Z}G}$. 若 n，$n+1\in\mathbf{Z}G$，则

$$Ex_n=x_{n+1}$$

称为数列 $\{x_n\}_{n\in\mathbf{Z}G}$ 在 n 的位移，E 称为位移算子．

用 I 表示恒等算子，即对于数列 $\{x_n\}_{n\in\mathbf{Z}G}$，有

$$Ix_n=x_n,\quad n\in\mathbf{Z}G.$$

易知差分算子 Δ 与位移算子 E 都是线性算子且它们具有如下关系：

（1）$\Delta=E-I$；

（2）$E\Delta=\Delta E$.

通常，单下标数列的差分也叫做常差分，常差分知识是学习偏差分的基础．下面给出偏差分的定义：

定义 1.3　设集合 D 是 $\mathbf{Z}^2$ 的子集，给定双下标数列 $x=\{x_{i,j}\}_{(i,j)\in D}$，若 (i,j)，$(i+1,j)\in D$，则

$$\Delta_1 x_{i,j}=x_{i+1,j}-x_{i,j}$$
叫做数列 x 在点$(i,\ j)$ 处对第一个下标的一阶偏差分；若$(i,\ j)$，$(i,\ j+1)\in D$，则
$$\Delta_2 x_{i,j}=x_{i,j+1}-x_{i,j}$$
叫做数列 x 在点$(i,\ j)$ 处对第二个下标的一阶偏差分.

类似地，可定义高阶偏差分的概念. 如数列 $x=\{x_{i,j}\}_{(i,j)\in D}$在点$(i,\ j)$ 处对第一个下标的 $n(\geqslant 2)$ 阶偏差分为
$$\Delta_1^n x_{i,j}=\Delta_1(\Delta_1^{n-1}x_{i,j});$$
对第二个下标的 n 阶偏差分为
$$\Delta_2^n x_{i,j}=\Delta_2(\Delta_2^{n-1}x_{i,j}).$$
先对第一个下标后对第二个下标的二阶偏差分为
$$\Delta_2(\Delta_1 x_{i,j});$$
而先对第二个下标后对第一个下标的二阶偏差分为
$$\Delta_1(\Delta_2 x_{i,j}).$$
可以证明：若$(i,\ j)$，$(i+1,\ j)$，$(i,\ j+1)$，$(i+1,\ j+1)\in D$,则
$$\Delta_2(\Delta_1 x_{i,j})=\Delta_1(\Delta_2 x_{i,j}),$$
即二阶混合偏差分与顺序无关.

类似地，高阶混合偏差分也与顺序无关.

我们通常用符号 $\Delta_{\lambda,u}^{\lambda+u}x_{i,j}$(这里 λ 与 u 为正整数) 表示数列 $x=\{x_{i,j}\}_{(i,j)\in D}$在 $(i,\ j)$ 处对第一个下标求 λ 次，而对第二个下标求 u 次的 $\lambda+u$ 阶偏差分.

类似地，对于多下标数列也可定义偏差分的概念.

数列$\{x_n\}$的向前(向后)差分有一些性质与一元函数右（左）导数的性质既类似又有区别.

定理 1.1 设数列$\{x_n\}_{n\in \mathbf{Z}G}$，$\{y_n\}_{n\in \mathbf{Z}G}$，若 n，$n+1\in \mathbf{Z}G$，则
$$\Delta(x_n y_n)=y_{n+1}\Delta x_n+x_n\Delta y_n.$$
进而，当 $y_n y_{n+1}\neq 0$ 时，有
$$\Delta\left(\frac{x_n}{y_n}\right)=\frac{y_n\Delta x_n-x_n\Delta y_n}{y_n y_{n+1}}.$$
定理 1.2（Leibniz 定理） 设数列$\{x_n\}_{n\in D}$，$\{y_n\}_{n\in D}$. 若$\{n,\ n+1,\ n+2,\ \cdots,\ n+k\}\subseteq D$，则
$$\Delta^k(x_n y_n)=\sum_{i=0}^{k}C_k^i(\Delta^{k-i}x_n)(E^{k-i}\Delta^i y_n).$$
定理 1.1 和定理 1.2 可直接由差分的定义推出.

对于函数有微分中值定理，而对于数列的差分没有类似的中值定理，但有差分中值不等式.

定理 1.3（Rolle 中值不等式） 设数列 $\{x_i\}_{i\in\Gamma}$，这里 $\Gamma=\mathbf{Z}[n,n+k]$，$k\geqslant 2$ 且 $k\in\mathbf{Z}$，若 $x_n=x_{n+k}$，则存在 $\zeta\in\mathbf{Z}(n,n+k)$，使得
$$(\Delta x_\zeta)(\nabla x_\zeta)\leqslant 0.$$
证明： 因数列 $\{x_i\}_{i\in\Gamma}$在集合 Γ 必有最大值与最小值，又 $x_n=x_{n+k}$，故数列 $\{x_i\}_{i\in\Gamma}$在集合 Γ 的最大值与最小值必有一个可在 $\mathbf{Z}(n,n+k)$ 中的点取得. 不妨设最大值在点

$\zeta \in \mathbf{Z}(n, n+k)$取得，则有 $\Delta x_\zeta \leqslant 0$，$\nabla x_\zeta \geqslant 0$. 证毕.

定理 1.4（Lagrange 中值不等式） 设数列$\{x_i\}_{i\in\Gamma}$，这里 $\Gamma = \mathbf{Z}[n, n+k]$，$k \geqslant 2$ 且 $k \in \mathbf{Z}$，则存在$\zeta \in \mathbf{Z}(n, n+k)$，使得

$$\min\{\nabla x_\zeta, \Delta x_\zeta\} \leqslant \frac{1}{k}(x_{n+k} - x_n) \leqslant \max\{\nabla x_\zeta, \Delta x_\zeta\}.$$

证明：设

$$\frac{1}{k}(x_{n+k} - x_n) = \lambda,$$

则有 $x_{n+k} - \lambda(n+k) = x_n - n\lambda$. 令

$$y_i = x_i - i\lambda, \quad i \in \Gamma,$$

可知 $y_n = y_{n+k}$. 由定理 1.3，知存在一个 $\zeta \in \mathbf{Z}(n, n+k)$，使得

$$(\Delta y_\zeta)(\nabla y_\zeta) \leqslant 0,$$

即

$$(\Delta x_\zeta - \lambda)(\nabla x_\zeta - \lambda) \leqslant 0.$$

这推出结论成立. 证毕.

定理 1.5（Cauchy 中值不等式） 设数列$\{x_i\}_{i\in\Gamma}$和$\{y_i\}_{i\in\Gamma}$，这里 $\Gamma = \mathbf{Z}[n, n+k]$ $k \geqslant 2$且 $k \in \mathbf{Z}$. 若在 $\mathbf{Z}[n, n+k)$ 上，Δy_t 都非零且不变号，则存在一点 $\zeta \in \mathbf{Z}(n, n+k)$，使得

$$\min\left\{\frac{\Delta x_\zeta}{\Delta y_\zeta}, \frac{\nabla x_\zeta}{\nabla y_\zeta}\right\} \leqslant \frac{x_{n+k} - x_n}{y_{n+k} - y_n} \leqslant \max\left\{\frac{\Delta x_\zeta}{\Delta y_\zeta}, \frac{\nabla x_\zeta}{\nabla y_\zeta}\right\}.$$

定理 1.5 的证法与定理 1.4 的证法类似.

数列的差分求和性质有一些与函数的定积分的性质相类似. 例如

定理 1.6 设数列 $\{x_i\}_{i\in\Gamma}$，这里 $\Gamma = \mathbf{Z}[n, n+k]$（$k$ 为正整数），则

$$\sum_{i=0}^{k-1} \Delta x_{n+i} = x_{n+k} - x_n = x_{n+i}\Big|_0^k.$$

定理 1.6 与函数定积分的 Newton – Leibniz 法则相仿.

定理 1.7（Abel 分部求和公式） 设 a，$b \in \mathbf{Z}$ 且 $b > a$，u 和 v 都是定义在 $\mathbf{Z}[a, b+1]$ 上的实函数,则有如下的分部求和公式：

$$\sum_{i=a}^{b} u(i+1)\Delta v(i) = u(i)v(i)\Big|_a^{b+1} - \sum_{i=a}^{b} v(i)\Delta u(i).$$

定理 1.7 的作用与函数定积分的分部积分公式相仿.

下面简单介绍二阶常系数线性差分方程的通解的求法.

设二阶常系数线性齐次差分方程

$$a_0 y_{n+2} + a_1 y_{n+1} + a_2 y_n = 0, \quad n \in \mathbf{Z}, \tag{1.1}$$

其中 $a_i (i = 0, 1, 2)$都是实常数且 $a_0 \neq 0$.

与二阶常系数线性齐次微分方程类似，(1.1) 的通解可以由两个线性无关的特解的线性组合来给出，即 (1.1) 的通解可表示为两项之和. 它可以用以下方法得到：

设 (1.1) 的特征方程

$$a_0 r^2 + a_1 r + a_2 = 0 \tag{1.2}$$

的两个根已求出.

若（1.2）有两个不同实根 r_1，r_2，则（1.1）的通解的表达式为

$$y_n = c_1 {r_1}^n + c_2 {r_2}^n,\ n \in \mathbf{Z}.$$

若（1.2）有重实根 $r_1 = r_2 = r$，则（1.1）的通解的表达式为

$$y_n = (c_1 + c_2 n)\ r^n,\ n \in \mathbf{Z}.$$

若（1.2）有一对共轭复根 r_1，r_2，即 $r_{1,2} = \alpha \pm i\beta$，则（1.1）的通解的表达式为

$$y_n = r^n (c_1 \cos n\theta + c_2 \sin n\theta),\ n \in \mathbf{Z}.$$

其中 $r^2 = \alpha^2 + \beta^2$，$\tan\theta = \dfrac{\beta}{\alpha}$.

对于一般的高阶常系数线性齐次差分方程的通解问题也有类似的结果，尚不赘述.

再考虑与（1.1）相应的非齐次差分方程

$$a_0 y_{n+2} + a_1 y_{n+1} + a_2 y_n = b_n,\ n \in \mathbf{Z}, \tag{1.3}$$

其中数列 $\{b_n\}_{n\in\mathbf{Z}}$ 是给定的实数列，（1.3）的通解是它本身的一个特解再加上（1.1）的通解.

这里只给出 b_n 分别由下面表中的五种情况相应（1.3）的特解的形式，其中待定常数可通过将特解的形式代入（1.3）来确定.

b_n	特解的形式
a^n	ca^n，c 待定
$\sin an$ 或 $\cos an$	$c\sin an + d\cos an$，c，d 待定
n^k	$c_1 + c_2 n + c_3 n^2 + \cdots + c_{k+1} n^k$，$c_i (i = 1, 2, \cdots, k+1)$ 待定
$n^k a^n$	$a^n (c_1 + c_2 n + c_3 n^2 + \cdots + c_{k+1} n^k)$，$c_i (i = 1, 2, \cdots, k+1)$ 待定
$\lambda^n \sin an$ 或 $\lambda^n \cos an$	$\lambda^n (c \sin an + d \cos an)$，$c$，$d$ 待定

关于高维的线性差分系统的解的性质，将在后面有关章节用到时才作具体的介绍和推导. 这里暂不介绍.

§1.2 周期数列的概念和性质

定义 1.4 给定向量 $\boldsymbol{u} = (u_1, u_2, \cdots, u_\omega)^{\mathrm{T}} \in \mathbf{R}^\omega$，若所有 $u_k \neq 0$，则称向量 $\boldsymbol{u}$ 是弃零的；若所有 $u_k > 0 (u_k \geqslant 0)$，则称向量 $\boldsymbol{u}$ 是正（非负）的，并记为 $\boldsymbol{u} > 0 (\boldsymbol{u} \geqslant 0)$；若所有 $u_k < 0 (u_k \leqslant 0)$，则称向量 $\boldsymbol{u}$ 是负（非正）的，并记为 $\boldsymbol{u} < 0 (\boldsymbol{u} \leqslant 0)$.

注： 对向量 $\boldsymbol{v}$（或矩阵 $\boldsymbol{A}$）本文常用符号 $\boldsymbol{v}^{\mathrm{T}}$（或 $\boldsymbol{A}^{\mathrm{T}}$）表示向量 $\boldsymbol{v}$（或矩阵 $\boldsymbol{A}$）的转置.

定义 1.5 设向量 $\boldsymbol{u} = (u_1, u_2, \cdots, u_\omega)^{\mathrm{T}} \in \mathbf{R}^\omega$ 是弃零的，若对任意 $k \in \mathbf{Z}[1, \omega - 1]$ 使得 $u_k u_{k+1} < 0$，则称矩阵 $\boldsymbol{u}$ 是全振动；若向量 $\boldsymbol{u}$ 不是全振动，但有限数列 u_1，u_2，$\cdots$，

u_ω 按从左到右的次序符号变化 k 次，则称向量 $\boldsymbol{u}$ 是 k – 偏振动．例如在 $\mathbf{R}^4$ 中，$(++--)^{\mathrm{T}}$，$(--++)^{\mathrm{T}}$，$(+++-)^{\mathrm{T}}$，$(---+)^{\mathrm{T}}$，$(+---)^{\mathrm{T}}$，$(-+++)^{\mathrm{T}}$，都是1 – 偏振动的；而 $(+--+)^{\mathrm{T}}$，$(--+-)^{\mathrm{T}}$，$(++-+)^{\mathrm{T}}$，$(-++-)^{\mathrm{T}}$，$(+-++)^{\mathrm{T}}$，$(-+--)^{\mathrm{T}}$，都是2 – 偏振动的．

定义 1.6 给定实数列 $\boldsymbol{u}=\{u_k\}_{k\in\boldsymbol{\Gamma}}$（这里 Γ 表示 $\mathbf{Z}$ 或 $\mathbf{N}$），若对任意 $n_0\in\Gamma$，存在 $n_1\geqslant n_0$ 使得 $u_{n_1}u_{n_1+1}\leqslant 0$，则称数列 $\boldsymbol{u}$ 是振动的；若所有 $u_k\neq 0$，则称数列 $\boldsymbol{u}$ 是弃零的；若所有 $u_k>0(u_k\geqslant 0)$，则称数列 $\boldsymbol{u}$ 是正（非负）的，并记为 $\boldsymbol{u}>0(\boldsymbol{u}\geqslant 0)$；若所有 $u_k<0(u_k\leqslant 0)$，则称数列 $\boldsymbol{u}$ 是负（非正）的，并记为 $\boldsymbol{u}<0(\boldsymbol{u}\leqslant 0)$；若对所有 $k\in\boldsymbol{\Gamma}$ 都有 $u_ku_{k+1}<0$，则称数列 $\boldsymbol{u}$ 是全振动的．

定义 1.7 给定（实或复）数列 $\boldsymbol{u}=\{u_k\}_{k\in\Gamma}$（这里集合 Γ 表示 $\mathbf{Z}$ 或 $\mathbf{N}$），若存在某个正整数 η，使得对任意的 $k\in\Gamma$ 都有 $u_{k+\eta}=u_k$，则称 η 是数列 $\boldsymbol{u}$ 的一个周期或数列 $\boldsymbol{u}$ 是 η – 周期的；如果某个正整数 ω，它是数列 u 的所有周期中的最小者，则称 ω 是数列 $\boldsymbol{u}$ 的最小正周期，并称数列 u 具最小正周期 ω；若数列 u 具最小正周期 ω，则对任意 $\alpha\in\Gamma$，有限数列

$$\boldsymbol{u}(\alpha,\omega)=(u_\alpha,\ u_{\alpha+1},\ \cdots,\ u_{\alpha+\omega-1})$$

称为数列 $\boldsymbol{u}$ 的一个循环（或一个圈）．特别是当 ω 略去不会引起混淆时，可将 $\boldsymbol{u}(\alpha,\ \omega)$ 简记为数列 $\boldsymbol{u}^{[\alpha]}$．

注：我们知道，一个周期函数不一定有最小正周期，但任一周期数列 $u=\{u_k\}_{k\in\Gamma}$ 都具最小正周期．

定义 1.8 给定一个有限（实或复）数列

$$\bar{\boldsymbol{u}}=\left(\bar{u}_1,\ \bar{u}_1,\ \cdots,\ \bar{u}_\omega\right)\text{或}\ \bar{\boldsymbol{u}}=\left(\bar{u}_1,\ \bar{u}_1,\ \cdots,\ \bar{u}_\omega\right)^{\mathrm{T}},$$

而数列 $u=\{u_k\}_{k\in\Gamma}$（这里 $\boldsymbol{\Gamma}$ 表示 $\mathbf{Z}$ 或 $\mathbf{N}$），使得对任意 $k\in\Gamma$，都有

$$u_k=\bar{u}_{k\ \mathrm{mod}\omega},$$

则称数列 $\boldsymbol{u}$ 是 $\bar{\boldsymbol{u}}$（在 Γ 上）的 ω – 周期延拓；若数列 $\boldsymbol{u}$ 是 $\bar{\boldsymbol{u}}$ 的 ω – 周期延拓，u_k 是 $\boldsymbol{u}$ 中的项，$\bar{u}_s$ 是 $\bar{\boldsymbol{u}}$ 中的项且 $k\equiv s\ \mathrm{mod}\omega$，则称 $\bar{u}_s$ 是 u_k 关于数列 $\boldsymbol{u}$ 的 ω – 周期回归或简称 $\bar{u}_s$ 是 u_k 的 ω – 周期回归．

下面介绍 Wang 和 Cheng 在本章参考文献25 中给出的有关周期数列的最佳不等式，它在寻找差分方程周期解的先验界时是很有用的．

设 l_ω（这里正整数 $\omega\geqslant 2$）是所有形如 $\boldsymbol{u}=\{u_k\}_{k\in\boldsymbol{\Gamma}}$（这里 $\boldsymbol{\Gamma}$ 表示 $\mathbf{Z}$ 或 $\mathbf{N}$）的 ω – 周期实数列构成的集．

定理 1.8 对任意数列 $\boldsymbol{u}=\{u_k\}_{k\in\Gamma}\in l_\omega$，有

$$\max_{0\leqslant s,i\leqslant\omega-1}|u_s-u_i|\leqslant\frac{1}{2}\sum_{k=0}^{\omega-1}|\Delta u_k|,$$

其中$\frac{1}{2}$是最佳常数．

证明：设数列 $\boldsymbol{u}=\{u_k\}_{k\in\boldsymbol{\Gamma}}\in l_\omega$ 和任意 $s,\ i\in\mathbf{Z}[0,\omega-1]$．不失一般性，可以假设 $s\in\mathbf{Z}[i+1,\ i+\omega-1]$，则

$$u_s=u_i+\sum_{k=i}^{s-1}\Delta u_k \tag{1.4}$$

和

$$u_i = u_{i+\omega} = u_s + \sum_{k=s}^{i+\omega-1} \Delta u_k. \tag{1.5}$$

由（1.4）和（1.5），得

$$u_s = u_i + \frac{1}{2}\{\sum_{k=i}^{s-1} \Delta u_k - \sum_{k=s}^{i+\omega-1} \Delta u_k\}.$$

因此，对任意 $s \in \mathbf{Z}[i+1, i+\omega-1]$ 有

$$|u_s - u_i| \leqslant \frac{1}{2}\sum_{k=i}^{i+\omega-1} |\Delta u_k| = \frac{1}{2}\sum_{k=0}^{\omega-1} |\Delta u_k|.$$

所以定理的结论式成立.

再证明：若常数 $\beta < \frac{1}{2}$，则存在数列 $\boldsymbol{u} = \{u_k\}_{k\in\Gamma} \in l_\omega$，使得

$$\max_{0\leqslant s,i\leqslant\omega-1} |u_s - u_i| > \beta\sum_{k=0}^{\omega-1} |\Delta u_k|. \tag{1.6}$$

事实上，令

$$u_k = \begin{cases} k, & k \in \mathbf{Z}[0,\ \omega-1], \\ u_{k \bmod \omega}, & k \in \mathbf{\Gamma} \setminus \mathbf{Z}[0,\ \omega-1], \end{cases} \tag{1.7}$$

则 $\boldsymbol{u} = \{u_k\}_{k\in\Gamma} \in l_\omega$ 且

$$\max_{0\leqslant s,i\leqslant\omega-1} |u_s - u_i| = \omega - 1. \tag{1.8}$$

而

$$\sum_{k=0}^{\omega-1} |\Delta u_k| = 2(\omega-1). \tag{1.9}$$

由（1.8）和（1.9），可得

$$\beta\sum_{k=0}^{\omega-1} |\Delta u_k| = 2\beta\ (\omega-1) \ < \max_{0\leqslant s,i\leqslant\omega-1} |u_s - u_i|,$$

即存在如（1.7）所定义的数列 $\boldsymbol{u} = \{u_k\}_{k\in\mathbf{\Gamma}} \in l_\omega$，使得（1.6）成立. 证得定理的结论式右边的$\frac{1}{2}$是最佳常数. 证毕.

推论 1.1 对任意数列 $\boldsymbol{u} = \{u_k\}_{k\in\mathbf{\Gamma}} \in l_\omega$，有

$$\max_{0\leqslant s,i\leqslant\omega-1} |\Delta u_k| \leqslant \frac{1}{2}\sum_{k=0}^{\omega-1} |\Delta^2 u_k|.$$

证明：由于数列 $\boldsymbol{u} = \{u_k\}_{k\in\mathbf{\Gamma}} \in l_\omega$，所以 $\{\Delta u_k\}_{k\in\mathbf{\Gamma}} \in l_\omega$. 故由定理 1.8，知对任意 s，$i \in \mathbf{Z}[0,\ \omega-1]$，

$$\Delta u_s \leqslant \Delta u_i + \frac{1}{2}\sum_{k=0}^{\omega-1} |\Delta^2 u_k|. \tag{1.10}$$

令 $u_a = \max\limits_{0\leqslant k\leqslant\omega-1} u_k$，$u_b = \min\limits_{0\leqslant k\leqslant\omega-1} u_k$，$|\Delta u_c| = \max\limits_{0\leqslant k\leqslant\omega-1} |\Delta u_k|$，$a$，$b$，$c \in \mathbf{Z}[0, \omega-1]$，则 $\Delta u_a \leqslant 0$ 和 $\Delta u_b \geqslant 0$. 若 $\Delta u_c = \max\limits_{0\leqslant k\leqslant\omega-1} |\Delta u_k|$，则由（1.10），有

$$\max_{0\leqslant k\leqslant\omega-1} |\Delta u_k| = \Delta u_c \leqslant \Delta u_a + \frac{1}{2}\sum_{k=0}^{\omega-1} |\Delta^2 u_k| \leqslant \frac{1}{2}\sum_{k=0}^{\omega-1} |\Delta^2 u_k|. \tag{1.11}$$

若 $-\Delta u_c = \max\limits_{0\leqslant k\leqslant\omega-1} |\Delta u_k|$，则由（1.10），有

$$\max_{0\leqslant k\leqslant \omega-1}|\Delta u_k| = -\Delta u_c \leqslant -\Delta u_b + \frac{1}{2}\sum_{k=0}^{\omega-1}|\Delta^2 u_k| \leqslant \frac{1}{2}\sum_{k=0}^{\omega-1}|\Delta^2 u_k|. \tag{1.12}$$

联合（1.11）和（1.12），知结论成立．证毕．

§1.3 一些有用的矩阵知识

首先引进矩阵范数和矩阵测度的概念（参见本章参考文献 1 和 23）：

设 $|\cdot|_p$ 是线性空间 $\mathbf{C}^n$ 中通常引入的标准 p 范数，对每个 $\boldsymbol{A}\in\mathbf{C}^{n\times n}$，定义

$$\|\boldsymbol{A}\|_p = \sup_{|x|_p\neq 0}\frac{|\boldsymbol{A}x|_p}{|x|_p}$$

为矩阵 $\boldsymbol{A}$ 相应于向量范数 $|\cdot|_p$ 的范数．相应于 $\|\cdot\|_p$ 的矩阵测度是函数 μ_p：$\mathbf{C}^{n\times n}\to\mathbf{R}$，它使得

$$\mu_p(\boldsymbol{A}) = \lim_{k\to+\infty}k\left(\left\|I+\frac{1}{k}\boldsymbol{A}\right\|_p-1\right). \tag{1.13}$$

矩阵测度 μ_p 有如下性质：

（ⅰ）对每个 $\boldsymbol{A}\in\mathbf{C}^{n\times n}$，（1.13）右边的极限存在；

（ⅱ）对 $\boldsymbol{A}\in\mathbf{C}^{n\times n}$，$-\|\boldsymbol{A}\|_p\leqslant-\mu_p(-\boldsymbol{A})\leqslant\mu_p(\boldsymbol{A})\leqslant\|\boldsymbol{A}\|_p$；

（ⅲ）对 $\alpha\geqslant0$ 和 $\boldsymbol{A}\in\mathbf{C}^{n\times n}$，$\mu_p(\alpha\boldsymbol{A})=\alpha\mu_p(\boldsymbol{A})$；

（ⅳ）对 $\boldsymbol{A}$，$\boldsymbol{B}\in\mathbf{C}^{n\times n}$，

$\max\{\mu_p(\boldsymbol{A})-\mu_p(-\boldsymbol{B}),-\mu_p(-\boldsymbol{A})+\mu_p(\boldsymbol{B})\}\leqslant\mu_p(\boldsymbol{A}+\boldsymbol{B})\leqslant\mu_p(\boldsymbol{A})+\mu_p(\boldsymbol{B})$；

（ⅴ）μ_p 是凸的，即 $\alpha\in[0,1]$ 和 $\boldsymbol{A}$，$\boldsymbol{B}\in\mathbf{C}^{n\times n}$，

$$\mu_p(\alpha\boldsymbol{A}+(1-\alpha)\boldsymbol{B})\leqslant\alpha\mu_p(\boldsymbol{A})+(1-\alpha)\mu_p(\boldsymbol{B});$$

（ⅵ）$-\mu_p(-\boldsymbol{A})\leqslant\mathrm{Re}\lambda\leqslant\mu_p(\boldsymbol{A})$，这里 λ 表示 $\boldsymbol{A}$ 的特征值．

例 1.1 设 $\boldsymbol{x}=(x_1,x_2,\cdots,x_n)^{\mathrm{T}}\in\mathbf{C}^n$，$\boldsymbol{A}=(a_{ij})_{n\times n}\in\mathbf{C}^{n\times n}$，则

$|\boldsymbol{x}|_\infty=\max\limits_{1\leqslant i\leqslant n}|x_i|$，$\|\boldsymbol{A}\|_\infty=\max\limits_{1\leqslant i\leqslant n}\sum_j|a_{ij}|$，$\mu_\infty(\boldsymbol{A})=\max\limits_{1\leqslant i\leqslant n}\{a_{ii}+\sum_{j\neq i}|a_{ij}|\}$；

$|\boldsymbol{x}|_1=\sum\limits_{i=1}^{n}|x_i|$，$\|\boldsymbol{A}\|_1=\max\limits_{1\leqslant j\leqslant n}\sum_i|a_{ij}|$，$\mu_1(\boldsymbol{A})=\max\limits_{1\leqslant j\leqslant n}\{a_{jj}+\sum_{i\neq j}|a_{ij}|\}$；

$|\boldsymbol{x}|_2=(\sum\limits_{i=1}^{n}x_i^2)^{\frac{1}{2}}$，$\|\boldsymbol{A}\|_2=(\rho(\boldsymbol{A}^*\boldsymbol{A}))^{\frac{1}{2}}$，$\mu_2(\boldsymbol{A})=\lambda_{\max}\left\{\dfrac{1}{2}(\boldsymbol{A}+\boldsymbol{A}^{\mathrm{T}})\right\}$．

这里矩阵 $\boldsymbol{A}^*$ 表示矩阵 $\boldsymbol{A}$ 的共轭转置，ρ 表示谱半径．

关注实循环矩阵的特征值的问题．设实（或复）循环矩阵

$$\boldsymbol{A}=\begin{pmatrix} a_1 & a_2 & a_3 & \cdots & a_{n-1} & a_n\\ a_n & a_1 & a_2 & \cdots & a_{n-2} & a_{n-1}\\ \vdots & \vdots & \vdots & \cdots & \vdots & \vdots\\ a_3 & a_4 & a_5 & \cdots & a_1 & a_2\\ a_2 & a_3 & a_4 & \cdots & a_n & a_1 \end{pmatrix}, \tag{1.14}$$

定理 1.9（参见本章参考文献 3 和 20） 设复循环矩阵 $\boldsymbol{A}$ 由（1.14）所给出，则矩阵 $\boldsymbol{A}$

的 n 个特征值为 $\lambda_k = f(\varepsilon^k)$，$k = 0, 1, \cdots, n-1$，其中 $\varepsilon = \cos\frac{2\pi}{n} + \mathrm{i}\sin\frac{2\pi}{n}, \mathrm{i}^2 = -1$，而 $f(x) = \sum_{j=1}^{n} a_j x^{j-1}$.

例 1.2 设 $n \geqslant 3$，而矩阵

$$B = \begin{pmatrix} 2 & -1 & 0 & \cdots & 0 & -1 \\ -1 & 2 & -1 & \cdots & 0 & 0 \\ \vdots & \vdots & \vdots & \cdots & \vdots & \vdots \\ 0 & 0 & 0 & \cdots & 2 & -1 \\ -1 & 0 & 0 & \cdots & -1 & 2 \end{pmatrix}_{n\times n},$$

则矩阵 B 的特征值为 $\lambda_k = 2\left(1 - \cos\frac{2k\pi}{n}\right)$，$k = 0, 1, \cdots, n-1$.

接着，关注一些矩阵的特征值和逆矩阵.

定理 1.10（参见本章参考文献 2） 设 $n \geqslant 2$ 和 $ac > 0$，则实三对角矩阵

$$C_n = \begin{pmatrix} b & c & 0 & \cdots & 0 & 0 & 0 \\ a & b & c & \cdots & 0 & 0 & 0 \\ \vdots & \vdots & \vdots & \cdots & \vdots & \vdots & \vdots \\ 0 & 0 & 0 & \cdots & a & b & c \\ 0 & 0 & 0 & \cdots & 0 & a & b \end{pmatrix}_{n\times n} \tag{1.15}$$

的特征值为

$$\lambda_k = b + 2\left(\sqrt{ac}\cos\frac{k\pi}{n+1}\right)\mathrm{sgn}(c),\ k = 1, 2, \cdots, n,$$

相应的特征向量为

$$v_k = \left(\sin\frac{k\pi}{n+1},\ \left(\frac{c}{a}\right)^{-\frac{1}{2}}\sin\frac{2k\pi}{n+1},\ \cdots,\ \left(\frac{c}{a}\right)^{-\frac{(n-1)}{2}}\sin\frac{nk\pi}{n+1}\right)^{\mathrm{T}},\ k = 1, 2, \cdots, n.$$

而当 $ac = 0$ 时，C_n 的所有特征值都等于 b.

我们讨论当 $ac < 0$ 时，由（1.15）给出的实三对角矩阵 C_n 的特征值问题.

定理 1.11 设 $n \geqslant 2$ 和 $ac < 0$，则由（1.15）给出的实三对角矩阵 C_n 的全部特征值为

$$\lambda_k = b - q_k = b + \mathrm{i}2\sqrt{\frac{-a}{c}}\cos\frac{k\pi}{n+1},\ k = 1, 2, \cdots, n,$$

而 λ_k 相应的特征向量的第 j 分量为

$$x_j^{(k)} = 2\sqrt{\frac{-a}{c}}\exp\left(\frac{kj\pi}{2}\right)\cos\frac{kj\pi}{n+1},\ j = 1, 2, \cdots, n,$$

其中 $\mathrm{i}^2 = -1$.

证明： 设 λ 是 C_n 的特征值，$x = (x_1, x_2, \cdots, x_n)^{\mathrm{T}}$ 为相应的特征向量，令

$$q = b - \lambda,$$

问题转化为差分边值问题

$$cx_{j+1} + qx_j + ax_{j-1} = 0,\ j = 1, 2, \cdots, n,$$

$$x_0 = x_{n+1} = 0. \tag{1.16}$$

差分方程的解为

$$x_j = Ax_+^j + Bx_-^j,$$

这里 x_+ 与 x_- 是特征方程

$$cx^2 + qx + a = 0$$

的两个根．因此

$$x_+ + x_- = -\frac{q}{c},\ x_+ x_- = \frac{a}{c}.$$

由 $x_0 = 0$，知 $A + B = 0$. 注意到 A，B 不同时为零，从而 $A \neq 0$ 且

$$x_j = A(x_+^j - x_-^j). \tag{1.17}$$

$x_{n+1} = 0$ 意味着 $x_+^{n+1} = x_-^{n+1}$. 由于 $x_- \neq 0$，故 $\left(\frac{x_+}{x_-}\right)^{n+1} = 1$，从而

$$x_+ = x_- \exp\left(\frac{2k\pi i}{n+1}\right),$$

$$x_-^2 \exp\left(\frac{2k\pi i}{n+1}\right) = x_+ x_- = \frac{a}{c} = \left|\frac{a}{c}\right| \exp(\pi i) .$$

推出

$$x_- = \sqrt{\frac{-a}{c}} \exp\left(\left(\frac{\pi}{2} - \frac{k\pi}{n+1}\right)i\right), \tag{1.18}$$

$$x_+ = \sqrt{\frac{-a}{c}} \exp\left(\left(\frac{\pi}{2} + \frac{k\pi}{n+1}\right)i\right), \tag{1.19}$$

$$q_k = -(x_+ + x_-) = -\sqrt{\frac{-a}{c}}\left(\exp\left(\left(\frac{\pi}{2} + \frac{k\pi}{n+1}\right)i\right) + \exp\left(\frac{\pi}{2} - \frac{k\pi}{n+1}\right)i\right),$$

$$\lambda_k = b - q_k = b + \left(2\sqrt{\frac{-a}{c}} \cos\frac{k\pi}{n+1}\right)i. \tag{1.20}$$

由（1.17），（1.18）和（1.19），得 λ_k 相应的特征向量的第 j 分量为

$$x_j^{(k)} = 2\sqrt{\frac{-a}{c}} \exp\left(\frac{\pi jk}{2}\right) \cos\frac{kj\pi}{n+1}.$$

证毕．

推论 1.2 设 $n \geqslant 2$ 和 $ac < 0$，则由（1.15）给出的实三对角矩阵 $\boldsymbol{C}_n$ 有复的特征值，满足

（ⅰ）当 $n = 2j_0 - 1$（这里 j_0 是正整数）时，矩阵 $\boldsymbol{C}_n$ 只有一个实的特征值 λ_{j_0}，而其余 $n-1$ 个特征值是复的；

（ⅱ）当 $n \neq 2j_0 - 1$ 时，矩阵 $\boldsymbol{C}_n$ 的全部特征值都是复的；

（ⅲ）矩阵 $\boldsymbol{C}_n$ 的谱半径

$$\rho(\boldsymbol{C}_n) = \sqrt{b^2 - \frac{4a}{c}\cos^2\frac{\pi}{n+1}} .$$

推论 1.3 设 $n \geqslant 2$，实三对角矩阵 $\boldsymbol{C}_n$ 由（1.15）给出，则

（i）当 $ac>0$ 时，矩阵 $\boldsymbol{C}_n$ 可逆的充要条件是

$$b\neq -2\left(\sqrt{ac}\cos\frac{k\pi}{n+1}\right)\operatorname{sgn}(c),\ k=1,\ 2,\ \cdots,\ n;$$

（ii）当 $ac=0$ 时，矩阵 $\boldsymbol{C}_n$ 可逆的充要条件是 $b\neq 0$；

（iii）当 $ac<0$ 时，矩阵 $\boldsymbol{C}_n$ 可逆的充要条件是 n 为偶数或 $b\neq 0$ 且 n 为奇数.

引理 1.1（参见本章参考文献 17） 设实三对角矩阵 $\boldsymbol{C}_n$ 由（1.15）所给出，则它的伴随矩阵 $\boldsymbol{C}_n^*=(p_{ij})_{n\times n}$ 满足

$$p_{ij}=\begin{cases}(-1)^{i+j}a^{i-j}\det(\boldsymbol{C}_{j-1})\det(\boldsymbol{C}_{n-i}),1\leqslant j\leqslant i\leqslant n,\\(-1)^{j-i}c^{j-i}\det(\boldsymbol{C}_{i-1})\det(\boldsymbol{C}_{n-j}),\ 1\leqslant i\leqslant j\leqslant n\end{cases}$$

这里约定 $a^0=c^0=1$，$\det(\boldsymbol{C}_0)=1$.

事实上，不难验证 $\boldsymbol{C}_n\boldsymbol{C}_n^*=\det(\boldsymbol{C}_n)\boldsymbol{E}_n$（这里 $\boldsymbol{E}_n$ 是单位矩阵）.

定理 1.12 设实三对角矩阵 $\boldsymbol{C}_n$ 由（1.15）所给出，则下面任一个命题都成立：

（i）若 $a<0$，$c<0$ 且 $b>2\left(\sqrt{ac}\cos\frac{\pi}{n+1}\right)$，则矩阵 $\boldsymbol{C}_n$ 可逆，且矩阵 $\boldsymbol{C}_n^{-1}$ 所有的元素都是正的；

（ii）若 $a=0$，$c<0$ 且 $b>0$，则矩阵 $\boldsymbol{C}_n$ 可逆且 $\boldsymbol{C}_n^{-1}$ 的主对角线以及上方所有的元素都是正的，而主对角线下方所有的元素都是 0；

（iii）若 $a<0$，$c=0$ 且 $b>0$，则矩阵 $\boldsymbol{C}_n$ 可逆且 $\boldsymbol{C}_n^{-1}$ 的主对角线以及下方所有的元素都是正的，而主对角线上方所有的元素都是 0；

（iv）若 $a=c=0$ 且 $b>0$，则矩阵 $\boldsymbol{C}_n$ 可逆且 $\boldsymbol{C}_m^{-1}$ 的主对角线上所有的元素都是正的，而其余元素都为 0.

证明： 只证 $a<0$，$c<0$ 且 $b>2\sqrt{ac}\cos\frac{\pi}{n+1}$ 的情形. 注意到 $b>2\sqrt{ac}\cos\frac{\pi}{n+1}$，可知矩阵 $\boldsymbol{C}_m(m\in\mathbf{Z}[1,\ n])$ 的 m 个不同的特征值为

$$\lambda_k^{(m)}=b-2\sqrt{ac}\cos\frac{k\pi}{m+1}>0,\ k=1,\ 2,\ \cdots,\ m.$$

从而

$$\det\boldsymbol{C}_m=\prod_{k=1}^{m}\lambda_k^{(m)}>0,\ m\in\mathbf{Z}[1,\ n].$$

故矩阵 C_n 可逆. 注意到

$$\boldsymbol{C}_n^{-1}=\frac{1}{\det\boldsymbol{C}_n}\boldsymbol{C}_n^*,$$

由引理 1.1，知矩阵 $\boldsymbol{C}_n^{-1}$ 所有的元素都是正的. 证毕.

我们熟知 Jacobi 矩阵

$$J_n=\begin{pmatrix}2&-1&0&\cdots&0&0&0\\-1&2&-1&\cdots&0&0&0\\\vdots&\vdots&\vdots&\cdots&\vdots&\vdots&\vdots\\0&0&0&\cdots&-1&2&-1\\0&0&0&\cdots&0&-1&2\end{pmatrix}_{n\times n}\tag{1.21}$$

是可逆的且 $J_n^{-1}=(g_{ij})_{n\times n}$，其中

$$g_{ij}=\begin{cases}\dfrac{(n-i+1)j}{n+1}, & 1\leqslant j\leqslant i\leqslant n,\\ \dfrac{(n-j+1)i}{n+1}, & 1\leqslant i\leqslant j\leqslant n.\end{cases} \tag{1.22}$$

易知矩阵 J_n^{-1} 的所有元素都大于0. 考察矩阵 $D_n=(d_{ij})_{n\times n}$，其中

$$d_{ij}=\begin{cases}2, & i=j,\\ -1, & j=i-1,\ i+1,\\ -a, & i=n,\ j=l\in \mathbf{Z}[1,\ n],\\ 0, & (i,\ j)\in W,\end{cases} \tag{1.23}$$

这里用 $(i,\ j)\in W$ 表示其他情形的 $(i,\ j)$.

定理 1.13（参见本章参考文献 36） 设矩阵 $\boldsymbol{D}_n=(d_{ij})_{n\times n}$ 如（1.23）所定义，则当 $|a|<\dfrac{(n+1)}{l}$ 时，矩阵 $\boldsymbol{D}_n$ 是可逆的且

$$\boldsymbol{D}_n^{-1}=\left(g_{ij}+\frac{ia}{n+1-la}g_{lj}\right)_{n\times n},$$

其中 g_{ij}（$i,\ j\in\mathbf{Z}[1,\ \omega]$）如（1.22）所给出.

定理 1.14（参见本章参考文献 2） 设矩阵

$$\boldsymbol{F}_n=\begin{pmatrix}2+a & -1 & 0 & \cdots & 0 & 0 & 0\\ -1 & 2 & -1 & \cdots & 0 & 0 & 0\\ \vdots & \vdots & \vdots & \cdots & \vdots & \vdots & \vdots\\ 0 & 0 & 0 & \cdots & -1 & 2 & -1\\ 0 & 0 & 0 & \cdots & 0 & -1 & 2+b\end{pmatrix}_{n\times n},$$

若 $\det \boldsymbol{F}_n=n+1+na+nb+(n-1)ab\neq 0$，则矩阵 $\boldsymbol{F}_n$ 可逆且 $\boldsymbol{F}_n^{-1}=(h_{ij})_{n\times n}$，其中

$$h_{ij}=\begin{cases}\dfrac{(j+(j-1)a)((n+1-i)+(n-i)b)}{\det \boldsymbol{F}_n}, & 1\leqslant j\leqslant i\leqslant n,\\ \dfrac{(i+(i-1)a)((n+1-j)+(n-j)b)}{\det \boldsymbol{F}_n}, & 1\leqslant i\leqslant j\leqslant n,\end{cases}$$

定理 1.15 设矩阵

$$\boldsymbol{H}_n=\begin{pmatrix}-a_1 & 1 & 0 & \cdots & 0 & 0\\ 0 & -a_2 & 1 & \cdots & 0 & 0\\ \vdots & \vdots & \vdots & \cdots & \vdots & \vdots\\ 0 & 0 & 0 & \cdots & -a_{n-1} & 1\\ 1 & 0 & 0 & \cdots & 0 & -a_n\end{pmatrix}_{n\times n},$$

若 $\det \boldsymbol{H}_n=(-1)^{n+1}\left(1-\prod_{k=1}^{n}a_k\right)\neq 0$，则矩阵 $\boldsymbol{H}_n$ 可逆且 $\boldsymbol{H}_n^{-1}=(h_{ij})_{n\times n}$ 定义为

$$h_{ij}=\begin{cases}G(i,\ j), & 1\leqslant i\leqslant j\leqslant n,\\ G(i,\ j+n), & 1\leqslant j<i\leqslant n,\end{cases}$$

这里

$$G(i,j)=\left(\prod_{k=j+1}^{i+n-1}a_k\right)\left(1-\prod_{k=1}^{n}a_k\right)^{-1},i\leqslant j\leqslant i+n-1,$$

此处约定 $a_{k+n}=a_k$，$k\in\mathbf{Z}[1,\ n]$ 且对整数 α 和 β，$\beta<\alpha$ 约定 $\prod_{\alpha}^{\beta}(\cdot)=1$.

不难验证定理 1.15 结论成立.

定义 1.9　设矩阵 $\boldsymbol{A}=(a_{ij})_{n\times n}$ 是实或复矩阵且 $n\geqslant2$，如果

$$|a_{ii}|\geqslant\sum_{j\neq i}|a_{ij}|,\ i=1,\ 2,\ \cdots,\ n,$$

则称矩阵 $\boldsymbol{A}$ 是对角（行）占优矩阵；如果

$$|a_{ii}|>\sum_{j\neq i}|a_{ij}|,\ i=1,\ 2,\ \cdots,\ n,$$

则称矩阵 $\boldsymbol{A}$ 是严格对角（行）占优矩阵.

类似地，可以定义对角（列）占优矩阵和严格对角（列）占优矩阵. 今后如无特殊声明，对角占优矩阵和严格对角占优矩阵总是对行而言.

定理 1.16（Lévy – Desplanques）　设矩阵 $\boldsymbol{A}=(a_{ij})_{n\times n}$（这里 $n\geqslant2$）是实或复的严格对角占优矩阵，则 $\det\boldsymbol{A}\neq0$.

§1.4　神经网络稳态解与差分周期、边值问题的解

本节将从一些实例出发，谈谈一些神经网络稳态解，差分周期、边值问题与非线性系统的解的关系.

为此，从神经网络稳态解说起. 一个神经网络稳态解（或平衡点或定常状态）就是不随时间变化而变化，而总是保持常态的解. 找出神经网络模型的稳态解，是对模型进行定性研究的前提. 特别在设计新的神经网络过程中，一个模型是否存在稳态解？有什么样的稳态解？这些都是应优先考虑的问题.

先看一些神经网络的稳态解的例子.

例 1.3　考虑细胞神经网络：

$$\frac{\mathrm{d}\boldsymbol{x}(t)}{\mathrm{d}t}=-\boldsymbol{x}(t)+\boldsymbol{C}\boldsymbol{g}(\boldsymbol{x}(t))+\boldsymbol{r},\tag{1.24}$$

其中，$\boldsymbol{r}=(r_1,r_2,\cdots,r_\omega)^{\mathrm{T}}\in\mathbf{R}^\omega$ 和 $\boldsymbol{C}=(c_{ij})_{\omega\times\omega}$ 是实矩阵，$\boldsymbol{x}(t)=(x_1(t),x_2(t),\cdots,x_\omega(t))^{\mathrm{T}}$ 是一元实向量函数，$\boldsymbol{g}(\boldsymbol{x}(t))=(h(x_1(t)),h(x_2(t)),\cdots,h(x_\omega(t)))^{\mathrm{T}}$，而“控制函数”$h(x_i)$ 是按 x_i 的取值划分的分段线性连续函数：

$$h(x_i)=\frac{1}{2}\left(|x_i+1|-|x_i+1|\right),\ i\in\mathbf{Z}[1,\ \omega].\tag{1.25}$$

（1.24）的稳态解是非线性系统

$$\boldsymbol{u}=\boldsymbol{C}\boldsymbol{g}(\boldsymbol{u})+\boldsymbol{r},\boldsymbol{u}=(u_1,\ u_2,\ \cdots,\ u_\omega)^{\mathrm{T}}\in\mathbf{R}^\omega\tag{1.26}$$

的解. 称（1.26）是（1.24）的稳态解系统. 令 $\boldsymbol{u}-\boldsymbol{r}=\bar{\boldsymbol{u}}$，$f_i\left(\bar{u}_i\right)=h\left(\bar{u}_i+r_i\right)$，$i\in$

$\mathbf{Z}[1,\ \omega]$，则（1.26）可以写成如下形式：

$$\overline{\boldsymbol{u}}=\boldsymbol{C}\boldsymbol{f}\left(\overline{\boldsymbol{u}}\right),\ \overline{\boldsymbol{u}}=\left(\overline{u}_1,\ \overline{u}_2,\ \cdots,\ \overline{u}_\omega\right)^{\mathrm{T}}\in\boldsymbol{R}^\omega, \tag{1.27}$$

其中$\boldsymbol{f}\left(\overline{\boldsymbol{u}}\right)=\left(f_1\left(\overline{u}_1\right),\ f_2\left(\overline{u}_2\right),\ \cdots,\ f_\omega\left(\overline{u}_\omega\right)\right)^{\mathrm{T}}$.

有很多神经网络的稳态解系统可以写成形如（1.27）．下面再举两个例子，它们的形式与例 1.3 类似，所不同的（也是我们要关注的另一方面）是“控制函数”出现不连续的情形．

例 1.4 考虑带时滞的细胞神经网络：

$$\dot{\boldsymbol{x}}(t)=-\boldsymbol{A}\boldsymbol{x}(t)+\boldsymbol{C}\boldsymbol{g}(\boldsymbol{x}(t))+\boldsymbol{D}\boldsymbol{g}(\boldsymbol{x}(t-\tau))+\boldsymbol{r},\ t\geqslant 0, \tag{1.28}$$

其中 τ 是正常数，$\boldsymbol{r}=(r_1,\ r_2,\ \cdots,\ r_\omega)^{\mathrm{T}}\in\mathbf{R}^\omega$ 是常向量，$\boldsymbol{A}=\mathrm{diag}(a_1,\ a_2,\ \cdots,\ a_\omega)$ 是常对角矩阵且 $(a_1,\ a_2,\ \cdots,\ a_\omega)^{\mathrm{T}}$ 是弃零的，$\boldsymbol{C}$ 和 $\boldsymbol{D}$ 是 $\omega\times\omega$ 常实矩阵，

$$\boldsymbol{g}\left(\boldsymbol{x}(t)\right)=\left(H\left(x_1(t)\right),\cdots,H\left(x_\omega(t)\right)^{\mathrm{T}}\right),$$

而输出函数 H 为 MacCulloch－Pitts 型不连续函数：

$$H(x_j(t))=\begin{cases}1,x_j(t)>\delta,\\-1,x_j(t)\leqslant\delta\end{cases}, \tag{1.29}$$

这里 δ 为实常数，表示阀值．

注意到稳态解与时滞无关．易知（1.28）的稳态解系统就是如下的非线性代数系统：

$$\boldsymbol{A}\boldsymbol{u}=\boldsymbol{B}\boldsymbol{g}(\boldsymbol{u})+\boldsymbol{r},\boldsymbol{u}=(u_1,u_2,\cdots,u_\omega)^{\mathrm{T}}\in\mathbf{R}^\omega, \tag{1.30}$$

其中 $\boldsymbol{B}=\boldsymbol{C}+\boldsymbol{D}$，取适当的替换则（1，30）可写成

$$\overline{\boldsymbol{u}}=\boldsymbol{A}^{-1}\boldsymbol{B}f(\overline{\boldsymbol{u}}),\overline{\boldsymbol{u}}=(\overline{u}_1,\ \overline{u}_2,\ \cdots,\ \overline{u}_\omega)^{\mathrm{T}}\in\mathbf{R}^\omega. \tag{1.31}$$

例 1.5 考虑具有无限增益放大器的 Hopfield 神经网络模型：

$$\dot{\boldsymbol{x}}(t)=-\boldsymbol{A}\boldsymbol{x}(t)+\boldsymbol{T}\boldsymbol{S}(\boldsymbol{x}(t))+\boldsymbol{I},$$

其中 $\boldsymbol{I}=(I_1,I_2,\cdots,I_\omega)^{\mathrm{T}}\in\mathbf{R}^\omega,\boldsymbol{A}=\mathrm{diag}(a_1,a_2,\cdots,a_\omega)$ 且 $(a_1,\ a_2,\ \cdots,\ a_\omega)^{\mathrm{T}}$ 是弃零的，$\boldsymbol{A}$ 和 $\boldsymbol{T}$ 是 $\omega\times\omega$ 实矩阵；$\boldsymbol{S}(\boldsymbol{x}(t))=\left(s\left(x_1(t)\right),s\left(x_2(t)\right),\cdots,s\left(x_\omega(t)\right)\right)^{\mathrm{T}}$，

$$s(\sigma)=\begin{cases}1,\ \sigma>0,\\-1,\ \sigma<0.\end{cases}$$

注意当 $\sigma=0$ 时，$s(\sigma)$ 无定义．类似例 1.4，我们不难写出它的稳态解系统．

以上列举的例子，都是用微分方程给出的．而数位神经网络都是以离散时间作为步长的神经元之间连接的大规模非线性模拟系统．它的最大优点是便于直接结合计算机等现代计算技术进行定量和定性分析．因此，数位神经网络是设计神经网络采用的一种方式．当然，连续型的神经网络模型进行离散化就可以得到数位神经网络模型，然而离散化的方法不同，可能导致解的性态与原来连续型的解的性态产生的误差不同，若直接设计数位神经网络，因设计过程本身就是直接结合计算机等现代计算技术进行定量和定性分析的实验过程，可以根据预期的目的对预案的模型进行评估，及时从参数、神经元的数目、神经元之间的连接方式和控制函数等方面进行调整，使得效果更好．

从本质上讲，一个数位神经网络的元素（如神经元、电子元件、分子单位）可以是有

限或可数无限集 $\{x_j\}$ 和在时刻 $t\in\mathbf{N}$ 每个 x_j 有一个状态值 $x_j^{(t)}$. 各个元素 x_j 的状态值 $x_j^{(t)}$ 可能影响与它相连接元素的状态值. 在这种影响下，状态值改变的手段引起动态不同的更新方法（同步、异步或混合）. 在不同的时刻，所有的状态值的集合 $\{x_j^{(t)}\}$ 是变化的. 这样的集合 $\{x_j^{(t)}\}$ 叫做系统的一个解. 神经网络的动态被认为重要的生物学功能，如运动，呼吸等. 例如，Szekely 在本章参考文献 22 研究了蝾螈的运动，假设一个神经网络连接这些动物的四个肌肉池（神经元）：肘关节的伸肌、肩膀的肌肉、肘屈肌和肩膀的绑架. 假设每个肌肉池（神经元）负责驾驶收到补充激励，否则抑制其他肌肉池（神经元）的状态值，然后接连的抑制导致一个连续的收缩模式. 类似的实验可观察到运动的模式. 有趣的是，可以用四个不同的神经元集合 x_1，x_2，x_3，x_4 分别对应上面提到的四个肌肉池（神经元），用序列 $\{(x_1^{(t)}, x_2^{(t)}, x_3^{(t)}, x_4^{(t)})^{\mathrm{T}}\}_{t\in\mathbf{N}}$来解释从时刻 t 到 $t+1$ 状态值的变化.

我们给出一些数位神经网络模型.

例 1.6（分布在圆周上数位神经网络） 考虑 $\omega(\geqslant 3)$ 个神经元 U_1，U_2，…，U_ω，按顺时针的方向依次放置在圆周上，$u_i^{(t)}$ 表示第 i 个神经元在时间 $t\in\mathbf{N}$ 的状态值（或电子含量），第 i 个神经元的状态被与它相邻的两个邻域所"激活"，则两个相邻时刻间，第 i 个神经单位的状态值的改变量为

$$\begin{cases}u_i^{(t+1)}-u_i^{(t)}=\beta_1(u_{i-1}^{(t)}-u_i^{(t)})+\beta_1(u_{i+1}^{(t)}-u_i^{(t)})+\beta_2 g_i(u_i^{(t)}), i\in\mathbf{Z}[1,\omega], t\in\mathbf{N},\\ u_0^{(t)}=u_\omega^{(t)},\ u_{\omega+1}^{(t)}=u_1^{(t)},\end{cases} \tag{1.32}$$

其中，每个 g_i 是实函数（可以是连续也可以不连续的），是第 i 个神经单位固定的偏机制，参数 $\beta_1\neq 0$ 是"扩散"常数，而 β_2 是机制力的测度.

令 $f_i=\left(\dfrac{\beta_2}{\beta_1}\right)g_i, i\in\mathbf{Z}[1,\omega]$，$\omega\times\omega$ 矩阵 $\boldsymbol{B}$ 定义为

$$\boldsymbol{B}=\begin{pmatrix}2 & -1 & 0 & \cdots & 0 & 0 & -1\\ -1 & 2 & -1 & \cdots & 0 & 0 & 0\\ \vdots & \vdots & \vdots & \cdots & \vdots & \vdots & \vdots\\ 0 & 0 & 0 & \cdots & -1 & 2 & -1\\ -1 & 0 & 0 & \cdots & 0 & -1 & 2\end{pmatrix}_{\omega\times\omega},$$

设非线性代数系统

$$\boldsymbol{Bu}=\boldsymbol{f}(\boldsymbol{u}), \tag{1.33}$$

这里 $\boldsymbol{u}=(u_1,u_2,\cdots,u_\omega)^{\mathrm{T}}\in\mathbf{R}^\omega$，$\boldsymbol{f}(u_1,u_2,\cdots,u_\omega)=(f_1(u_1), f_2(u_2),\cdots,f_\omega(u_\omega))^{\mathrm{T}}$. 再设

$$\Delta^2 u_{n-1}+f_n(u_n)=0,\ n\in\mathbf{Z}, \tag{1.34}$$

这里 $f_i=f_{i\bmod w}(i\in\mathbf{Z})$. 易知寻找（1.32）的稳态解就是寻找稳态解系统（1.33）的解，这等价于寻找差分方程（1.34）的 ω－周期解.

例 1.7（复杂连接的数位神经网络） 考虑 ω（$\geqslant 3$）个神经元 U_1，U_2，…，U_ω 的数位神经网络. $u_i^{(t)}$ 表示第 i 个神经元在时间 $t\in\mathbf{N}$ 的状态值（或电子含量），第 i 个神经元的状态被其他一些神经元所"激活"，则两个相邻时刻间第 i 个神经元状态值的改变量为

$$u_i^{(t+1)}-u_i^{(t)}=\left(\sum_{k=1}^{\omega}b_{ik}u_k^{(t)}\right)-\lambda g_i(u_1^{(t)},u_2^{(t)},\cdots,u_\omega^{(t)}), i\in\mathbf{Z}[1,\omega],\ t\in\mathbf{N}, \tag{1.35}$$

其中 $\boldsymbol{B}=(b_{ij})_{\omega\times\omega}$是实矩阵，$\lambda$ 是常数，每个 g_i 是实值函数（可以是连续也可以不连续的）.

易知（1.35）的稳态解是如下非线性代数系统

$$\boldsymbol{Bu}=\boldsymbol{f}(\boldsymbol{u}) \tag{1.36}$$

的解，（1.36）中 $\boldsymbol{u}=(u_1, u_2, \cdots, u_\omega)^{\mathrm{T}}\in\mathbf{R}^\omega$ 和 $\boldsymbol{f}(\boldsymbol{u})=(f_1(\boldsymbol{u}),f_2(\boldsymbol{u}),\cdots,f_\omega(\boldsymbol{u}))^{\mathrm{T}}$，而

$$f_k(\boldsymbol{u})=\lambda g_k(\boldsymbol{u}),\ k\in\mathbf{Z}[1,\omega].$$

例 1.8（分布在直线段上的数位神经网络） 考虑 ω（$\geqslant 3$）个神经元 U_1，U_2，$\cdots$，U_ω 依次放置在一直线段上，$u_i^{(t)}$ 表示第 i 个神经元在时间 $r\in\mathbf{N}$ 的状态值（或电子含量），假设 U_0 和 $U_{\omega+1}$ “接地”，即它们的状态值保持为 0，而第 i 个神经元的状态被与它相邻的两个邻域所“激活”，则两个相邻时刻间，第 i 个神经元的改变量为

$$\begin{cases}u_i^{(t+1)}-u_i^{(t)}=\beta_1(u_{i-1}^{(t)}-u_i^{(t)})+\beta_1(u_{i+1}^{(t)}-u_i^{(t)})+\beta_2 g_i(u_i^{(t)}),i\in\mathbf{Z}[1,\omega],\ t\in\mathbf{N},\\ u_0^{(t)}=0,\ u_{\omega+1}^{(t)}=0,\end{cases} \tag{1.37}$$

其中，每个 g_i 是定义在 $\mathbf{R}$ 上的实函数，是第 i 个神经单元固定的偏机制，参数 β_1 是“扩散”常数，而 β_2 是机制力的测度．

令 $f_i=\left(\dfrac{\beta_2}{\beta_1}\right)g_i$，$i\in\mathbf{Z}[1,\omega]$，$\omega\times\omega$ 矩阵 $\boldsymbol{B}$ 定义为

$$\boldsymbol{B}=\begin{pmatrix}2 & -1 & 0 & \cdots & 0 & 0 & 0\\ -1 & 2 & -1 & \cdots & 0 & 0 & 0\\ \vdots & \vdots & \vdots & \cdots & \vdots & \vdots & \vdots\\ 0 & 0 & 0 & \cdots & -1 & 2 & -1\\ 0 & 0 & 0 & \cdots & 0 & -1 & 2\end{pmatrix}_{\omega\times\omega},$$

则（1.37）的稳态解系统是如下非线性代数系统

$$\boldsymbol{Bu}=\boldsymbol{f}(\boldsymbol{u}), \tag{1.38}$$

这里 $\boldsymbol{u}=(u_1,u_2,\cdots,u_\omega)^{\mathrm{T}}\in\mathbf{R}^\omega,\boldsymbol{f}(u_1,u_2,\cdots,u_\omega)=(f_1(u_1),f_2(u_2),\cdots,f_\omega(u_\omega))^{\mathrm{T}}$. 易知寻找（1.38）的解等价于寻找差分方程边值问题

$$\begin{cases}\Delta^2 u_{n-1}+f_n(u_n)=0,n\in\mathbf{Z}\ [1,\omega],\\ u_0=u_{\omega+1}=0\end{cases} \tag{1.39}$$

的解．

例 1.9（分布在环面上数神经网络） 设 ω_1，ω_2 都是大于 2 的整数，考虑 $\omega_1\omega_2$ 个神经元 U_{ij}，$i\in\mathbf{Z}[1,\omega_1]$，$j\in\mathbf{Z}[1,\omega_2]$)，它们分布在环面上，使得每个神经元 U_{ij} 左右和前后紧挨着四个神经元（邻域）$U_{i-1,j}$，$U_{i+1,j}$，$U_{i,j-1}$，$U_{i,j+1}$（这里 $U_{0j}=U_{\omega_1 j}$，$U_{i,0}=U_{i\omega_2}$）. $u_{ij}^{(t)}$ 表示神经元 U_{ij} 在时间 $t\in\mathbf{N}$ 的状态值（或电子含量），假设神经元 U_{ij} 的状态被与它相邻的四个邻域所“激活”，则两个相邻时刻间神经元 U_{ij} 的状态值的改变量为

$$\begin{cases}u_{ij}^{(t+1)}-u_{ij}^{(t)}=\beta_1 u_{i-1,j}^{(t)}+\beta_1 u_{i+1,j}^{(t)}+\beta_2 u_{i,j-1}^{(t)}+\beta_2 u_{i,j+1}^{(t)}-f_{ij}(u_{ij}^{(t)}),\ (i,\ j)\in\Theta,\ t\in\mathbf{N},\\ u_{0,j}^{(t)}=u_{\omega_1,j}^{(t)},\ u_{\omega_1+1,j}^{(t)}=u_{1,j}^{(t)},\ u_{i,0}^{(t)}=u_{i\omega_2}^{(t)},\ u_{i,\omega_2+1}^{(t)}=u_{i,1}^{(t)},\end{cases} \tag{1.40}$$

其中 $\Theta=\{1,\ 2,\ \cdots,\ \omega_1\}\times\{1,\ 2,\ \cdots,\ \omega_1\}$．

为讨论（1.40）的稳态解的问题，先考虑相应的偏差分方程：

$$\beta_1 u_{i-1,j}+\beta_1 u_{i+1,j}+\beta_2 u_{i,j-1}+\beta_2 u_{i,j+1}=f_{ij}(u_{ij}),\ i,\ j\in\mathbf{Z}, \tag{1.41}$$

这里 $f_{i+\omega_1,j+\omega_2}=f_{ij}$（$i$，$j\in\mathbf{Z}$）．易知寻找（1.40）的稳态解本质上等价于寻找偏差分方程

(1.41) 的对 i 是 ω_1 - 周期而对 j 是 ω_2 - 周期的"双周期"解的问题. 可以用以后介绍的用非线性代数系统求向量序列常差分系统周期解的方法，将此问题转化为 $\omega_1\omega_2$ - 维而形如 (1.38) 的非线性代数系统来研究. 但有趣的是，在后面将看到，有时直接应用偏差分方程的工具来研究会更简单.

接下来，从差分方程边值问题的角度介绍差分方程边值问题与非线性系统解之间的关系.

通常，在研究差分方程

$$-\Delta^n u_{k-m}=f_k(u_k),k\in\mathbf{Z}[1,\omega] \tag{1.42}$$

在某一边值条件 (I) 下的边值问题 (1.42) - (I). 求出边值问题的 Green 函数 $G(k, s)$，使得

$$u_k=\sum_{s=1}^{\omega}G(k,s)f_s(u_s),k\in\mathbf{Z}[\alpha,\beta], \tag{1.43}$$

其中 $\mathbf{Z}[\alpha, \beta]$ 是边值问题解的定义域. 显然，$\mathbf{Z}[1,\omega]\subseteq\mathbf{Z}[\alpha,\beta]$. 问题可看成先求出非线性代数系统

$$u_k=\sum_{s=1}^{\omega}G(k,s)f_s(u_s),\ k\in\mathbf{Z}[1,\omega] \tag{1.44}$$

的解 $\boldsymbol{u}=(u_1, u_2, \cdots, u_\omega)^{\mathrm{T}}$，再由此结合边值条件求边值即可. 系统 (1.44) 可以写成

$$\boldsymbol{u}=\boldsymbol{A}\boldsymbol{f}(\boldsymbol{u}), \tag{1.45}$$

其中 $\boldsymbol{u}=(u_1,u_2,\cdots,u_\omega)^{\mathrm{T}}\in\mathbf{R}^\omega,\boldsymbol{f}(\boldsymbol{u})=(f_1(u_1),f_2(u_2),\cdots,f_\omega(u_\omega))^{\mathrm{T}},\boldsymbol{A}=(G(i, j))_{\omega\times\omega}$. 从另一个角度来看，如果附加上边值条件 (I) 作用于 $-\Delta^n u_{k-m}$，$k\in\mathbf{Z}[1, \omega]$，使得它可以用 u_1，u_2，…，u_ω 的线性组合来表示，即作用后 $(-\Delta^n u_{1-m}, \cdots, -\Delta^n u_{\omega-m})^{\mathrm{T}}$ 可以写成 $\boldsymbol{B}\boldsymbol{u}$，而 $\boldsymbol{B}$ 是 $\omega\times\omega$ 矩阵的形式. 于是，求边值问题 (1.41) - (I) 的解等价于求相应非线性代数系统

$$\boldsymbol{B}\boldsymbol{u}=\boldsymbol{f}(\boldsymbol{u}) \tag{1.46}$$

的解. 进一步，如果矩阵 $\boldsymbol{B}$ 可逆，即 (1.46) 可以写成 (1.45). 附带看到，这问题的 Green 函数 $G(k,s)$ 在 $\{1, 2, \cdots, \omega\}\times\{1, 2, \cdots, \omega\}$ 上的取值就是矩阵 $\boldsymbol{B}$ 的逆矩阵中的相应元素.

综合上述，差分方程周期及边值问题的解和大多数神经网络（特别是由微分方程和差分方程所给出的模型）稳态解本质上都可归结为相应非线性代数系统的解. 非线性代数系统的解法原本是属于代数的范畴，但基于差分方程周期解、边值问题的解和非线性代数系统解的这种关系，非线性代数系统的解转化为差分方程周期解、边值问题的解来研究，利用差分特有性质有时能起到事半功倍的作用. 特别地，注意到目前不少分析工具用于研究差分周期解、边值问题的解，针对这一现状，用分析工具来研究非线性代数系统解的存在性和解的性态是必然的趋势. 另外，正如本章参考文献 5 所言，对于研究微分方程或差分方程所描述的具有不连续型信号传输或信号传出函数模型的定性研究，由于现有的动力系统的众多方法和理论不能直接应用，所以给研究带来很大困难，至今所获结果甚少. 但是，这种数位神经网络模型的动力学性质是十分丰富的. 这个问题，同样对研究差分方程周期解、边值问题解和大多数神经网络（特别是由微分方程和差分方程所给出的模型）稳态解的研究提出了迫切的任务.

本章参考文献

1. 陈公宁. 矩阵理论与应用. 北京：科学出版社，1990.

2. S. S. Cheng. *Partial Difference Equations*. Taylor and Francis, 2003.

3. 屠伯壎. 对称循环阵的特征值与非异性. 工程数学学报，1987，3（4）：47—52.

4. 胡守仁. 神经网络技术. 长沙：国防科技大学出版社，1993.

5. 黄力宏，李雪梅. 细胞神经网络动力学. 北京：科学出版社，2007.

6. L. H. Huang and J. Wu. Dynamics of inhibitory artificial neural networks with threshold nonlinearity. *Fields Institute Communications*, 29（2001）：235－243.

7. L. H. Huang and J. Wu. The role of threshold in preventing delsy－induced oscillations of frustrated neural networks with McCulloch－pitts nonlinearity. Int. J. Math. *Came Theory and Algebra*, 11, 6（2001）：71－100.

8. L. Glass and R. Young. Structure and dynamics of neural network oscillators. *Brain Res*, 179（1979）：207－218.

9. 郭立，金大胜，程义民. 离散神经网络的设计与实现. 中国科技大学学报，1992，22（2）：165—173.

10. Z. M. Guo and J. S. Yu. Existence of periodic and subharmonic solutions for second order *sup*erlinear difference equations. *Sci. China A*, 46（2003）：506－515.

11. Z. M. Guo and J. S. Yu. Existence of periodic and subharmonic solutions to subquadratic second－order difference equations. *J. London Math.* Soc., 68（2003）：419－430.

12. 焦李成. 神经网络系统. 西安：西安电子科技大学出版社，1992.

13. 李士勇. 模糊控制. 神经控制和智能控制论. 哈尔滨：哈尔滨工业大学出版社，2002.

14. 廖晓昕. 细胞神经网络的数学理论（I）. 中国科学（A辑）：数学，1994，9（24）：902—910.

15. 廖晓昕. 细胞神经网络的数学理论（II）. 中国科学（A辑）：数学，1994，9（24）：1037—1046.

16. 罗四维. 大规模人工神经网络理论基础. 北京：清华大学出版社，2004.

17. 卢树强，包树新. 一类三阶对角矩阵的逆矩阵. 齐齐哈尔大学学报，2008，24（3）：67—68.

18. 阮炯，顾凡及，蔡志杰. 神经动力学模型方法和应用. 北京：中国社会出版社，2002.

19. 史忠植. 神经计算. 北京：电子工业出版社，1993.

20. 沈光星. 关于某些循环矩阵的特征值. 应用数学学报，1991，3（4）：76—82.

21. H. Simon. 神经网络原理. 叶世伟，史忠植译. 北京：机械工业出版社，2004.

22. G. Szekely. Logical network for controlling limb movements in urodela. *Acta. Physiol.*

Hung, 27 (1965): 285 - 289.

23. M. Vidyasagar. *Nonlinear System Analysis*. Prentice Hall Inc., 1978.

24. G. Q. Wang and S. S. Cheng, 6 - periodic traveling waves in an artificial neural network with Bang Bang control. *J. Difference Eq. Appl.*, 18, 2 (2012): 261 - 304.

25. G. Q. Wang and S. S. Cheng, Positive periodic solutions for a nonlinear difference system via a continuation theorem. *Bull. Braz. Math. Soc.*, *New Series*, 36, 3 (2005): 319 - 332.

26. 王联，王慕秋．常差分方程．乌鲁木齐：新疆大学出版社，1991.

27. 王林山．时滞递归神经网络．北京：科学出版社，2008.

28. 王志同．神经模糊系统及其应用．北京：北京航空航天大学出版社，1988.

29. 吴微．神经网络计算．北京：高等教育出版社，2004.

30. E. Yanagida. Existence of periodic travelling wave solutions of reaction - diffusion systems with fast - slow dynamics. *J. Differential Equations*, 76, 1 (1988): 115 - 134.

31. S. Y. Yang and C. H. Hsu. Existence of monotonic traveling waves in modified RTD - based cellular neural networks. *Discrete Contin. Dyn. Syst. Suppl.*, (2005): 930 - 939.

32. 庾建设，郭志明．离散广义 Emden - Fowler 方程的边值问题．中国科学（A 辑）：数学，2006，7（36）：721—732.

33. 阎平凡，张长水．人工神经网络与模拟进化计算．北京：清华大学出版社，2001.

34. 苑希民，李鸿雁，刘树坤．神经网络和遗传算法在水利科学领域的应用．北京：中国水利水电出版社，2002.

35. G. Zhang, D. M. Jiang and S. S. Cheng. 3 - Periodic traveling wave solutions for a dynamical coupled map lattice. *Nonlinear Dynamics*, 50 (2007): 235 - 247.

36. G. Zhang, and W. Y. Feng. On the number of positive solutions of a nonlinear algebraic system. *Linear Algebra and Its Applications*, 22, 2 - 3 (2007): 404 - 421.

37. H. L. Zhao, G. Zhang and S. S. Cheng. Exact traveling wave solutions for discrete conservation laws. *Portugaliae Math.*, 62 (2005): 89 - 108.

38. 周开利，康耀红．神经网络模型及其 MATLAB 仿真程序设计，北京：清华大学出版社，2005.

39. Z. Zhou and J. Wu. Attrative periodic orbits in nonlinear discrete - time neural networks with delayed feedback. *J. Diff. Eq. Appl.*, 8 (2001): 467 - 483.

40. Z. Zhou and J. Wu. Attrative periodic orbits for discrete monotone dynamical system arising from delayed neural networks. *Dynam. Cont. Discr. Impulsive Syst. Ser.* B, 10 (2003): 99 - 106.

第二章 某些可精确求稳态解的神经网络

多数神经网络模型的稳态解问题在理论上可以归结为相应的非线性代数系统解的问题. 众所周知，线性代数系统有一套较为完整的求解理论，而非线性代数系统没有一般的求解方法，需要根据具体的系统的特殊性，逐个想办法处理. 求出神经网络的所有稳态解往往是对模型定性的前提，因此，能否求出神经网络模型的所有稳态解是一件重要的事情. 而直接求出所有稳态解往往是一件非常烦琐的事情（参见本章参考文献6），需要有好的方法和技巧. 注意到对于带非线性连续函数的代数系统，可以用各种分析工具证明解在特定范围内存在，然后设法利用逼近的方法去求出近似解. 然而，对于带非线性不连续函数的代数系统来说，分析工具往往配不上用场.

这一章将介绍一些带有分段线性连续函数和分段线性不连续函数控制的神经网络稳态解问题. 分别利用离散差分、代数和组合分析的方法，直接求出网络模型的稳态解或给出相应的算法.

§2.1 一类细胞神经网络的所有稳态解

本节关注细胞神经网络模型

$$u_k^{(t+1)} - u_k^{(t)} = -u_k^{(t)} + \sum_{j=1}^{\omega} a_{kj} y_j(u_j^{(t)}), k \in \mathbf{Z}[1,\omega],\ t \in \mathbf{N} \tag{2.1}$$

的稳态解问题.（2.1）中，$\boldsymbol{A} = (a_{ij})_{\omega\times\omega}$是实矩阵，而

$$y_k(x) = \frac{1}{2}(|x+1| - |x-1|) = \begin{cases} 1, & x > 1, \\ x, & |x| \leq 1, \\ -1, & x < -1. \end{cases}$$

将（2.1）的稳态解系统写成

$$u_k = \sum_{j=1}^{\omega} a_{kj} y_j(u_j), k \in \mathbf{Z}[1,\omega]. \tag{2.2}$$

为了叙述方便，用符号 v_1，v_2，…，v_ω 表示排列 1，2，…，ω 的一个重排. 给定的 $k \in \mathbf{Z}[1,\omega]$，用符号 $\tau(k)$ 表示集合 $\{0,1\}$ 中的某个确定的数，用“平面” $u_k = \pm 1$，$k \in \mathbf{Z}[1,\omega]$将 $\mathbf{R}^\omega = \{(u_1, \cdots, u_\omega)^{\mathrm{T}}: u_k \in \mathbf{R}\}$分成 3^ω 个互不相交的开区域，称所有点的坐标的绝对值都小于 1 的区域为中心区域，并记作 G_0；称所有点的坐标的绝对值都大于 1 的区域为饱和域，其余的区域统称为部分饱和域，并用（$(-1)^{\tau(1)}$，…，$(-1)^{\tau(\omega)}$）^{T} 表示

$\mathbf{R}^{\omega}$ 中所有满足 $(-1)^{\tau(k)}u_k>1$ 的点 $(u_1,\cdots,u_{\omega})^{\mathrm{T}}$ 所成的饱和域；而部分饱和域

$$\{(u_1,\cdots,u_{\omega})^{\mathrm{T}}:|u_{v_i}|<1,i=1,\cdots,s,(-1)^{\tau(v_j)}u_{v_j}>1,j=s+1,\cdots,\omega,1\leqslant s\leqslant\omega-1\},$$

记为 $G_s(v_1,v_2,\cdots,v_{\omega})$.

Savaci 和 Vandewalle 给出了如下的结论：

定理 2.1（参见本章参考文献 13）　(2.2) 在 3^{ω} 个线性域的每一个域存在一个解的充要条件是矩阵 $\boldsymbol{A}-\boldsymbol{I}$ 为严格对角行占优矩阵.

可以进一步给出更深刻的结论并给出解的一般表达式. 为此，需要做一些准备工作.

引理 2.1　设 $\boldsymbol{A}=(a_{ij})_{\omega\times\omega}$ 是实矩阵且矩阵 $\boldsymbol{A}-\boldsymbol{I}$ 为严格对角行占优矩阵，矩阵 $\overline{\boldsymbol{A}}$ 是矩阵 $\boldsymbol{A}$ 施行了第 k 行与第 λ 行互换后再将第 k 列与第 λ 列互换所得的矩阵，则矩阵 $\overline{\boldsymbol{A}}-\boldsymbol{I}$ 也是严格对角行占优矩阵.

事实上，不失一般性，设矩阵 $\overline{\boldsymbol{A}}$ 是矩阵 $\boldsymbol{A}$ 施行了第 1 行与第 2 行互换后再将第 1 列与第 2 列互换所得的矩阵，容易得到

$$\overline{\boldsymbol{A}}-\boldsymbol{I}=\begin{pmatrix} a_{22}-1 & a_{21} & a_{23} & \cdots & a_{2\omega}\\ a_{12} & a_{11}-1 & a_{13} & \cdots & a_{1\omega}\\ \vdots & \vdots & \vdots & \cdots & \vdots\\ a_{\omega-1,2} & a_{\omega-1,1} & a_{\omega-1,3} & \cdots & a_{\omega-1,\omega}\\ a_{\omega 2} & a_{\omega 1} & a_{\omega 3} & \cdots & a_{\omega,\omega}\end{pmatrix}.$$

可检验矩阵 $\overline{\boldsymbol{A}}-\boldsymbol{I}$ 也是严格对角行占优矩阵.

在下面用符号 $(\boldsymbol{A}-\boldsymbol{I})^{(v_1,v_2,\cdots,v_{\omega})}$ 表示将矩阵 $\boldsymbol{A}-\boldsymbol{I}$ 的第 $v_1,v_2,\cdots,v_{\omega}$ 行分别换成第 1，2，…，ω 行后，再将第 $v_1,v_2,\cdots,v_{\omega}$ 列分别换成第 1，2，…，ω 列所得的矩阵，$(\boldsymbol{A}-\boldsymbol{I})_s^{(v_1,v_2,\cdots,v_{\omega})}$ 表示在矩阵 $(\boldsymbol{A}-\boldsymbol{I})^{(v_1,v_2,\cdots,v_{\omega})}$ 的前 s 行且前 s 列的元素，按原来的位置所成的 $s\times s$ 矩阵，$\boldsymbol{D}_k^{(s)}(v_1,v_2,\cdots,v_{\omega})$ 表示矩阵 $(\boldsymbol{A}-\boldsymbol{I})_s^{(v_1,v_2,\cdots,v_{\omega})}$ 中的第 k 列用

$$\Big(-\sum_{j>s}a_{v_1v_j(-1)}{}^{\tau(v_j)},\ \cdots,\ -\sum_{j>s}a_{v_sv_j}(-1)^{\tau(v_j)}\Big)^{\mathrm{T}}$$

代替后所得的矩阵.

定理 2.2　若矩阵 $\boldsymbol{A}-\boldsymbol{I}$ 为严格对角行占优矩阵，则 (2.2) 有且只有 3^{ω} 个不同的解，而且 3^{ω} 个线性域的每一个域有且只有一个解. 进而，这 3^{ω} 个不同的解分别如下：

（ⅰ）在中心区域 G_0 有唯一解，该解是零解；

（ⅱ）在饱和域 $((-1)^{\tau(1)},\cdots,(-1)^{\tau(\omega)})^{\mathrm{T}}$ 中的唯一解为

$$u_k=\sum_{j=1}^{\omega}a_{kj}(-1)^{\tau(j)},\ k\in\mathbf{Z}[1,\omega];\tag{2.3}$$

（ⅲ）部分饱和域 $G_s(v_1,v_2,\cdots,v_{\omega})$ 中的唯一解为

$$u_{v_k}=\frac{\det\boldsymbol{D}_k^{(s)}(v_1,v_2,\cdots,v_{\omega})}{\det(\boldsymbol{A}-\boldsymbol{I})_s^{(v_1,v_2,\cdots,v_{\omega})}},\ k\in\mathbf{Z}[1,s],\tag{2.4}$$

$$u_{v_k}=\frac{1}{\det(\boldsymbol{A}-\boldsymbol{I})_s^{(v_1,v_2,\cdots,v_{\omega})}}\sum_{j=1}^{s}a_{v_k,v_j}\det\boldsymbol{D}_j^{(s)}(v_1,v_2,\cdots,v_{\omega})+\sum_{j=s+1}^{\omega}a_{v_k},{}_{v_j}\ (-1)^{\tau(v_j)},\ k\in\mathbf{Z}[s+1,\omega].\tag{2.5}$$

证明：首先证明（2.2）的解不能落在任一个“平面” $u_k=\pm1(k\in\mathbf{Z}[1,\omega])$. 否则，不妨假设有一个解 $(v_1,\cdots,v_\omega)$ 落在 $u_k=(-1)^{\tau(k)}$ 上，则由（2.2），有

$$(-1)^{\tau(k)}=(-1)^{\tau(k)}a_{kk}+\sum_{j\neq k}a_{kj}y_j(v_j).$$

推出

$$a_{kk}-1=(-1)^{1+\tau(k)}\sum_{j\neq k}a_{kj}y_j(v_j)\leqslant\sum_{j\neq k}|a_{kj}|.$$

这与矩阵 $\boldsymbol{A}-\boldsymbol{I}$ 为严格对角行占优矩阵矛盾.

接着，证明 3^ω 个线性域的每一个域有且只有一个解，并且解的表达式如定理的结论所言. 分三种情况讨论：

情形 1：在中心区域 G_0 中，这时（2.2）可写成

$$(\boldsymbol{A}-\boldsymbol{I})\boldsymbol{u}=0.$$

注意到矩阵 $\boldsymbol{A}-\boldsymbol{I}$ 为严格对角行占优矩阵（从而可逆），可知（2.2）在中心区域 G_0 有唯一解且它是零解. 故结论（i）成立.

情形 2：在饱和域 $((-1)^{\tau(1)},\cdots,(-1)^{\tau(\omega)})^{\mathrm{T}}$ 中，令 $(u_1,\cdots,u_\omega)^{\mathrm{T}}$ 如（2.3）所给出，则对 $k\in\mathbf{Z}[1,\omega]$，有

$$\begin{aligned}(-1)^{\tau(k)}u_k&=a_{kk}+\sum_{j\neq k}a_{kj}(-1)^{\tau(j)+\tau(k)}\\&\geqslant a_{kk}-\sum_{j\neq k}|a_{kj}|>1.\end{aligned}$$

可知 $(u_1,\cdots,u_\omega)^{\mathrm{T}}$ 属于 $((-1)^{\tau(1)},\cdots,(-1)^{\tau(\omega)})^{\mathrm{T}}$. 容易验证 $(u_1,\cdots,u_\omega)^{\mathrm{T}}$ 是（2.2）在饱和域 $((-1)^{\tau(1)},\cdots,(-1)^{\tau(\omega)})^{\mathrm{T}}$ 中的解. 反之，设 $(u_1,\cdots,u_\omega)^{\mathrm{T}}$ 是（2.2）在饱和域 $((-1)^{\tau(1)},\cdots,(-1)^{\tau(\omega)})^{\mathrm{T}}$ 中的解，则由（2.2）知 $(u_1,\cdots,u_\omega)^{\mathrm{T}}$ 由（2.3）唯一确定.

情形 3：在部分饱和域 $G_s(v_1,v_2,\cdots,v_\omega)$ 中，为证定理的结论成立，现先证在 $G_s(1,2,\cdots,\omega)$ 中定理的结论成立. 当 $s=1$ 时的讨论是容易的. 不妨设 $2\leqslant s\leqslant\omega-1$，设 $(u_1,\cdots,u_\omega)^{\mathrm{T}}$ 是（2.2）在 $G_s(1,2,\cdots,\omega)$ 中的解，则由（2.2），有

$$\begin{aligned}&(a_{11}-1)u_1+a_{12}u_2+\cdots+a_{1s}u_s=-\sum_{j>s}a_{1j}(-1)^{\tau(j)}\\&a_{21}u_1+(a_{22}-1)u_2+\cdots+a_{2s}u_s=-\sum_{j>s}a_{2j}(-1)^{\tau(j)},\\&\cdots\cdots\quad\cdots\cdots\qquad\cdots\cdots\qquad\cdots\cdots\\&a_{s1}u_1+a_{s2}u_2+\cdots+(a_{ss}-1)u_s=-\sum_{j>s}a_{sj}(-1)^{\tau(j)}.\end{aligned}\tag{2.6}$$

因矩阵 $\boldsymbol{A}-\boldsymbol{I}$ 为严格对角行占优矩阵，可知（2.6）的系数矩阵 $(\boldsymbol{A}-\boldsymbol{I})_s$ 也是严格对角行占优矩阵. 从而 $\det(\boldsymbol{A}-\boldsymbol{I})_s\neq0$. 则（2.6）的解是

$$u_k=\frac{\det\boldsymbol{D}_k^{(s)}(1,2,\cdots,\omega)}{\det(\boldsymbol{A}-\boldsymbol{I})_s},\ k\in\mathbf{Z}[1,s].\tag{2.7}$$

由（2.2）和（2.7），有

$$u_k=\frac{1}{\det(\boldsymbol{A}-\boldsymbol{I})_s}\sum_{j=1}^{s}a_{kj}\det\boldsymbol{D}_j^{(s)}(1,2,\cdots,\omega)+\sum_{j=s+1}^{\omega}a_{kj}(-1)^{\tau(j)},\ k\in\mathbf{Z}[s+1,\omega].\tag{2.8}$$

反之，设 $(u_1,\cdots,u_\omega)^{\mathrm{T}}$ 由（2.7）和（2.8）所给出. 容易检验 $(u_1,\cdots,u_\omega)^{\mathrm{T}}$ 是

(2.2) 的解. 设$|u_\mu| = \max\limits_{1\leqslant i\leqslant s}|u_i|$（这里$\mu\in\mathbf{Z}[1, s]$）. 为证对所有$i=1, 2, \cdots, s$，都有$|u_i|<1$，只需证$|u_\mu|<1$. 倘若不然，由前面的证明，有$|u_\mu|>1$. 注意到$(u_1, \cdots, u_s)^{\mathrm{T}}$是（2.6）的解，由（2.6）的第$\mu$个式子，得

$$(a_{\mu\mu}-1)\ |u_\mu| = \left|-\sum_{j>s}a_{\mu j}\ (-1)^{\tau(j)}-a_{\mu 1}u_1-\cdots-a_{\mu s}u_s\right|\leqslant |u_\mu|\sum_{j\neq u}a_{\mu j}.$$

这与矩阵$(\boldsymbol{A}-\boldsymbol{I})$是严格对角行占优矩阵矛盾. 故对所有$i=1, 2, \cdots, s$，都有$|u_i|<1$. 再由（2.7），（2.8）且注意到对所有$i=1, 2, \cdots, s$，都有$|u_i|<1$，得知当$k=s+1, \cdots, \omega$时，有

$$\begin{aligned}(-1)^{\tau(k)}u_k &= \frac{1}{\det\ (\boldsymbol{A}-\boldsymbol{I})_s}(-1)^{\tau(k)}\sum_{j=1}^{s}a_{kj}\det \boldsymbol{D}_j^{(s)}(1,2,\cdots,\omega)+a_{kk}+\sum_{j=s+1}^{\omega}a_{kj}(-1)^{\tau(j)+\tau(k)}\\ &\geqslant a_{kk}-\sum_{j\neq k}|a_{kj}|>1.\end{aligned}$$

故$(u_1, \cdots, u_\omega)^{\mathrm{T}}$是（2.2）在$G_s(1, 2, \cdots, \omega)$中的唯一解. 因此在$G_s(1,2,\cdots,\omega)$中，定理的结论成立. 在一般的部分饱和域$G_s(v_1, v_2, \cdots, v_\omega)$中，注意到（2.2）可以写成

$$u_{v_k}=\sum_{j=1}^{\omega}a_{v_kv_j}y_{v_j}\ (u_{v_j}),\ k\in\mathbf{Z}[1, \omega].$$

再由引理2.1，知矩阵$(\boldsymbol{A}-\boldsymbol{I})^{(v_1,v_2,\cdots,v_\omega)}$也是严格对角行占优矩阵. 与在$G_s(1, 2, \cdots, \omega)$中情况的讨论一样，可知这时结论成立. 证毕.

§2.2 带绝对值控制的神经网络的所有稳态解

这一节介绍本章参考文献16的工作，考虑带绝对控制函数的数神经网络

$$\begin{cases}u_i^{(t+1)}=u_i^{(i)}-|u_i^{(t)}|+u_{i-1}^{(i)}+u_{i+1}^{(t)},\ i\in\mathbf{Z}[1, \omega],\ t\in\mathbf{N},\\ u_0^{(t)}=u_\omega^{(t)},\ u_{\omega+1}^{(t)}=u_1^{(t)}\end{cases}\tag{2.9}$$

的稳态解问题.（2.9）中ω为正整数，易知（2.9）的稳态解系统是

$$\begin{aligned}u_2+u_\omega&=|u_1|,\\ u_3+u_1&=|u_2|,\\ &\cdots\cdots,\\ u_1+u_{\omega-1}&=|u_\omega|.\end{aligned}\tag{2.10}$$

乍看起来，欲求（2.9）的稳态解，就是直接解非线性代数系统（2.10），问题好像不复杂. 因为，如果联系到绝对值函数的定义和线性代数系统的解的理论，自然想到将（2.10）化成先求2^ω个线性代数系统的解然后进行检验便可. 值得注意的是，从神经网络的设计的角度来说，ω是代表神经元的数目，究竟神经元取多少，（2.9）才有稳态解？这就要求对每个正整数ω，求形如（2.10）的代数系统的所有解. 从另一个角度来说，就算对某个固定且充分大的正整数ω，求2^ω个线性代数系统的精确解然后进行检验，计算量也是相当大的. 因此，问题变得很复杂，不得不另辟路径.

显然，$\boldsymbol{u}=(u_1, u_2, \cdots, u_\omega)^{\mathrm{T}}$为（2.9）的稳态解等价于它的$\omega$-周期延拓$\boldsymbol{\varphi}=\{\varphi_1\}_{i\in\mathbf{Z}}$（这里$\varphi_i=u_{i\bmod\omega}$，$i\in\mathbf{Z}$）是下面非线性差分方程

$$\varphi_{i+1}+\varphi_{i-1}=|\varphi_i|,\ i\in\mathbf{Z} \tag{2.11}$$

的 ω - 周期解．称差分方程（2.11）为数神经网络（2.9）的稳态解的诱导方程．

定义 2.1 （2.11）的一个解是指一个实数列 $\boldsymbol{\phi}=\{\phi_i\}_{i\in\mathbf{Z}}$，它代入（2.11）后，使得（2.11）成立．显然 $\{0\}_{i\in\mathbf{Z}}$ 是（2.11）的解，称它为平凡解，而其他解称为非平凡的．

由于（2.11）可以写成

$$\varphi_{i+1}=|\varphi_i|-\varphi_{i-1},\ i\in\mathbf{Z}, \tag{2.12}$$

或

$$\varphi_{i-1}=|\varphi_i|-\varphi_{i+1},\ i\in\mathbf{Z}. \tag{2.13}$$

易知（2.11）的一个解 $\boldsymbol{\varphi}$ 由它的任何两个连续项（φ_k，φ_{k+1}）所唯一确定．

定义 2.2 设 $\boldsymbol{\varphi}=\{\varphi_i\}_{i\in\mathbf{Z}}$ 是一个实数列，则 $\boldsymbol{\varphi}$ 的右平移定义为

$$\overline{\boldsymbol{E}}^j\boldsymbol{\varphi}=\{\varphi_{i-j}\}_{i\in\mathbf{Z}},\ j\in\mathbf{Z},$$

这里 $\overline{\boldsymbol{E}}^0\boldsymbol{\varphi}=\boldsymbol{\varphi}$.

定义 2.3 设 $\boldsymbol{\psi}=\{\psi_i\}_{i\in\mathbf{Z}}$ 和 $\boldsymbol{\phi}=\{\phi_i\}_{i\in\mathbf{Z}}$ 是两个实数列，λ 和 μ 是两个实数，则线性运算定义为

$$\lambda\boldsymbol{\phi}+\mu\boldsymbol{\psi}=\{\lambda\phi_i+\mu\psi_i\}_{i\in\mathbf{Z}}.$$

非线性差分方程没有一般求通解的理论，需要根据每个具体方程的特点，采用不同的方法和技巧来处理（参见本章参考文献 2）．下面将证明：设 $\boldsymbol{u}=\{u_i\}_{i\in\mathbf{Z}}$ 是（2.11）满足 $(u_0,u_1)=(-1,0)$ 的解，则（2.11）的任一非平凡解能用 $\boldsymbol{u}$ 来给出明确的表达式，然后推出（2.11）所有的非平凡解都具有最小正周期 9. 由此表明（2.9）有非平凡的稳态解的充要条件是 ω 为 9 的正整数倍．

为求诱导方程的所有非平凡解，需要做些准备．首先由（2.11）可以直接检查，得

引理 2.2 设 $j\in\mathbf{Z}[0,8]$ 和 α 是非负实数，若 $\boldsymbol{\varphi}=\{\varphi_i\}_{i\in\mathbf{Z}}$ 是（2.11）的解，则对任一 $j\in\mathbf{Z}$，$\overline{\boldsymbol{E}}^j\boldsymbol{\varphi}$ 也是（2.11）的解，而且 $\boldsymbol{\varphi}$ 具最小正周期 9 的充要条件是 $\overline{\boldsymbol{E}}^j\boldsymbol{\varphi}$ 具最小正周期 9.

引理 2.3 设 $\boldsymbol{u}=\{u_i\}_{i\in\mathbf{Z}}$ 是（2.11）满足 $(u_0,u_1)=(-1,0)$ 的解．则 $\boldsymbol{u}$ 具最小正周期 9 和

$$\boldsymbol{u}^{[0]}=(-1,0,1,1,0,-1,1,2,1)^{\mathrm{T}} \tag{2.14}$$

而且

$$u_i(\overline{\boldsymbol{E}}^4\boldsymbol{u})_i\geqslant 0,\ i\in\mathbf{Z}. \tag{2.15}$$

证明：注意到 $(u_0,u_1)=(-1,0)$，由（2.11），有

u_0	u_1	u_2	u_3	u_4	u_5	u_6	u_7	u_8
−1	0	1	1	0	−1	1	2	1

和 $(u_9,u_{10})=(u_0,u_1)$．由唯一性，$\boldsymbol{u}$ 具有周期 9，可以断言 1 和 3 都不是 $\boldsymbol{u}$ 的周期．事实上，如果 1 是 $\boldsymbol{u}$ 的周期，则 $-1=u_0=u_1=0$，矛盾．如果 3 是 $\boldsymbol{u}$ 的周期，则 $-1=u_0=u_3=1$，矛盾．故 $\boldsymbol{u}$ 具最小正周期 9 且 $\boldsymbol{u}^{[0]}$ 由（2.14）所给出．由引理 2.2，知 $\overline{\boldsymbol{E}}^4\boldsymbol{u}$ 也是（2.11）具最小正周期 9 的解且由（2.14），知

$$(\overline{\boldsymbol{E}}^4\boldsymbol{u})^{[0]}=(0,-1,1,2,1,-1,0,1,1). \tag{2.16}$$

由（2.14）和（2.16）知（2.15）成立．证毕．

引理 2.4 设 $\boldsymbol{u}=\{u_i\}_{i\in\mathbf{Z}}$是（2.11）满足（$u_0$，$u_1$）=（−1，0）的解，对任意非负实数 C_0，C_1 和 $j\in\mathbf{Z}[0,8]$，定义 $\boldsymbol{\varphi}=C_0\boldsymbol{u}+C_1\overline{\boldsymbol{E}}^4\boldsymbol{u}$，则 $\boldsymbol{\varphi}$ 也是（2.11）的解.

证明： 由引理 2.3 和 2.4 知，$\boldsymbol{u}$ 和 $\overline{\boldsymbol{E}}^4\boldsymbol{u}$ 都是（2.11）的解，对所有 $i\in\mathbf{Z}$ 都有 $u_i(\overline{\boldsymbol{E}}^{-4}\boldsymbol{u})_i\geqslant 0$. 注意到 C_0，C_1 是非负实数，所以对任意 $i\in\mathbf{Z}$，

$$\begin{aligned}\varphi_{i+1}+\varphi_{i-1}&=C_0u_{i+1}+C_1(\overline{\boldsymbol{E}}^4\boldsymbol{u})_{i+1}+C_0u_{i-1}+C_1(\overline{\boldsymbol{E}}^4\boldsymbol{u})_{i-1}\\&=C_0\{u_{i+1}+u_{i-1}\}+C_1\{(\overline{\boldsymbol{E}}^4\boldsymbol{u})_{i+1}+(\overline{\boldsymbol{E}}^4\boldsymbol{u})_{i-1}\}\\&=C_0|u_i|+C_1|(\overline{\boldsymbol{E}}^4\boldsymbol{u})_i|\\&=|C_0u_i+C_1(\overline{\boldsymbol{E}}^4\boldsymbol{u})_i|\\&=|\varphi_i|.\end{aligned}$$

因此 $\boldsymbol{\varphi}$ 是（2.11）的解. 证毕.

为给出（2.11）的非平凡解的表达式，需用到 $\mathbf{R}^2$ 中的 9 条射线：

$$l_j=\{t((\overline{\boldsymbol{E}}^j\boldsymbol{u})_0,\ (\overline{\boldsymbol{E}}^j\boldsymbol{u})_1):\ t>0\},\ j\in\mathbf{Z}[0,8].$$

这 9 条射线将 $\mathbf{R}^2\setminus\{(0,0)\}$ 分成如下 9 个两两不相交的非闭区域：

$$\Lambda_0=\{(x,y)\in\mathbf{R}^2:x\leqslant 0,y<0\};$$
$$\Lambda_1=\{(x,y)\in\mathbf{R}^2:x<0,x+y\leqslant 0\};$$
$$\Lambda_2=\{(x,y)\in\mathbf{R}^2:y-x>0,2y\leqslant x\};$$
$$\Lambda_3=\{(x,y)\in\mathbf{R}^2:0<y\leqslant 2x\};$$
$$\Lambda_4=\{(x,y)\in\mathbf{R}^2:x>0,x+y\leqslant 0\};$$
$$\Lambda_5=\{(x,y)\in\mathbf{R}^2:x+y<0,y\geqslant 0\};$$
$$\Lambda_6=\{(x,y)\in\mathbf{R}^2:y>2x\geqslant 0\};$$
$$\Lambda_7=\{(x,y)\in\mathbf{R}^2:2y>x\geqslant y\};$$
$$\Lambda_8=\{(x,y)\in\mathbf{R}^2:\ x+y>0,\ y\leqslant 0\}.$$

容易检验

$$\partial\Lambda_{j\bmod 9}=l_{j\bmod 9}\cup l_{(j+5)\bmod 9}\cup\{(0,0)\},l_{(j+5)\bmod 9}\subseteq\Lambda_{j\bmod 9},l_{j\bmod 9}\cap\Lambda_{j\bmod 9}=\phi.$$

由此知对任意（s，t）$\in\mathbf{R}^2\setminus\{(0,0)\}$，存在唯一的 $j\in\mathbf{Z}[0,8]$ 和唯一的（α，β）$\in-\Lambda_0$，使得

$$(s,\ t)=\alpha((\overline{\boldsymbol{E}}^j\boldsymbol{u})_0,\ (\overline{\boldsymbol{E}}^j\boldsymbol{u})_1)+\beta((\overline{\boldsymbol{E}}^{j+4}\boldsymbol{u})_0,\ (\overline{\boldsymbol{E}}^{j+4}\boldsymbol{u})_1.)\tag{2.17}$$

定理 2.3 设 $\boldsymbol{u}=\{u_i\}_{i\in\mathbf{Z}}$是(2.11)满足$(u_0,u_1)$=（−1，0）的解. 则对于（2.11）的任一非平凡解 $\boldsymbol{\varphi}=\{\varphi_i\}_{i\in\mathbf{Z}}$，存在唯一的 α，β，j（这里（α，β）$\in-\Lambda_0$，$j\in\mathbf{Z}[0,8]$），使得

$$\boldsymbol{\varphi}=\alpha\overline{\boldsymbol{E}}^j\boldsymbol{u}+\beta\overline{\boldsymbol{E}}^{j+4}\boldsymbol{u}.\tag{2.18}$$

反之，任给一组 α，β，j（这里（α，β）$\in-\Lambda_0$，$j\in\mathbf{Z}[0,8]$），若 $\boldsymbol{\varphi}$ 由（2.18）所给出，则 $\boldsymbol{\varphi}$ 是（2.11）的非平凡解.

事实上，设 $\boldsymbol{\varphi}=\{\varphi_i\}_{i\in\mathbf{Z}}$是(2.11)的任一非平凡解，则（$\varphi_0$，$\varphi_1$）=（$s$，$t$）$\in\mathbf{R}^2\setminus\{(0,0)\}$. 因此存在唯一的 $j\in\mathbf{Z}[0,8]$ 和唯一的（α，β）$\in-\Lambda_0$，使得（2.18）成立. 由引理 2.2 和引理 2.4 知 $\alpha\overline{\boldsymbol{E}}^j\boldsymbol{u}+\beta\overline{\boldsymbol{E}}^{j+4}\boldsymbol{u}$ 也是（2.11）的解. 因解是由初值唯一确定的，知 $\boldsymbol{\varphi}$ 可表示

成（2.18）. 后一个结论由引理2.4 直接推出. 故定理2.3 结论为真.

定理2.3 和（2.11）的解是由初值唯一确定的，对（2.11）的任一非平凡解 $\boldsymbol{\varphi}=\{\varphi_i\}_{i\in\mathbf{Z}}$可采用记号 $\boldsymbol{\varphi}=\boldsymbol{\varphi}(s,\ t:\ \alpha,\ \beta,\ j)$ 其中 $(\varphi_0,\ \varphi_1)=(s,\ t)\in\mathbf{R}^2\setminus\{(0,\ 0)\}$，而 α，β，j 由定理2.3 所给出.

定理2.4 （2.11）的任一非平凡解都具最小正周期9.

证明： 设 $\boldsymbol{\varphi}=\{\varphi_i\}_{i\in\mathbf{Z}}$是（2.11）的任一非平凡解，则存在唯一的 α，β，j（这里 $(\alpha,\ \beta)\in-\Lambda_0, j\in\mathbf{Z}[0,\ 8]$），使得 $\boldsymbol{\varphi}=\alpha\overline{\boldsymbol{E}}^j\boldsymbol{u}+\beta\overline{\boldsymbol{E}}^{j+4}\boldsymbol{u}$，这里 $\boldsymbol{u}=\{u_i\}_{i\in\mathbf{Z}}$是（2.11）满足 $(u_0,\ u_1)=(-1,\ 0)$ 的解. 只需证9是

$$\boldsymbol{\phi}=\alpha\boldsymbol{u}+\beta\overline{\boldsymbol{E}}^4\boldsymbol{u}$$

的最小正周期即可. 事实上，因 $\boldsymbol{u}=\{u_i\}_{i\in\mathbf{Z}}$的最小正周期是9，知 $\boldsymbol{\phi}$ 是9-周期的. 直接计算，得

$$\phi_0=-\alpha,\ \phi_1=-\beta,\ \phi_2=\alpha+\beta,\ \phi_3=\alpha+2\beta,\ \phi_4=\beta,$$
$$\phi_0=-\alpha-\beta,\ \phi_6=\alpha,\ \phi_7=2\alpha+\beta,\ \phi_s=\alpha+\beta.$$

可以验证1和3都不是 $\boldsymbol{\phi}$ 的周期. 事实上，若1是 $\boldsymbol{\phi}$ 的周期，则由 $-\alpha=\phi_0=\phi_6=-\beta$ 和 $-\alpha=\phi_0=\phi_1=\phi_2=\alpha+\beta$，导出 $\alpha=\beta=0$ 矛盾. 若3是 $\boldsymbol{\phi}$ 的周期，则由 $-\alpha=\phi_0=\phi_6=\alpha$ 和 $-\beta=\phi_1=\phi_4=\beta$，导出 $\alpha=\beta=0$ 矛盾. 证毕.

由定理2.4 可直接得出以下推论：

推论2.1 （2.9）有非平凡的稳态解的充要条件是 ω 为9的正整数倍.

公开问题2.1 讨论更一般的带绝对控制函数的数神经网络

$$\begin{cases}u_i^{(t+1)}=mu_i^{(i)}-n\left|u_i^{(t)}\right|+\lambda u_{i-1}^{(i)}+\mu u_{i+1}^{(i)},\ i\in\mathbf{Z}[1,\omega],\ t\in\mathbf{N},\\ u_0^{(t)}=u_\omega^{(t)},\ u_{\omega+1}^{(t)}=u_1^{(t)}\end{cases}\tag{2.19}$$

的稳态解问题. （2.19）中 ω 为正整数，m，n，λ，μ 为实数.

§2.3 带取整控制的神经网络的所有稳态解

取整控制神经网络在金融流通管理系统中有重要的应用背景. 本章参考文献3研究了这类网络的稳态解. 这一节介绍Wang在本章参考文献17的工作，考虑带绝对控制函数的数位神经网络

$$\begin{cases}u_i^{(t+1)}-u_i^{(i)}=u_{i-1}^{(i)}+u_i^{(i)}+u_{i+1}^{(i)}-m[u_i^{(t)}],\ i\in\mathbf{Z}[1,\omega],\ t\in\mathbf{N},\\ u_0^{(t)}=u_\omega^{(t)},\ u_{\omega+1}^{(t)}=u_1^{(t)}\end{cases}\tag{2.20}$$

的稳态解问题.（2.20）中 $[\cdot]$ 是取整函数的记号（即 $[x]$ 表示实数 x 的整数部分），ω 和 m 都是正整数.

显然，$\boldsymbol{u}=(u_1,\ u_2,\ \cdots,\ u_\omega)^{\mathrm{T}}$ 为（2.20）的稳态解等价于它的 ω-周期延拓 $\boldsymbol{\varphi}=\{\varphi_k\}_{k\in\mathbf{Z}}$（这里 $\varphi_k=u_{k\bmod\omega}$，$k\in\mathbf{Z}$）是下面非线性差分方程

$$\varphi_{k+1}+\varphi_k+\varphi_{k-1}=m[\varphi_k],\ k\in\mathbf{Z}\tag{2.21}$$

的 ω - 周期解．称差分方程（2.21）为数神经网络（2.20）的稳态解的诱导方程．

本节试图求出（2.21）的通解，并讨论（2.21）的解的周期性，相应地解决对任一正整数 ω（神经元的数目）模型（2.20）的稳态解的问题．

定义 2.4 （2.21）的一个解是指一个实数列 $\boldsymbol{\varphi}=\{\varphi_k\}_{k\in\mathbf{Z}}$，它代入（2.21）后使得（2.21）成立．显然 $\{0\}_{k\in\mathbf{Z}}$ 是（2.21）的解，称它为平凡解，而其他解称为非平凡解.

由于（2.21）可以写成

$$\varphi_{k+1}=m[\varphi_k]-\varphi_k-\varphi_{k-1},\ k\in\mathbf{Z} \tag{2.22}$$

或

$$\varphi_{k-1}=m[\varphi_k]-\varphi_k-\varphi_{k+1},\ k\in\mathbf{Z}, \tag{2.23}$$

易知（2.21）的一个解 $\boldsymbol{\varphi}$ 由它的任何两个连续项（ϕ_k，ϕ_{k+1}）唯一确定．

定义 2.5 一个实数列 $\boldsymbol{\varphi}=\{\varphi_k\}_{k\in\mathbf{Z}}$ 叫做整的，是指对所有 $k\in\mathbf{Z}$，φ_k 都是整数．否则将叫做非整的.

引入两个有用的记号：实数 α 的小数部分定义为 $\langle\alpha\rangle=\alpha-[\alpha]$，实数 α 的上确界整数定义为

$$\overline{[\alpha]}=\begin{cases}[\alpha],\ \alpha=[\alpha],\\ [\alpha]+1,\alpha>[\alpha].\end{cases}$$

为寻找（2.21）的通解的表达式，可借助于如下的线性常系数齐次差分方程

$$y_{k+2}+(1-m)y_{k+1}+y_k=0,k\in\mathbf{Z} \tag{2.24}$$

和相应的非齐次差分方程

$$y_{k+2}+(1-m)y_{k+1}+y_k=-\frac{m}{3}\left(1-\cos\frac{2(k+1)\pi}{3}-\sqrt{3}\sin\frac{2(k+1)\pi}{3}\right),\ k\in\mathbf{Z} \tag{2.25}$$

的通解．

由（2.21）容易检验下面两个引理成立：

引理 2.5 设 $\boldsymbol{\Phi}$ 是（2.21）的整解，而 $\boldsymbol{\psi}$ 是（2.21）的非整解，则 $\boldsymbol{\Phi}+\boldsymbol{\psi}$ 也是（2.21）的解.

引理 2.6 设 $\boldsymbol{\Phi}$ 和 $\boldsymbol{\psi}$ 都是（2.21）的整解，α 和 β 是两个整数，则 $\alpha\boldsymbol{\Phi}+\beta\boldsymbol{\psi}$ 也是（2.21）的整解．

定理 2.5 设 $\boldsymbol{u}=\{u_i\}_{i\in\mathbf{Z}}$ 和 $\boldsymbol{v}=\{v_i\}_{i\in\mathbf{Z}}$ 是（2.21）的两个解且分别满足：$(u_0,\ u_1)=(1,\ 0)$，$(v_0,\ v_1)=(0,\ 1)$，$\boldsymbol{\zeta}(s,\ t)=\{\zeta_k(s,t)\}_{k\in\mathbf{Z}}$ 是(2.21)满足 $(\zeta_0(s,t),\zeta_1(s,t))=(s,t)$（这里 $(s,t)\in[0,1)^2\setminus\{(0,\ 0)\}$）的非整解．补充定义 $\boldsymbol{\zeta}(0,\ 0)=\{0\}_{k\in\mathbf{Z}}$，则（2.21）的任一解 $\boldsymbol{\varphi}$ 可以写成

$$\boldsymbol{\varphi}=\alpha\boldsymbol{u}+\beta\boldsymbol{v}+\boldsymbol{\zeta}(s,\ t), \tag{2.26}$$

这里 α，β 都是整数，$0\leqslant s$，$t<1$，而且 $\alpha=[\varphi_0]$，$\beta=[\varphi_1]$，$s=\langle\varphi_0\rangle$，$t=\langle\varphi_1\rangle$.

证明：对任意满足 $0\leqslant s$，$t<1$ 的 s，t 和任意整数 α，β，由引理 2.5 和 2.6，知 $\alpha\boldsymbol{u}+\beta\boldsymbol{v}+\boldsymbol{\zeta}(s,t)$ 是(2.21)的解. 反之，对(2.21)的任一解 $\boldsymbol{\varphi}$，令 $\alpha=[\varphi_0]$，$\beta=[\varphi_1]$，$s=\langle\varphi_0\rangle$，$t=\langle\varphi_1\rangle$，并令

$$\boldsymbol{\Phi}=\alpha\boldsymbol{u}+\beta\boldsymbol{v}+\boldsymbol{\zeta}(s,\ t),$$

则 $\boldsymbol{\Phi}$ 也是（2.21）的解．直接计算可得

$$\Phi_0=\alpha+s=\varphi_0,\ \Phi_1=\beta+t=\varphi_1.$$

由（2.21）的解的唯一性，知 $\boldsymbol{\varphi}=\boldsymbol{\Phi}=\alpha\boldsymbol{u}+\beta\boldsymbol{v}+\boldsymbol{\zeta}(s,t)$．证毕．

引理 2.7 对任意 $s,t\in[0,1)$ 且 $(s,t)\neq(0,0)$，设 $\boldsymbol{\zeta}(s,t)=\{\zeta_k(s,t)\}_{k\in\mathbf{Z}}$ 是 (2.21) 满足 $(\zeta_0(s,t),\zeta_1(s,t))=(s,t)$ 的非整解，又设 $\bar{\boldsymbol{\zeta}}=\{\bar{\zeta}_k\}_{k\in\mathbf{Z}}$ 是(2.25)满足 $\bar{\zeta}_0=\bar{\zeta}_1=0$ 的整解．则

（ⅰ）当 $0<s+t\leqslant1$ 时，

$$\begin{aligned}\zeta_k(s,t)=&\bar{\zeta}_k+s\left(\frac{1}{3}+\frac{2}{3}\cos\frac{2k\pi}{3}\right)+t\left(\frac{1}{3}-\frac{1}{3}\cos\frac{2k\pi}{3}+\frac{\sqrt{3}}{3}\sin\frac{2k\pi}{3}\right)\\&-(s+t)\left(\frac{1}{3}-\frac{1}{3}\cos\frac{2k\pi}{3}-\frac{\sqrt{3}}{3}\sin\frac{2k\pi}{3}\right);\end{aligned}\tag{2.27}$$

（ⅱ）当 $s+t>1$ 时，

$$\begin{aligned}\zeta_k(s,t)=&2\bar{\zeta}_k+s\left(\frac{1}{3}+\frac{2}{3}\cos\frac{2k\pi}{3}\right)+t\left(\frac{1}{3}-\frac{1}{3}\cos\frac{2k\pi}{3}+\frac{\sqrt{3}}{3}\sin\frac{2k\pi}{3}\right)\\&-(s+t)\left(\frac{1}{3}-\frac{1}{3}\cos\frac{2k\pi}{3}-\frac{\sqrt{3}}{3}\sin\frac{2k\pi}{3}\right).\end{aligned}\tag{2.28}$$

证明：当 $0<s+t\leqslant1$ 时，令

$$\bar{\varphi}_k=\begin{cases}[\zeta_k(s,t)],&k\equiv0,1\bmod 3,\\ [\zeta_k(s,t)]+1,&k\equiv2\bmod 3,\end{cases}\tag{2.29}$$

因 $\langle\zeta_0(s,t)\rangle=s,\langle\zeta_1(s,t)\rangle=t$，由（2.21）递推，有

$$\langle\zeta_2(s,t)\rangle=1-s-t.$$

由（2.21）递推，得

$$\langle\zeta_k(s,t)\rangle=\begin{cases}s,&k\equiv0\bmod 3,\\ t,&k\equiv1\bmod 3,\\ 1-s-t,&k\equiv2\bmod 3\end{cases}.\tag{2.30}$$

由（2.29）和（2.30），得

$$\begin{aligned}\zeta_k(s,t)&=[\zeta_k(s,t)]+\langle\zeta_k(s,t)\rangle\\&=\begin{cases}[\zeta_k(s,t)]+s,k\equiv0\bmod 3,\\ [\zeta_k(s,t)]+t,k\equiv1\bmod 3,\\ [\zeta_k(s,t)]+1-s-t,k\equiv2\bmod 3\end{cases}=\begin{cases}\bar{\varphi}_k+s,k\equiv0\bmod 3,\\ \bar{\varphi}_k+t,k\equiv1\bmod 3,\\ \bar{\varphi}_k-s-t,k\equiv2\bmod 3.\end{cases}\end{aligned}\tag{2.31}$$

由（2.21），（2.29）和（2.31），有

$$\begin{aligned}\bar{\varphi}_{k+2}+\bar{\varphi}_{k+1}+\bar{\varphi}_k&=\zeta_{k+2}(s,t)+\zeta_{k+1}(s,t)+\zeta_k(s,t)=m[\zeta_{k+1}(s,t)]\\&=\begin{cases}m\bar{\varphi}_{k+1}-m,&k\equiv1\bmod 3,\\ m\bar{\varphi}_{k+1},&k\equiv0,2\bmod 3.\end{cases}\end{aligned}$$

推出

$$\bar{\varphi}_{k+2}+(1-m)\bar{\varphi}_{k+1}+\bar{\varphi}_k=\begin{cases}-m,k\equiv1\bmod 3,\\ 0,k\equiv0,2\bmod 3\end{cases}=-\frac{m}{3}\left\{1-\cos\frac{2(k+1)\pi}{3}-\sqrt{3}\sin\frac{2(k+1)\pi}{3}\right\}.$$

因此 $\overline{\boldsymbol{\varphi}}=\{\overline{\varphi}_k\}_{k\in\mathbf{Z}}$ 是（2.25）满足 $\overline{\varphi}_0=\overline{\varphi}_1=0$ 的整解．由解的唯一性，知 $\overline{\boldsymbol{\varphi}}=\overline{\boldsymbol{\zeta}}$ 且由（2.31），知（2.27）成立．

当 $s+t>1$ 时，令

$$\overline{\psi}_k=\begin{cases}[\zeta_k(s,\ t)],\ k\equiv 0,\ 1 \bmod 3,\\ [\zeta_k(s,\ t)]+2,\ k\equiv 2 \bmod 3,\end{cases}\tag{2.32}$$

因 $\langle\zeta_0(s,t)\rangle=s,\langle\zeta_1(s,t)\rangle=t$，由（2.21）递推，有

$$\langle\zeta_2(s,\ t)\rangle=2-s-t.$$

再递推，得

$$\langle\zeta_k(s,t)\rangle=\begin{cases}s,\ k\equiv 0 \bmod 3,\\ t,\ k\equiv 1 \bmod 3,\\ 2-s-t,\ k\equiv 2 \bmod 3.\end{cases}\tag{2.33}$$

由（2.32）和（2.33），得

$$\begin{aligned}\zeta_k(s,t)&=[\zeta_k(s,t)]+\langle\zeta_k(s,t)\rangle\\ &=\begin{cases}[\zeta_k(s,t)]+s,k\equiv 0 \bmod 3,\\ [\zeta_k(s,t)]+t,k\equiv 1 \bmod 3,\\ [\zeta_k(s,t)]+2-s-t,k\equiv 2 \bmod 3\end{cases}=\begin{cases}\overline{\psi}_k+s,k\equiv 0 \bmod 3,\\ \overline{\psi}_k+t,k\equiv 1 \bmod 3,\\ \overline{\psi}_k-s-t,k\equiv 2 \bmod 3.\end{cases}\end{aligned}\tag{2.34}$$

由（2.21）和（2.34），有

$$\begin{aligned}\overline{\psi}_{k+2}+\overline{\psi}_{k+1}+\overline{\psi}_k&=\zeta_{k+2}(s,t)+\zeta_{k+1}(s,t)+\zeta_k(s,t)=m[\zeta_{k+1}(s,\ t)]\\ &=\begin{cases}m\overline{\psi}_{k+1}-2m,\ k\equiv 1 \bmod 3,\\ m\overline{\psi}_{k+1},\ k\equiv 0,\ 2 \bmod 3.\end{cases}\end{aligned}$$

推出

$$\begin{aligned}\overline{\psi}_{k+2}+(1-m)\overline{\psi}_{k+1}+\overline{\psi}_k&=\begin{cases}-2m,\ k\equiv 1 \bmod 3,\\ 0,\ k\equiv 0,\ 2 \bmod 3\end{cases}\\ &=-\frac{2m}{3}\left(1-\cos\frac{2(k+1)\pi}{3}-\sqrt{3}\sin\frac{2(k+1)\pi}{3}\right).\end{aligned}$$

因此，$\frac{1}{2}\overline{\boldsymbol{\psi}}=\left\{\frac{1}{2}\overline{\psi}_k\right\}_{k\in\mathbf{Z}}$ 是（2.25）满足 $\frac{1}{2}\overline{\psi}_0=\frac{1}{2}\overline{\psi}_1=0$ 的整解．再由唯一性，得 $\frac{1}{2}\overline{\boldsymbol{\psi}}=\overline{\boldsymbol{\zeta}}$，即 $\overline{\boldsymbol{\psi}}=2\overline{\boldsymbol{\zeta}}$ 且由（2.34），知（2.28）成立．证毕．

引理 2.8 设 $\overline{\boldsymbol{\zeta}}=\{\overline{\zeta}_k\}_{k\in\mathbf{Z}}$ 是（2.25）满足 $\overline{\zeta}_0=\overline{\zeta}_1=0$ 的整解，则下面结论都成立：

（i）若 $m=1$，则

$$\overline{\zeta}_k=\frac{1}{2}\cos\frac{k\pi}{2}+\frac{1}{2}\sin\frac{k\pi}{2}-\frac{1}{6}+\frac{2}{3}\cos\frac{2(k+1)\pi}{3},\ k\in\mathbf{Z};\tag{2.35}$$

（ii）若 $m=2$，则

$$\overline{\zeta}_k=\cos\frac{k\pi}{3}+\frac{\sqrt{3}}{3}\sin\frac{k\pi}{3}-\frac{2}{3}+\frac{2}{3}\cos\frac{2(k+1)\pi}{3},\ k\in\mathbf{Z};\tag{2.36}$$

（iii）若 $m=3$，则

$$\overline{\zeta}_k=\frac{1}{3}-\frac{k(k-1)}{2}+\frac{2}{3}\cos\frac{2(k+1)\pi}{3},\ k\in\mathbf{Z};\tag{2.37}$$

（ⅳ）若 $m \geqslant 4$，则

$$\bar{\zeta}_k=\left(\frac{-1}{2\ (m-3)}+\frac{1}{2\ \sqrt{(m-1)^2-4}}\right)\left(\frac{(m-1)+\sqrt{(m-1)^2-4}}{2}\right)^k$$
$$+\left(\frac{-1}{2\ (m-3)}-\frac{1}{2\ \sqrt{(m-1)^2-4}}\right)\left(\frac{(m-1)-\sqrt{(m-1)^2-4}}{2}\right)^k \quad (2.38)$$
$$+\frac{m}{3(m-3)}+\frac{2}{3}\cos\frac{2(k+1)\pi}{3},\ k\in\mathbf{Z}.$$

证明： 设 $\bar{\boldsymbol{\zeta}}=\{\bar{\zeta}_k\}_{k\in\mathbf{Z}}$ 是（2.25）满足 $\bar{\zeta}_0=\bar{\zeta}_1=0$ 的整解，若 $m\neq 3$，定义 $\boldsymbol{\chi}=\{\chi_k\}_{K\in\mathbf{Z}}$ 如下：

$$\chi_k=\frac{m}{3(m-3)}+\frac{2}{3}\cos\frac{2(k+1)\pi}{3},\ k\in\mathbf{Z}.$$

易知 $\boldsymbol{\chi}=\{\chi_k\}_{K\in\mathbf{Z}}$ 是（2.25）的一个特解．

当 $m=1$ 时，（2.24）的通解是

$$y_k=C\cos\frac{k\pi}{2}+D\sin\frac{k\pi}{2},\ k\in\mathbf{Z}.$$

这样

$$\bar{\zeta}_k=C\cos\frac{k\pi}{2}+D\sin\frac{k\pi}{2}-\frac{1}{6}+\frac{2}{3}\cos\frac{2(k+1)\pi}{3},\ k\in\mathbf{Z}.$$

注意到 $\bar{\zeta}_0=\bar{\zeta}_1=0$，可得 $C=D=\frac{1}{2}$. 因此（2.35）为所求．

当 $m=2$ 时，（2.24）的通解是

$$y_k=C\cos\frac{k\pi}{3}+D\sin\frac{k\pi}{3},\ k\in\mathbf{Z}.$$

这样

$$\bar{\zeta}_k=C\cos\frac{k\pi}{3}+D\sin\frac{k\pi}{3}-\frac{2}{3}+\frac{2}{3}\cos\frac{2(k+1)\pi}{3},\ k\in\mathbf{Z}.$$

注意到 $\bar{\zeta}_0=\bar{\zeta}_1=0$，可得 $C=1$，$D=\frac{\sqrt{3}}{3}$. 因此（2.36）为所求．

当 $m\geqslant 4$ 时，（2.24）的通解是

$$y_k=C\left(\frac{(m-1)+\sqrt{(m-1)^2-4}}{2}\right)^k+D\left(\frac{(m-1)-\sqrt{(m-1)^2-4}}{2}\right)^k,\ k\in\mathbf{Z}.$$

这样

$$\bar{\zeta}_k=C\left(\frac{(m-1)+\sqrt{(m-1)^2-4}}{2}\right)^k+D\left(\frac{(m-1)-\sqrt{(m-1)^2-4}}{2}\right)^k$$
$$+\frac{m}{3(m-3)}+\frac{2}{3}\cos\frac{2(k+1)\pi}{3},\ k\in\mathbf{Z}.$$

注意到 $\bar{\zeta}_0=\bar{\zeta}_1=0$，可得

$$C=\frac{-1}{2(m-3)}+\frac{1}{2\sqrt{(m-1)^2-4}},D=\frac{-1}{2(m-3)}-\frac{1}{2\sqrt{(m-1)^2-4}}.$$

因此（2.38）为所求．

若 $m=3$，易知 $\boldsymbol{\zeta}=\{\zeta_k\}_{k\in\mathbf{Z}}$：

$$\zeta_k=-\frac{k(k-1)}{2}+\frac{2}{3}\cos\frac{2(k+1)\pi}{3},k\in\mathbf{Z}$$

是（2.25）的一个特解，而（2.24）的通解为

$$y_k=C+Dk,\ k\in\mathbf{Z}.$$

这样

$$\bar{\zeta}_k=C+Dk-\frac{k(k-1)}{2}+\frac{2}{3}\cos\frac{2(k+1)\pi}{3},\ k\in\mathbf{Z}.$$

注意到 $\bar{\zeta}_0=\bar{\zeta}_1=0$，可得 $C=\frac{1}{3}$，$D=0$. 因此（2.37）为所求．证毕．

引理 2.9　设 $\boldsymbol{u}=\{u_i\}_{i\in\mathbf{Z}}$ 和 $\boldsymbol{v}=\{v_i\}_{i\in\mathbf{Z}}$ 是（2.21）的两个解且分别是满足 $(u_0,u_1)=(1,0),(v_0,v_1)=(0,1)$，则下面结论都成立：

（ⅰ）若 $m=1$，则

$$u_k=\cos\frac{k\pi}{2},\ k\in\mathbf{Z},$$

$$v_k=\sin\frac{k\pi}{2},\ k\in\mathbf{Z};$$

（ⅱ）若 $m=2$，则

$$u_k=\cos\frac{k\pi}{3}-\frac{\sqrt{3}}{3}\sin\frac{k\pi}{3},\ k\in\mathbf{Z},$$

$$v_k=\frac{2\sqrt{3}}{3}\sin\frac{k\pi}{3},\ k\in\mathbf{Z};$$

（ⅲ）若 $m=3$，则

$$u_k=1-k,\ k\in\mathbf{Z},$$

$$v_k=k,\ k\in\mathbf{Z};$$

（ⅳ）若 $m\geqslant4$，则

$$\begin{aligned}u_k=&\left(\frac{1}{2}+\frac{1-m}{2\sqrt{(m-1)^2-4}}\right)\left(\frac{(m-1)+\sqrt{(m-1)^2-4}}{2}\right)^k\\&+\left(\frac{1}{2}-\frac{1-m}{2\sqrt{(m-1)^2-4}}\right)\left(\frac{(m-1)-\sqrt{(m-1)^2-4}}{2}\right)^k,\ k\in\mathbf{Z},\\v_k=&\frac{1}{\sqrt{(m-1)^2-4}}\left(\frac{(m-1)+\sqrt{(m-1)^2-4}}{2}\right)^k\\&+\frac{-1}{\sqrt{(m-1)^2-4}}\left(\frac{(m-1)-\sqrt{(m-1)^2-4}}{2}\right)^k,\ k\in\mathbf{Z}.\end{aligned}$$

事实上，因 $(u_0,\ u_1)=(1,0),(v_0,v_1)=(0,1)$，由（2.21），看出 $\boldsymbol{u}$ 和 $\boldsymbol{v}$ 都是它的整解．从而也是常系数齐次线性差分方程（2.24）的整解．由引理 2.8 的证明过程中所出现的（2.24）的通解表达式，并用初始条件 $(u_0,u_1)=(1,0)$ 和 $(v_0,v_1)=(0,1)$，便可求出以上结论．

由定理 2.5 和引理 2.7—2.9 直接推出如下定理：

定理 2.6　设 $\boldsymbol{\varphi}=\{\varphi_k\}_{k\in\mathbf{Z}}$ 是（2.21）的解，令 $\alpha=[\varphi_0],\beta=[\varphi_1],s=\langle\varphi_0\rangle,t=$

$\langle\varphi_1\rangle$，则

（ⅰ）当 $m=1$ 时，

$$\varphi_k=\alpha\cos\frac{k\pi}{2}+\beta\sin\frac{k\pi}{2}+\overline{[s+t]}\left(\frac{1}{2}\cos\frac{k\pi}{2}+\frac{1}{2}\sin\frac{k\pi}{2}-\frac{1}{6}+\frac{2}{3}\cos\frac{2(k+1)\pi}{3}\right)$$
$$+s\left(\frac{1}{3}+\frac{2}{3}\cos\frac{2k\pi}{3}\right)+t\left(\frac{1}{3}-\frac{1}{3}\cos\frac{2k\pi}{3}+\frac{\sqrt{3}}{3}\sin\frac{2k\pi}{3}\right)$$
$$-(s+t)\left(\frac{1}{3}-\frac{1}{3}\cos\frac{2k\pi}{3}-\frac{\sqrt{3}}{3}\sin\frac{2k\pi}{3}\right),\quad k\in\mathbf{Z};$$

（ⅱ）当 $m=2$ 时，

$$\varphi_k=\alpha\cos\frac{k\pi}{3}+(2\beta-\alpha)\frac{\sqrt{3}}{3}\sin\frac{k\pi}{3}+\overline{[s+t]}\left(\cos\frac{k\pi}{3}+\frac{\sqrt{3}}{3}\sin\frac{k\pi}{3}-\frac{2}{3}+\frac{2}{3}\cos\frac{2(k+1)\pi}{3}\right)$$
$$+s\left(\frac{1}{3}+\frac{2}{3}\cos\frac{2k\pi}{3}\right)+t\left(\frac{1}{3}-\frac{1}{3}\cos\frac{2k\pi}{3}+\frac{\sqrt{3}}{3}\sin\frac{2k\pi}{3}\right)$$
$$-(s+t)\left(\frac{1}{3}-\frac{1}{3}\cos\frac{2k\pi}{3}-\frac{\sqrt{3}}{3}\sin\frac{2k\pi}{3}\right),k\in\mathbf{Z};$$

（ⅲ）当 $m=3$ 时，

$$\varphi_k=\alpha+(\beta-\alpha)k+\overline{[s+t]}\left(\frac{1}{3}-\frac{k(k-1)}{2}+\frac{2}{3}\cos\frac{2(k+1)\pi}{3}\right)$$
$$+s\left(\frac{1}{3}+\frac{2}{3}\cos\frac{2k\pi}{3}\right)+t\left(\frac{1}{3}-\frac{1}{3}\cos\frac{2k\pi}{3}+\frac{\sqrt{3}}{3}\sin\frac{2k\pi}{3}\right)$$
$$-(s+t)\left(\frac{1}{3}-\frac{1}{3}\cos\frac{2k\pi}{3}-\frac{\sqrt{3}}{3}\sin\frac{2k\pi}{3}\right),\quad k\in\mathbf{Z};$$

（ⅳ）当 $m\geqslant 4$ 时，

$$\varphi_k=\left(\frac{\alpha}{2}+\frac{\alpha+2\beta-\alpha m}{2\sqrt{(m-1)^2-4}}\right)\left(\frac{(m-1)+\sqrt{(m-1)^2-4}}{2}\right)^k$$
$$+\left(\frac{\alpha}{2}-\frac{\alpha+2\beta-\alpha m}{2\sqrt{(m-1)^2-4}}\right)\left(\frac{(m-1)-\sqrt{(m-1)^2-4}}{2}\right)^k$$
$$+\overline{[s+t]}\left\{\left(\frac{1}{2\sqrt{(m-1)^2-4}}-\frac{1}{2(m-3)}\right)\left(\frac{(m-1)+\sqrt{(m-1)^2-4}}{2}\right)^k\right.$$
$$+\left(\frac{-1}{2\sqrt{(m-1)^2-4}}-\frac{1}{2(m-3)}\right)\left(\frac{(m-1)-\sqrt{(m-1)^2-4}}{2}\right)^k$$
$$\left.+\frac{m}{3(m-3)}+\frac{2}{3}\cos\frac{2(k+1)\pi}{3}\right\}+s\left(\frac{1}{3}+\frac{2}{3}\cos\frac{2k\pi}{3}\right)$$
$$+t\left(\frac{1}{3}-\frac{1}{3}\cos\frac{2k\pi}{3}+\frac{\sqrt{3}}{3}\sin\frac{2k\pi}{3}\right)$$
$$-(s+t)\left(\frac{1}{3}-\frac{1}{3}\cos\frac{2k\pi}{3}-\frac{\sqrt{3}}{3}\sin\frac{2k\pi}{3}\right),k\in\mathbf{Z}.$$

由于定理2.6给出了（2.21）的所有解的具体表达式，故分类讨论（2.21）每个解的周期性问题，可得到如下的结果：

定理2.7 当 $m=1$ 时，（2.21）的每个解都是周期的．进一步，设 $\boldsymbol{\varphi}=\{\varphi_k\}_{k\in\mathbf{Z}}$ 是

(2.21) 的解，并令 $\alpha=[\varphi_0],\beta=[\varphi_1],s=\langle\varphi_0\rangle,t=\langle\varphi_1\rangle$，则有

(i) 当 $(\alpha,\beta,s,t)=(0,0,0,0)$ 或 $\left(-1,-1,\frac{2}{3},\frac{2}{3}\right)$ 时，$\boldsymbol{\varphi}$ 具有最小正周期 1 且 $\boldsymbol{\varphi}=\{0\}_{k\in\mathbf{Z}}$ 或 $\left\{-\frac{1}{3}\right\}_{k\in\mathbf{Z}}$；

(ii) 当 $(\alpha,\beta)\neq(0,0)$ 且 $(s,t)=(0,0)$ 时，$\boldsymbol{\varphi}$ 具有最小正周期 4 且

$$\boldsymbol{\varphi}^{[0]}=(\alpha,\beta,-\alpha,-\beta);$$

(iii) 当 $0<s+t\leqslant 1$ 且 $(s,t)\neq\left(\frac{1}{3},\frac{1}{3}\right)$ 时，$\boldsymbol{\varphi}$ 具最小正周期 12 且

$$\begin{aligned}\boldsymbol{\varphi}^{[0]}=(&\alpha+s,\beta+t,-\alpha-(s+t),-\beta-1+s,\alpha+t,\beta+1-(s+t),\\&-\alpha-1+s,-\beta-1+t,\alpha+1-(s+t),\beta+s,-\alpha-1+t,-\beta-(s+t));\end{aligned}$$

(iv) 当 $(s,t)=\left(\frac{1}{3},\frac{1}{3}\right)$ 时，$\boldsymbol{\varphi}$ 具最小正周期 4 且

$$\boldsymbol{\varphi}^{[0]}=\left(\alpha+\frac{1}{3},\beta+\frac{1}{3},-\alpha-\frac{2}{3},-\beta-\frac{2}{3}\right);$$

(v) 当 $s+t>1$ 时，若 $(s,t)\neq(\frac{2}{3},\frac{2}{3})$ 且 $(\alpha,\beta)\neq(-1,-1)$，则 $\boldsymbol{\varphi}$ 具最小正周期 12 且

$$\begin{aligned}\boldsymbol{\varphi}^{[0]}=(&\alpha+s,\beta+t,-\alpha-(s+t),-\beta-2+s,\alpha+t,\beta+2-(s+t),-\alpha-2+s,\\&-\beta-2+t,\alpha+2-(s+t),\beta+s,-\alpha-2+t,-\beta-(s+t));\end{aligned}$$

(vi) 当 $(s,t)=\left(\frac{2}{3},\frac{2}{3}\right)$ 且 $(\alpha,\beta)\neq(-1,-1)$ 时，$\boldsymbol{\varphi}$ 具最小正周期 4 且

$$\boldsymbol{\varphi}^{[0]}=\left(\alpha+\frac{2}{3},\beta+\frac{2}{3},-\alpha-\frac{4}{3},-\beta-\frac{4}{3}\right);$$

(vii) 当 $s+t>1$，$(s,t)\neq\left(\frac{2}{3},\frac{2}{3}\right)$ 且 $(\alpha,\beta)=(-1,-1)$ 时，$\boldsymbol{\varphi}$ 具最小正周期 3 且

$$\boldsymbol{\varphi}^{[0]}=(-1+s,-1+t,1-(s+t)).$$

定理 2.8 当 $m=2$ 时，(2.21) 的每个解都是周期的．进一步，设 $\boldsymbol{\varphi}=\{\varphi_k\}_{k\in\mathbf{Z}}$ 是 (2.21) 的解，并令 $\alpha=[\varphi_0],\beta=[\varphi_1],s=\langle\varphi_0\rangle,t=\langle\varphi_1\rangle$，则有

(i) 当 $(\alpha,\beta,s,t)=(\alpha,\alpha,0,0)$ 或 $\left(-1,-1,\frac{1}{3},\frac{1}{3}\right)$ 或 $\left(-2,-2,\frac{2}{3},\frac{2}{3}\right)$ 时，$\boldsymbol{\varphi}$ 具最小正周期 1 且 $\boldsymbol{\varphi}=\{\alpha\}_{k\in\mathbf{Z}}$ 或 $\left\{-\frac{2}{3}\right\}_{k\in\mathbf{Z}}$ 或 $\left\{-\frac{4}{3}\right\}_{k\in\mathbf{Z}}$；

(ii) 当 $(\alpha,\beta)\neq(0,0)$ 且 $(s,t)=(0,0)$ 时，$\boldsymbol{\varphi}$ 具最小正周期 6 且

$$\boldsymbol{\varphi}^{[0]}=(\alpha,\beta,-\alpha,-\alpha,-\beta,\alpha-\beta);$$

(iii) 当 $0<s+t\leqslant 1$ 且 $(\alpha,\beta)\neq(-1,-1)$ 时，$\boldsymbol{\varphi}$ 具最小正周期 6 且

$$\boldsymbol{\varphi}^{[0]}=(\alpha+s,\beta+t,\beta-\alpha-(s+t),-\alpha-2+s,-\beta-2+t,\alpha-\beta-(s+t));$$

(iv) 当 $0<s+t\leqslant 1$，$(s,t)\neq\left(\frac{1}{3},\frac{1}{3}\right)$ 且 $(\alpha,\beta)=(-1,-1)$ 时，$\boldsymbol{\varphi}$ 具最小正周

期3且

$$\boldsymbol{\varphi}^{[0]}=(-1+s,\ -1+t,\ -s-t);$$

（ⅴ）当 $s+t>1$ 且 $(\alpha,\beta)\neq(-2,-2)$ 时，$\boldsymbol{\varphi}$ 具最小正周期6且

$$\boldsymbol{\varphi}^{[0]}=(\alpha+s,\ \beta+t,\beta-\alpha-(s+t),-\alpha-4+s,-\beta-4+t,\alpha-\beta-(s+t));$$

（ⅵ）当 $s+t>1$，$(s,\ t)\neq\left(\frac{2}{3},\ \frac{2}{3}\right)$ 且 $(\alpha,\ \beta)=(-2,\ -2)$ 时，$\boldsymbol{\varphi}$ 具最小正周期3且

$$\boldsymbol{\varphi}^{[0]}=(-2+s,\ -2+t,\ -(s+t)).$$

定理2.9 当 $m=3$ 时，(2.21) 只有最小正周期1的解，它们形如 $\{\alpha\}_{k\in\mathbf{Z}}$（这里 $\alpha\in\mathbf{Z}$），而其他解都是非周期的.

定理2.10 当 $m=4$ 时，设 $\boldsymbol{\varphi}=\{\varphi_k\}_{k\in\mathbf{Z}}$ 是 (2.21) 的解，令 $\alpha=[\varphi_0],\beta=[\varphi_1],s=\langle\varphi_0\rangle,t=\langle\varphi_1\rangle$，则 $\boldsymbol{\varphi}$ 是周期的当且仅当它满足如下三种情形之一：

（ⅰ）当 $(\alpha,\ \beta,\ s,\ t)=(0,0,0,0)$ 时，$\boldsymbol{\varphi}=\{0\}_{k\in\mathbf{Z}}$ 是平凡解.

（ⅱ）当 $0<s+t\leqslant1$ 且 $\alpha=\beta=1$ 时，$\boldsymbol{\varphi}=\{\varphi_k\}_{k\in\mathbf{Z}}$ 具最小正周期3且

$$\begin{aligned}\varphi_k=&\frac{4}{3}+\frac{2}{3}\cos\frac{2(k+1)\pi}{3}+s\left(\frac{1}{3}+\frac{2}{3}\cos\frac{2k\pi}{3}\right)\\&+t\left(\frac{1}{3}-\frac{1}{3}\cos\frac{2k\pi}{3}+\frac{\sqrt{3}}{3}\sin\frac{2k\pi}{3}\right)-(s+t)\left(\frac{1}{3}-\frac{1}{3}\cos\frac{2k\pi}{3}-\frac{\sqrt{3}}{3}\sin\frac{2k\pi}{3}\right),\quad k\in\mathbf{Z}.\end{aligned}$$

（ⅲ）当 $s+t>1$ 且 $\alpha=\beta=2$ 时，$\boldsymbol{\varphi}=\{\varphi_k\}_{k\in\mathbf{Z}}$ 具最小正周期3且

$$\begin{aligned}\varphi_k=&\frac{8}{3}+\frac{4}{3}\cos\frac{2(k+1)\pi}{3}+s\left(\frac{1}{3}+\frac{2}{3}\cos\frac{2k\pi}{3}\right)\\&+t\left(\frac{1}{3}-\frac{1}{3}\cos\frac{2k\pi}{3}+\frac{\sqrt{3}}{3}\sin\frac{2k\pi}{3}\right)-(s+t)\left(\frac{1}{3}-\frac{1}{3}\cos\frac{2k\pi}{3}-\frac{\sqrt{3}}{3}\sin\frac{2k\pi}{3}\right),\quad k\in\mathbf{Z}.\end{aligned}$$

定理2.11 当 $m=5$ 时，设 $\boldsymbol{\varphi}=\{\varphi_k\}_{k\in\mathbf{Z}}$ 是 (2.21) 的解. 令 $\alpha=[\varphi_0],\beta=[\varphi_1],s=\langle\varphi_0\rangle,t=\langle\varphi_1\rangle$，则 $\boldsymbol{\varphi}$ 是周期的当且仅当它满足如下两种情形之一：

（ⅰ）当 $(\alpha,\ \beta,\ s,\ t)=(0,\ 0,\ 0,\ 0)$ 时，$\boldsymbol{\varphi}=\{0\}_{k\in\mathbf{Z}}$ 是平凡解；

（ⅱ）当 $s+t>1$ 且 $\alpha=\beta=1$ 时，$\boldsymbol{\varphi}$ 具有最小正周期3且

$$\begin{aligned}\varphi_k=&\frac{5}{3}+\frac{4}{3}\cos\frac{2(k+1)\pi}{3}+s\left(\frac{1}{3}+\frac{2}{3}\cos\frac{2k\pi}{3}\right)\\&+t\left(\frac{1}{3}-\frac{1}{3}\cos\frac{2k\pi}{3}+\frac{\sqrt{3}}{3}\sin\frac{2k\pi}{3}\right)-(s+t)\left(\frac{1}{3}-\frac{1}{3}\cos\frac{2k\pi}{3}-\frac{\sqrt{3}}{3}\sin\frac{2k\pi}{3}\right),\quad k\in\mathbf{Z}.\end{aligned}$$

定理2.12 当 $m\geqslant6$ 时，(2.21) 的所有非平凡解都是非周期的.

公开问题2.2 讨论更一般的数神经网络

$$\begin{cases}u_i^{(t+1)}=nu_i^{(i)}-m[u_i^{(t)}]+\lambda u_{i-1}^{(i)}+u_{i+1}^{(i)},\quad i\in\mathbf{Z}[1,\ \omega],\ t\in\mathbf{N},\\u_0^{(t)}=u_\omega^{(t)},\quad u_{\omega+1}^{(t)}=u_1^{(t)}\end{cases}\tag{2.39}$$

的稳态解问题. (2.39) 中 $[\cdot]$ 是取整函数的记号（即 $[x]$ 表示实数 x 的整数部分），ω 为正整数，m，n 和 λ 都为整数.

§2.4 带有 Bang Bang 控制的数位神经网络的稳态解

本节讨论如下形式的数神经网络（参见本章参考文献 4，19，20）

$$\begin{cases} u_i^{(t+1)} = \alpha u_i^{(i)} - H(u_i^{(t)}) + u_{i-1}^{(i)} + u_{i+1}^{(i)}, \ i \in \mathbf{Z}[1,\omega], \ t \in \mathbf{N}, \\ u_0^{(t)} = u_\omega^{(t)}, \ u_{\omega+1}^{(t)} = u_1^{(t)} \end{cases} \tag{2.40}$$

其中 ω 为正整数，α 为实参数，H：$\mathbf{R} \to \mathbf{R}$ 是 Heaviside 阶梯函数，它定义为

$$H(x) = \begin{cases} 1, \ x \geqslant 0, \\ -1, \ x < 0. \end{cases} \tag{2.41}$$

易知（2.40）的稳态解的诱导方程为

$$\varphi_{k-1} + (\alpha - 1)\varphi_k + \varphi_{k+1} = H(\varphi_k), \ k \in \mathbf{Z}. \tag{2.42}$$

研究（2.40）的稳态解等价于讨论（2.42）的 ω－周期解．

就差分方程来说，像（2.42）这样涉及不连续的 Bang Bang 函数的成果却不多，Wang 和 Cheng 在本章参考文献 19 中研究了（2.42）当 $\alpha = 1$ 的情形，即差分方程

$$\varphi_{k-1} + \varphi_{k+1} = H(\varphi_k), \ k \in \mathbf{Z}, \tag{2.43}$$

得到（2.43）没有最小正周期 2，3，7 或 8 的解，而存在最小正周期 1，4，5 或 6 的解的结论，并给出它们的明确形式．Chang、Wang 和 Cheng 在本章参考文献 4 中研究了（2.33）当 $\alpha = 2$ 的情形，得到差分方程

$$\varphi_{k-1} + \varphi_k + \varphi_{k+1} = H(\varphi_k), \ k \in \mathbf{Z}. \tag{2.44}$$

的所有周期解的最小正周期的算法．我们感兴趣的是当 α 取不同的值，（2.42）的解的周期性也发生变化．

这一节主要介绍 Wang 和 Han 在本章参考文献 20 中的工作，研究（2.42）当 $\alpha = 0$ 的情形，即讨论下面数神经网络

$$\begin{cases} u_i^{(t+1)} = u_{i-1}^{(i)} - H(u_i^{(t)}) + u_{i+1}^{(i)}, \ i \in \mathbf{Z}[1,\omega], \ t \in \mathbf{N}, \\ u_0^{(t)} = u_\omega^{(t)}, \ u_{\omega+1}^{(t)} = u_1^{(t)} \end{cases} \tag{2.45}$$

的稳态解问题．（2.45）中，ω 为正整数，α 为实参数，H：$\mathbf{R} \to \mathbf{R}$ 是（2.41）所定义的 Heaviside 阶梯函数．

（2.45）稳态解系统是

$$\boldsymbol{A}_{\omega \times \omega} = (H(u_1)), \cdots, H(u_\omega))^{\mathrm{T}}, \tag{2.46}$$

其中 $\boldsymbol{u} = (u_1, \cdots, u_\omega)^{\mathrm{T}}$，而 $\boldsymbol{A}_{1 \times 1} = (1)_{1 \times 1}$，

$$\boldsymbol{A}_{2 \times 2} = \begin{pmatrix} -1 & 2 \\ 2 & -1 \end{pmatrix}_{2 \times 2},$$

$$A_{\omega\times\omega}=\begin{pmatrix} -1 & 1 & 0 & 0 & \cdots & 0 & 0 & 1 \\ 1 & -1 & 1 & 0 & \cdots & 0 & 0 & 0 \\ 0 & 1 & -1 & 1 & \cdots & 0 & 0 & 0 \\ 0 & 0 & 1 & -1 & \cdots & 0 & 0 & 0 \\ \vdots & \vdots & \vdots & \vdots & \cdots & \vdots & \vdots & \vdots \\ 0 & 0 & 0 & 0 & \cdots & -1 & 1 & 0 \\ 0 & 0 & 0 & 0 & \cdots & 1 & -1 & 1 \\ 1 & 0 & 0 & 0 & \cdots & 0 & 1 & -1 \end{pmatrix}_{\omega\times\omega}, \quad \omega\geqslant 3. \qquad (2.47)$$

显然，直接通过稳态解系统（2.46）求（2.45）的稳态解可不是一件简单的事情．因为对每个固定的正整数 ω，就要解 2^{ω} 个线性代数方程组，并要检验它们的解是否符合要求．因此，把问题转化为求（2.45）的稳态解的诱导方程

$$\varphi_{k-1}-\varphi_k+\varphi_{k+1}=H(\varphi_k),\ k\in\mathbf{Z} \qquad (2.48)$$

的 ω-周期解的问题来研究．

定义 2.6 （2.48）的一个解是指一个实数列 $\boldsymbol{\varphi}=\{\varphi_k\}_{k\in\mathbf{Z}}$，它代入（2.48）后，使得（2.48）成为恒等式．显然 $\{0\}_{k\in\mathbf{Z}}$不是（2.48）的解，称（2.48）没有平凡解.

由于（2.48）可以写成

$$\varphi_{k+1}=H(\varphi_k)+\varphi_k-\varphi_{k-1},\ k\in\mathbf{Z}$$

或

$$\varphi_{k-1}=H(\varphi_k)+\varphi_k-\varphi_{k+1},\ k\in\mathbf{Z},$$

易知（2.48）的一个解 $\boldsymbol{\varphi}$ 由它的任何两个连续项（φ_{k_0}，φ_{k_0+1}）所唯一确定．

定义 2.7 一个实数列 $\boldsymbol{\varphi}=\{\varphi_k\}_{k\in\mathbf{Z}}$叫做（正向）最终周期的，是指存在 $\alpha\in\mathbf{Z}$，使得 $\{\varphi_k\}_{k=\alpha}^{+\infty}$是周期的；最终正的（最终负的），是指存在 $\alpha\in\mathbf{Z}$ 使得对所有 $k\in\mathbf{Z}[\alpha,\ +\infty)$，$\varphi_k>0$（$\varphi_k<0$）.

为了方便，将用到如下符号函数的定义：

$$\operatorname{sgn} x=\begin{cases}1, & x>0,\\ 0, & x=0,\\ -1, & x<0.\end{cases}$$

用同样的方法，对一个实（有限或无限）数列 $\boldsymbol{\psi}=\{\psi_k\}$，定义

$$\operatorname{sgn}\boldsymbol{\psi}=\{\operatorname{sgn}\psi_k\}.$$

首先给出一些引理：

引理 2.10 若 $\{\varphi_k\}_{k\in\mathbf{Z}}$是（2.48）的解，则 $\{\varphi_{k-\delta}\}_{k\in\mathbf{Z}}$（这里 $\delta\in\mathbf{Z}$）也是（2.48）的解；若 $\{\varphi_k\}_{k\in\mathbf{Z}}$是（2.48）的弃零解，则 $\{-\varphi_k\}_{k\in\mathbf{Z}}$也是（2.48）的解．

事实上，第一个结论容易通过直接检验得到．其次，若 $\{\varphi_k\}_{k\in\mathbf{Z}}$是（2.48）的弃零解，令 $\boldsymbol{\Phi}_k=-\varphi_k$，$k\in\mathbf{Z}$，则

$$\Phi_{k-1}-\Phi_k+\Phi_{k+1}=-(\varphi_{k-1}-\varphi_k+\varphi_{k+1})=-H(\varphi_k)=H(\Phi_k),k\in\mathbf{Z}$$

符合要求．

引理 2.11 设 $\{\varphi_k\}_{k\in\mathbf{Z}}$是（2.48）的解，$\alpha\in\mathbf{Z}$，则下面任一断言都成立：

（ⅰ）若 $\varphi_\alpha\geqslant 0$，则 $\varphi_{\alpha-1}>0$ 或 $\varphi_{\alpha+1}>0$；

（ⅱ）若 $\varphi_\alpha<0$，则 $\varphi_{\alpha-1}<0$ 或 $\varphi_{\alpha+1}<0$；

（ⅲ）若 $\varphi_\alpha=0$ 和 $\varphi_{\alpha+1}>0$，则 $\varphi_{\alpha+2}=1+\varphi_{\alpha+1}>1$ 且 $\varphi_{\alpha+3}=2$；

（ⅳ）若 $\varphi_\alpha=0$ 和 $\varphi_{\alpha-1}>0$，则 $\varphi_{\alpha-2}=1+\varphi_{\alpha-1}>1$ 且 $\varphi_{\alpha-3}=2$；

（ⅴ）若 $\varphi_\alpha=0$ 和 $\varphi_{\alpha+1}<0$，则 $\varphi_{\alpha+2}=-1+\varphi_{\alpha+1}$ 且 $\varphi_{\alpha+3}=-2$；

（ⅵ）若 $\varphi_\alpha=0$ 和 $\varphi_{\alpha-1}<0$，则 $\varphi_{\alpha-2}=-1+\varphi_{\alpha-1}$ 且 $\varphi_{\alpha-3}=-2$；

（ⅶ）若 $\varphi_\alpha<0$ 和 $\varphi_{\alpha+1}>0$，则 $\varphi_{\alpha+2}=1+\varphi_{\alpha+1}-\varphi_\alpha>1$；

（ⅷ）若 $\varphi_\alpha>0$ 和 $\varphi_{\alpha+1}<0$，则 $\varphi_{\alpha+2}=-1+\varphi_{\alpha+1}-\varphi_\alpha<-1$；

（ⅸ）若 $\varphi_\alpha=\varphi_{\alpha+1}=0$，则 $\varphi_{\alpha+2}=\varphi_{\alpha-1}=1$.

为证（ⅰ）成立，假设 $\varphi_\alpha\geqslant 0$，由（2.48），有 $\varphi_{\alpha-1}+\varphi_{\alpha+1}=H(\varphi_\alpha)+\varphi_\alpha=1+\varphi_\alpha>0$. 因此 $\varphi_{\alpha-1}$ 与 $\varphi_{\alpha+1}$ 必有一个是正的. 类似可以证（ⅱ）也成立. 为证（ⅲ）成立，假设 $\varphi_\alpha=0$ 和 $\varphi_{\alpha+1}>0$. 则由（2.48），得

$$\varphi_{\alpha+2}=H(\varphi_{\alpha+1})+\varphi_{\alpha+1}-\varphi_\alpha=1+\varphi_{\alpha+1}>1,$$
$$\varphi_{\alpha+3}=H(\varphi_{\alpha+2})+\varphi_{\alpha+2}-\varphi_{\alpha+1}=1+(1+\varphi_{\alpha+1})-\varphi_{\alpha+1}=2.$$

类似可证（ⅳ）~（ⅷ）.

由引理 2.11，可得一个直接的推论：

引理 2.12　（2.48）的非正解必是负解.

引理 2.13　（2.48）的常数（各项相同的数列）解必是 $\{1\}_{k\in\mathbf{Z}}$ 或 $\{-1\}_{k\in\mathbf{Z}}$.

事实上，设 $\{c\}_{k\in\mathbf{Z}}$ 是（2.48）的解，立即由（2.48），推出 $c=\pm 1$.

引理 2.14　设 $\{\varphi_k\}_{k\in\mathbf{Z}}$ 是（2.48）的（正向）最终周期解，则它是周期解.

事实上，假设 $\{\varphi_k\}_{k\in\mathbf{Z}}$ 是（2.48）的解且存在 $\alpha\in\mathbf{Z}$ 使得 $\{\varphi_k\}_{k=\alpha}^{+\infty}$ 以 ω 为周期，则

$$\varphi_{\alpha+\omega+i}=\varphi_{\alpha+i},\ i\in\mathbf{Z}[0,\omega-1].$$

于是由（2.48），推出

$$\varphi_{\alpha-1}=H(\varphi_\alpha)+\varphi_\alpha-\varphi_{\alpha+1}=H(\varphi_{\alpha+\omega})+\varphi_{\alpha+\omega}-\varphi_{\alpha+\omega+1}=\varphi_{\alpha+\omega-1},$$
$$\varphi_{\alpha-2}=H(\varphi_{\alpha-1})+\varphi_{\alpha-1}-\varphi_\alpha=H(\varphi_{\alpha+\omega-1})+\varphi_{\alpha+\omega-1}-\varphi_{\alpha+\omega}=\varphi_{\alpha+\omega-2},$$

进一步，有

$$\varphi_{\alpha-i}=\varphi_{\alpha+\omega-i},\ i\in\mathbf{Z}[0,\omega-1].$$

由归纳，知 $\{\varphi_k\}_{k\in\mathbf{Z}}$ 以 ω 为周期. 可知引理 2.14 的结论正确.

引理 2.15　设 $\boldsymbol{\varphi}=\{\varphi_k\}_{k\in\mathbf{Z}}$ 是（2.48）的解，$\alpha\in\mathbf{Z}$，

（ⅰ）若 $\varphi_\alpha=\varphi_{\alpha+1}=0$，则 $\boldsymbol{\varphi}$ 具有最小正周期 6 且

$$\boldsymbol{\varphi}(\alpha,6)=\{0,0,1,2,2,1\};\tag{2.49}$$

（ⅱ）若 $\varphi_\alpha>0$，$\varphi_{\alpha+1}=0$ 和 $\varphi_{\alpha+2}>0$，则 $\boldsymbol{\varphi}$ 具最小正周期 6 且

$$\boldsymbol{\varphi}(\alpha,6)=\{t,0,1-t,2-t,2,1+t\},\ 这里\ t\in(0,1).\tag{2.50}$$

证明：不失一般性，假设 $\alpha=0$，若 $\varphi_0=\varphi_1=0$，由引理 2.11（ⅸ），知 $\varphi_2=1$. 注意到 $\varphi_1=0$ 和 $\varphi_2=1$，由引理 2.11（ⅲ），有 $\varphi_3=1+\varphi_2=2$ 和 $\varphi_4=2$. 再由（2.48），可得

$$\varphi_0=0,\ \varphi_1=0,\ \varphi_2=1,\ \varphi_3=2,\ \varphi_4=2,\ \varphi_5=1+2-2=1,$$
$$\varphi_6=1+1-2=0,\ \varphi_7=1-0-1=0.$$

由归纳和引理 2.14，可知 $\boldsymbol{\varphi}$ 以 6 为周期. 容易检验 1，2，3 都不是它的周期. 因此 $\boldsymbol{\varphi}$ 具有最小正周期 6 且 $\boldsymbol{\varphi}(\alpha,6)$ 由（2.49）所给出. 故（ⅰ）的结论为真.

为证（ⅱ），假设 $\varphi_0>0$，$\varphi_1=0$ 和 $\varphi_2>0$，则由引理2.11(ⅲ)，有

$$\varphi_0>0,\ \varphi_1=0,\ \varphi_2>0,\ \varphi_3=1+\varphi_2,\ \varphi_4=2. \tag{2.51}$$

由（2.48），有

$$\varphi_2=H(\varphi_1)+\varphi_1-\varphi_0=1-\varphi_0>0. \tag{2.52}$$

令 $\varphi_0=t$，则由（2.48），（2.51）和（2.52），得 $0<t<1$ 和

$$\varphi_0=t,\ \varphi_1=0,\ \varphi_2=1-t,\ \varphi_3=2-t,\ \varphi_4=2. \tag{2.53}$$

进一步，由（2.53）并应用（2.48），得

$$\begin{aligned}&\varphi_0=t,\ \varphi_1=0,\ \varphi_2=1-t,\ \varphi_3=2-t,\ \varphi_4=2,\\&\varphi_5=1+2-(2-t)\ =1+t,\ \varphi_6=1+1+t-2=t,\\&\varphi_7=1+t-(1+t)\ =0.\end{aligned}$$

由归纳和引理2.14，知 $\boldsymbol{\varphi}$ 以6为周期．容易检验1，2，3都不是它的周期．因此 $\boldsymbol{\varphi}$ 具最小正周期6且 $\boldsymbol{\varphi}(\alpha,6)$ 由（2.50）所给出．故（ⅱ）的结论为真．证毕．

引理 2.16 （2.48）的任何非负解或非正解都是以6为周期的．

证明：设 $\boldsymbol{\varphi}=\{\varphi_k\}_{k\in\mathbf{Z}}$ 是（2.48）的非负解．由（2.48），知对 $k\in\mathbf{Z}$，

$$\begin{aligned}&\varphi_{k+1}=1+\varphi_k-\varphi_{k-1},\varphi_{k+2}=1+(1+\varphi_k-\varphi_{k-1})-\varphi_k=2-\varphi_{k-1},\\&\varphi_{k+3}=1+(2-\varphi_{k-1})-(1+\varphi_k-\varphi_{k-1})=2-\varphi_k,\\&\varphi_{k+4}=1+(2-\varphi_k)-(2-\varphi_{k-1})=1-\varphi_k+\varphi_{k-1},\\&\varphi_{k+5}=1+(1-\varphi_k+\varphi_{k-1})-(2-\varphi_k)=\varphi_{k-1},\\&\varphi_{k+6}=1+\varphi_{k-1}-(1-\varphi_k+\varphi_{k-1})=\varphi_k.\end{aligned}$$

故 $\boldsymbol{\varphi}$ 是以6为周期的．设 $\boldsymbol{\Phi}=\{\Phi_k\}_{k\in\mathbf{Z}}$ 是（2.48）的非正解．由引理2.12，知 $\{\Phi_k\}_{k\in\mathbf{Z}}$ 是负的，因此 $\{-\Phi_k\}_{k\in\mathbf{Z}}$ 是（2.48）的正解．由前面证得的结论，推出 $\{-\Phi_k\}_{k\in\mathbf{Z}}$ 以6为周期．从而 $\{\Phi_k\}_{k\in\mathbf{Z}}$ 也是以6为周期的．证毕．

引理 2.17 设 $\boldsymbol{\varphi}=\{\varphi_k\}_{k\in\mathbf{Z}}$ 是（2.48）的解，$\alpha\in\mathbf{Z}$. 若 $\varphi_\alpha=0$，$\varphi_{\alpha+1}>0$ 和 $\varphi_{\alpha+4}=0$，则 $\boldsymbol{\varphi}$ 具有最小正周期9且

$$\boldsymbol{\varphi}(\alpha,9)\ =\ \{0,2,3,2,0,-1,-2,-2,-1\}. \tag{2.54}$$

证明：不失一般性，假设 $\alpha=0$，若 $\varphi_0=0$，$\varphi_1>0$ 和 $\varphi_4=0$，注意到 $\varphi_0=0$ 和 $\varphi_1>0$，由引理2.11(ⅲ)，有 $\varphi_2=1+\varphi_1$ 和 $\varphi_3=2$. 再由（2.48），得 $\varphi_3=2$，

$$0=\varphi_4=H(\varphi_3)+\varphi_3-\varphi_2=3-\varphi_2.$$

推出 $\varphi_2=3$ 且注意 $\varphi_2=1+\varphi_1$，可得 $\varphi_1=2$. 进一步，用（2.48）递推，可得

$$\begin{aligned}&\varphi_0=0,\ \varphi_1=2,\ \varphi_2=3,\ \varphi_3=2,\ \varphi_4=0,\ \varphi_5=1-2=-1,\ \varphi_6=-1-1=-2.\\&\varphi_7=-1-2+1=-2,\ \varphi_8=-1-2+2=-1,\ \varphi_9=-1-1+2=0,\ \varphi_{10}=1+1=2.\end{aligned}$$

由归纳和引理2.14可知 $\boldsymbol{\varphi}$ 以9为周期．容易检验1和3都不是它的周期，因此 $\boldsymbol{\varphi}$ 具最小正周期9且 $\boldsymbol{\varphi}(\alpha,9)$ 由（2.54）所给出．故（ⅱ）的结论为真．证毕．

引理 2.18 设 $\boldsymbol{\varphi}=\{\varphi_k\}_{k\in\mathbf{Z}}$ 是（2.48）的解，$\alpha\in\mathbf{Z}$，若 $\varphi_\alpha=0$，$\varphi_{\alpha+1}>0$ 和 $\varphi_{\alpha+4}>0$，则 $0<\varphi_{\alpha+1}<2$. 进一步有

（ⅰ）当 $0<\varphi_{\alpha+1}<2$ 时，$\boldsymbol{\varphi}$ 具有最小正周期6且

$$\boldsymbol{\varphi}(\alpha,6)=\{0,\ t,\ 1+t,\ 2,\ 2-t,\ 1-t\},\ \text{这里}\ t\in(0,1); \tag{2.55}$$

（ⅱ）当 $\varphi_{\alpha+1}=1$ 时，$\boldsymbol{\varphi}$ 具有最小正周期 6 且

$$\boldsymbol{\varphi}(\alpha,6)=\{0,\ 1,\ 2,\ 2,\ 1,\ 0\};\tag{2.56}$$

（ⅲ）当 $1<\varphi_{\alpha+1}<2$ 时，$\boldsymbol{\varphi}$ 具有最小正周期 72 且

$$\begin{aligned}\boldsymbol{\varphi}(\alpha,72)=\{&0,t,1+t,2,2-t,1-t,-2,-4+t,-3+t,0,4-t,5-t,2,\\&-2+t,-5+t,-4,-t,3-t,4,2+t,-1+t,-2,-2-t,-1-t,0,\\&2+t,3+t,2,-t,-3-t,-4,-2+t,1+t,4,4-t,1-t,-4,\\&-6+t,-3+t,2,6-t,5-t,0,-4+t,-5+t,-2,2-t,5-t,4,t,\\&-3+t,-4,-2-t,1-t,2,2+t,1+t,0,-t,-1-t,-2,\\&-2+t,-1+t,2,4-t,3-t,0,-2+t,-3+t,-2,-t,1-t\},\end{aligned}\tag{2.57}$$

这里 $t\in(1,\ 2)$．

证明： 不失一般性，假设 $\alpha=0$，若 $\varphi_0=0$，$\varphi_1>0$ 和 $\varphi_4>0$，注意到 $\varphi_0=0$ 和 $\varphi_1>0$，由引理 2.11(ⅲ)，有 $\varphi_2=1+\varphi_1$ 和 $\varphi_3=2$. 令 $\varphi_1=t$，则

$$\begin{aligned}&\varphi_0=0,\ \varphi_1=t,\ \varphi_2=1+t,\ \varphi_3=2,\\&\varphi_4=H(\varphi_3)+\varphi_3-\varphi_2=1+2-(1+t)=2-t>0\end{aligned}\tag{2.58}$$

由（2.58），有 $0<t<2$. 再由（2.58），并用（2.48）递推，得

$$\begin{aligned}&\varphi_0=0,\ \varphi_1=t,\ \varphi_2=1+t,\ \varphi_3=2,\ \varphi_4=2-t>0,\\&\varphi_5=1+(2-t)-2=1-t.\end{aligned}\tag{2.59}$$

当 $0<t<1$ 时，由（2.48），有 $\varphi_{-1}=H(\varphi_0)+\varphi_0-\varphi_1=1-t>0$. 这样 $\varphi_{-1}>0$，$\varphi_0=0$ 和 $\varphi_1>0$，由引理 2.15(ⅱ)，知 $\boldsymbol{\varphi}$ 具最小正周期 6 且 $\boldsymbol{\varphi}(\alpha,\ 6)$ 由（2.55）所给出．

当 $t=1$ 时，由（2.59）并用（2.48）递推，得

$$\begin{aligned}&\varphi_0=0,\ \varphi_1=1,\ \varphi_2=2,\ \varphi_3=2,\ \varphi_4=1,\\&\varphi_5=0,\ \varphi_6=1+0-1=0.\end{aligned}$$

注意到 $\varphi_5=\varphi_6=0$. 由引理 2.15(ⅰ)，知 $\boldsymbol{\varphi}$ 具最小正周期 6 且 $\boldsymbol{\varphi}(\alpha,\ 6)$ 由（2.56）所给出.

当 $1<t<2$ 时，由（2.59）并用（2.48）递推，得

$$\begin{aligned}&\varphi_0=0,\ \varphi_1=t,\ \varphi_2=1+t,\ \varphi_3=2,\ \varphi_4=2-t,\\&\varphi_5=1-t,\ \varphi_6=-2,\ \varphi_7=-4+t,\ \varphi_8=-3+t,\\&\varphi_9=0,\ \varphi_{10}=4-t,\ \varphi_{11}=5-t,\ \varphi_{12}=2,\ \varphi_{13}=-2+t,\\&\varphi_{14}=-5+t,\ \varphi_{15}=-4,\ \varphi_{16}=-t,\ \varphi_{17}=3-t,\\&\varphi_{18}=4,\ \varphi_{19}=2+t,\ \varphi_{20}=-1+t,\ \varphi_{21}=-2,\\&\varphi_{22}=-2-t,\ \varphi_{23}=-1-t,\ \varphi_{24}=0,\ \varphi_{25}=2+t,\\&\varphi_{26}=3+t,\ \varphi_{27}=2,\ \varphi_{28}=-t,\ \varphi_{29}=-3-t,\\&\varphi_{30}=-4,\ \varphi_{31}=-2+t,\ \varphi_{32}=1+t,\ \varphi_{33}=4,\\&\varphi_{34}=4-t,\ \varphi_{35}=1-t,\ \varphi_{36}=-4,\ \varphi_{37}=-6+t,\\&\varphi_{38}=-3+t,\ \varphi_{39}=2,\ \varphi_{40}=6-t,\ \varphi_{41}=5-t,\\&\varphi_{42}=0,\ \varphi_{43}=-4+t,\ \varphi_{44}=-5+t,\ \varphi_{45}=-2,\\&\varphi_{46}=2-t,\ \varphi_{47}=5-t,\ \varphi_{48}=4,\ \varphi_{49}=t,\ \varphi_{50}=-3+t,\\&\varphi_{51}=-4,\ \varphi_{52}=-2-t,\ \varphi_{53}=1-t,\ \varphi_{54}=2,\end{aligned}$$

$$\varphi_{55}=2+t,\ \varphi_{56}=1+t,\ \varphi_{57}=0,\ \varphi_{58}=-t,\ \varphi_{59}=-1-t,$$
$$\varphi_{60}=-2,\ \varphi_{61}=-2+t,\ \varphi_{62}=-1+t,\ \varphi_{63}=2,\ \varphi_{64}=4-t,$$
$$\varphi_{65}=3-t,\ \varphi_{66}=0,\ \varphi_{67}=-2+t,\ \varphi_{68}=-3+t,\ \varphi_{69}=-2,$$
$$\varphi_{70}=-t,\ \varphi_{71}=1-t,\ \varphi_{72}=0,\ \varphi_{73}=t.$$

由归纳和引理2.14，可知$\boldsymbol{\varphi}$以72为周期．容易检验1，2，3，4，6，8，9，12，18，24和36都不是它的周期．因此$\boldsymbol{\varphi}$具最小正周期72且$\boldsymbol{\varphi}(\alpha,72)$由（2.57）所给出．证毕．

用类似的方法，我们可以证明下面引理2.19～2.26.

引理2.19 设$\boldsymbol{\varphi}=\{\varphi_k\}_{k\in\mathbf{Z}}$是（2.48）的解，$\alpha\in\mathbf{Z}$，若$\varphi_\alpha=0$，$\varphi_{\alpha+1}<0$和$\varphi_{\alpha+4}=0$，则$\varphi$具有最小正周期15且

$$\boldsymbol{\varphi}(\alpha,15)=\{0,-2,-3,-2,0,3,4,2,-1,-4,-4,-1,2,4,3\}.$$

引理2.20 设$\boldsymbol{\varphi}=\{\varphi_k\}_{k\in\mathbf{Z}}$是（2.48）的解，$\alpha\in\mathbf{Z}$. 若$\varphi_\alpha=0$，$\varphi_{\alpha+1}<0$和$\varphi_{\alpha+4}<0$，则$-2<\varphi_{\alpha+1}<0$. 进一步有

（ⅰ）若$-1<\varphi_{\alpha+1}<0$，则$\boldsymbol{\varphi}$具有最小正周期72且

$$\begin{aligned}\boldsymbol{\varphi}(\alpha,72)=\{&0,\ t,\ -1+t,\ -2,\ -2-t,\ -1-t,\ 0,\ 2+t,\ 3+t,\ 2,\ -t,\ -1-t,\ -2,\ -2+t,\ -1+t,\ 0,\ 2-t,\ 3-t,\ 2,\ t,\ -3+t,\ -4,\ -2-t,\ 1-t,\ 4,\ 4+t,\ 1+t,\ -2,\ -4-t,\ -3-t,\\&0,\ 4+t,\ 5+t,\ 2,\ -2-t,\ -5-t,\ -4,\ t,\ 3+t,\ 4,\ 2-t,\ -1-t,\ -4,\ -4+t,\ -1+t,\ 2,\ 4-t,\ 3-t,\ 0,\ -2+t,\ -3+t,\ -2,\ -t,\ 3-t,\ 4,\ 2+t,\ -1+t,\ -4,\ -4-t,\ -1-t,\\&2,\ 4+t,\ 3+t,\ 0,\ -2-t,\ -3-t,\ -2,\ t,\ 1+t,\ 2,\ 2-t,\ 1-t\}，这里\ t\in(-1,0);\end{aligned}\tag{2.60}$$

（ⅱ）若$\varphi_{\alpha+1}=-1$，则$\boldsymbol{\varphi}$具有最小正周期9且

$$\boldsymbol{\varphi}(\alpha,9)=\{0,\ -1,\ -2,\ -2,\ -1,\ 0,\ 2,\ 3,\ 2\};\tag{2.61}$$

（ⅲ）若$-2<\varphi_{\alpha+1}<-1$，则$\boldsymbol{\varphi}$具最小正周期18且

$$\begin{aligned}\boldsymbol{\varphi}(\alpha,18)=\{&0,t,-1+t,-2,-2-t,-1-t,2,4+t,3+t,0,-2-t,-3-t,\\&-2,t,1+t,0,-t,1-t\}，这里\ t\in(-2,-1).\end{aligned}\tag{2.62}$$

引理2.21 设$\boldsymbol{\varphi}=\{\varphi_k\}_{k\in\mathbf{Z}}$是（2.48）的解，$\alpha\in\mathbf{Z}$，若$\varphi_\alpha=0$，$\varphi_{\alpha-1}>0$和$\varphi_{\alpha-4}=0$，则$\boldsymbol{\varphi}$具最小正周期9且

$$\boldsymbol{\varphi}(\alpha,9)=\{0,-1,-2,-2,-1,0,2,3,2\}.\tag{2.63}$$

引理2.22 设$\boldsymbol{\varphi}=\{\varphi_k\}_{k\in\mathbf{Z}}$是（2.48）的解，$\alpha\in\mathbf{Z}$，若$\varphi_\alpha=0$，$\varphi_{\alpha-1}>0$和$\varphi_{\alpha-4}>0$，则$0<\varphi_{\alpha-1}<2$. 进一步有

（ⅰ）若$0<\varphi_{\alpha-1}<1$，则$\boldsymbol{\varphi}$具有最小正周期6且

$$\boldsymbol{\varphi}(\alpha,6)=\{0,1-t,2-t,2,1+t,t\}，这里\ t\in(0,1);\tag{2.64}$$

（ⅱ）若$\varphi_{\alpha-1}=1$，则$\boldsymbol{\varphi}$具最小正周期6且

$$\boldsymbol{\varphi}(\alpha,6)=\{0,\ 0,\ 1,\ 2,\ 2,\ 1\};\tag{2.65}$$

（ⅲ）若$1<\varphi_{\alpha-1}<2$，则$\boldsymbol{\varphi}$具最小正周期72且

$$\boldsymbol{\varphi}(\alpha,72)=\{0,1-t,-t,-2,-3+t,-2+t,0,3-t,4-t,2,-1+t,\\ -2+t,-2,-1-t,-t,0,1+t,2+t,2,1-t,-2-t,-4,\\ -3+t,t,4,5-t,2-t,-2,-5+t,-4+t,0,5-t,6-t,2,-3+t,\\ -6+t,-4,1-t,4-t,4,1+t,-2+t,-4,-3-t,-t,2,\\ 3+t,2+t,0,-1-t,-2-t,-2,-1+t,2+t,4,3-t,-t,-4,\\ -5+t,-2+t,2,5-t,4-t,0,-3+t,-4+t,-2,1-t,2-t,\\ 2,1+t,t\},\text{这里 } t\in(1,\ 2). \tag{2.66}$$

引理 2.23 设 $\boldsymbol{\varphi}=\{\varphi_k\}_{k\in\mathbf{Z}}$是（2.48）的解，$\alpha\in\mathbf{Z}$，若 $\varphi_\alpha=0$，$\varphi_{\alpha-1}<0$ 和 $\varphi_{\alpha-4}=0$，则 $\boldsymbol{\varphi}$ 具有最小正周期 15 且

$$\boldsymbol{\varphi}(\alpha,15)=\{0,3,4,2,-1,-4,-4,-1,2,4,3,0,-2,-3,-2\}. \tag{2.67}$$

引理 2.24 设 $\boldsymbol{\varphi}=\{\varphi_k\}_{k\in\mathbf{Z}}$是（2.48）的解，$\alpha\in\mathbf{Z}$，若 $\varphi_\alpha=0$，$\varphi_{\alpha-1}<0$ 和 $\varphi_{\alpha-4}<0$，则 $-2<\varphi_{\alpha-1}<0$. 进一步有

（ⅰ）若 $-1<\varphi_{\alpha-1}<0$，则 $\boldsymbol{\varphi}$ 具最小正周期 72 且

$$\boldsymbol{\varphi}(\alpha,72)=\{0,1-t,2-t,2,1+t,t,-2,-3,-t,-2-t,0,3+t,4+t,2,\\ -1-t,-4-t,-4,-1+t,2+t,4,3-t,-t,-2,-3+t,-2+t,0,\\ 3-t,4-t,2,-1+t,-4+t,-4,-1-t,2-t,4,3+t,t,-4,\\ -5-t,-2,-t,2,5+t,4+t,0,-3-t,-4-t,-2,1+t,4+t,4,\\ 1-t,-2-t,-4,-3+t,t,2,3-t,2-t,0,-1+t,-2+t,-2,\\ -1-t,-t,2,3+t,2+t,0,-1-t,-2-t,-2,-1+t,t\},\text{这里 } t\\ \in(-1,\ 0); \tag{2.68}$$

（ⅱ）若 $\varphi_{\alpha-1}=-1$，则 $\boldsymbol{\varphi}$ 具最小正周期 9 且

$$\boldsymbol{\varphi}(\alpha,9)=\{0,\ 2,\ 3,\ 2,\ 0,\ -1,\ -2,\ -2,\ -1\}; \tag{2.69}$$

（ⅲ）若 $-2<\varphi_{\alpha-1}<-1$，则 $\boldsymbol{\varphi}$ 具最小正周期 72 且

$$\boldsymbol{\varphi}(\alpha,72)=\{0,1-t,2-t,2,1+t,-2+t,-4,-3-t,-t,4,5+t,2+t,\\ -2,-5-t,-4-t,0,5+t,6+t,2,-3-t,-6-t,-4,1+t,\\ 4+t,4,1-t,-2-t,-4,-3+t,t,2,3-t,2-t,0,-1+t,\\ -2+t,-2,-1-t,2-t,4,3+t,t,-4,-5-t,-2-t,2,\\ 5+t,4+t,0,-3-t,-4-t,-2,1+t,2+t,2,1-t,-t,0,1+t,\\ t,-2,-3-t,-2-t,0,3+t,4+t,2,-1-t,-2-t,-2,\\ -1+t,t\},\text{这里 } t\in(-2,-1). \tag{2.70}$$

引理 2.25 设 $\boldsymbol{\varphi}=\{\varphi_k\}_{k\in\mathbf{Z}}$是（2.48）的解，$\alpha\in\mathbf{Z}$. 若 $\varphi_\alpha=0$，$\varphi_{\alpha+1}>0$，$\varphi_{\alpha+4}<0$ 和 $\varphi_{\alpha+7}=0$，则 $\boldsymbol{\varphi}$ 具最小正周期 42 且

$$\boldsymbol{\varphi}(\alpha,42)=\{0,4,5,2,-2,-5,-4,0,5,6,2,-3,-6,-4,1,6,6,1,-4,\\ -6,-3,2,6,5,0,-4,-5,-2,2,5,4,0,-3,-4,-2,1,4,4,\\ 1,-2,-4,-3\} \tag{2.71}$$

引理 2.26 设 $\boldsymbol{\varphi}=\{\varphi_k\}_{k\in\mathbf{Z}}$是（2.48）的解，$\alpha\in\mathbf{Z}$. 若 $\varphi_\alpha=0$，$\varphi_{\alpha+1}<0$，$\varphi_{\alpha+4}>0$ 和 $\varphi_{\alpha+7}=0$，则 $\boldsymbol{\varphi}$ 具最小正周期 42 且

$$\varphi(\alpha,42)=\{0,-4,-5,-2,2,5,4,0,-3,-4,-2,1,4,4,1,-2,-4,-3,\\ 0,4,5,2,-2,-5,-4,0,5,6,2,-3,-6,-4,1,6,6,1,-4,\\ -6,-3,2,6,5\} \tag{2.72}$$

引理 2.27 设 $\varphi=\{\varphi_k\}_{k\in\mathbf{Z}}$是（2.48）的解，则下面断言都是正确的：

（ⅰ）不存在 $\alpha\in\mathbf{Z}$，使得 $\varphi_\alpha=0$，$\varphi_{\alpha+1}>0$，$\varphi_{\alpha+4}>0$，$\varphi_{\alpha+5}<0$ 和 $\varphi_{\alpha+8}=0$；

（ⅱ）不存在 $\alpha\in\mathbf{Z}$，使得 $\varphi_\alpha=0$，$\varphi_{\alpha+1}>0$，$\varphi_{\alpha+4}>0$，$\varphi_{\alpha+5}>0$ 和 $\varphi_{\alpha+8}=0$；

（ⅲ）不存在 $\alpha\in\mathbf{Z}$，使得 $\varphi_\alpha=0$，$\varphi_{\alpha+1}>0$，$\varphi_{\alpha+4}<0$，$\varphi_{\alpha+5}<0$，$\varphi_{\alpha+7}<0$ 和 $\varphi_{\alpha+8}=0$；

（ⅳ）不存在 $\alpha\in\mathbf{Z}$，使得 $\varphi_\alpha=0$，$\varphi_{\alpha+1}<0$，$\varphi_{\alpha+4}>0$，$\varphi_{\alpha+5}>0$ 和 $\varphi_{\alpha+8}=0$；

（ⅴ）不存在 $\alpha\in\mathbf{Z}$，使得 $\varphi_\alpha=0$，$\varphi_{\alpha+1}<0$；$\varphi_{\alpha+4}<0$，$\varphi_{\alpha+5}>0$ 和 $\varphi_{\alpha+8}=0$；

证明：不失一般性，假设 $\alpha=0$. 为证（ⅰ），假设 $\varphi_0=0$，$\varphi_1>0$，$\varphi_4>0$，$\varphi_5<0$ 和 $\varphi_8=0$. 令 $\varphi_1=t$，注意到 $\varphi_0=0$，$\varphi_1>0$，$\varphi_4>0$ 和 $\varphi_5<0$，由（2.48）递推，得

$$\varphi_0=0,\ \varphi_1=t,\ \varphi_2=1+t,\ \varphi_3=1+(1+t)-t=2,$$
$$\varphi_4=1+2-(1+t)=2-t>0,$$
$$\varphi_5=1+(2-t)-2=1-t<0.$$

由 $\varphi_4=2-t>0$ 和 $\varphi_5=1-t<0$，得 $1<t<2$. 这样，由（2.48）递推并注意到 $\varphi_8=0$，可得

$$\varphi_6=-1+(1-t)-(2-t)=-2,$$
$$\varphi_7=-1-2-(1-t)=-4+t<0,$$
$$\varphi_8=-1+(-4+t)+2=-3+t=0.$$

由 $\varphi_8=-3+t=0$，得 $t=3$. 这与 $1<t<2$ 矛盾.

为证（ⅱ），假设 $\varphi_0=0$，$\varphi_1>0$，$\varphi_4>0$，$\varphi_5>0$ 和 $\varphi_8=0$. 令 $\varphi_1=t$，注意到 $\varphi_0=0$，$\varphi_1>0$，$\varphi_4>0$ 和 $\varphi_5>0$，由（2.48）递推，得

$$\varphi_0=0,\ \varphi_1=t,\ \varphi_2=1+t,\ \varphi_3=1+(1+t)-t=2,$$
$$\varphi_4=1+2-(1+t)=2-t>0,$$
$$\varphi_5=1+(2-t)-2=1-t>0.$$

由 $\varphi_1=t>0$ 和 $\varphi_5=1-t>0$，知 $0<t<1$. 这样由（2.48），有

$$\varphi_6=1+(1-t)-(2-t)=0,\varphi_7=1-(1-t)=t>0.$$

因此有 $\varphi_7>0$ 和 $\varphi_6=\varphi_8=0$. 这与引理 2.11（ⅰ）矛盾.

为证（ⅲ）成立，假设 $\varphi_0=0$，$\varphi_1>0$，$\varphi_4<0$，$\varphi_5<0$，$\varphi_7<0$ 和 $\varphi_8=0$，令 $\varphi_1=t$，由（2.48）递推，得

$$\varphi_0=0,\ \varphi_1=t,\ \varphi_2=1+t,\varphi_3=1+(1+t)-t=2,$$
$$\varphi_4=1+2-(1+t)=2-t<0,\varphi_5=-1+(2-t)-2=-1-t<0,$$
$$\varphi_6=-1+(-1-t)-(2-t)=-4,\varphi_7=-1-4-(-1-t)=-4+t<0.$$

由 $\varphi_1=t$，$\varphi_4=2-t<0$，$\varphi_5=-1-t<0$ 和 $\varphi_7=-4+t<0$，知 $2<t<4$. 由（2.48）和 $\varphi_8=0$，有

$$\varphi_8=-1+(-4+t)+4=-1+t=0.$$

推出 $t=1$，这与 $2<t<4$ 矛盾.

为证（ⅳ），假设 $\varphi_0=0$，$\varphi_1<0$，$\varphi_4>0$，$\varphi_5>0$ 和 $\varphi_8=0$. 令 $\varphi_1=t$，由（2.48）递

推，得

$$\varphi_0=0,\ \varphi_1=t,\ \varphi_2=-1+t,\ \varphi_3=-1+(-1+t)-t=-2,$$

$$\varphi_4=-1-2-(-1+t)=-2-t>0, \varphi_5=1+(-2-t)+2=1-t>0,$$

由 $\varphi_1=t$，$\varphi_4=-2-t>0$ 和 $\varphi_5=-1-t>0$，知 $t<-2$. 由（2.48）和 $\varphi_8=0$，有

$$\varphi_6=1+(1-t)-(-2-t)=4.$$

注意到 $\varphi_6=4$ 和 $\varphi_8=0$，由引理 2.11（viii）和（ix），知 $\varphi_7>0$. 再由（2.48），有

$$\varphi_7=1+4-(1-t)=4+t>0,$$

$$\varphi_8=1+(4+t)-4=1+t=0.$$

由上面最后一个式子推出 $t=-1$. 这与 $t<-2$ 矛盾.

为证（v）成立，假设 $\varphi_0=0$，$\varphi_1<0$，$\varphi_4<0$，$\varphi_5>0$ 和 $\varphi_8=0$，令 $\varphi_1=t$，由（2.48）递推，得

$$\varphi_0=0,\ \varphi_1=t,\ \varphi_2=-1+t,\ \varphi_3=-1+(-1+t)-t=-2,$$

$$\varphi_4=-1-2-(-1+t)=-2-t<0, \varphi_5=-1+(-2-t)+2=-1-t>0.$$

由 $\varphi_1=t<0$，$\varphi_4=-2-t<0$ 和 $\varphi_5=-1-t>0$，知 $-2<t<-1$. 由（2.48）和 $\varphi_8=0$，有

$$\varphi_6=1+(-1-t)-(-2-t)=2, \varphi_7=1+2-(-1-t)=4+t>0,$$

$$\varphi_8=1+(4+t)-2=3+t=0$$

由上面最后一个式子推出 $t=-3$. 这与 $-2<t<-1$ 矛盾. 证毕.

为了讨论某些项为零的周期解，必须先验地讨论这种解中零的分布情况.

定理 2.13（周期解一个循环中零的分布定理） 设 $\boldsymbol{\varphi}=\{\varphi_k\}_{k\in\mathbf{Z}}$ 是（2.48）具最小正周期 ω 的解且 $\omega\notin\{6, 9, 15, 18, 42, 72\}$，则 $\boldsymbol{\varphi}$ 的任一循环 $\varphi(\alpha,\omega)$ 中值为 0 的项数小于或等于 $\frac{\omega}{9}$.

证明： 若 $\boldsymbol{\varphi}(\alpha,\omega)$ 中各项都不等于 0，显然结论已真. 否则假设数列 $\boldsymbol{\varphi}(\alpha,\omega)$ 满足：

$$\varphi_{\alpha+l_i}=0,\ i\in\mathbf{Z}[1,\ k],$$

其中 $0\leqslant l_1<\cdots<l_k\leqslant\omega-1$ 和

$$\varphi_m\neq0,\ m\in\mathbf{Z}[\alpha,\alpha+\omega-1]\setminus\{\alpha+l_1,\cdots,\alpha+l_k\}.$$

由于 $\boldsymbol{\varphi}$ 具有最小正周期 ω，所以一循环 $\boldsymbol{\varphi}(\alpha,\ \omega)$ 中 0 的项数与 α 无关. 基于此，不失一般性，假设 $l_1=0$（即 $\varphi_\alpha=0$），并令 $l_{k+1}=\omega$，从而有 $\varphi_{\alpha+l_{k+1}}=\varphi_{\alpha+\omega}=\varphi_\alpha=0$. 注意 k 是数列 $\boldsymbol{\varphi}(\alpha,\ \omega)$ 中值为 0 的项数.

下证 $k\leqslant\frac{\omega}{9}$. 为此，我们断言：对任意 $i\in\mathbf{Z}[2,k+1]$，落在 $\varphi_{\alpha+l_{i-1}}$ 和 $\varphi_{\alpha+l_i}$ 之间非零的项数 $m_i\geqslant8$. 事实上，如果我们的断言为真，则

$$8k+k\leqslant\sum_{i=2}^{k+1}m_i+k\leqslant\omega\Rightarrow k\leqslant\frac{\omega}{9}.$$

为证明上面断言，对任一固定的 $i\in\mathbf{Z}[2,k+1]$，记 $\alpha+l_{i-1}=p$ 和 $\alpha+l_i=q$. 易知 $q-p\geqslant4$. 事实上，若 $q-p=1$，则 $\varphi_p=\varphi_{p+1}=0$，由引理 2.15（i），知 $\boldsymbol{\varphi}$ 具最小正周期 6. 这与 $\omega\neq6$ 矛盾. 这样 $q-p\geqslant2$ 且有两种情形：

（A）$\varphi_p=0$，$\varphi_{p+1}>0$ 和 $\varphi_q=0$；

(B) $\varphi_p=0$，$\varphi_{p+1}<0$ 和 $\varphi_q=0$.

首先，假设（A）成立，则有 $\varphi_p=0$ 和 $\varphi_{p+1}>0$. 由引理 2.11(iii)，有 $\varphi_p=0$，$\varphi_{p+1}>0$，$\varphi_{p+2}=1+\varphi_{p+1}>1$ 和 $\varphi_{p+3}=2$. 再注意到 $\varphi_q=0$，可见 $q-p\geqslant 4$. 若 $q-p=4$，则有 $\varphi_p=0$，$\varphi_{p+1}>0$，$\varphi_{p+2}=1+\varphi_{p+1}>1$，$\varphi_{p+3}=2$ 和 $\varphi_{p+4}(=\varphi_q)=0$. 由引理 2.17，知 $\boldsymbol{\varphi}$ 具最小正周期 9. 这与 $\omega\neq 9$ 矛盾. 因此 $q-p\geqslant 5$ 且有两种情形：

(A_1) $\varphi_p=0$，$\varphi_{p+1}>0$，$\varphi_{p+2}=1+\varphi_{p+1}>1$，$\varphi_{p+3}=2$，$\varphi_{q-1}>0$ 和 $\varphi_q=0$；

(A_2) $\varphi_p=0$，$\varphi_{p+1}>0$，$\varphi_{p+2}=1+\varphi_{p+1}>1$，$\varphi_{p+3}=2$，$\varphi_{q-1}<0$ 和 $\varphi_q=0$.

对情形（A_1）. 若 $q-p=5$，则 $\varphi_p=0$，$\varphi_{p+1}>0$ 和 φ_{p+4}（$=\varphi_{q-1}$）>0. 由引理 2.18，知 $\boldsymbol{\varphi}$ 具最小正周期 6 或 72. 这与 $\omega\neq 6$ 且 $\omega\neq 72$ 矛盾. 这样 $q-p\geqslant 6$ 且有两种情形：

(A_{11}) $\varphi_p=0$，$\varphi_{p+1}>0$，$\varphi_{p+2}=1+\varphi_{p+1}>1$，$\varphi_{p+3}=2$，$\varphi_{p+4}>0$，$\varphi_{q-1}>0$ 和 $\varphi_q=0$；

(A_{12}) $\varphi_p=0$，$\varphi_{p+1}>0$，$\varphi_{p+2}=1+\varphi_{p+1}>1$，$\varphi_{p+3}=2$，$\varphi_{p+4}<0$，$\varphi_{q-1}>0$ 和 $\varphi_q=0$.

对情形（A_{11}），可看出 $\varphi_p=0$，$\varphi_{p+1}>0$ 和 $\varphi_{p+4}>0$. 由引理 2.18，知 $\boldsymbol{\varphi}$ 具最小正周期 6 或 72. 这与 $\omega\neq 6$ 且 $\omega\neq 72$ 矛盾. 因此这种情形不会发生.

对情形（A_{12}），注意到 $\varphi_{p+3}=2>0$ 和 $\varphi_{p+4}<0$，由引理 2.11(ii)，有 $\varphi_{p+5}<0$. 这样

$$\begin{aligned}&\varphi_p=0,\ \varphi_{p+1}>0,\ \varphi_{p+2}=1+\varphi_{p+1}>1,\ \varphi_{p+3}=2,\\&\varphi_{p+4}<0,\ \varphi_{p+5}<0,\ \varphi_{q-1}>0,\ \varphi_q=0.\end{aligned}\tag{2.73}$$

进一步，注意到 $\varphi_{q-1}>0$，$\varphi_q=0$ 由引理 2.11（iv），有

$$\varphi_{q-3}=2,\ \varphi_{q-2}=1+\varphi_{q-1}>0,\ \varphi_{q-1}>0,\ \varphi_q=0.\tag{2.74}$$

由（2.73）和（2.74），有

$$\begin{aligned}&\varphi_p=0,\ \varphi_{p+1}>0,\ \varphi_{p+2}=1+\varphi_{p+1}>1,\ \varphi_{p+3}=2,\\&\varphi_{p+4}<0,\ \varphi_{p+5}<0,\ \varphi_{q-3}=2,\ \varphi_{q-2}=1+\varphi_{q-1}>0,\ \varphi_{q-1}>0,\ \varphi_q=0,\end{aligned}$$

其中 $q-3>p+5$. 因此 $q-p\geqslant 9$，即落在 φ_p 和 φ_q 之间非零的项数大于或等于 8.

对情形（A_2），可看出 $\varphi_{q-1}<0$ 和 $\varphi_q=0$. 由引理 2.11(vi)，有

$$\varphi_{q-3}=-2,\ \varphi_{q-2}=-1+\varphi_{q-1}<-1,\ \varphi_{q-1}<0,\ \varphi_q=0.\tag{2.75}$$

因此有

$$\begin{aligned}&\varphi_p=0,\ \varphi_{p+1}>0,\ \varphi_{p+2}=1+\varphi_{p+1}>1,\ \varphi_{p+3}=2,\\&\varphi_{q-3}=-2,\ \varphi_{q-2}=-1+\varphi_{q-1}<-1,\ \varphi_{q-1}<0,\ \varphi_q=0.\end{aligned}\tag{2.76}$$

其中 $q-3>p+3$，这样 $q-p\geqslant 7$. 若 $q-p=7$，则

$$\begin{aligned}&\varphi_p=0,\ \varphi_{p+1}>0,\ \varphi_{p+2}=1+\varphi_{p+1}>1,\ \varphi_{p+3}=2,\\&\varphi_{p+4}=-2,\ \varphi_{p+5}=-1+\varphi_{p+6}<-1,\ \varphi_{p+6}<0,\ \varphi_{q+7}=0.\end{aligned}$$

可看出 $\varphi_p=0$，$\varphi_{p+1}>0$，$\varphi_{p+4}=-2$ 和 $\varphi_{p+7}=0$. 由引理 2.25，知 $\boldsymbol{\varphi}$ 具最小正周期 42，这与 $\omega\neq 42$ 矛盾. 这样 $q-p\geqslant 8$ 且有两种情形：

(A_{21}) $\varphi_p=0$，$\varphi_{p+1}>0$，$\varphi_{p+2}=1+\varphi_{p+1}>1$，$\varphi_{p+3}=2$，$\varphi_{p+4}>0$，
$\varphi_{q-3}=-2$，$\varphi_{q-2}=-1+\varphi_{q-1}<-1$，$\varphi_{q-1}<0$，$\varphi_q=0$；

(A_{22}) $\varphi_p=0$，$\varphi_{p+1}>0$，$\varphi_{p+2}=1+\varphi_{p+1}>1$，$\varphi_{p+3}=2$，$\varphi_{p+4}<0$，
$\varphi_{q-3}=-2$，$\varphi_{q-2}=-1+\varphi_{q-1}<-1$，$\varphi_{q-1}<0$，$\varphi_q=0$.

对情形（A_{21}），若 $q-p=8$，则

$$\varphi_p=0,\ \varphi_{p+1}>0,\ \varphi_{p+2}=1+\varphi_{p+1}>1,\ \varphi_{p+3}=2,\ \varphi_{p+4}>0,$$

$$\varphi_{p+5}=-2,\ \varphi_{p+6}=-1+\varphi_{p+7}<-1,\ \varphi_{p+7}<0,\ \varphi_{p+8}=0.$$

我们看到 $\varphi_p=0$，$\varphi_{p+1}>0$，$\varphi_{p+4}>0$，$\varphi_{p+5}<0$ 和 $\varphi_{p+8}=0$. 由引理 2.27(ⅰ)，知这不能发生. 因此 $q-p\geqslant 9$，即落在 φ_p 和 φ_q 之间非零的项数大于或等于 8.

对情形（A_{22}），若 $q-p=8$，则

$$\varphi_p=0,\ \varphi_{p+1}>0,\ \varphi_{p+2}=1+\varphi_{p+1}>1,\ \varphi_{p+3}=2,\ \varphi_{p+4}<0,$$
$$\varphi_{p+5}=-2,\ \varphi_{p+6}=-1+\varphi_{p+7}<-1,\ \varphi_{p+7}<0,\ \varphi_{p+8}=0.$$

我们看到 $\varphi_p=0$，$\varphi_{p+1}>0$，$\varphi_{p+4}<0$，$\varphi_{p+5}<0$，$\varphi_{p+7}<0$ 和 $\varphi_{p+8}=0$. 由引理 2.27（ⅲ），知这不能发生. 因此 $q-p\geqslant 9$，即落在 φ_p 和 φ_q 之间非零的项数大于或等于 8.

接着，假设（B）成立，则有 $\varphi_p=0$ 和 $\varphi_{p+1}<0$. 由引理 2.11(ⅴ)，有 $\varphi_p=0$，$\varphi_{p+1}<0$，$\varphi_{p+2}=-1+\varphi_{p+1}<-1$ 和 $\varphi_{p+3}=-2$. 由此并注意到 $\varphi_q=0$，这样

$$\varphi_p=0,\ \varphi_{p+1}<0,\ \varphi_{p+2}=-1+\varphi_{p+1}<-1,\ \varphi_{p+3}=-2 \text{ 和 } \varphi_q=0.$$

可看到 $q-p\geqslant 4$. 若 $q-p=4$，则有 $\varphi_p=0$，$\varphi_{p+1}<0$ 和 $\varphi_{p+4}(=\varphi_q)=0$. 由引理 2.19，知 $\boldsymbol{\varphi}$ 具最小正周期 15，这与 $\omega\neq 15$ 矛盾. 因此 $q-p\geqslant 5$ 且有两种情形:

（B_1）$\varphi_p=0$，$\varphi_{p+1}<0$，$\varphi_{p+2}=-1+\varphi_{p+1}<-1$，$\varphi_{p+3}=-2$，$\varphi_{q-1}>0$ 和 $\varphi_q=0$;

（B_2）$\varphi_p=0$，$\varphi_{p+1}<0$，$\varphi_{p+2}=-1+\varphi_{p+1}<-1$，$\varphi_{p+3}=-2$，$\varphi_{q-1}<0$ 和 $\varphi_q=0$.

对情形（B_1），直接有 $\varphi_{q-1}>0$ 和 $\varphi_q=0$. 由引理 2.11（ⅳ），有

$$\varphi_{q-3}=2,\ \varphi_{q-2}=1+\varphi_{q-1}>1,\ \varphi_{q-1}>0,\ \varphi_q=0.$$

因此可知

$$\varphi_p=0,\ \varphi_{p+1}<0,\ \varphi_{p+2}=-1+\varphi_{p+1}<-1,\ \varphi_{p+3}=-2, \tag{2.77}$$
$$\varphi_{q-3}=2,\ \varphi_{q-2}=1+\varphi_{q-1}>1,\ \varphi_{q-1}>0,\ \varphi_q=0,$$

其中 $q-3>p+3$. 因此 $q-p\geqslant 7$. 若 $q-p=7$，则

$$\varphi_p=0,\ \varphi_{p+1}<0,\ \varphi_{p+2}=-1+\varphi_{p+1}<-1,\ \varphi_{p+3}=-2,$$
$$\varphi_{p+4}=2,\ \varphi_{p+5}=1+\varphi_{p+6}>1,\ \varphi_{p+6}>0,\ \varphi_{p+7}=0.$$

我们看到 $\varphi_p=0$，$\varphi_{p+1}<0$，$\varphi_{p+4}=2$ 和 $\varphi_{p+7}=0$. 由引理 2.26，知 $\boldsymbol{\varphi}$ 具最小正周期 42. 这与 $\omega\neq 42$ 矛盾. 因此 $q-p\geqslant 8$ 且有两种情形:

（B_{11}）$\varphi_p=0$，$\varphi_{p+1}<0$，$\varphi_{p+2}=-1+\varphi_{p+1}<-1$，$\varphi_{p+3}=-2$，$\varphi_{p+4}>0$，
$\varphi_{q-3}=2$，$\varphi_{q-2}=1+\varphi_{q-1}>1$，$\varphi_{q-1}>0$，$\varphi_q=0$;

（B_{12}）$\varphi_p=0$，$\varphi_{p+1}<0$，$\varphi_{p+2}=-1+\varphi_{p+1}<-1$，$\varphi_{p+3}=-2$，$\varphi_{p+4}<0$，
$\varphi_{q-3}=2$，$\varphi_{q-2}=1+\varphi_{q-1}>1$，$\varphi_{q-1}>0$，$\varphi_q=0$.

对情形（B_{11}），若 $q-p=8$，则

$$\varphi_p=0,\ \varphi_{p+1}<0,\ \varphi_{p+2}=-1+\varphi_{p+1}<-1,\ \varphi_{p+3}=-2,\ \varphi_{p+4}>0,$$
$$\varphi_{p+5}=2,\ \varphi_{p+6}=1+\varphi_{p+7}>1,\ \varphi_{p+7}>0,\ \varphi_{p+8}=0.$$

我们看到 $\varphi_p=0$，$\varphi_{p+1}<0$，$\varphi_{p+4}>0$，$\varphi_{p+5}=2$ 和 $\varphi_{p+8}=0$. 这与引理 2.27(ⅳ) 矛盾. 因此 $q-p\geqslant 9$，即落在 φ_p 和 φ_q 之间非零的项数大于或等于 8.

对情形（B_{12}），若 $q-p=8$，则

$$\varphi_p=0,\ \varphi_{p+1}<0,\ \varphi_{p+2}=-1+\varphi_{p+1}<-1,\ \varphi_{p+3}=-2,\ \varphi_{p+4}<0,$$
$$\varphi_{p+5}=2,\ \varphi_{p+6}=1+\varphi_{p+7}>1,\ \varphi_{p+7}>0,\ \varphi_{p+8}=0.$$

容易知道 $\varphi_p=0$，$\varphi_{p+1}<0$，$\varphi_{p+4}>0$. $\varphi_{p+5}=2$ 和 $\varphi_{p+8}=0$，这与引理 2.27(ⅴ) 矛盾. 因此 $q-p\geq 9$，即落在 φ_p 和 φ_q 之间非零的项数大于或等于 8.

对情形 (B_2)，若 $q-p=5$，则

$$\varphi_p=0,\ \varphi_{p+1}<0,\ \varphi_{p+2}=-1+\varphi_{p+1}<-1,\ \varphi_{p+3}=-2,\ \varphi_{p+4}<0 \text{ 和 } \varphi_{p+5}=0.$$

可看到 $\varphi_p=0$，$\varphi_{p+1}<0$ 和 $\varphi_{p+4}<0$. 由引理 2.20，知 φ 具最小正周期 9 或 18 或 72. 这与 $\omega\neq 9$，$\omega\neq 18$，$\omega\neq 72$ 矛盾. 因此 $q-p\geq 6$ 且有两种情形：

(B_{21}) $\varphi_p=0$，$\varphi_{p+1}<0$，$\varphi_{p+2}=-1+\varphi_{p+1}<-1$，$\varphi_{p+3}=-2$，
$\varphi_{p+4}<0$，$\varphi_{q-1}<0$ 和 $\varphi_q=0$；

(B_{22}) $\varphi_p=0$，$\varphi_{p+1}<0$，$\varphi_{p+2}=-1+\varphi_{p+1}<-1$，$\varphi_{p+3}=-2$，
$\varphi_{p+4}>0$，$\varphi_{q-1}<0$ 和 $\varphi_q=0$.

对情形 (B_{21})，我们看到 $\varphi_p=0$，$\varphi_{p+1}<0$，$\varphi_{p+2}=-1+\varphi_{p+1}<-1$，$\varphi_{p+3}=-2$，$\varphi_{p+4}<0$. 由引理 2.20，知 φ 具最小正周期 9 或 18 或 72. 这与 $\omega\neq 9$，$\omega\neq 18$，$\omega\neq 72$ 矛盾. 这种情形不会发生.

对情形 (B_{22})，注意到 $\varphi_{p+3}=-2$ 和 $\varphi_{p+4}>0$，由引理 2.20(ⅰ)，有 $\varphi_{p+5}>0$. 这样 $\varphi_p=0$，$\varphi_{p+1}<0$，$\varphi_{p+2}=-1+\varphi_{p+1}<-1$，$\varphi_{p+3}=-2$，$\varphi_{p+4}>0$，$\varphi_{p+5}>0$，$\varphi_{q-1}<0$ 和 $\varphi_9=0$. 注意到 $\varphi_{q-1}<0$ 和 $\varphi_q=0$ 由引理 2.11 (ⅵ)，有 $\varphi_q=0$，$\varphi_{q-1}<0$，$\varphi_{q-2}=-1+\varphi_{q-1}<-1$ 和 $\varphi_{q-3}=-2$. 所以

$$\varphi_p=0,\ \varphi_{p+1}<0,\ \varphi_{p+2}=-1+\varphi_{p+1}<-1,\ \varphi_{p+3}=-2,$$
$$\varphi_{p+4}>0,\ \varphi_{p+5}>0,\ \varphi_{q-3}=-2,\ \varphi_{q-2}=-1+\varphi_{q-1}<-1,\ \varphi_{q-1}<0 \text{ 和 } \varphi_q=0.$$

因此 $q-p\geq 9$，即落在 φ_p 和 φ_q 之间值非零的项数大于或等于 8. 证毕.

下面讨论诱导方程 (2.48) 是否具最小正周期 2 ~ 9 的解的问题.

定理 2.14 方程 (2.48) 没有具最小正周期 2 的解.

证明： 设 $\boldsymbol{\varphi}=\{\varphi_k\}_{k\in\mathbf{Z}}$ 是 (2.48) 的具最小正周期 2 的解，由定理 2.13，知 $\boldsymbol{\varphi}$ 是弃零的. 结合周期性，只需讨论下面三种情形：

(ⅰ) 存在 $\alpha\in\mathbf{Z}$，使得 $\operatorname{sgn}\boldsymbol{\varphi}(\alpha,2)=\{+1,-1\}$；

(ⅱ) 存在 $\alpha\in\mathbf{Z}$，使得 $\operatorname{sgn}\boldsymbol{\varphi}(\alpha,2)=\{+1,+1\}$；

(ⅲ) 存在 $\alpha\in\mathbf{Z}$，使得 $\operatorname{sgn}\boldsymbol{\varphi}(\alpha,2)=\{-1,-1\}$.

对情形(ⅰ)，这时 $\varphi_\alpha>0$，$\varphi_{\alpha+1}<0$，$\varphi_{\alpha+2}(=\varphi_\alpha)>0$. 这与引理 2.11 (ⅱ) 矛盾.

对情形 (ⅱ)，注意到 $\operatorname{sgn}\boldsymbol{\varphi}(\alpha,2)=\{+1,+1\}$，由 (2.48)，有

$$2\varphi_{\alpha+1}-\varphi_\alpha=1,\ 2\varphi_\alpha-\varphi_{\alpha+1}=1$$

推出 $\varphi_\alpha=\varphi_{\alpha+1}=1$. 因此 $\varphi=\{1\}_{k\in\mathbf{Z}}$ 具周期 1. 这与 $\boldsymbol{\varphi}$ 具最小正周期 2 矛盾.

对情形 (ⅲ)，注意到 $\operatorname{sgn}\boldsymbol{\varphi}(\alpha,2)=\{-1,-1\}$，由 (2.48)，有

$$2\varphi_{\alpha+1}-\varphi_\alpha=-1,\ 2\varphi_\alpha-\varphi_{\alpha+1}=-1.$$

推出 $\varphi_\alpha=\varphi_{\alpha+1}=-1$. 因此 $\boldsymbol{\varphi}=\{-1\}_{k\in\mathbf{Z}}$ 具周期 1. 这与 $\boldsymbol{\varphi}$ 具最小正周期 2 矛盾. 证毕.

定理 2.15 方程 (2.48) 没有具最小正周期 3 的解.

证明： 设 $\boldsymbol{\varphi}=\{\varphi_k\}_{k\in\mathbf{Z}}$ 是 (2.48) 的具最小正周期 3 的解，由定理 2.13，知 $\boldsymbol{\varphi}$ 是弃零的. 结合周期性，只需讨论下面四种情形：

(ⅰ) 存在 $\alpha\in\mathbf{Z}$，使得 $\operatorname{sgn}\boldsymbol{\varphi}(\alpha,3)=\{+1,-1,-1\}$；

(ⅱ)存在 $\alpha\in\mathbf{Z}$,使得 sgn $\boldsymbol{\varphi}(\alpha,3)=\{-1,+1,+1\}$;

(ⅲ)存在 $\alpha\in\mathbf{Z}$,使得 sgn $\boldsymbol{\varphi}(\alpha,3)=\{+1,+1,+1\}$;

(ⅳ)存在 $\alpha\in\mathbf{Z}$,使得 sgn $\boldsymbol{\varphi}(\alpha,3)=\{-1,-1,-1\}$.

对情形（ⅰ），可看出 $\varphi_{\alpha-1}(=\varphi_{\alpha+2})<0,\varphi_\alpha>0$ 和 $\varphi_{\alpha+1}<0$. 由引理 2.11(ⅰ)，知这不能发生.

对情形（ⅱ），可看出 $\varphi_{\alpha-1}(=\varphi_{\alpha+2})>0,\varphi_\alpha<0$ 和 $\varphi_{\alpha+1}>0$. 由引理 2.11(ⅱ)，知这不能发生.

对情形（ⅲ），注意到 sgn $\boldsymbol{\varphi}(\alpha,3)=\{+1,+1,+1\}$,令 $\varphi_\alpha=s>0$ 和 $\varphi_{\alpha+1}=t>0$，由（2.48）和 $\boldsymbol{\varphi}$ 的周期性，知

$$\begin{aligned}
&\varphi_\alpha=s>0,\\
&\varphi_{\alpha+1}=t>0,\\
&\varphi_{\alpha+2}=1+t-s>0,\\
&\varphi_\alpha=\varphi_{\alpha+3}=1+(1+t-s)-t=2-s,\\
&\varphi_{\alpha+1}=\varphi_{\alpha+4}=1+(2-s)-(1+t-s)=2-t.
\end{aligned}$$

推出 $\varphi_\alpha=\varphi_{\alpha+1}=\varphi_{\alpha+2}=1$. 可知 $\boldsymbol{\varphi}=\{1\}_{k\in\mathbf{Z}}$ 具周期 1. 这与 $\boldsymbol{\varphi}$ 具最小正周期 3 矛盾.

对情形（ⅳ），注意到 sgn $\varphi(\alpha,3)=\{-1,-1,-1\}$,令 $\varphi_\alpha=s<0$ 和 $\varphi_{\alpha+1}=t<0$，由（2.48）和 $\boldsymbol{\varphi}$ 的周期性，知

$$\begin{aligned}
&\varphi_\alpha=s<0,\\
&\varphi_{\alpha+1}=t<0,\\
&\varphi_{\alpha+2}=-1+t-s<0,\\
&\varphi_\alpha=\varphi_{\alpha+3}=-1+(-1+t-s)-t=-2-s,\\
&\varphi_{\alpha+1}=\varphi_{\alpha+4}=-1+(-2-s)-(-1+t-s)=-2-t,
\end{aligned}$$

推出 $\varphi_\alpha=\varphi_{\alpha+1}=\varphi_{\alpha+2}=-1$. 可知 $\boldsymbol{\varphi}=\{-1\}_{k\in\mathbf{Z}}$ 具周期 1. 这与 $\boldsymbol{\varphi}$ 具最小正周期 3 矛盾. 证毕.

定理 2.16 方程（2.48）没有具最小正周期 4 的解.

证明： 设 $\boldsymbol{\varphi}=\{\varphi_k\}_{k\in\mathbf{Z}}$ 是（2.48）的具最小正周期 4 的解，由定理 2.13，知 $\boldsymbol{\varphi}$ 是弃零的. 由引理 2.16，知它是振动的. 进一步，由引理 2.11(ⅰ)~(ⅱ)和 $\boldsymbol{\varphi}$ 的周期性知只需讨论如下一种情形：存在 $\alpha\in\mathbf{Z}$ 使得 sgn $\boldsymbol{\varphi}(\alpha,4)=\{+1,+1,-1,-1\}$. 为此，由（2.48），有

$$\begin{aligned}
&\varphi_{\alpha+2}=H(\varphi_{\alpha+1})+\varphi_{\alpha+1}-\varphi_\alpha=1+\varphi_{\alpha+1}-\varphi_\alpha,\\
&\varphi_{\alpha+3}=H(\varphi_{\alpha+4})+\varphi_{\alpha+4}-\varphi_{\alpha+5}=H(\varphi_\alpha)+\varphi_\alpha-\varphi_{\alpha+1}=1+\varphi_\alpha-\varphi_{\alpha+1}.
\end{aligned}$$

推出 $\varphi_{\alpha+2}+\varphi_{\alpha+3}=2$. 这与 $\varphi_{\alpha+2}<0$ 和 $\varphi_{\alpha+3}<0$ 矛盾. 证毕.

定理 2.17 方程（2.48）没有具最小正周期 5 的解.

证明： 设 $\boldsymbol{\varphi}=\{\varphi_k\}_{k\in\mathbf{Z}}$ 是（2.48）的具最小正周期 5 的解. 由定理 2.13，知 $\boldsymbol{\varphi}$ 是弃零的. 由引理 2.16，知它是振动的. 进一步，由引理 2.11(ⅰ)~(ⅱ) 和 $\boldsymbol{\varphi}$ 的周期性，知只需讨论如下两种情形：

(ⅰ) 存在 $\alpha\in\mathbf{Z}$，使得 sgn $\boldsymbol{\varphi}(\alpha,5)=\{+1,+1,+1,-1,-1\}$;

(ⅱ)存在 $\alpha\in\mathbf{Z}$,使得 $\operatorname{sgn}\boldsymbol{\varphi}(\alpha,5)=\{-1,-1,-1,+1,+1\}$.

对情形(ⅰ),注意到 $\operatorname{sgn}\boldsymbol{\varphi}(\alpha,5)=\{+1,+1,+1,-1,-1\}$. 由(2.48),有

$$\varphi_{\alpha+1}=H(\varphi_{\alpha+2})+\varphi_{\alpha+2}-\varphi_{\alpha+3}=1+\varphi_{\alpha+2}-\varphi_{\alpha+3},$$

$$\varphi_{\alpha+4}=H(\varphi_{\alpha+3})+\varphi_{\alpha+3}-\varphi_{\alpha+2}=-1+\varphi_{\alpha+3}-\varphi_{\alpha+2}.$$

可知 $\varphi_{\alpha+4}=-\varphi_{\alpha+1}$. 因此

$$-\varphi_{\alpha+1}=\varphi_{\alpha+4}=H(\varphi_{\alpha+5})+\varphi_{\alpha+5}-\varphi_{\alpha+6}=H(\varphi_{\alpha})+\varphi_{\alpha}-\varphi_{\alpha+1}=1+\varphi_{\alpha}-\varphi_{\alpha+1}.$$

推出 $\varphi_{\alpha}=-1$. 这与 $\varphi_{\alpha}>0$ 矛盾.

对情形(ⅱ),注意到 $\operatorname{sgn}\boldsymbol{\varphi}(\alpha,5)=\{-1,-1,-1,+1,+1\}$,令 $\Phi_m=-\varphi_m, m\in\mathbf{Z}$. 由引理2.10,知 $\boldsymbol{\Phi}=\{\Phi_m\}_{m\in\mathbf{Z}}$也是(2.48)的具最小正周期5的解且 $\operatorname{sgn}\boldsymbol{\Phi}(\alpha,5)=\{+1,+1,+1,-1,-1\}$. 由情形(ⅰ)的讨论,知这不能发生. 证毕.

定理 2.18 $\boldsymbol{\varphi}=\{\varphi_k\}_{k\in\mathbf{Z}}$是(2.48)的具最小正周期 6 的解,当且仅当存在 $\alpha\in\mathbf{Z}$ 使得它是 $\boldsymbol{\varphi}(\alpha,6)$的6周期延拓且 $\boldsymbol{\varphi}(\alpha,6)$ 满足下面情形之一:

(ⅰ)$\boldsymbol{\varphi}(\alpha,6)$ 由(2.49)或(2.55)或(2.56)所给出;

(ⅱ)$\boldsymbol{\varphi}(\alpha,6)=\{s,t,1+t-s,2-s,2-t,1-t+s\}$, (2.78)

这里 s, t 是常数并 $0<s<2$, $0<t<2$, $s-1<t<1+s$ 且 $(s,t)\neq(1,1)$;

(ⅲ)$\boldsymbol{\varphi}(\alpha,6)=\{-s,-t,-1-t+s,-2+s,-2+t,-1+t-s\}$, (2.79)

这里 s, t 是常数并 $0<s<2$, $0<t<2$, $s-1<t<1+s$ 且 $(s,t)\neq(1,1)$.

证明:设 $\boldsymbol{\varphi}=\{\varphi_k\}_{k\in\mathbf{Z}}$,是(2.48)的具最小正周期 6 的解. 若 $\boldsymbol{\varphi}$ 不是弃零的,必须考虑如下三种情形:

(A)存在 $\alpha\in\mathbf{Z}$,使得 $\varphi_{\alpha}=\varphi_{\alpha+1}=0$;

(B)存在 $\alpha\in\mathbf{Z}$,使得 $\varphi_{\alpha}=0$, $\varphi_{\alpha+1}>0$ 和 $\varphi_{\alpha+5}\neq0$;

(C)存在 $\alpha\in\mathbf{Z}$,使得 $\varphi_{\alpha}=0$, $\varphi_{\alpha+1}<0$ 和 $\varphi_{\alpha+5}\neq0$.

对情形(A),由引理 2.15,知 $\boldsymbol{\varphi}$ 具最小正周期 6 且 $\boldsymbol{\varphi}(\alpha,6)$ 由(2.49)所给出.

对情形(B),注意到 $\varphi_{\alpha}=0$ 和 $\varphi_{\alpha+1}>0$,由引理 2.11(ⅲ),有 $\varphi_{\alpha}=0$ 和 $\varphi_{\alpha+1}>0$. 则 $\varphi_{\alpha+2}=1+\varphi_{\alpha+1}>1$ 和 $\varphi_{\alpha+3}=2$. 如果 $\varphi_{\alpha+4}=0$,由引理 2.17,知 $\boldsymbol{\varphi}$ 具最小正周期 9. 因此 $\varphi_{\alpha+4}\neq0$. 如果 $\varphi_{\alpha+4}>0$,则有 $\varphi_{\alpha}=0$, $\varphi_{\alpha+1}>0$ 和 $\varphi_{\alpha+4}>0$. 由引理 2.18,知 $\boldsymbol{\varphi}$ 具最小正周期 6 且 $\boldsymbol{\varphi}(\alpha,6)$ 由(2.55)或(2.56)所给出. 如果 $\varphi_{\alpha+4}<0$,则

$$\varphi_{\alpha}=0,\ \varphi_{\alpha+1}>0,\ \varphi_{\alpha+2}=1+\varphi_{\alpha+1}>1,\ \varphi_{\alpha+3}=2 \text{ 和 } \varphi_{\alpha+4}<0.$$

注意到 $\varphi_{\alpha+3}=2$ 和 $\varphi_{\alpha+4}<0$,由引理 2.11(ⅱ),有 $\varphi_{\alpha+5}<0$. 这样 $\varphi_{\alpha+5}<0$ 和 $\varphi_{\alpha+6}(=\varphi_{\alpha})=0$. 由引理 2.11(ⅵ),知 $\varphi_{\alpha+3}=-2$. 这与 $\varphi_{\alpha+3}=2$ 矛盾.

对情形(C),有 $\varphi_{\alpha}=0$ 和 $\varphi_{\alpha+1}<0$. 由引理 2.11(ⅴ),得

$$\varphi_{\alpha}=0,\ \varphi_{\alpha+1}<0,\ \varphi_{\alpha+2}=-1+\varphi_{\alpha+1}<-1 \text{ 和 } \varphi_{\alpha+3}=-2.$$

如果 $\varphi_{\alpha+4}=0$,由引理 2.19,知 $\boldsymbol{\varphi}$ 具最小正周期 15. 因此 $\varphi_{\alpha+4}\neq0$. 如果 $\varphi_{\alpha+4}>0$,则

$$\varphi_{\alpha}=0,\ \varphi_{\alpha+1}<0,\ \varphi_{\alpha+2}=-1+\varphi_{\alpha+1}<-1,\ \varphi_{\alpha+3}=-2,\ \varphi_{\alpha+4}>0.$$

注意到 $\varphi_{\alpha+3}=-2$ 和 $\varphi_{\alpha+4}>0$,由引理 2.11(ⅰ),有 $\varphi_{\alpha+5}>0$. 这样 $\varphi_{\alpha+5}>0$ 和 $\varphi_{\alpha+6}$($=\varphi_{\alpha}$)$=0$. 由引理 2.11(ⅳ),得 $\varphi_{\alpha+3}=2$. 这与 $\varphi_{\alpha+3}=-2$ 矛盾. 如果 $\varphi_{\alpha+4}<0$,则 $\varphi_{\alpha}=0$, $\varphi_{\alpha+1}<0$ 和 $\varphi_{\alpha+4}<0$. 由引理 2.20,知 $\boldsymbol{\varphi}$ 具最小正周期 9 或 18 或 72. 这不能发生.

若 $\boldsymbol{\varphi}$ 是弃零的,由引理 2.11(ⅰ)~(ⅱ)和 $\boldsymbol{\varphi}$ 的周期性,只需讨论如下五种情况:

(a)存在 $\alpha\in\mathbf{Z}$,使得 $\operatorname{sgn}\boldsymbol{\varphi}(\alpha,6)=\{+1,+1,+1,+1,-1,-1\}$;

(b)存在 $\alpha\in\mathbf{Z}$,使得 $\operatorname{sgn}\boldsymbol{\varphi}(\alpha,6)=\{-1,-1,-1,-1,+1,+1\}$;

(c)存在 $\alpha\in\mathbf{Z}$,使得 $\operatorname{sgn}\boldsymbol{\varphi}(\alpha,6)=\{+1,+1,+1,-1,-1,-1\}$;

(d)存在 $\alpha\in\mathbf{Z}$,使得 $\operatorname{sgn}\boldsymbol{\varphi}(\alpha,6)=\{+1,+1,+1,+1,+1,+1\}$;

(e)存在 $\alpha\in\mathbf{Z}$,使得 $\operatorname{sgn}\boldsymbol{\varphi}(\alpha,6)=\{-1,-1,-1,-1,-1,-1\}$.

对情形（a），令 $\varphi_\alpha=s$，$\varphi_{\alpha+1}=t$ 并由（2.48）递推，得

$$\varphi_\alpha=s,\varphi_{\alpha+1}=t,\varphi_{\alpha+2}=1+t-s,$$

$$\varphi_{\alpha+3}=1+(1+t-s)-t=2-s.$$

$$\varphi_{\alpha+4}=1+(2-s)-(1+t-s)=2-t,$$

$$\varphi_{\alpha+5}=-1+(2-t)-(2-s)=-1+s-t,$$

$$\varphi_{\alpha+6}=-1+(-1+s-t)-(2-t)=-4+s.$$

从上面最后一个式子看出 $\varphi_{\alpha+6}=-4+s=-4+\varphi_\alpha$. 这与 $\varphi_{\alpha+6}=\varphi_\alpha$ 矛盾.

对情形（b），令 $\boldsymbol{\Phi}_m=-\varphi_m$，$m\in\mathbf{Z}$，则由引理 2.10，知 $\boldsymbol{\varphi}$ 是（2.48）具最小正周期 6 的解当且仅当 $\boldsymbol{\Phi}$ 也是（2.48）具最小正周期 6 的解．但

$$\operatorname{sgn}\boldsymbol{\Phi}(\alpha,6)=\{+1,+1,+1,+1,-1,-1\},$$

由情形（a）的讨论，可知这不能发生.

对情形（c）．令 $\varphi_\alpha=s$，$\varphi_{\alpha+1}=t$ 并由（2.48）递推，得

$$\varphi_\alpha=s,\ \varphi_{\alpha+1}=t,\ \varphi_{\alpha+2}=1+t-s,$$

$$\varphi_{\alpha+3}=1+(1+t-s)-t=2-s,$$

$$\varphi_{\alpha+4}=-1+(2-s)-(1+t-s)=-t,$$

$$\varphi_{\alpha+5}=-1-t-(2-s)=-3-t+s,$$

$$\varphi_{\alpha+6}=-1+(-3-t+s)+t=-4+s.$$

从上面最后一个式子看出 $\varphi_{\alpha+6}=-4+s=-4+\varphi_\alpha$. 这与 $\varphi_{\alpha+6}=\varphi_\alpha$ 矛盾.

对情形（d），令 $\varphi_\alpha=s$，$\varphi_{\alpha+1}=t$ 并由（2.48）递推，得

$$\varphi_\alpha=s,\varphi_{\alpha+1}=t,\varphi_{\alpha+2}=1+t-s,$$

$$\varphi_{\alpha+3}=1+(1+t-s)-t=2-s,$$

$$\varphi_{\alpha+4}=1+(2-s)-(1+t-s)=2-t,$$

$$\varphi_{\alpha+5}=1+(2-t)-(2-s)=1-t+s,$$

$$\varphi_{\alpha+6}=-1+(1-t+s)-(2-t)=s,$$

$$\varphi_{\alpha+7}=1+s-(1-t+s)=t.$$

由归纳和引理 2.14，可知 $\boldsymbol{\varphi}$ 以 6 为周期．注意到

$$\operatorname{sgn}\boldsymbol{\varphi}(\alpha,6)=\{+1,+1,+1,+1,+1,+1\}$$

和当 $(s,t)=(1,1)$ 时，$\boldsymbol{\varphi}$ 是 1 周期的，因此

$$0<s<2,\ 0<t<2,\ s-1<t<1+s \text{ 且 } (s,t)\neq(1,1).$$

容易验证这时 2，3 都不是 $\boldsymbol{\varphi}$ 的周期．故 φ 具最小正周期 6 且 $\boldsymbol{\varphi}(\alpha,6)$ 由（2.78）给出.

对情形（e），令 $\boldsymbol{\Phi}_m=-\varphi_m$，$m\in\mathbf{Z}$，则

$$\operatorname{sgn}\boldsymbol{\Phi}(\alpha,6)=\{+1,+1,+1,+1,+1,+1\}.$$

由情形（d）的讨论，知 φ 具最小正周期 6 且 $\varphi(\alpha, 6)$ 由（2.79）给出．证毕．

定理 2.19 $\varphi=\{\varphi_k\}_{k\in\mathbf{Z}}$ 是（2.48）的具最小正周期 7 的解，当且仅当存在 $\alpha\in\mathbf{Z}$，使得它是 $\varphi(\alpha,7)$ 的 7 周期延拓且 $\varphi(\alpha,7)$ 满足下面情形之一：

（ⅰ）$\varphi(\alpha,7)=\{1,5,5,1,-3,-5,-3\}$； (2.80)

（ⅱ）$\varphi(\alpha,7)=\{3,5,3,-1,-5,-5,-1\}$． (2.81)

证明： 设 $\varphi=\{\alpha_k\}_{k\in\mathbf{Z}}$ 是（2.48）的具最小正周期 7 的解．由定理 2.13，知 φ 是弃零的．由引理 2.16，知 φ 是振动的．进一步，由引理 2.11（ⅰ）~（ⅱ）和 φ 的周期性，必须讨论如下四种情况：

(a) 存在 $\alpha\in\mathbf{Z}$，使得 $\operatorname{sgn}\varphi(\alpha,7)=\{+1,+1,+1,+1,+1,-1,-1\}$；

(b) 存在 $\alpha\in\mathbf{Z}$，使得 $\operatorname{sgn}\varphi(\alpha,7)=\{+1,+1,+1,+1,-1,-1,-1\}$；

(c) 存在 $\alpha\in\mathbf{Z}$，使得 $\operatorname{sgn}\varphi(\alpha,7)=\{+1,+1,+1,-1,-1,-1,-1\}$；

(d) 存在 $\alpha\in\mathbf{Z}$，使得 $\operatorname{sgn}\varphi(\alpha,7)=\{+1,+1,-1,-1,-1,-1,-1\}$．

对情形（a），令 $\varphi_\alpha=s$，$\varphi_{\alpha+1}=t$ 并由（2.48）递推，得

$$\begin{aligned}
&\varphi_\alpha=s,\varphi_{\alpha+1}=t,\varphi_{\alpha+2}=1+t-s,\\
&\varphi_{\alpha+3}=1+(1+t-s)-t=2-s,\\
&\varphi_{\alpha+4}=1+(2-s)-(1+t-s)=2-t,\\
&\varphi_{\alpha+5}=1+(2-t)-(2-s)=1+s-t,\\
&\varphi_{\alpha+6}=-1+(1+s-t)-(2-t)=-2+s,\\
&\varphi_{\alpha+7}=-1+(-2+s)-(1-t+s)=-4+t.
\end{aligned}$$

注意到 $\operatorname{sgn}\varphi(\alpha,7)=\{+1,+1,+1,+1,+1,-1,-1\}$，可知 $\varphi_{\alpha+1}=t>0$ 和 $\varphi_{\alpha+4}=2-t>0$. 推出 $0<t<2$. 因此 $\varphi_{\alpha+7}=-4+t<0$. 这与 $\varphi_{\alpha+7}=\varphi_\alpha>0$ 矛盾．

对情形（b）．令 $\varphi_\alpha=s$，$\varphi_{\alpha+1}=t$，注意到

$$\operatorname{sgn}\varphi(\alpha,7)=\{+1,\ +1,\ +1,\ +1,\ -1,\ -1,\ -1\}$$

和 $\varphi_{\alpha+7}=\varphi_\alpha$，由（2.48）递推，得

$$\begin{aligned}
&\varphi_\alpha=s,\varphi_{\alpha+1}=t,\varphi_{\alpha+2}=1+t-s,\\
&\varphi_{\alpha+3}=1+(1+t-s)-t=2-s,\\
&\varphi_{\alpha+4}=1+(2-s)-(1+t-s)=2-t,\\
&\varphi_{\alpha+5}=-1+(2-t)-(2-s)=-1+s-t,\\
&\varphi_{\alpha+6}=-1+(-1+s-t)-(2-t)=-4+s,\\
&\varphi_{\alpha+7}=-1+(-4+s)-(-1-t+s)=4+t>0,\\
&\varphi_{\alpha+8}=1+(-4+t)-(-4+s)=1+t-s.
\end{aligned}$$

由 $-4+t=\varphi_{\alpha+7}=\varphi_\alpha=s$ 和 $1+t-s=\varphi_{\alpha+8}=\varphi_{\alpha+1}=t$，得 $s=1$，$t=5$. 这样

$$\begin{aligned}
&\varphi_\alpha=1,\ \varphi_{\alpha+1}=5,\ \varphi_{\alpha+2}=5,\ \varphi_{\alpha+3}=1,\ \varphi_{\alpha+4}=-3,\\
&\varphi_{\alpha+5}=-5,\ \varphi_{\alpha+6}=-3,\ \varphi_{\alpha+7}=1,\ \varphi_{\alpha+8}=5.
\end{aligned}$$

由归纳和引理 2.14，可知 φ 以 7 为周期．容易检查 1 不是它的周期．故 φ 具最小正周期 7 且 $\varphi(\alpha,7)$ 由（2.80）给出．

对情形（c），令 $\Phi_m=-\varphi_m$，$m\in\mathbf{Z}$，由引理 2.10，知 φ 是（2.48）的具最小正周期

7 的解，当且仅当 $\boldsymbol{\Phi}$ 也是（2.48）的具最小正周期 7 的解．注意到

$$\operatorname{sgn}\boldsymbol{\varphi}(\alpha,7)=\{+1,+1,+1,-1,-1,-1,-1\},$$

可知

$$\operatorname{sgn}\boldsymbol{\Phi}(\alpha+3,7)=\{+1,+1,+1,+1,-1,-1,-1\}.$$

由情形（b）的结果，知 $\boldsymbol{\Phi}$ 也是（2.48）的具最小正周期 7 的解且

$$\boldsymbol{\Phi}(\alpha+3,7)=\{1,5,5,1,-3,-5,-3\}.$$

推出

$$\boldsymbol{\varphi}(\alpha+3,7)=\{-1,-5,-5,-1,3,5,3\}.$$

可知 $\boldsymbol{\varphi}$ 是（2.48）的具最小正周期 7 的解且 $\boldsymbol{\varphi}(\alpha,7)$ 由（2.81）所给出．

对情形（d），令 $\Phi_m=-\varphi_m$，$m\in\mathbf{Z}$，由引理 2.10，知 $\boldsymbol{\varphi}$ 是（2.48）具最小正周期 7 的解，当且仅当 $\boldsymbol{\Phi}$ 也是（2.48）具最小正周期 7 的解．注意到

$$\operatorname{sgn}\boldsymbol{\Phi}(\alpha+2,7)=\{+1,+1,+1,+1,+1,-1,-1\},$$

由情形（a）的讨论，知这不能发生．证毕．

定理 2.20　设 $\boldsymbol{\varphi}=\{\varphi_k\}_{k\in\mathbf{Z}}$ 是(2.48)的具最小正周期8的解，当且仅当存在 $\alpha\in\mathbf{Z}$，使得它是 $\varphi(\alpha,8)$ 的 8 周期延拓且

$$\boldsymbol{\varphi}(\alpha,8)=\{1,3,3,1,-1,-3,-3,-1\}. \tag{2.82}$$

证明： $\boldsymbol{\varphi}=\{\varphi_k\}_{k\in\mathbf{Z}}$ 是（2.48）具最小正周期 8 的解．由定理 2.13，知 $\boldsymbol{\varphi}$ 是弃零的．由引理 2.16，知 $\boldsymbol{\varphi}$ 是振动的．进一步，由引理 2.11（ⅰ）~（ⅱ）和 $\boldsymbol{\varphi}$ 的周期性，只需讨论如下六种情况：

（ⅰ）存在 $\alpha\in\mathbf{Z}$，使得 $\operatorname{sgn}\boldsymbol{\varphi}(\alpha,8)=\{+1,+1,+1,+1,+1,+1,-1,-1\}$；

（ⅱ）存在 $\alpha\in\mathbf{Z}$，使得 $\operatorname{sgn}\boldsymbol{\varphi}(\alpha,8)=\{+1,+1,+1,+1,+1,-1,-1,-1\}$；

（ⅲ）存在 $\alpha\in\mathbf{Z}$，使得 $\operatorname{sgn}\boldsymbol{\varphi}(\alpha,8)=\{+1,+1,+1,+1,-1,-1,-1,-1\}$；

（ⅳ）存在 $\alpha\in\mathbf{Z}$，使得 $\operatorname{sgn}\boldsymbol{\varphi}(a,8)=\{+1,+1,-1,-1,+1,+1,-1,-1\}$；

（ⅴ）存在 $\alpha\in\mathbf{Z}$，使得 $\operatorname{sgn}\boldsymbol{\varphi}(\alpha,8)=\{-1,-1,-1,-1,-1,-1,+1,+1\}$；

（ⅵ）存在 $\alpha\in\mathbf{Z}$，使得 $\operatorname{sgn}\boldsymbol{\varphi}(\alpha,8)=\{-1,-1,-1,-1,-1,+1,+1,+1\}$．

对情形（ⅰ），令 $\varphi_\alpha=s$，$\varphi_{\alpha+1}=t$ 并由（2.48）递推，得

$$\begin{aligned}
&\varphi_\alpha=s,\varphi_{\alpha+1}=t,\varphi_{\alpha+2}=1+t-s,\\
&\varphi_{\alpha+3}=1+(1+t-s)-t=2-s,\\
&\varphi_{\alpha+4}=1+(2-s)-(1+t-s)=2-t,\\
&\varphi_{\alpha+5}=1+(2-t)-(2-s)=1+s-t,\\
&\varphi_{\alpha+6}=1+(1+s-t)-(2-t)=s.
\end{aligned}$$

可知 $\varphi_\alpha=s=\varphi_{\alpha+6}$．这与 $\varphi_\alpha>0$ 和 $\varphi_{\alpha+6}<0$ 矛盾．

对情形（ⅱ），令 $\varphi_\alpha=s$，$\varphi_{\alpha+1}=t$，由（2.48）递推，得

$$\varphi_\alpha = s, \varphi_{\alpha+1} = t, \varphi_{\alpha+2} = 1 + t - s,$$
$$\varphi_{\alpha+3} = 1 + (1 + t - s) - t = 2 - s,$$
$$\varphi_{\alpha+4} = 1 + (2 - s) - (1 + t - s) = 2 - t,$$
$$\varphi_{\alpha+5} = 1 + (2 - t) - (2 - s) = 1 + s - t,$$
$$\varphi_{\varphi+6} = -1 + (1 + s - t) - (2 - t) = -2 + s,$$
$$\varphi_{\alpha+7} = -1 + (-2 + s) - (1 - t + s) = -4 + t > 0.$$
$$\varphi_{\alpha+8} = -1 + (-4 + t) - (-2 + s) = -3 + t - s.$$

由 $\varphi_{\alpha+1} = t > 0$ 和 $\varphi_{\alpha+4} = 2 - t > 0$，得 $0 < t < 2$ 且注意到 $\varphi_\alpha = s > 0$，这样

$$\varphi_{\alpha+8} = -3 + t - s < 0.$$

这与 $\varphi_{\alpha+8} = \varphi_\alpha = s > 0$ 矛盾.

对情形（ⅲ），令 $\varphi_\alpha = s$，$\varphi_{\alpha+1} = t$，由（2.48）递推，得

$$\varphi_\alpha = s,\ \varphi_{\alpha+1} = t,\ \varphi_{\alpha+2} = 1 + t - s,$$
$$\varphi_{\alpha+3} = 1 + (1 + t - s) - t = 2 - s,$$
$$\varphi_{\alpha+4} = 1 + (2 - s) - (1 + t - s) = 2 - t < 0,$$
$$\varphi_{\alpha+5} = -1 + (2 - t) - (2 - s) = -1 + s - t < 0,$$
$$\varphi_{\alpha+6} = -1 + (-1 + s - t) - (2 - t) = -4 + s < 0,$$
$$\varphi_{\alpha+7} = -1 + (-4 + s) - (-1 - t + s) = -4 + t < 0,$$
$$\varphi_{\alpha+8} = -1 + (-4 + t) - (-4 + s) = -1 + t - s > 0,$$
$$\varphi_{\alpha+9} = 1 + (-1 + t - s) - (-4 + t) = 4 - s.$$

由 $s = \varphi_\alpha = \varphi_{\alpha+8} = -1 + t - s$ 和 $\varphi_{\alpha+1} = t = \varphi_{\alpha+9} = 4 - s$，得 $s = 1$，$t = 3$. 这样

$$\varphi_\alpha = 1,\ \varphi_{\alpha+1} = 3,\ \varphi_{\alpha+2} = 3,\ \varphi_{\alpha+3} = 1,$$
$$\varphi_{\alpha+4} = -1,\ \varphi_{\alpha+5} = -3,\ \varphi_{\alpha+6} = -3,$$
$$\varphi_{\alpha+7} = -1,\ \varphi_{\alpha+8} = 1,\ \varphi_{\alpha+9} = 3.$$

由归纳和引理2.14，可知 $\boldsymbol{\varphi}$ 以 8 为周期. 容易检查 1，2 和 4 都不是它的周期. 故 $\boldsymbol{\varphi}$ 具最小正周期 8 且 $\boldsymbol{\varphi}(\alpha,8)$ 由（2.82）给出.

对情形（ⅳ），令 $\varphi_\alpha = s$，$\varphi_{\alpha+1} = t$，由（2.48）递推，得

$$\varphi_\alpha = s,\ \varphi_{\alpha+1} = t, \varphi_{\alpha+2} = 1 + t - s,$$
$$\varphi_{\alpha+3} = -1 + (1 + t - s) - t = -s,$$
$$\varphi_{\alpha+4} = -1 - s - (1 + t - s) = -2 - t.$$

由 $\varphi_{\alpha+4} = -2 - t > 0$，得 $t < -2$. 这与 $\varphi_{\alpha+1} = t > 0$ 矛盾.

对情形（ⅴ），令 $\Phi_m = -\varphi_m$，$m \in \mathbf{Z}$，由引理2.10，知 $\boldsymbol{\varphi}$ 是（2.48）的具最小正周期 8 的解，当且仅当 $\boldsymbol{\Phi}$ 也是（2.48）的具最小正周期 8 的解. 注意到

$$\operatorname{sgn} \boldsymbol{\varphi}(\alpha,8) = \{-1,\ -1,\ -1,\ -1,\ -1,\ -1,\ +1,\ +1\},$$

可知

$$\operatorname{sgn} \boldsymbol{\Phi}(\alpha,8) = \{+1, +1, +1, +1, +1, +1, -1, -1\}.$$

由情形（ⅰ）的讨论，知这不能发生.

对情形（ⅵ），令 $\boldsymbol{\Phi}_m=-\varphi_m$，$m\in\mathbf{Z}$，由引理2.10，知 $\boldsymbol{\varphi}$ 是（2.48）的具最小正周期8的解，当且仅当 $\boldsymbol{\Phi}$ 也是（2.48）的具最小正周期8的解．注意到

$$\operatorname{sgn}\boldsymbol{\varphi}(\alpha,8)=\{-1,-1,-1,-1,-1,+1,+1,+1\}.$$

可知

$$\operatorname{sgn}\boldsymbol{\Phi}(\alpha,8)=\{+1,+1,+1,+1,+1,-1,-1,-1\}.$$

由情形（ⅱ）的讨论，知这不能发生．证毕．

定理2.21　$\boldsymbol{\varphi}=\{\varphi_k\}_{k\in\mathbf{Z}}$是(2.48)的具最小正周期9的解，当且仅当存在 $\alpha\in\mathbf{Z}$，使得它是$\boldsymbol{\varphi}(\alpha,9)$的9周期延拓且$\boldsymbol{\varphi}(\alpha,9)$满足下面情形之一：

（ⅰ）$\boldsymbol{\varphi}(\alpha,9)$由(2.61)给出；

（ⅱ）$\boldsymbol{\varphi}(\alpha,9)$由(2.54)给出；

（ⅲ）$\boldsymbol{\varphi}(\alpha,9)$由(2.69)给出．

证明：设 $\boldsymbol{\varphi}=\{\varphi_k\}_{k\in\mathbf{Z}}$是（2.48）的具最小正周期9的解，若 $\boldsymbol{\varphi}$ 不是弃零的，则由引理2.11(ⅰ)，知不存在 $\alpha\in\mathbf{Z}$，使得 $\varphi_{\alpha-1}<0$，$\varphi_\alpha=0$ 和 $\varphi_{\alpha+1}<0$. 因此必须考虑如下四种情形：

（a）存在 $\alpha\in\mathbf{Z}$，使得 $\varphi_\alpha=\varphi_{\alpha+1}=0$；

（b）存在 $\alpha\in\mathbf{Z}$，使得 $\varphi_{\alpha-1}>0$，$\varphi_\alpha=0$ 和 $\varphi_{\alpha+1}>0$；

（c）存在 $\alpha\in\mathbf{Z}$，使得 $\varphi_{\alpha-1}>0$，$\varphi_\alpha=0$ 和 $\varphi_{\alpha+1}<0$；

（d）存在 $\alpha\in\mathbf{Z}$，使得 $\varphi_{\alpha-1}<0$，$\varphi_\alpha=0$ 和 $\varphi_{\alpha+1}>0$.

对情形（a），$\varphi_\alpha=\varphi_{\alpha+1}=0$，由引理2.15(ⅰ)，知 $\boldsymbol{\varphi}$ 具最小正周期6. 因此 $\boldsymbol{\varphi}$ 不具最小正周期9.

对情形（b），$\varphi_{\alpha-1}>0$，$\varphi_\alpha=0$ 和 $\varphi_{\alpha+1}>0$，由引理2.15(ⅱ)，知 $\boldsymbol{\varphi}$ 具最小正周期6. 因此 $\boldsymbol{\varphi}$ 不具最小正周期9.

对情形（c），$\varphi_{\alpha-1}>0$，$\varphi_\alpha=0$ 和 $\varphi_{\alpha+1}<0$，注意到 $\varphi_\alpha=0$ 和 $\varphi_{\alpha+1}<0$，由引理2.11(ⅴ)，有 $\varphi_{\alpha+2}=-1+\varphi_{\alpha+1}<-1$ 和 $\varphi_{\alpha+3}=-2$. 注意到 $\varphi_{\alpha-1}>0$ 和 $\varphi_\alpha=0$，由引理2.11(ⅳ)，有 $\varphi_{\alpha-2}=1+\varphi_{\alpha+1}>1$ 和 $\varphi_{\alpha-3}=2$. 令 $\varphi_{\alpha+1}=t$，由（2.40），有

$$\varphi_{\alpha-1}=H(\varphi_\alpha)+\varphi_\alpha-\varphi_{\alpha+1}=1-t.$$

因此有

$$\varphi_\alpha=0,\varphi_{\alpha+1}=t<0,\varphi_{\alpha+2}=-1+t,\varphi_{\alpha+3}=-2,$$
$$\varphi_{\alpha+6}(\varphi_{\alpha-3})=2,\varphi_{\alpha+7}(\varphi_{\alpha-2})=2-t,\varphi_{\alpha+8}(\varphi_{\alpha-1})=1-t.$$

结合（2.48），有

$$\varphi_{\alpha+4}=H(\varphi_{\alpha+3})+\varphi_{\alpha+3}-\varphi_{\alpha+2}=-1-2-(-1+t)=-2-t,$$
$$\varphi_{\alpha+5}=H(\varphi_{\alpha+6})+\varphi_{\alpha+6}-\varphi_{\alpha+7}=1+2-(2-t)=1+t.$$

如果 $\varphi_{\alpha+4}=0$，注意到 $\varphi_\alpha=0$，$\varphi_{\alpha+1}<0$ 和 $\varphi_{\alpha+4}=0$，由引理2.19，知 $\boldsymbol{\varphi}$ 具最小正周期15. 因此 $\boldsymbol{\varphi}$ 不具最小正周期9. 如果 $\varphi_{\alpha+4}<0$，由引理2.20，知 $\boldsymbol{\varphi}$ 具最小正周期9且 $\varphi(\alpha,9)$ 由（2.61）给出．如果 $\varphi_{\alpha+4}>0$，则 $t<-2$，推出 $\varphi_{\alpha+5}=1+t<0$. 这样就有 $\varphi_{\alpha+4}>0$，$\varphi_{\alpha+5}<0$ 和 $\varphi_{\alpha+6}(\varphi_{\alpha-3})=2>0$. 由引理2.11(ⅱ)，知这种情形不能发生．

对情形（d），$\varphi_{\alpha-1}<0$，$\varphi_\alpha=0$ 和 $\varphi_{\alpha+1}>0$，注意到 $\varphi_\alpha=0$ 和 $\varphi_{\alpha+1}>0$，由引理2.11(ⅲ)，有 $\varphi_{\alpha+2}=1+\varphi_{\alpha+1}>1$ 和 $\varphi_{\alpha+3}=2$. 注意到 $\varphi_{\alpha-1}<0$ 和 $\varphi_\alpha=0$，由引理2.11(ⅵ)，有

$\varphi_{\alpha-2}=-1+\varphi_{\alpha-1}<-1$ 和 $\varphi_{\alpha-3}=-2$. 令 $\varphi_{\alpha+1}=t$，由（2.48），有

$$\varphi_{\alpha-1}=H(\varphi_{\alpha})+\varphi_{\alpha}-\varphi_{\alpha+1}=1-t.$$

因此有

$$\varphi_{\alpha}=0,\ \varphi_{\alpha+1}=t>0,\varphi_{\alpha+2}=1+t,\varphi_{\alpha+3}=2,$$
$$\varphi_{\alpha+6}(\varphi_{\alpha-3})=-2,\varphi_{\alpha+7}(\varphi_{\alpha-2})=-t,\varphi_{\alpha+8}(\varphi_{\alpha-1})=1-t.$$

结合（2.48），有

$$\varphi_{\alpha+4}=H(\varphi_{\alpha+3})+\varphi_{\alpha+3}-\varphi_{\alpha+2}=1+2-(1+t)=2-t,$$
$$\varphi_{\alpha+5}=H(\varphi_{\alpha+6})+\varphi_{\alpha+6}-\varphi_{\alpha+7}=-1-2+t=-1+t.$$

如果 $\varphi_{\alpha+4}=0$，则 $\varphi_{\alpha}=0$，$\varphi_{\alpha+1}>0$ 和 $\varphi_{\alpha+4}=0$. 由引理 2.17，可知 $\boldsymbol{\varphi}$ 具最小正周期 9 且 $\boldsymbol{\varphi}(\alpha,9)$ 由（2.54）所给出. 如果 $\varphi_{\alpha+4}>0$，由引理 2.18，知 $\boldsymbol{\varphi}$ 具最小正周期 6 或 72. 因此 $\boldsymbol{\varphi}$ 不具最小正周期 9. 如果 $\varphi_{\alpha+4}<0$，注意到 $\varphi_{\alpha+3}=2$，由引理 2.11(ⅱ)，知 $\varphi_{\alpha+5}<0$. 这样 $\varphi_{\alpha}=0$，$\varphi_{\alpha+1}<0$ 和 $\varphi_{\alpha-4}(=\varphi_{\alpha+5})<0$. 由引理 2.24，知 $\boldsymbol{\varphi}$ 具最小正周期 9 且 $\varphi(\alpha,9)$ 由（2.69）给出.

若 $\boldsymbol{\varphi}$ 是弃零的，由引理 2.11(ⅰ)～(ⅱ)，引理 2.16 和 $\boldsymbol{\varphi}$ 的周期性，只需讨论如下八种情况：

(A) 存在 $\alpha\in\mathbf{Z}$，使得 $\operatorname{sgn}\boldsymbol{\varphi}(\alpha,9)=\{+1,+1,+1,+1,+1,+1,+1,-1,-1\}$；

(B) 存在 $\alpha\in\mathbf{Z}$，使得 $\operatorname{sgn}\boldsymbol{\varphi}(\alpha,9)=\{+1,+1,+1,+1,+1,+1,-1,-1,-1\}$；

(C) 存在 $\alpha\in\mathbf{Z}$，使得 $\operatorname{sgn}\boldsymbol{\varphi}(\alpha,9)=\{+1,+1,+1,+1,+1,-1,-1,-1,-1\}$；

(D) 存在 $\alpha\in\mathbf{Z}$，使得 $\operatorname{sgn}\boldsymbol{\varphi}(\alpha,9)=\{+1,+1,+1,-1,-1,+1,+1,-1,-1\}$；

(E) 存在 $\alpha\in\mathbf{Z}$，使得 $\operatorname{sgn}\boldsymbol{\varphi}(\alpha,9)=\{+1,+1,+1,+1,-1,-1,-1,-1,-1\}$；

(F) 存在 $\alpha\in\mathbf{Z}$，使得 $\operatorname{sgn}\boldsymbol{\varphi}(\alpha,9)=\{+1,+1,-1,-1,-1,+1,+1,-1,-1\}$

(G) 存在 $\alpha\in\mathbf{Z}$，使得 $\operatorname{sgn}\boldsymbol{\varphi}(\alpha,9)=\{+1,+1,+1,-1,-1,-1,-1,-1,-1\}$；

(H) 存在 $\alpha\in\mathbf{Z}$，使得 $\operatorname{sgn}\boldsymbol{\varphi}(\alpha,9)=\{+1,+1,-1,-1,-1,-1,-1,-1,-1\}$.

对情形（A），令 $\varphi_{\alpha}=s$，$\varphi_{\alpha+1}=t$，由（2.48）递推，得

$$\varphi_{\alpha}=s,\ \varphi_{\alpha+1}=t,\varphi_{\alpha+2}=1+t-s,$$
$$\varphi_{\alpha+3}=1+(1+t-s)-t=2-s,$$
$$\varphi_{\alpha+4}=1+(2-s)-(1+t-s)=2-t,$$
$$\varphi_{\alpha+5}=1+(2-t)-(2-s)=1+s-t,$$
$$\varphi_{\alpha+6}=1+(1+s-t)-(2-t)=s,$$
$$\varphi_{\alpha+7}=1+s-(1+s-t)=t.$$

从上面最后一个式子看出 $\varphi_{\alpha+7}=t=\varphi_{\alpha+1}$. 这与 $\varphi_{\alpha+1}>0$ 和 $\varphi_{\alpha+7}<0$ 矛盾.

对情形（B），令 $\varphi_{\alpha}=s$，$\varphi_{\alpha+1}=t$ 并由（2.48）递推，得

$$\varphi_{\alpha}=s,\ \varphi_{\alpha+1}=t,\varphi_{\alpha+2}=1+t-s,$$
$$\varphi_{\alpha+3}=1+(1+t-s)-t=2-s,$$
$$\varphi_{\alpha+4}=1+(2-s)-(1+t-s)=2-t,$$
$$\varphi_{\alpha+5}=1+(2-t)-(2-s)=1+s-t,$$
$$\varphi_{\alpha+6}=1+(1+s-t)-(2-t)=s.$$

从上面最后一个式子看出 $\varphi_{\alpha+6}=s=\varphi_\alpha$. 这与 $\varphi_\alpha>0$ 和 $\varphi_{\alpha+6}<0$ 矛盾.

对情形（C），令 $\varphi_\alpha=s$，$\varphi_{\alpha+1}=t$ 并由（2.48）递推，得

$$\begin{aligned}
&\varphi_\alpha=s,\ \varphi_{\alpha+1}=t,\ \varphi_{\alpha+2}=1+t-s,\\
&\varphi_{\alpha+3}=1+(1+t-s)-t=2-s,\\
&\varphi_{\alpha+4}=1+(2-s)-(1+t-s)=2-t,\\
&\varphi_{\alpha+5}=1+(2-t)-(2-s)=1+s-t,\\
&\varphi_{\alpha+6}=-1+(1+s-t)-(2-t)=-2+s,\\
&\varphi_{\alpha+7}=-1+(-2+s)-(1+s-t)=-4+t,\\
&\varphi_{\alpha+8}=-1+(-4+t)-(-2+s)=-3+t-s,\\
&\varphi_{\alpha+9}=-1+(-3+t-s)-(-4+t)=-s.
\end{aligned}$$

由于 $\varphi_{\alpha+9}=\varphi_\alpha$，即 $-s=s$，因此 $\varphi_\alpha=s=0$. 这与 $\varphi_\alpha>0$ 矛盾.

对情形（D），令 $\varphi_\alpha=s$，$\varphi_{\alpha+1}=t$ 并由（2.48）递推，得

$$\begin{aligned}
&\varphi_\alpha=s,\ \varphi_{\alpha+1}=t,\ \varphi_{\alpha+2}=1+t-s,\\
&\varphi_{\alpha+3}=1+(1+t-s)-t=2-s,\\
&\varphi_{\alpha+4}=-1+(2-s)-(1+t-s)=-t,\\
&\varphi_{\alpha+5}=-1-t-(2-s)=-3+s-t,\\
&\varphi_{\alpha+6}=1+(-3+s-t)+t=-2+s,\\
&\varphi_{\alpha+7}=1+(-2+s)-(-3+s-t)=2+t,\\
&\varphi_{\alpha+8}=-1+(2+t)-(-2+s)=3+t-s,\\
&\varphi_{\alpha+9}=-1+(3+t-s)-(2+t)=-s.
\end{aligned}$$

由于 $\varphi_{\alpha+9}=\varphi_\alpha$，即 $-s=s$，因此 $\varphi_\alpha=s=0$. 这与 $\varphi_\alpha>0$ 矛盾.

对情形（E）~（H）的讨论都用到下面的基本事实：设 $\boldsymbol{\varphi}$ 是弃零的，令 $\Phi_m=-\varphi_m$ $(m\in\mathbf{Z})$，则 $\boldsymbol{\varphi}$ 是（2.48）的具最小正周期9的解，当且仅当 $\boldsymbol{\Phi}$ 也是（2.48）的具最小正周期9的解.

现在分别讨论情形（E）~（H）：令 $\Phi_m=-\varphi_m, m\in\mathbf{Z}$，则

对情形（E），$\operatorname{sgn}\boldsymbol{\Phi}(\alpha+4,9)=\{+1,+1,+1,+1,+1,-1,-1,-1,-1\}$，由情形（C）的结果，知这不能发生.

对情形（F），$\operatorname{sgn}\boldsymbol{\Phi}(\alpha+2,9)=\{+1,+1,+1,-1,-1,+1,+1,-1,-1\}$，由情形（D）的结果，知这不能发生.

对情形（G），$\operatorname{sgn}\boldsymbol{\Phi}(\alpha+3,9)=\{+1,+1,+1,+1,+1,+1,-1,-1,-1\}$，由情形（B）的结果，知这不能发生.

对情形（H），$\operatorname{sgn}\boldsymbol{\Phi}(\alpha+2,9)=\{+1,+1,+1,+1,+1,+1,+1,-1,-1\}$，由情形（A）的结果，知这不能发生.

综合上述讨论，定理的结论成立．证毕.

以上是为求数位神经网络的稳态解而讨论 Bang Bang 方程（2.48）的周期解．通常处理连续的问题所用到的标准分析技术，如不动点定理、不能直接用于研究带有像 Bang Bang 函数这样的不连续控制的方程的解的存在性．我们的思想是直接求解，用到的技术是

新而基础的．通过代数组合的方法对解进行性态分析，排除了大量的情形，然后利用递推关系求出所要的解．注意到非弃零的周期解是一个难点，对这样的周期解，我们建立了零的分布定理．作为例子，我们也证明了(2.48)没有具最小正周期 2 ~5 的解，而有具最小正周期 6 ~9 的解，并找出它们的精确表达式．当然，利用本文所介绍的方法，我们也可以讨论最小正周期大于或等于 10 的情形，但一般而言，当最小正周期越大，讨论可能越复杂，因此有必要另找其他方法和技巧．

公开问题 2.3　(2.48)的所有解都是有界的？都是周期的？求出（2.48）的所有的解.

本章参考文献

1. S. Arik and V. Tavsanoglu. Equilibrium analysis of nonsymmetric. *Int. J. Circuit Theory Appl.*, 24 (1996): 269 -274.

2. P. J. Cameron. *Combinatorics: Topies, Techniques, Alogorithms.* Cambridge University Press, 1994.

3. Y. C. Chang and G. Q. Wang. Generators for nonlinear three term recurrences involving the greatest integer function. *Applied Mathematics E - Notes*, 11 (2011): 73 -81.

4. Y. C. Chang, G. Q. Wang and S. S. Cheng. Complete set of periodic solutions of discontinuousrecurrence equation. *Journal of Difference Equations and Applications First Article*, 2011.

5. P. P. Civalleri and M. Gilli. On the dynamic behaviour of two - cell cellular neuralnetworks. *Int. J. Circuit Theory Appl.*, 21 (1993): 451 -471.

6. 黄立宏，李雪梅．细胞神经网络动力学．北京：科学出版社，2007.

7. L. H. Huang and J. Wu. Dynamics of inhibitory artificial neural networks with threshold nonlinearity. *Fields Institute Communications*, 29 (2001): 235 -243.

8. L. H. Huang and J. Wu. The role of threshold in preventing delsy - induced osc - illations of frustrated neural networks with McCulloch - pitts nonlinearity. *Int. J. Math. Came Theory and Algebra*, 11, 6 (2001): 71 -100.

9. E. A. Grove and G. Ladas. Periodicities in nonlinear difference equations. *Advances in Discrete Mathematics and Applications*, vol. 4, Chapman & Hall/CRC, Boca Raton, FL, 2005.

10. F. S. Roberts. *Applied Combinatorics.* Prentice Hall Englewood Cliffs, New Jerse, 1984.

11. T. Roska and J. Vandewalle. *Cellular Neural Networks.* John Wiley & Sons, 1993.

12. K. H. Rosen. *Discrete Mathematics and Its Application.* China Machine Press, 2010.

13. F. A. Savaci and J. Vandewalle. On the stability analysis of cellular neural networks. *IEEE Trans. Circuits. I*, 40, 3 (1993): 213 -215.

14. N. Suzuki and L. O. Choa. A new sufficient condition for nonsymmetric CNNs to have a stable equilibrium point. *IEEE Trans. Circuits Syst. I*, 44, 11 (1997): 1092 -1095.

15. G. Q. Wang. *Positive and Negative Steady State Solutions of a Segment - based Neural Network.* to appear.

16. G. Q. Wang and S. S. Cheng. *All Solutions of a Three Term Recurrence Relation with Absolute Control Function.* to appear.

17. G. Q. Wang. *Generators For Nonlinear Three Term Recurrences Involving the Greatest Integer Function.* to appear.

18. G. Q. Wang, Y. C. Chang and S. S. Cheng. *Generators For Nonlinear Three Term Recurrences Involving the Greatest Integer Function.* to appear.

19. G. Q. Wang and S. S. Cheng. Periodic solutions of a Bang Bang recurrence equation with least periods 1 through 8. *Journal of Difference Equations and Applications*, 18, 2 (2012): 195 – 221.

20. G. Q. Wang and B. Han. Periodic solutions of a Bang Bang recurrence equation with least periods 1 through 9. *Applied Mathematics and Computation*, 217 (2011): 4333 – 4349.

第三章　神经网络稳态解的分岔问题

在设计新的神经网络的中间过程中，一个模型中神经元数目的适当变化（增加或减少），或者模型的参数的微小变化，是否会使得稳态解的存在性和稳态解的特征产生变化？这是我们所关心的神经网络稳态解的分岔问题．本章将给出两个神经网络模型，它们的稳态解的周期延拓是相应的诱导方程（差分方程）的周期解，并通过研究差分方程的周期解出现分岔现象来说明相应的神经网络稳态解的分岔．

§3.1　带双曲控制函数神经网络稳态解的分岔问题

这一节，将介绍和延续 Wang 和 Cheng 本章参考文献 6 的工作．考虑带环形结构的递归神经网络可能产生的稳态周期分布或模式，它们对神经网络设计是有用的．

我们考虑一个简单的模型：考虑 ω 个神经元 u_1，u_2，…，u_ω（$\omega\geqslant 2$）按顺时针方式放在正 ω 边形的顶点上．在时刻 $t\in\mathbf{N}$，这些神经元的状态值分别为 $u_1^{(t)}$，$u_2^{(t)}$，…，$u_\omega^{(t)}$．由于我们考虑的是数字设计，状态值有很多种更新的方式．这里我们假定，在第 i 顶点神经单元的状态值和它相邻的神经元的状态值满足如下关系：

$$\begin{cases} u_{i+1}^{(t+1)}=\lambda u_{i-1}^{(t)}+f_i(u_i^{(t)}),\ t\in\mathbf{N},\ i\in\mathbf{Z}[1,\omega], \\ u_0^{(t)}=u_\omega^{(t)},\ u_{\omega+1}^{(t)}=u_1^{(t)}, \end{cases} \tag{3.1}$$

其中，λ 是一个非负参数，f_i（$i=1$，2，…，ω）都是定义在 $\mathbf{R}$ 上的实连续双曲函数，即函数 f_i 在 $\mathbf{R}$ 上连续且满足“双曲”条件：当 $x\neq 0$ 时，$xf_i(x)>0$.

定义在 $\mathbf{R}$ 上的且满足“双曲”条件的函数是十分常见的．譬如 x^3，$x^{\frac{1}{5}}$，arctan x 和在细胞神经网络中常用到的输出函数（参见本章参考文献 7）：

$$h(x)=\frac{1}{2}(|x+1|-|x-1|) \tag{3.2}$$

等．

由于我们的网络是环形的，自然应写作：

$$\begin{aligned} u_1^{(t+1)}&=\lambda u_{\omega-1}^{(t)}+f_\omega(u_\omega^{(t)}), \\ u_2^{(t+1)}&=\lambda u_\omega^{(t)}+f_1(u_1^{(t)}), \\ &\cdots\cdots, \\ u_\omega^{(t+1)}&=\lambda u_{\omega-2}^{(t)}+f_{\omega-1}(u_{\omega-1}^{(t)}). \end{aligned} \tag{3.3}$$

为找到模型的稳态分布，即形如 $u_i^{(t)}=u_i$，$i\in\mathbf{Z}[1,\omega]$ 的与时间无关的解，我们需要解稳态系统：

$$\begin{aligned}u_1&=\lambda u_{\omega-1}+f_\omega(u_\omega),\\ u_2&=\lambda_\omega+f_1(u_1),\\ &\cdots\cdots,\\ u_\omega&=\lambda u_{\omega-2}+f_{\omega-1}(u_{\omega-1}).\end{aligned}\tag{3.4}$$

(3.4) 的一个解是指一个向量 $(\varphi_1,\varphi_2,\cdots,\varphi_\omega)^{\mathrm{T}}\in\mathbf{R}^\omega$，它代入 (3.4) (以 φ_i 代替 u_i) 后使得各个方程都成为等式．显然 $(0,0,\cdots,0)^{\mathrm{T}}\in\mathbf{R}^\omega$ 是 (3.4) 的解，它叫做平凡解，而 (3.4) 的其他解称为非平凡解．注意到如果将它以如下形式：

$$\varphi_i=\varphi_{i\bmod\omega},\quad i\in\mathbf{Z}$$

延拓成无穷数列 $\{\varphi_i\}_{k\in\mathbf{Z}}$，则 $(\varphi_1,\varphi_2,\cdots,\varphi_\omega)^{\mathbf{T}}$ 是 (3.4) 的解，当且仅当 $\{\varphi_i\}_{i\in\mathbf{Z}}$ 是递归关系：

$$u_{i+1}=\lambda u_{i-1}+f_i(u_i),\quad i\in\mathbf{Z}\tag{3.5}$$

的 ω－周期解．(3.5) 中

$$f_i=f_{i\bmod\omega},\quad i\in\mathbf{Z}$$

显然，这样的稳态解的存在与参数 λ 有关．然而，我们将看到模型中正整数 ω 的奇偶性，也发挥了关键的作用．因此，必须考虑 ω 是偶数还是奇数．

为此，我们将在 §3.1.1 中讨论 (3.1) 的非平凡稳态解存在的必要条件和应有的特征，从而得到如下结论：

(ⅰ) 当 $\lambda\in[0,1)$ 时，若 (3.4) 有非平凡解，则它必是正的或负的；

(ⅱ) 当 $\lambda=1$ 时，(3.4) 不存在非平凡解；

(ⅲ) 当 $\lambda\in(1,+\infty)$ 时，若 (3.4) 有非平凡解，则它必是全振动的且 ω 必须为偶数．

接着，在 §3.1.2 中就控制函数 f_i ($i=1,2,\cdots,\omega$) 都是次线性或超线性的情形证明应有特征的非平凡稳态解的确存在．将看到当 ω 是奇数 (或偶数) 时，我们的模型的非平凡稳态解对参数 λ 出现的分岔现象．

最后，在 §3.1.3 中研究当控制函数由 (3.2) 所给出的情形，找出系统 (3.4) 的所有非平凡解的明确形式，彻底解决这种控制函数下模型 (3.1) 的非平凡稳态解对参数 λ 出现的分岔现象．

我们将看到：建模时采用不同的控制函数导致非平凡稳态解产生的分岔现象的差异．

§3.1.1 稳态解存在的必要条件和特征

这一小节，我们将讨论稳态解系统 (3.4) 非平凡解存在的必要条件和应有的特征．为此，需要考虑参数 λ 的各种情况．

引理 3.1 设 $0\leqslant\lambda<1$ 和 $\boldsymbol{\varphi}=\{\varphi_k\}_{k\in\mathbf{Z}}$ 是 (3.5) 的解，则下列任一命题都成立：

(ⅰ) 若存在 $\alpha\in\mathbf{Z}$，使得 $\varphi_\alpha=0$ 和 $\varphi_{\alpha+1}>0$，则 $\boldsymbol{\varphi}$ 不是周期数列；

(ⅱ) 若存在 $\alpha\in\mathbf{Z}$，使得 $\varphi_\alpha=0$ 和 $\varphi_{\alpha+1}<0$，则 $\boldsymbol{\varphi}$ 不是周期数列．

证明：若 $\varphi_\alpha=0$ 和 $\varphi_{\alpha+1}>0$，由（3.5），有

$$\varphi_{\alpha+2}=f_{\alpha+1}(\varphi_{\alpha+1})+\lambda\varphi_a=f_{\alpha+1}(\varphi_{\alpha+1})>0,$$

$$\varphi_{\alpha+3}=f_{\alpha+2}(\varphi_{\alpha+2})+\lambda\varphi_{\alpha+1}\geqslant f_{a+2}(\varphi_{\alpha+2})>0.$$

由归纳，可知 $\varphi_k>0$，$k\geqslant\alpha+1$. 因此不存在正整数 ω，使得 $\varphi_{\alpha+\omega}=\varphi_\alpha$. 类似可证（ii）也真. 证毕.

定理 3.1 设 $0\leqslant\lambda<1$，则（3.4）的任何非平凡解必是正或负的.

证明：若 $(\varphi_1, \varphi_2, \cdots, \varphi_\omega)^{\mathrm{T}}\in\mathbf{R}^w$ 是（3.4）的非平凡解，则它的周期延拓 $\boldsymbol{\varphi}=\{\varphi_k\}_{k\in\mathbf{Z}}$ 是（3.5）的非平凡 ω－周期解. 由引理 3.1，知 φ 是弃零的. 这样只需考虑如下三种情形：

（i）存在 $\alpha\in\mathbf{Z}$，使得 $\varphi_\alpha>0$ 和 $\varphi_{\alpha+1}>0$；

（ii）存在 $\alpha\in\mathbf{Z}$，使得 $\varphi_\alpha<0$ 和 $\varphi_{\alpha+1}<0$；

（iii）存在 $\alpha\in\mathbf{Z}$，使得当 $k\geqslant0$ 时，$\varphi_{\alpha+2k}>0$ 和 $\varphi_{\alpha+2k+1}<0$.

对情形（i），由（3.5），有

$$\varphi_{\alpha+2}=f_{\alpha+1}(\varphi_{\alpha+1})+\lambda\varphi_\alpha>0,$$

$$\varphi_{a+3}=f_{\alpha+2}(\varphi_{\alpha+2})+\lambda\varphi_{\alpha+1}>0.$$

由归纳，可知 $\varphi_k>0$，$k\geqslant\alpha$. 注意到 $\boldsymbol{\varphi}$ 具周期 ω，因此 $\boldsymbol{\varphi}$ 是正的.

类似可知情形（ii）蕴含 $\boldsymbol{\varphi}$ 是负的..

对情形（iii），由（3.5），有

$$\varphi_{\alpha+2}=f_{\alpha+1}(\varphi_{\alpha+1})+\lambda\varphi_\alpha<\lambda\varphi_\alpha<\varphi_\alpha,$$

$$\varphi_{\alpha+4}=f_{\alpha+3}(\varphi_{\alpha+3})+\lambda\varphi_{\alpha+2}<\lambda\varphi_{\alpha+2}<\varphi_{\alpha+2}.$$

由归纳，可知 $\{\varphi_{\alpha+2k}\}_{k=0}^{+\infty}$ 是严格减少的. 这与 $\boldsymbol{\varphi}$ 具周期 ω 矛盾. 证毕.

引理 3.2 设 $\lambda\geqslant1$ 和 $\boldsymbol{\varphi}=\{\varphi_k\}_{k\in\mathbf{Z}}$ 是（3.5）的解，则下列任一命题都成立：

（i）若存在 $\alpha\in\mathbf{Z}$，使得 $\varphi_\alpha>0$ 和 $\varphi_{\alpha+1}>0$，则 φ 不是周期数列；

（ii）若存在 $\alpha\in\mathbf{Z}$，使得 $\varphi_\alpha<0$ 和 $\varphi_{\alpha+1}<0$，则 φ 不是周期数列；

（iii）若存在 $\alpha\in\mathbf{Z}$，使得 $\varphi_\alpha=0$ 和 $\varphi_{\alpha+1}>0$，则 φ 不是周期数列；

（iv）若存在 $\alpha\in\mathbf{Z}$，使得 $\varphi_\alpha=0$ 和 $\varphi_{\alpha+1}<0$，则 φ 不是周期数列.

证明：若 $\varphi_\alpha>0$ 和 $\varphi_{\alpha+1}>0$，由（3.5），有

$$\varphi_{\alpha+2}=f_{\alpha+1}(\varphi_{\alpha+1})+\lambda\varphi_\alpha>\lambda\varphi_\alpha\geqslant\varphi_\alpha,$$

$$\varphi_{\alpha+3}=f_{\alpha+2}(\varphi_{\alpha+2})+\lambda\varphi_{\alpha+1}>\lambda\varphi_{\alpha+1}\geqslant\varphi_{\alpha+1}.$$

由归纳，知 $\{\varphi_{\alpha+2k}\}_{k=0}^{+\infty}$ 是严格递增的. 因此 $\boldsymbol{\varphi}$ 不是周期数列. 类似可证（ii）也真.

若 $\varphi_\alpha=0$ 和 $\varphi_{\alpha+1}>0$，由（3.5），有

$$\varphi_{\alpha+2}=f_{\alpha+1}(\varphi_{\alpha+1})+\lambda\varphi_\alpha=f_{\alpha+1}(\varphi_{\alpha+1})>0.$$

这样，$\varphi_{\alpha+1}>0$ 和 $\varphi_{\alpha+2}>0$，由（i），即得（iii）的结论. 类似可证（iv）也真. 证毕.

引理 3.3 设 $\lambda\geqslant1$，$\boldsymbol{\varphi}=\{\varphi_k\}_{k\in\mathbf{Z}}$ 是(3.5)的非平凡 ω－周期解，则 ω 必是偶数且 $\boldsymbol{\varphi}$ 是全振动的.

证明：设 $\lambda\geqslant1$ 和 $\boldsymbol{\varphi}=\{\varphi_k\}_{k\in\mathbf{Z}}$ 是（3.5）的非平凡 ω－周期解，由（3.5），知对任何 $\alpha\in\mathbf{Z}$，$\varphi_\alpha\varphi_{\alpha+1}\neq0$. 若 $\boldsymbol{\varphi}$ 是 ω－周期的，由引理 3.2，知 $\boldsymbol{\varphi}$ 是全振动的. 不失一般性，设

$\varphi_{2k}>0$ 和 $\varphi_{2k+1}<0$，$k\in\mathbf{Z}$. 如果 ω 是奇数，则 $\omega+1$ 是偶数．从而 $\varphi_{\omega+1}>0$. 但由周期性，得 $\varphi_{\omega+1}=\varphi_1<0$. 矛盾．证毕．

作为引理 3.3 的推论，我们有下面两个定理：

定理 3.2 设 $\lambda>1$，若（3.4）有非平凡解，则 ω 必是偶数且非平凡解必是全振动的.

定理 3.3 设 $\lambda\geqslant1$ 和 ω 为奇数，则（3.4）没有非平凡解．

定理 3.4 若 $\lambda=1$，则（3.4）没有非平凡解．

证明： 设 ω 为奇数，由定理 3.3，知（3.4）没有非平凡解．设 ω 为偶数且 $(\varphi_1, \varphi_2, \cdots, \varphi_\omega)^{\mathrm{T}}\in\mathbf{R}^\omega$ 是（3.4）的非平凡解．则它的周期延拓 $\boldsymbol{\varphi}=\{\varphi_k\}_{k\in\mathbf{Z}}$ 是（3.5）的非平凡 ω－周期解．则由引理 3.3，知 $\boldsymbol{\varphi}$ 是全振动的．不失一般性，设 $\varphi_{2k}>0$ 和 $\varphi_{2k+1}<0$. $k\in\mathbf{Z}$，由（3.5），有

$$\varphi_{2k+2}-\varphi_{2k}=f_{2k+1}(\varphi_{2k+1})<0.$$

因此，$\{\varphi_{2k}\}_{k\in\mathbf{Z}}$ 是严格递减的．从而有 $\varphi_0>\varphi_\omega$. 这与 $\boldsymbol{\varphi}$ 是 ω－周期的矛盾．证毕．

§3.1.2 控制函数为次（超）线性时稳态解的分岔问题

这一小节，我们假设神经网络（3.1）中的控制函数 f_i（$i=1, 2, \cdots, \omega$）在原点分别是次线性或超线性的情形，即满足下面两个条件之一：

（C_1）每个函数 f_k 都是定义在 $\mathbf{R}$ 上的实连续函数且满足当 $x\neq0$ 时，$xf_k(x)>0$ 且

$$\lim_{x\to0}\frac{f_k(x)}{x}=0,\ \lim_{|x|\to+\infty}\frac{f_k(x)}{x}=+\infty, k=1,2,\cdots,\omega;$$

（C_2）每个函数 f_k 都是定义在 $\mathbf{R}$ 上的实连续函数且满足当 $x\neq0$ 时，$xf_k(x)>0$ 且

$$\lim_{x\to0}\frac{f_k(x)}{x}=+\infty,\ \lim_{|x|\to+\infty}\frac{f_k(x)}{x}=0, k=1,2,\cdots,\omega.$$

我们的目的是指出在条件（C_1）（或（C_2））和上一节给出的稳态解存在的必要条件满足的前提下，应有的特征的稳态解能找到．从而将看到 $\lambda=1$ 的确是该神经网络稳态解的性质变化的一个转折点，神经网络（3.1）的稳态解出现分岔，并且我们将举例说明，在这样的条件下，我们所建立的稳态解的存在定理是“Sharp”的．

注： 本书中，我们总称某个（符合某种特性的）解存在性定理（或断言）是“Sharp”的，意指存在具体的例子满足定理（或断言）的条件，这种解的确存在．倘若定理（或断言）的结论还有指出解的个数的话，例子的解的个数也恰好如定理（或断言）的结论所言．我们的目的是试图说明结论不能再改进．

为了证明上面所言的稳态解的存在性，我们先叙述 Krasnoselskii 锥拉伸与锥压缩不动点定理．

本书中，在叙述一些经典的分析定理时常用符号 $|\cdot|$ 表示实 Banach 空间 E 中向量的范数，而在具体的应用定理时，对特定的空间赋予的向量范数则采用 $|\cdot|_*$（这里下标 $*$ 是待标记的）为记号，使其与实数的绝对值的记号有所区别.

定理 3.5（本章参考文献 2） 设 Ω_1 与 Ω_2 是实 Banach 空间 $(E, |\cdot|)$ 的两个有界开集，$\boldsymbol{\theta}$

$\in \Omega_1 \subseteq \overline{\Omega}_1 \subseteq \Omega_2$，$P$ 是 E 中的一个锥且 A：$P\cap(\overline{\Omega}_2 \setminus \Omega_1)\to P$ 全连续，若满足下面条件之一：

（ⅰ）对任意 $\boldsymbol{x}\in P\cap\partial\Omega_1$，$|A\boldsymbol{x}|\leqslant|\boldsymbol{x}|$，而对任意 $\boldsymbol{x}\in P\cap\partial\Omega_2$，$|A\boldsymbol{x}|\geqslant|\boldsymbol{x}|$；

（ⅱ）对任意 $\boldsymbol{x}\in P\cap\partial\Omega_1$，$|A\boldsymbol{x}|\geqslant|\boldsymbol{x}|$，而对任意 $\boldsymbol{x}\in P\cap\partial\Omega_2$，$|A\boldsymbol{x}|\leqslant|\boldsymbol{x}|$.

则 A 在 $P\cap(\overline{\Omega}_2 \setminus \Omega_1)$ 中必有不动点.

注：所谓 A：$P\to P$ 全连续就是说，A 在 P 上连续且对 P 中的任一有界子集 D，$A(D)$ 都是 P 中的相对紧集. 有限维 Banach 空间一个集合是相对紧集的，当且仅当它是有界的.

对任何正整数 ω，令 $\mathbf{R}^\omega$ 为所有实 ω 维列向量所成的集，并赋予通常向量的线性结构，向量范数定义如下：

$$|\boldsymbol{u}|_1=\sum_{i=1}^{\omega}|u_i|,\quad u=(u_1,\ u_2,\ \cdots,\ u_\omega)^{\mathrm{T}}\in\mathbf{R}^\omega.$$

则 $\mathbf{R}^\omega$ 是 Banach 空间.

定理 3.6 设 $\lambda>1$，ω 为偶数且条件（C_1）（或（C_2））成立，则（3.4）有两个全振动的解.

证明：这里只给出（C_1）成立的情形的证明，类似可证（C_2）成立的情形. 定义

$$K=\{\boldsymbol{u}=(u_1,\ u_2,\ \cdots,\ u_\omega)^{\mathrm{T}}\in\mathbf{R}^\omega:\ (-1)^k u_k\geqslant 0,\ k=1,\ 2,\ \cdots,\ \omega)\},$$

则 K 是 $\mathbf{R}^\omega$ 中的一个锥. 定义映射 Φ：$K\to K$，使得

$$(\Phi\boldsymbol{u})_k=-\frac{1}{\lambda}f_{k+1}(u_{k+1})+\frac{1}{\lambda}u_{k+2},\quad k=1,\ 2,\ \cdots,\ \omega,$$

这里 $u_{\omega+1}=u_1$，$u_{\omega+2}=u_2$，则 Φ 全连续. 由条件（C_1），有

$$\lim_{x\to 0}\frac{f_k(x)}{x}=0,\quad k=1,\ 2,\ \cdots,\ \omega.$$

选择正数 ε，使得 $\varepsilon<\lambda-1$，则存在 $\rho_1>0$，使得

$$|f_k(x)|\leqslant\varepsilon|x|,\quad |x|\leqslant\rho_1,\ k=1,\ 2,\ \cdots,\ \omega. \tag{3.6}$$

因对任意 $u\in K$ 且 $|\boldsymbol{u}|_1\leqslant\rho_1$，有

$$|(\Phi\boldsymbol{u})_k|\leqslant\frac{1}{\lambda}(|f_{k+1}(u_{k+1})|+|u_{k+2}|),\quad k=1,\ 2,\ \cdots,\ \omega.$$

结合（3.6），推出

$$|\Phi\boldsymbol{u}|_1=\sum_{k=1}^{\omega}|(\Phi\boldsymbol{u})_k|\leqslant\frac{1}{\lambda}\Big(\varepsilon\sum_{k=1}^{\omega}|u_{k+1}|+\sum_{k=1}^{\omega}|u_k|\Big)=\frac{1}{\lambda}(1+\varepsilon)|\boldsymbol{u}|_1\leqslant|\boldsymbol{u}|_1. \tag{3.7}$$

特别地，对任意 $\boldsymbol{u}\in K\cap\partial\Omega_1$，$|\Phi\boldsymbol{u}|_1\leqslant|\boldsymbol{u}|_1$，这里 $\Omega_1=\{\boldsymbol{u}\in\mathbf{R}^\omega:\ |\boldsymbol{u}|_1\leqslant\rho_1\}$. 由条件（$C_1$），有

$$\lim_{|x|\to+\infty}\frac{f_k(x)}{x}=+\infty,\quad k=1,\ 2,\ \cdots,\ \omega.$$

取正数 M，使得 $M>\lambda+1$. 则存在 $\rho_2>0$ 且 $\rho_2>\rho_1$，使得

$$|f_k(x)|\geqslant M|x|,\quad |x|\geqslant\rho_2,\ k=1,\ 2,\ \cdots,\ \omega. \tag{3.8}$$

对任意 $\boldsymbol{u}\in K$ 且 $|\boldsymbol{u}|_1\geqslant\rho_2$，由（3.8），有

$$|(\Phi\boldsymbol{u})_k|\geqslant\frac{1}{\lambda}(|f_{k+1}(u_{k+1})|-|u_{k+2}|)\geqslant\frac{1}{\lambda}(M|u_{k+1}|-|u_{k+2}|),\quad k=1,\ 2,\ \cdots,\ \omega.$$

推出

$$|\Phi u|_1=\sum_{k=1}^{\omega}|(\Phi u)_k|\geqslant\frac{1}{\lambda}(M\sum_{k=1}^{\omega}|u_{k+1}|-\sum_{k=1}^{\omega}|u_{k+2}|)=\frac{1}{\lambda}(M-1)|u|_1\geqslant|u|_1. \tag{3.9}$$

特别地，对任意 $u\in K\cap\partial\Omega_2$，$|\Phi u|_1\geqslant|u|_1$，这里 $\Omega_2=\{u\in\mathbf{R}^{\omega}:|u|_1\leqslant\rho_2\}$. 注意到 $\theta\in\Omega_1\subseteq\overline{\Omega}_1\subseteq\Omega_2$，由（3.7），（3.9）和定理 3.5，知 Φ 有一个不动点 $u^*=(u_1^*, u_2^*, \cdots, u_{\omega}^*)^{\mathrm{T}}\in K\cap(\overline{\Omega}_2\setminus\Omega_1)$. 易知 u^* 是（3.4）的非平凡解. 由定理 3.2，知 u^* 是全振动的.

类似地，若用

$$K'=\{u=(u_1, u_2, \cdots, u_{\omega})^{\mathrm{T}}\in\mathbf{R}^{\omega}:(-1)^{k+1}u_k\geqslant|u|_1, k=1, 2, \cdots, \omega\}$$

代替上面证明的 K，则我们能找到的另一个全振动解. 证毕.

值得指出的是，在神经网络的稳态解（或差分方程的周期解、边值问题的解）的讨论中，利用抽象工具证明解的存在性，先对解的特性作先验估计是很重要的. 只要这样，才能有的放矢. 解的特征的先验估计作得好，有时也可帮助我们得到更清晰的结论. 如由定理 3.6 的证明过程不难发现，如果最后不结合利用定理 3.2，我们只能得到“（3.4）在 K 和 K' 各有一个的非平凡解”的结论.

定理 3.7 设 $0\leqslant\lambda<1$ 且条件（C_1）（或（C_2））成立，则（3.4）有两个平凡解，其中一个是正的，另一个是负的.

证明： 这里只给出（C_1）成立的情形的证明，类似可证（C_2）成立的情形. 定义

$$K=\{u=(u_1, u_2, \cdots, u_{\omega})^{\mathrm{T}}\in\mathbf{R}^{\omega}: u_k\geqslant 0, k=1, 2, \cdots, \omega\},$$

则 K 是 $\mathbf{R}^{\omega}$ 中的一个锥. 再定义映射 Φ: $K\to K$，使得

$$(\Phi u)_k=f_{k-1}(u_{k-1})+\lambda u_{k-2}, k=1, 2, \cdots, \omega,$$

则 Φ 全连续. 由条件（C_1），有

$$\lim_{x\to 0}\frac{f_k(x)}{x}=0, k=1,2,\cdots,\omega.$$

选择正数 ε，使得 $\varepsilon+\lambda<1$，则存在 $\rho_1>0$，使得

$$|f_k(x)|\leqslant\varepsilon|x|, |x|\leqslant\rho_1, k=1, 2, \cdots, \omega. \tag{3.10}$$

对任意 $u\in K$ 且 $|u|_1\leqslant\rho_1$，由（3.10），有

$$|(\Phi u)_k|\leqslant|f_{k-1}(u_{k-1})|+\lambda|u_{k-2}|\leqslant\varepsilon|u_{k-1}|+\lambda|u_{k-2}|, k=1, 2, \cdots, \omega.$$

推出

$$|\Phi u|_1=\sum_{k=1}^{\omega}|(\Phi u)_k|\leqslant\varepsilon\sum_{k=1}^{\omega}|u_{k-1}|+\lambda\sum_{k=1}^{\omega}|u_{k-2}|=(\varepsilon+\lambda)|u|_1\leqslant|u|_1, \tag{3.11}$$

即对任意 $u\in K\cap\partial\Omega_1$，$|\Phi u|_1\leqslant|u|_1$，这里 $\Omega_1=\{u\in\mathbf{R}^{\omega}:|u|_1\leqslant\rho_1\}$，由条件（$C_1$），有

$$\lim_{|x|\to+\infty}\frac{f_k(x)}{x}=+\infty, k=1, 2, \cdots, \omega.$$

取正数 M，使得 $M>\lambda+1$，则存在 $\rho_2>0$ 且 $\rho_2>\rho_1$，使得

$$|f_k(x)|\geqslant M|x|, |x|\geqslant\rho_2, k=1, 2, \cdots, \omega. \tag{3.12}$$

对任意 $u\in K$ 且 $|u|_1\geqslant\rho_2$，由（3.12），有

$$|(\Phi u)_k|\geqslant|f_{k-1}(u_{k-1})|-\lambda|u_{k-2}|\geqslant M|u_{k-1}|-\lambda|u_{k-2}|, k=1, 2, \cdots, \omega.$$

推出

$$|\Phi u_1| = \sum_{k=1}^{\omega} |(\Phi u)_k| \geqslant M\sum_{k=1}^{\omega} |u_{k-1}| - \lambda \sum_{k=1}^{\omega} |u_{k-2}| = (M-\lambda)|u|_1 \geqslant |u|_1 \qquad (3.13)$$

特别地，对任意 $u \in K\cap\partial\Omega_2$，$|\Phi u|_1 \geqslant |u|_1$，这里 $\Omega_2 = \{u\in\mathbf{R}^{\omega}: |u|_1 \leqslant \rho_2\}$，注意到 $\theta \in \Omega_1 \subseteq \overline{\Omega}_1 \subseteq \Omega_2$，由（3.11），（3.13）和定理3.5，知 Φ 有一个不动点 $u^* = (u_1^*, u_2^*, \cdots, u_{\omega}^*)^{\mathrm{T}} \in K\cap(\overline{\Omega}_2 \setminus \Omega_1)$．易知 u^* 是（3.4）的非平凡解．进而由定理3.1和 K 的定义，知 u^* 是正的．

类似地，若用

$$K' = \{u = (u_1, u_2, \cdots, u_{\omega})^{\mathrm{T}} \in \mathbf{R}^{\omega}: -u_k \geqslant |u|_1, k=1, 2, \cdots, \omega\}$$

代替上面证明的 K，则能找到（3.4）的一个负解．证毕．

综合§3.1.1和本小节所有的定理的结论，可以知道若条件（C_1）和（C_1）有一个成立，则神经网络（3.1）的非平凡稳态解有如下分岔现象：

（A_1）若 ω 为奇数，则 $\lambda=1$ 是（3.1）的非平凡稳态解的一个分岔点：

（i）当 $\lambda\in[0,1)$ 时，（3.1）只能有正的或负的非平凡稳态解且有一个正的和一个负的；

（ii）当 $\lambda\in[1,+\infty)$ 时，（3.1）不存在非平凡稳态解．

（A_2）若 ω 为偶数，则 $\lambda=1$ 是（3.1）的非平凡稳态解的一个分岔点：

（i）当 $\lambda\in[0,1)$ 时，（3.1）只能有正的或负的非平凡稳态解且有一个正的和一个负的；

（ii）当 $\lambda=1$ 时，（3.1）不存在非平凡稳态解；

（iii）当 $\lambda\in(1,+\infty)$ 时，（3.1）只有全振动的非平凡稳态解且这样全振动的稳态解有两个．

下面我们将给出满足条件（C_1）的例子来说明以上结论是"Sharp"的．至于在条件（C_2）下，以上结论的"Sharp"性留给读者检验．

例3.1 考虑（3.1）中当 $f_k(x)=x^3, k=1,2,\cdots,\omega$ 的情形，容易知道 $xf_k(x)>0$，$x\neq0$，$k=1,2,\cdots,\omega$ 且满足条件（C_1），因此有上面提到的所有结论．

另一个方面，当 $\omega=2$ 时，稳态解系统为

$$\begin{cases} u_1 = \lambda u_1 + u_2^3, \\ u_2 = \lambda u_2 + u_1^3. \end{cases} \qquad (3.14)$$

我们可以直接算出

（i）若 $\lambda\in(1,+\infty)$，则（3.14）的所有解为 $(0, 0)^{\mathrm{T}}$，$(\pm\sqrt{\lambda-1}, \mp\sqrt{\lambda-1})^{\mathrm{T}}$；

（ii）若 $\lambda=1$，则（3.14）只有平凡解：$(0, 0)^{\mathrm{T}}$；

（iii）若 $\lambda\in[0,1)$，则（3.14）的所有解为 $(0, 0)^{\mathrm{T}}$，$(\pm\sqrt{1-\lambda}, \pm\sqrt{1-\lambda})^{\mathrm{T}}$.

事实上，当 $\lambda=1$ 时，由（3.14），得 $u_1^3=u_2^3=0$. 推出 $u_1=u_2=0$. 当 $\lambda\neq1$ 时，由（3.14），有

$$u_2 = \frac{u_1^3}{1-\lambda}, \qquad (3.15)$$

$$(1-\lambda)u_1 = \left(\frac{u_1^3}{1-\lambda}\right)^3.$$

因此

$$u_1(u_1^8-(1-\lambda)^4)=0. \tag{3.16}$$

若 $\lambda\in[0,1)$，由（3.15）和（3.16），推出（3.14）的所有解为

$$(0,\ 0)^{\mathrm{T}},\ (\pm\sqrt{1-\lambda},\ \pm\sqrt{1-\lambda})^{\mathrm{T}}.$$

若 $\lambda\in(1,+\infty)$，由（3.15）和（3.16），推出（3.14）的所有解为

$$(0,\ 0)^{\mathrm{T}},\ (\pm\sqrt{\lambda-1},\ \mp\sqrt{\lambda-1})^{\mathrm{T}}.$$

以上表明当条件（C_1）满足且 ω 是偶数，以上结论是“Sharp”的.

当 $\omega=3$ 时，稳态解系统为

$$\begin{cases}u_1=\lambda u_2+u_3^3,\\ u_2=\lambda u_3+u_1^3,\\ u_3=\lambda u_1+u_2^3.\end{cases} \tag{3.17}$$

我们可以直接讨论算出

（Ⅰ）若 $\lambda\geqslant1$，则（3.17）只有平凡解：$(0,\ 0,\ 0)^{\mathrm{T}}$；

（Ⅱ）若 $\lambda\in[0,1)$ 则（3.17）的所有解为

$$(0,\ 0,\ 0)^{\mathrm{T}},\ (\pm\sqrt{1-\lambda},\ \pm\sqrt{1-\lambda},\ \pm\sqrt{1-\lambda})^{\mathrm{T}}.$$

事实上，当 $\lambda=1$，由（3.17），得

$$u_1^3+u_2^3+u_3^3=0. \tag{3.18}$$

若 u_1，u_2，u_3 中有一个为0，不失一般性，设 $u_1=0$，由（3.18）的第二个式子，得 $u_2=u_3$. 将 $u_1=0$ 和 $u_2=u_3$ 代入（3.18），易得 $u_2=u_3=0$. 因此 $u_1=u_2=u_3=0$. 若 u_1，u_2，u_3 都不为0，则由（3.18），知 u_1，u_2，u_3 中必有两个异号. 不失一般性，设 $u_1>0$ 和 $u_2<0$. 于是由（3.17）的第一个式子，知 $u_3^3>0$，即 $u_3>0$. 但由 $u_2<0$，$u_3>0$ 和（3.17）的第二个式子，有 $u_1^3<0$. 矛盾.

当 $\lambda>1$ 时，如果 u_1，u_2，u_3 中有一个为0，不失一般性，设 $u_1=0$，由（3.17）的第一个式子和第二个式子，有

$$u_2=\lambda u_3,$$
$$u_3(\lambda^2+u_3^2)=0.$$

因此 $u_3=0=u_2$，即得 $u_1=u_2=u_3=0$. 若 $u_1>0$，$u_2>0$，$u_3>0$，则由（3.17），得

$$u_1=\lambda u_2+u_3^3>\lambda u_2>u_2,$$
$$u_2=\lambda u_3+u_1^3>\lambda u_3>u_3,$$
$$u_3=\lambda u_1+u_2^3>\lambda u_1>u_1.$$

所以

$$u_1>u_2>u_3>u_1.$$

矛盾. 若 $u_1<0$，$u_2<0$，$u_3<0$，则如前一情形可得 $u_1<u_2<u_3<u_1$. 矛盾. 若 u_1，u_2，u_3 中有两个异号，不失一般性，设 $u_1>0$ 和 $u_2<0$，则由（3.17）的第一个式子，得 $u_3>0$. 再由 $u_1>0$，$u_3>0$ 和（3.17）的第二个式子，有 $u_2>0$. 矛盾.

当 $\lambda=0$，则（3.17）为

$$\begin{cases}u_1=u_3^3,\\u_2=u_1^3,\\u_3=u_2^3.\end{cases}$$

所以 $u_1(u_1^{26}-1)=0$. 因此 $u_1=0$，$u_2=u_3=0$ 或 $u_1=\pm1$，$u_2=\pm1$，$u_3=\pm1$.

最后，设 $\lambda\in(0,1)$，若 u_1，u_2，u_3 中有一个为 0，不失一般性，设 $u_1=0$，由（3.17）的第一、二个式子，得

$$u_2=\lambda u_3,$$
$$u_3(\lambda^2+u_3^2)=0.$$

所以 $u_3=0=u_2$ 和 $u_1=\lambda u_2+u_3^3=0$. 若 u_1，u_2，u_3 中有两个是正的，不失一般性，设 $u_1>0$，$u_2>0$，则由（3.17）的第三个式子，知 $u_3>0$. 可以断言：u_1，u_1，$u_3\in(0,1)$. 否则，不失一般性，设 $u_3\geqslant1$ 由（3.17），可得

$$u_1=\lambda u_2+u_3^3>u_3^3\geqslant u_3\geqslant1,$$
$$u_2=\lambda u_3+u_1^3>u_1^3\geqslant u_1\geqslant1,$$
$$u_3=\lambda u_1+u_2^3>u_2^3\geqslant u_2.$$

所以 $u_1>u_3>u_2>u_1$. 矛盾. 故 u_1，u_2，$u_3\in(0,1)$. 进一步可以断言：$u_1=u_2=u_3$. 否则，不失一般性，设 $u_1=\max\{u_1,u_2,u_3\}$，$u_2=\min\{u_1,u_2,u_3\}$和 $u_1>u_2$，由（3.17）的第一个式子，可得

$$u_1=\lambda u_2+u_3^3<\lambda u_1+u_1^3.$$

推出

$$u_1>\sqrt{1-\lambda}. \tag{3.19}$$

由（3.17）的第二个式子，可得

$$u_2=\lambda u_3+u_1^3>\lambda u_2+u_2^3.$$

推出

$$u_2<\sqrt{1-\lambda}. \tag{3.20}$$

另一方面，由（3.17）的第二个式子和（3.19），可得

$$u_2=\lambda u_3+u_1^3>\lambda u_2+(1-\lambda)\sqrt{1-\lambda}.$$

推出

$$u_2>\sqrt{1-\lambda}. \tag{3.21}$$

矛盾. 所以 $u_1=u_2=u_3\in(0,1)$. 容易由（3.17），得 $u_1=u_2=u_3=\sqrt{1-\lambda}$. 类似地，若 u_1，u_2，u_3 中有两个是负的，则可得 $u_1=u_2=u_3=-\sqrt{1-\lambda}$.

以上表明当条件（C_1）满足且 ω 是奇数，以上结论是“Sharp”的.

§3.1.3　控制函数为分片线性时稳态解的分岔问题

这一小节介绍 Wang 的工作，讨论当神经网络（3.1）中的控制函数都取（3.2）所给出的分片线性函数的情形. 这时该神经网络立即写成

$$\begin{cases} u_{i+1}^{(t+1)}=\lambda u_{i-1}^{(t)}+h(u_i^{(t)}),t\in\mathbf{N},i\in\mathbf{Z}[1,\ \omega], \\ u_0^{(t)}=u_w^{(t)},\ u_{w+1}^{(t)}=u_1^{(t)}, \end{cases} \tag{3.22}$$

其中 λ 是一个正参数，而

$$h(x)=\frac{1}{2}(|x+1|-|x-1|). \tag{3.23}$$

求（3.22）的稳态解等价于求差分方程

$$u_{k+1}=\lambda u_{k-1}+h(u_k),\ k\in\mathbf{Z} \tag{3.24}$$

的 ω - 周期解.

由于 $h(x)$ 是定义在 $\mathbf{R}$ 上的实连续双曲函数，故由§3.1.1，立刻知（3.22）的稳态解存在的必要条件和应有的特征：

（ⅰ）当 $\lambda\in(0,1)$，若（3.22）有非平凡稳态解，则它必是正的或负的；

（ⅱ）当 $\lambda=1$，(3.22）不存在非平凡稳态解；

（ⅲ）当 $\lambda\in(1,+\infty)$，若（3.22）有非平凡稳态解，则它必是全振动且 ω 必为偶数.

在此基础上，我们将求出（3.22）的所有稳态解.

定理 3.8 当 $\lambda\in(0,1)$，(3.22）有且只有两个非平凡稳态解，其中一个是正的另一个是负的，它们分别是

$$\left(\frac{1}{1-\lambda},\ \frac{1}{1-\lambda},\ \cdots,\ \frac{1}{1-\lambda}\right)^{\mathrm{T}} 和 \left(-\frac{1}{1-\lambda},\ -\frac{1}{1-\lambda},\ \cdots,\ -\frac{1}{1-\lambda}\right)^{\mathrm{T}}.$$

证明： 当 $\lambda\in(0,1)$ 时，假设 $(u_1,\ u_2,\ \cdots,\ u_\omega)^{\mathrm{T}}$ 为（3.22）的非平凡稳态解，由上面的结论，知它必是正的或负的.

如果 $(u_1,\ u_2,\ \cdots,\ u_\omega)^{\mathrm{T}}$ 为正的，则它的周期延拓 $\{u_k\}_{k\in\mathbf{Z}}$ 是（3.24）的 ω - 周期正解. 若 $\{u_k\}_{k\in\mathbf{Z}}$ 中有一项大于1，不失一般性，设 $u_1>1$，由（3.24），有

$$u_2=\lambda u_0+h(u_1)=\lambda u_0+1>1,$$
$$u_3=\lambda u_1+h(u_2)=\lambda u_1+1>1,$$
$$u_4=\lambda u_2+h(u_3)=\lambda u_2+1>1.$$

由归纳和周期性，知 $\{u_k\}_{k\in\mathbf{Z}}$ 中每一项都大于1. 于是由（3.24），知 $\{u_k\}_{k\in\mathbf{Z}}$ 必是下面差分方程

$$u_{k+2}-\lambda u_k=1,\ k\in\mathbf{Z} \tag{3.25}$$

的 ω - 周期正解. 另一方面，注意到（3.25）对应的齐次方程是

$$x_{k+2}-\lambda x_k=0,\ k\in\mathbf{Z}. \tag{3.26}$$

（3.26）的特征方程 $r^2-\lambda=0$ 有两个不同的实根 $r_1=\sqrt{\lambda}$，$r_2=-\sqrt{\lambda}$，可知（3.26）的通解为

$$x_k=(c_1+c_2(-1)^k)(\sqrt{\lambda})^k,\ k\in\mathbf{Z}.$$

而（3.25）有一个特解为

$$y_k=\frac{1}{1-\lambda},\ k\in\mathbf{Z},$$

可知 $\{u_k\}_{k\in\mathbf{Z}}$ 必有形式

$$u_k=(c_1+c_2(-1)^k)(\sqrt{\lambda})^k+\frac{1}{1-\lambda},\ k\in\mathbf{Z},\tag{3.27}$$

其中 c_1，c_2 为常数．现证 $c_1=c_2=0$．为此先证 $c_1+c_2=0$，假设 $c_1+c_2\neq0$，由（3.27），可看出 $\{u_k\}_{k\in\mathbf{N}}$的偶数项所组成的子列是严格单调的．这与 $\{u_k\}_{k\in\mathbf{Z}}$是周期的矛盾．故 $c_1+c_2=0$．类似可证 $c_1-c_2=0$．从而推出 $c_1=c_2=0$．这样

$$u_k=\frac{1}{1-\lambda},\ k\in\mathbf{Z},$$

可知

$$(u_1,\ u_2,\ \cdots,\ u_\omega)^{\mathrm{T}}=\left(\frac{1}{1-\lambda},\ \frac{1}{1-\lambda},\ \cdots,\ \frac{1}{1-\lambda}\right)^{\mathrm{T}}.$$

若 $\{u_k\}_{k\in\mathbf{Z}}$中每一项都小于或等于1，由（3.24），知 $\{u_k\}_{k\in\mathbf{Z}}$是

$$u_{k+2}-u_{k+1}-\lambda u_k=0,\ k\in\mathbf{Z}\tag{3.28}$$

的 ω－周期正解．由（3.28），知 $\{u_k\}_{k\in\mathbf{Z}}$必有形式

$$u_k=c_1\left(\frac{1+\sqrt{1+4\lambda}}{2}\right)^k+c_2\left(\frac{1-\sqrt{1+4\lambda}}{2}\right)^k,\ k\in\mathbf{Z}.\tag{3.29}$$

可推出 $c_1=0$．事实上，倘若 $c_1\neq0$，由（3.29），知

$$u_k=\left(\frac{1+\sqrt{1+4\lambda}}{2}\right)^k\left(c_1+c_2\left(\frac{1-\sqrt{1+4\lambda}}{1+\sqrt{1+4\lambda}}\right)^k\right)\to(\operatorname{sgn} c_1)\infty,\ k\to\infty.$$

这与 $\{u_k\}_{k\in\mathbf{Z}}$有周期正解矛盾．故 $c_1=0$，即

$$u_k=c_2\left(\frac{1-\sqrt{1+4\lambda}}{2}\right)^k,\ k\in\mathbf{Z}.$$

易知这不能发生．综合上面的讨论，知（3.22）只有一个非平凡稳态正解：

$$\left(\frac{1}{1-\lambda},\ \frac{1}{1-\lambda},\ \cdots,\ \frac{1}{1-\lambda}\right)^{\mathrm{T}}.$$

为找出（3.22）的非平凡稳态负解，注意到函数 $h(x)$ 是奇函数，容易知道（$\bar{u}_1$，$\bar{u}_2$，…，$\bar{u}_\omega$）^{T} 为（3.22）的非平凡稳态负解，当且仅当（$-\bar{u}_1$，$-\bar{u}_2$，…，$-\bar{u}_\omega$）^{T} 为（3.22）的非平凡稳态正解．从而由以上知（3.22）只有一个非平凡稳态负解：

$$\left(-\frac{1}{1-\lambda},\ -\frac{1}{1-\lambda},\ \cdots,\ -\frac{1}{1-\lambda}\right)^{\mathrm{T}}.$$

证毕．

引理 3.4 设 ω 为偶数且 $G=\{(u_1,\ u_2,\ \cdots,\ u_\omega)^{\mathrm{T}}:\ |u_k|\leqslant1,\ k\in\mathbf{Z}[1,\ \omega]\}$，则

（ⅰ）当 $\lambda\in(1,2)\cup(2,+\infty)$时，$(u_1,u_2,\cdots,u_\omega)^{\mathrm{T}}\in G$ 为（3.22）的稳态解的充要条件是 $(u_1,\ u_2,\ \cdots,\ u_\omega)^{\mathrm{T}}$ 是平凡的；

（ⅱ）当 $\lambda=2$ 时，$(u_1,\ u_2,\ \cdots,\ u_\omega)^{\mathrm{T}}\in G$ 为（3.22）的稳态解的充要条件是

$$(u_1,\ u_2,\ \cdots,\ u_\omega)^{\mathrm{T}}=(c,\ -c,\ \cdots,\ c,\ -c)^{\mathrm{T}}\text{ 且 }c\in[-1,\ 1].$$

证明：先证（ⅰ）：充分性显然成立．下证必要性：假设 $(u_1,\ u_2,\ \cdots,\ u_\omega)^{\mathrm{T}}\in G$ 为（3.22）的稳态解．因此它的周期延拓$\{u_k\}_{k\in\mathbf{Z}}$是（3.24）的 ω－周期解．注意到$|u_k|\leqslant1$，$k\in\mathbf{Z}$，从而由（3.24），有

$$u_{k+2}-u_{k+1}-\lambda u_k=0,\ k\in\mathbf{Z},$$

因此

$$u_k=c_1\left(\frac{1+\sqrt{1+4\lambda}}{2}\right)^k+c_2\left(\frac{1-\sqrt{1+4\lambda}}{2}\right)^k,\ k\in\mathbf{Z}.$$

可推出 $c_1=0$. 事实上，倘若 $c_1\neq 0$，则由（3.34），知

$$u_k=\left(\frac{1+\sqrt{1+4\lambda}}{2}\right)^k\left(c_1+c_2\left(\frac{1-\sqrt{1+4\lambda}}{1+\sqrt{1+4\lambda}}\right)^k\right)\to(\operatorname{sgn}c_1)\infty,k\to\infty.$$

这与 $\{u_k\}_{k\in\mathbf{Z}}$的周期性矛盾. 故 $c_1=0$. 从而

$$u_k=c_2\left(\frac{1-\sqrt{1+4\lambda}}{2}\right)^k,\ k\in\mathbf{Z}.$$

注意到 $\lambda\in(1,2)\cup(2,+\infty)$，所以

$$\left|\frac{1-\sqrt{1+4\lambda}}{2}\right|\neq 1 \text{ 或 } 0.$$

可知 $c_2=0$，即 $u_k=0$，$k\in\mathbf{Z}$. 必要性得证．

再证（ⅱ）：充分性显然成立. 下证必要性：假设（u_1，u_2，…，u_ω）$^{\mathrm{T}}\in G$ 为（3.22）的稳态解．因此它的周期延拓 $\{u_k\}_{k\in\mathbf{Z}}$是（3.24）的 ω－周期解．与（ⅰ）的证法类似，可得

$$u_k=c\ (-1)^k,\ k\in\mathbf{Z}.$$

注意到 $|u_k|\leqslant 1$，$k\in\mathbf{Z}$，可得 $c\in[-1,1]$．证毕．

引理 3.5 设 ω 为偶数和 $W=\{(u_1,\ u_2,\ \cdots,\ u_\omega)^{\mathrm{T}}:\ |u_k|>1,\ k\in\mathbf{Z}[1,\omega]\}$，则

（ⅰ）当 $\lambda\in(1,\ 2)$ 时，(3.22) 属于 W 的稳态解有且仅有两个：

$$\left(\frac{1}{\lambda-1},\ -\frac{1}{\lambda-1},\ \cdots,\ \frac{1}{\lambda-1},\ -\frac{1}{\lambda-1}\right)^{\mathrm{T}} \text{和} \left(-\frac{1}{\lambda-1},\ \frac{1}{\lambda-1},\ \cdots,\ -\frac{1}{\lambda-1},\ \frac{1}{\lambda-1}\right)^{\mathrm{T}};$$

（ⅱ）当 $\lambda\in[2,+\infty)$ 时，(3.22) 没有稳态解属于 W.

证明： 先证（ⅰ）：当 ω 为偶数和 $\lambda\in(1,\ 2)$ 时，假设（u_1，u_2，…，u_ω）$^{\mathrm{T}}\in W$ 为（3.22）的非平凡稳态解，则它必是全振动的．因此它的周期延拓 $\{u_k\}_{k\in\mathbf{Z}}$是（3.24）的 ω－周期全振动解．若 $u_{2k}>0$，$u_{2k+1}<0\,(k\in\mathbf{Z})$，注意到对所有 $k\in\mathbf{Z}$，$|u_k|>1$，由（3.24)，有

$$u_{2k+2}-\lambda u_{2k}=-1,\ k\in\mathbf{Z}$$

和

$$u_{2(k+1)+1}-\lambda u_{2k+1}=1,\ k\in\mathbf{Z}.$$

令 $x_k=u_{2k}$，$y_k=u_{2k+1}$，$k\in\mathbf{Z}$，则$\{x_k\}_{k\in\mathbf{Z}}$是 $x_{k+1}-\lambda x_k=-1$，$k\in\mathbf{Z}$ 的$\dfrac{\omega}{2}$－周期正解. 可求出

$$x_k=\frac{1}{\lambda-1},\ k\in\mathbf{Z}.$$

注意到$\{y_k\}_{k\in\mathbf{Z}}$是 $y_{k+1}-\lambda y_k=1$，$k\in\mathbf{Z}$ 的$\dfrac{\omega}{2}$－周期负解，可求出

$$y_k = \frac{-1}{\lambda - 1},\ k \in \mathbf{Z}.$$

因此

$$(u_1,\ u_2,\ \cdots,\ u_\omega)^{\mathrm{T}} = \left(-\frac{1}{\lambda-1},\ \frac{1}{\lambda-1},\ \cdots,\ -\frac{1}{\lambda-1},\ \frac{1}{\lambda-1}\right)^{\mathrm{T}}.$$

若 $u_{2k} < 0$，$u_{2k+1} > 0$，$k \in \mathbf{Z}$，则类似可求出

$$(u_1,\ u_2,\ \cdots,\ u_\omega)^{\mathrm{T}} = \left(\frac{1}{\lambda-1},\ \frac{-1}{\lambda-1},\ \cdots,\ \frac{1}{\lambda-1},\ \frac{-1}{\lambda-1}\right)^{\mathrm{T}},$$

即（ⅰ）结论成立．类似可证（ⅱ）结论成立．证毕．

定理 3.9 当 ω 为偶数且 $\lambda \in (1,2)$ 时，(3.22) 有且仅有两个非平凡稳态解，它们都是全振动的且分别是

$$\left(\frac{1}{\lambda-1},\ -\frac{1}{\lambda-1},\ \cdots,\ \frac{1}{\lambda-1},\ -\frac{1}{\lambda-1}\right)^{\mathrm{T}} \text{和} \left(-\frac{1}{\lambda-1},\ \frac{1}{\lambda-1},\ \cdots,\ -\frac{1}{\lambda-1},\ \frac{1}{\lambda-1}\right)^{\mathrm{T}}.$$

证明： 当 ω 为偶数且 $\lambda \in (1,\ 2)$ 时，假设 $(u_1,\ u_2,\ \cdots,\ u_\omega)^{\mathrm{T}}$ 为 (3.22) 的非平凡稳态解，则它必须是全振动的．因此它的周期延拓 $\{u_k\}_{k\in\mathbf{Z}}$ 是 (3.24) 的 ω－周期全振动解．我们必须分如下三种情况讨论：

(A) 对所有 $k \in \mathbf{Z}$，$|u_k| \leqslant 1$；

(B) 对所有 $k \in \mathbf{Z}$，$|u_k| > 1$；

(C) 存在 $\alpha \in \mathbf{Z}$，使得 $|u_\alpha| \leqslant 1$ 和 $|u_{\alpha+1}| > 1$.

对情形 (A)．由引理 3.4（ⅱ），知这种情形不能发生．

对情形 (B)，由引理 3.5（ⅰ），知 (3.22) 有且仅有两个稳态解：

$$\left(\frac{1}{\lambda-1},\ -\frac{1}{\lambda-1},\ \cdots,\ \frac{1}{\lambda-1},\ -\frac{1}{\lambda-1}\right)^{\mathrm{T}} \text{和} \left(-\frac{1}{\lambda-1},\ \frac{1}{\lambda-1},\ \cdots,\ -\frac{1}{\lambda-1},\ \frac{1}{\lambda-1}\right)^{\mathrm{T}}.$$

对情形 (C)，不失一般性，设 $0 < u_\alpha \leqslant 1$，$u_{\alpha+1} < -1$，由 (3.24) 和 $\{u_k\}_{k\in\mathbf{Z}}$ 是全振动的，有

$$0 < u_\alpha \leqslant 1,\ u_{\alpha+1} < -1,$$
$$0 < u_{\alpha+2} = \lambda u_\alpha - 1 \leqslant \lambda - 1 < 1,$$
$$u_{\alpha+3} = \lambda u_{\alpha+1} + u_{\alpha+2} < -\lambda + u_{\alpha+2} \leqslant -\lambda + \lambda - 1 = -1.$$

由归纳和 $\{u_k\}_{k\in\mathbf{Z}}$ 的周期性，有 $0 < u_{\alpha+2k} \leqslant 1$，$u_{\alpha+2k+1} < -1$，$k \in \mathbf{Z}$. 于是

$$u_{\alpha+2k+2} - \lambda u_{\alpha+2k} = -1,\ k \in \mathbf{Z}.$$

令 $z_k = u_{\alpha+2k}$，$k \in \mathbf{Z}$，则 $\{z_k\}_{k\in\mathbf{Z}}$ 是 $z_{k+1} - \lambda z_k = -1$，$k \in \mathbf{Z}$ 的 $\frac{\omega}{2}$－周期正解．从而

$$z_k = c_1\lambda^k + \frac{1}{\lambda-1},\ k \in \mathbf{Z}.$$

再由 $\{z_k\}_{k\in\mathbf{Z}}$ 的周期性，得 $z_k = \frac{1}{\lambda-1}$，$k \in \mathbf{Z}$，也即 $u_{\alpha+2k} = \frac{1}{\lambda-1} > 1$，$k \in \mathbf{Z}$. 矛盾．综合上述讨论，结论为真．证毕．

定理 3.10 当 ω 为偶数且 $\lambda = 2$ 时，(3.22) 有无穷多个非平凡稳态解且全体非平凡稳态解为

$$(u_1, u_2, \cdots, u_\omega)^{\mathrm{T}} = (c, -c, \cdots, c, -c)^{\mathrm{T}} \text{ 且 } c \in [-1,0) \cup (0,1].$$

证明：当 ω 为偶数且 $\lambda = 2$ 时，假设 $(u_1, u_2, \cdots, u_\omega)^{\mathrm{T}}$ 为（3.22）的非平凡稳态解，则它必须是全振动的．因此，它的周期延拓 $\{u_k\}_{k\in\mathbf{Z}}$ 是（3.24）的 ω - 周期全振动解．我们必须讨论如下三种情况：

（A）对所有 $k \in \mathbf{Z}$，$|u_k| \leqslant 1$；

（B）对所有 $k \in \mathbf{Z}$，$|u_k| > 1$；

（C）存在 $\alpha \in \mathbf{Z}$，使得 $|u_\alpha| \leqslant 1$ 和 $|u_{\alpha+1}| > 1$.

对情形（A），由引理 3.4，得 $(u_1, u_2, \cdots, u_\omega)^{\mathrm{T}} = (c, -c, \cdots, c, -c)^{\mathrm{T}}$ 且 $c \in [-1,0) \cup (0, 1]$ 为所求．

对情形（B），由引理 3.5（ⅱ），知这种情形不能发生．

对情形（C），不失一般性，不妨设 $0 < u_\alpha \leqslant 1$，$u_{\alpha+1} < -1$，由（3.24）和 $\{u_k\}_{k\in\mathbf{Z}}$ 是全振动的，有

$$0 < u_\alpha \leqslant 1,\ u_{\alpha+1} < -1,$$
$$0 < u_{\alpha+2} = 2u_\alpha - 1 < 1,$$
$$u_{\alpha+3} = 2u_{\alpha+1} + u_{\alpha+2} < -1.$$

由归纳和 $\{u_k\}_{k\in\mathbf{Z}}$ 的周期性，有 $0 < u_{\alpha+2k} \leqslant 1$，$u_{\alpha+2k+1} < -1$，$k \in \mathbf{Z}$. 于是

$$u_{\alpha+2k+2} - 2u_{\alpha+2k} = -1,\ k \in \mathbf{Z}.$$

令 $z_k = u_{\alpha+2k}$，$k \in \mathbf{Z}$，则 $\{z_k\}_{k\in\mathbf{Z}}$ 是 $z_{k+1} - 2z_k = -1$，$k \in \mathbf{Z}$ 的 $\dfrac{\omega}{2}$ - 周期正解．从而

$$z_k = c_1 2^k + 1,\ k \in \mathbf{Z}.$$

再由 $\{z_k\}_{k\in\mathbf{Z}}$ 的周期性得 $z_k = 1$，$k \in \mathbf{Z}$，即 $u_{\alpha+2k} = 1$，$k \in \mathbf{Z}$. 于是由（3.24），有

$$u_{\alpha+2k+1} - 2u_{\alpha+2k-1} = 1,\ k \in \mathbf{Z}.$$

可求出 $u_{\alpha+2k+1} = -1$，$k \in \mathbf{Z}$. 矛盾．综合上述讨论，结论为真．证毕．

定理 3.11 当 ω 为偶数且 $\lambda \in (2, +\infty)$ 时，（3.22）没有非平凡稳态解．

证明：当 ω 为偶数且 $\lambda \in (2, +\infty)$ 时，假设 $(u_1, u_2, \cdots, u_\omega)^{\mathrm{T}}$ 为（3.22）的非平凡稳态解，则它必须是全振动的．因此它的周期延拓 $\{u_k\}_{k\in\mathbf{Z}}$ 是（3.24）的 ω - 周期全振动解．我们必须分如下三种情况讨论：

（A）对所有 $k \in \mathbf{Z}$，$|u_k| \leqslant 1$；

（B）对所有 $k \in \mathbf{Z}$，$|u_k| > 1$；

（C）存在 $\alpha \in \mathbf{Z}$，使得 $|u_\alpha| \leqslant 1$ 和 $|u_{\alpha+1}| > 1$.

首先，分别由引理 3.4（ⅰ）和引理 3.5（ⅱ），知情形（A）和（B）都不能发生．下面证明情形（C）也不会发生：事实上，不失一般性，设 $|u_0| \leqslant 1$ 和 $|u_1| > 1$，由 $\{u_k\}_{k\in\mathbf{Z}}$ 是全振动的，不妨设 $u_{2k} > 0$，$u_{2k+1} < 0$，$k \in \mathbf{Z}$. 这样有 $0 < u_0 \leqslant 1$，$u_1 < -1$. 由（3.24），有

$$u_1 < -1,$$
$$u_3 \leqslant \lambda u_1 + 1 < -\lambda + 1 < -1.$$

由归纳和周期性，有 $u_{2k+1} < -1$，$k \in \mathbf{Z}$. 因此由（3.24），有

$$u_{2k+2} - \lambda u_{2k} = -1,\ k \in \mathbf{Z}.$$

令 $z_k = u_{2k}$，$k \in \mathbf{Z}$，则 $\{z_k\}_{k\in\mathbf{Z}}$是 $z_{k+1} - \lambda z_k = -1$，$k \in \mathbf{Z}$ 的$\dfrac{\omega}{2}$ –周期正解，从而

$$z_k = c\lambda^k + \frac{1}{\lambda - 1}, \ k \in \mathbf{Z}.$$

再由 $\{z_k\}_{k\in\mathbf{Z}}$ 的周期性，得 $z_k = \dfrac{1}{\lambda - 1}$，$k \in \mathbf{Z}$，即 $0 < u_{2k} = \dfrac{1}{\lambda - 1} < 1$，$k \in \mathbf{Z}$. 于是由 (3.24)，有

$$u_{2k+1} - \lambda u_{2k-1} = \frac{1}{\lambda - 1}, \ K \in \mathbf{Z}.$$

令 $\omega_k = u_{2k-1}$，$k \in \mathbf{Z}$，则 $\{\omega_k\}_{k\in\mathbf{Z}}$是 $z_{k+1} - \lambda z_k = \dfrac{1}{\lambda - 1}$，$k \in \mathbf{Z}$ 的$\dfrac{\omega}{2}$ –周期正解. 从而

$$\omega_k = c_1\lambda^k + \frac{-1}{(\lambda - 1)^2}, \ k \in \mathbf{Z}.$$

再由 $\{\omega_k\}_{k\in\mathbf{Z}}$的周期性，得

$$\omega_k = -\frac{1}{(\lambda - 1)^2}, \ k \in \mathbf{Z}.$$

可知

$$u_{2k-1} = -\frac{1}{(\lambda - 1)^2} > -1, \ k \in \mathbf{Z}.$$

这与 $u_1 < -1$ 矛盾. 证毕.

综合§3.1.1 和本小节所有的定理的结论，可以知道神经网络（3.22）的非平凡稳态解有如下分岔现象：

（H_1）若 ω 为奇数，则 $\lambda = 1$ 是（3.22）的非平凡稳态解的一个分岔点：

（ⅰ）当 $\lambda \in (0,1)$ 时，(3.22) 有且只有两个非平凡稳态解，其中一个是正的，另一个是负的，它们分别是

$$\left(\frac{1}{1-\lambda}, \frac{1}{1-\lambda}, \cdots, \frac{1}{1-\lambda}\right)^{\mathrm{T}} \text{和} \left(-\frac{1}{1-\lambda}, -\frac{1}{1-\lambda}, \cdots, -\frac{1}{1-\lambda}\right)^{\mathrm{T}};$$

（ⅱ）当 $\lambda \in [1, +\infty)$ 时，(3.22) 不存在非平凡稳态解.

（H_2）若 ω 为偶数，则 $\lambda = 1$，2 都是（3.22）的非平凡稳态解的分岔点：

（ⅰ）当 $\lambda \in (0,1)$ 时，(3.22) 有且只有两个非平凡稳态解，其中一个是正的，另一个是负的，它们分别是

$$\left(\frac{1}{1-\lambda}, \frac{1}{1-\lambda}, \cdots, \frac{1}{1-\lambda}\right)^{\mathrm{T}} \text{和} \left(-\frac{1}{1-\lambda}, -\frac{1}{1-\lambda}, \cdots, -\frac{1}{1-\lambda}\right)^{\mathrm{T}};$$

（ⅱ）当 $\lambda = 1$ 时，(3.22) 不存在非平凡稳态解.

（ⅲ）当 $\lambda \in (1,2)$ 时，(3.22) 有且只有两个非平凡稳态解，它们都是全振动的且分别是

$$\left(\frac{1}{\lambda-1}, -\frac{1}{\lambda-1}, \cdots, \frac{1}{\lambda-1}, -\frac{1}{\lambda-1}\right)^{\mathrm{T}} \text{和} \left(-\frac{1}{\lambda-1}, \frac{1}{\lambda-1}, \cdots, -\frac{1}{\lambda-1}, \frac{1}{\lambda-1}\right)^{\mathrm{T}};$$

（ⅳ）当 $\lambda = 2$ 时，(3.22) 有无穷多个非平凡稳态解且全体非平凡稳态解为

$$(u_1, u_2, \cdots, u_\omega)^{\mathrm{T}} = (c, -c, \cdots, c, -c) \text{且} c \in [-1,0) \cup (0,1];$$

(Ⅴ) 当 ω 为偶数且 $\lambda \in (2, +\infty)$ 时,(3.22) 没有非平凡稳态解.

§3.2 相邻影响的环形神经网络稳态解的分岔问题

相邻对称影响环形结构的神经元的神经网络系统的稳态解问题,已有一些研究成果(参见本章参考文献5,6,8,10). 这一节,将拓广 Wang 和 Cheng(本章参考文献6)的工作.

假设按顺时针方向固定在正 ω 边形的顶点上神经元 $u_1, u_2, \cdots, u_\omega (\omega \geqslant 3)$,每个神经元 u_n 有两个确定的与它相邻的神经元 u_{n-1} 和 u_{n+1},这里 $u_0 = u_\omega$,$u_{\omega+1} = u_1$,记 $u_n^{(t)}$ $(t \in \mathbf{N})$ 为第 n 个神经元在时刻 t 的状态值. 根据扩散原理,每一个神经元状态值在间接两个时刻的改变,都受到与它相邻的两个神经元状态值同比例影响,根据扩散原理,可得如下模型:

$$u_n^{(t+1)} - u_n^{(t)} = cu_{n-1}^{(t)} + bu_n^{(t)} + cu_{n+1}^{(t)} - f_n(u_n^{(t)}),$$

这里 b,c 是实参数且 $c>0$,$cu_{n-1}^{(t)} + bu_n^{(t)} + cu_{n+1}^{(t)}$ 表示扩散形式,$f_n(u_n^{(t)})$ 表示由第 n 个神经元产生的偏压控制,那么对于 $t \in \mathbf{N}$,可以得到一个演变的系统:

$$\begin{cases} u_n^{(t+1)} - u_n^{(t)} = cu_{n-1}^{(t)} + bu_n^{(t)} + cu_{n+1}^{(t)} - f_n(u_n^{(t)}), \ n \in \mathbf{Z}[1,\omega], \\ u_0^{(t)} = u_\omega^{(t)}, \ u_1^{(t)} = u_{\omega+1}^{(t)}. \end{cases} \tag{3.30}$$

设 $\mu = \dfrac{b}{c} \in \mathbf{R}$,$\nu = \dfrac{1}{c} > 0$,$I$ 为 $\omega \times \omega$ 单位矩阵,而

$$\boldsymbol{B} = \begin{pmatrix} 0 & 1 & 0 & 0 & \cdots & 0 & 1 \\ 1 & 0 & 1 & 0 & \cdots & 0 & 0 \\ 0 & 1 & 0 & 1 & \cdots & 0 & 0 \\ \vdots & \vdots & \vdots & \vdots & \cdots & \vdots & \vdots \\ 0 & 0 & 0 & 0 & \cdots & 0 & 1 \\ 1 & 0 & 0 & 0 & \cdots & 1 & 0 \end{pmatrix}_{\omega \times \omega}, \tag{3.31}$$

易知矩阵 $\boldsymbol{B}$ 的特征值为

$$\lambda_i = 2\cos\frac{2i\pi}{\omega}, \ i = 1, 2, \cdots, \omega.$$

因此,

$$\lambda_\omega = \max_{1 \leqslant i \leqslant \omega}\{\lambda_i\} = \max_{1 \leqslant i \leqslant \omega}\{|\lambda_i|\} = 2 > 0,$$

$$\lambda_{[\frac{\omega+1}{2}]} = \min_{1 \leqslant i \leqslant \omega}\{\lambda_i\} = 2\cos\left(\left[\frac{\omega+1}{2}\right]\frac{2\pi}{\omega}\right) < 0.$$

易知 (3.30) 的稳态解系统为

$$(\boldsymbol{B} + \mu \boldsymbol{E})\boldsymbol{u} = \nu f(\boldsymbol{u}), \tag{3.32}$$

其中 $\boldsymbol{u} = (u_1, u_2, \cdots, u_\omega)^{\mathrm{T}}$,$f(\boldsymbol{u}) = (f_1(u_1), f_2(u_2), \cdots f_\omega(u_\omega))^{\mathrm{T}}$,$\boldsymbol{E}$ 为 $\omega \times \omega$ 单位矩阵.

由于μ可在$-\infty$到$+\infty$变动，一个重要的课题是是否有一个关键的点$\boldsymbol{u}^*$，使得$\boldsymbol{u}^*$是动力系统（3.30）的稳态解的性态发生改变的分岔点．

本文先在§3.2.1中就（3.30）中的控制函数$f_i(i=1,2,\cdots,\omega)$都是定义在$\mathbf{R}$上的实连续双曲函数（即函数f_i在$\mathbf{R}$上的实连续且满足“双曲”条件：当$x\neq0$时，$xf_n(x)>0$）的情形进行研究得到：当$\mu\leqslant-2$时，系统（3.30）不存在非平凡稳态解；进一步，在§3.2.2中就函数$f_n(n=1,2,\cdots,\omega)$满足下面附加条件：

$$(\mathrm{C}_1)\quad \lim_{x\to0}\frac{f_k(x)}{x}=0,\quad \lim_{|x|\to+\infty}\frac{f_k(x)}{x}=+\infty,\ k=1,2,\cdots,\omega,$$

证明当$\mu>-2$时，（3.30）至少存在两个弃零的稳态解，其中一个是正的，另一个是负的．并举例说明我们的结论是“Sharp”的，表明这种条件下非平凡的稳态解出现分岔现象，为设计和应用网络提供参考．

注意到当$\omega\geqslant3$且$\mu>-2$时，寻找（3.32）的正解和负解是有趣的事情．因矩阵$\boldsymbol{B}+\mu\boldsymbol{E}$的性质随着$\omega$取不同的正整数和$\mu$取不同的实数而引起变化．仅就$\mu=0$来说，这时$\boldsymbol{B}+\mu\boldsymbol{E}=\boldsymbol{B}(\omega\geqslant3)$时它总是有正的特征值和负的特征值，从而不是正定的也不是半正定的（对于正定矩阵的情形Wang和Cheng已经在本章参考文献11做了处理）．进一步可知当$\omega=3$，它是可逆的；当$\omega=4$，它是不可逆的（秩为2）．

Wang和Cheng（本章参考文献8）就$\mu=0$的情形寻找（3.32）的正解和负解．Wang和Cheng（本章参考文献9，10）在$\mu=0$和所有的函数$f_i(i=1,2,\cdots,\omega)$都是奇函数的情形下，分别利用临界点理论中的山路引理和Clark定理证明了（3.32）存在多个非平凡解．后者，以后再专门介绍．

§3.2.1　存在非平凡稳态解的模型参数估计

定理3.12　设$\omega\geqslant3$，若$\mu\leqslant-2$，$f_k(k\in\mathbf{Z}[1,\omega])$都是定义在$\mathbf{R}$上的连续函数且$xf_k(x)>0$（$x\neq0$），则（3.30）没有非平凡稳态解．

证明：假设$\boldsymbol{u}=(u_1,u_2,\cdots,u_\omega)^{\mathrm{T}}$是（3.30）的非平凡稳态解．由（3.30），有

$$\big(-\boldsymbol{B}+2\boldsymbol{E}-(2+\mu)\boldsymbol{E}\big)\boldsymbol{u}=-vf(\boldsymbol{u}).$$

推出

$$(-\boldsymbol{B}+2\boldsymbol{E})\boldsymbol{u}+vf(\boldsymbol{u})=(2+\mu)\boldsymbol{E}\boldsymbol{u}.$$

从而有

$$\boldsymbol{u}^{\mathrm{T}}(-\boldsymbol{B}+2\boldsymbol{E})\boldsymbol{u}+v\boldsymbol{u}^{\mathrm{T}}f(\boldsymbol{u})=(2+\mu)\boldsymbol{u}^{\mathrm{T}}\boldsymbol{u}.$$

另一方面，注意到$\omega\geqslant3$，$-\boldsymbol{B}+2\boldsymbol{E}$是熟悉的半正定矩阵，而$\mu\leqslant-2$，可知

$$\boldsymbol{u}^{\mathrm{T}}(-\boldsymbol{B}+2\boldsymbol{E})\boldsymbol{u}+v\boldsymbol{u}^{\mathrm{T}}f(\boldsymbol{u})>0,(2+\mu)\boldsymbol{u}^{\mathrm{T}}\boldsymbol{u}\leqslant0.$$

矛盾．证毕．

§3.2.2　正和负稳态解的存在性

定理3.12表明，如果函数f_i是$\mathbf{R}$上的实连续函数且满足“双曲”条件，则（3.30）

没有非平凡稳态解的必要条件是$\mu > -2$（即$b > -2c$）.

为了找（3.30）的非平凡稳态解，我们必须做一些准备．定义泛函I：$\mathbf{R}^{\omega} \to \mathbf{R}$使得

$$I(\boldsymbol{u}) = \frac{1}{2}\boldsymbol{u}^{\mathrm{T}}\boldsymbol{B}\boldsymbol{u} - \sum_{k=1}^{\omega}\left\{\boldsymbol{v}\int_{0}^{u_k} f_k(s)\,\mathrm{d}s - \frac{\mu u_k^2}{2}\right\}, \boldsymbol{u} = (u_1, \cdots, u_{\omega})^{\mathrm{T}} \in \mathbf{R}^{\omega}. \tag{3.33}$$

由于

$$\frac{\partial I(u)}{\partial u_k} = u_{k-1} + \mu u_k + u_{k+1} - v f_k(u_k), k \in \mathbf{Z}[1, \omega],$$

其中$u_0 = u_{\omega}$，$u_1 = u_{\omega+1}$，可知$\boldsymbol{\eta} = (\eta_1, \eta_2, \cdots, \eta_{\omega})^{\mathrm{T}}$是$I$的临界点当且仅当ŋ是（3.30）的解．

定理 3.13 设$\omega \geqslant 3$，若$\mu > -2$，函数f_k（$k \in \mathbf{Z}[1, \omega]$）都在$\mathbf{R}$上连续，当$x \neq 0$时，$x f_k(x) > 0$且条件（$C_1$）成立，则（3.30）至少有两个弃零稳态解且一个是正的，一个是负的．

证明：设I如（3.33）所定义和

$$\Omega^{+} = \{\boldsymbol{u} = (u_1, u_2, \cdots, u_{\omega})^{\mathrm{T}} \in \mathbf{R}^{\omega} : u_k \geqslant 0, k = 1, 2, \cdots, \omega\},$$

由于$\mu > -2$，可知$1 + \frac{\mu}{2} > 0$. 由条件（C_1），有

$$\lim_{|z| \to +\infty} \frac{\int_0^z f_k(s)\,\mathrm{d}s}{z^2} = \lim_{|z| \to +\infty} \frac{f_k(z)}{2z} = +\infty.$$

知存在常数$a_1 > 1 + \frac{\mu}{2}$，$a_2 > 0$和$M > 0$，使得当$z \geqslant M$和$k \in \mathbf{Z}[1, \omega]$时，有

$$v\int_0^z f_k(s)\,\mathrm{d}s \geqslant -a_1 z^2 - a_2.$$

令

$$a'_2 = \max_{1 \leqslant k \leqslant \omega}\left\{\left| v\int_0^z f_k(s)\,\mathrm{d}s - a_1|z|^2 + a_2\right| : 0 \leqslant z \leqslant M\right\}$$

和$a = a_2 + a_2'$，则当$z \geqslant 0$和$k \in \mathbf{Z}[1, \omega]$时，有

$$v\int_0^z f_k(s)\,\mathrm{d}s \geqslant a_1|z|^2 - a. \tag{3.34}$$

由（3.30），知对任何$\boldsymbol{u} = (u_1, u_2, \cdots, u_{\omega})^{\mathrm{T}} \in \Omega^{+}$，有

$$\begin{aligned} I(\boldsymbol{u}) &= \frac{1}{2}\boldsymbol{u}^{\mathrm{T}}\boldsymbol{B}\boldsymbol{u} - \sum_{k=1}^{\omega}\left\{v\int_0^{u_k} f_k(s)\,\mathrm{d}s - \frac{\mu u_k^2}{2}\right\} \leqslant \frac{1}{2}\lambda_{\omega}|\boldsymbol{u}|_2^2 - \sum_{k=1}^{\omega}\left(v\int_0^{u_k} f_k(s)\,\mathrm{d}s - \frac{\mu u_k^2}{2}\right) \\ &\leqslant \frac{1}{2}\lambda_{\omega}|\boldsymbol{u}|_2^2 + \left(\frac{\mu}{2} - a_1\right)\sum_{k=1}^{\omega}|u_k|^2 + \omega a = \left(1 + \frac{\mu}{2} - a_1\right)|\boldsymbol{u}|_2^2 + \omega a. \end{aligned} \tag{3.35}$$

由于$a_1 > 1 + \frac{\mu}{2}$，进一步看到对任何$\boldsymbol{u} = (u_1, u_2, \cdots, u_{\omega})^{\mathrm{T}} \in \Omega^{+}$，有

$$I(\boldsymbol{u}) \leqslant \omega a.$$

令$c = \sup_{u \in \Omega^{+}} I(\boldsymbol{u})$，可断言$c > 0$. 事实上，由条件（$C_1$），有

$$\lim_{z \to 0} \frac{\int_0^z f_k(s)\,\mathrm{d}s}{z^2} = \lim_{z \to 0} \frac{f_k(z)}{2z} = 0.$$

从而存在常数 $\delta>0$ 和 $\beta<1+\frac{\mu}{2}$，使得当 $0\leqslant z\leqslant\delta$ 和 $k\in\mathbf{Z}[1,\omega]$ 时，有

$$v\int_0^z f_k(s)\,\mathrm{d}s\leqslant\beta|z|^2.$$

可知对 $\bar{\boldsymbol{\omega}}=(\delta,\ \delta,\ \cdots,\ \delta)^{\mathrm{T}}\in\Omega^+$，有

$$\begin{aligned}I(\bar{\boldsymbol{\omega}})&=\frac{1}{2}\bar{\boldsymbol{\omega}}^{\mathrm{T}}B\bar{\boldsymbol{\omega}}-\sum_{k=1}^{\omega}\left\{v\int_0^{\delta}f_k(s)\,\mathrm{d}s-\frac{\mu\omega_k^2}{2}\right\}\\&\geqslant\sum_{k=1}^{\omega}\left\{\delta^2-\beta\delta^2+\frac{\mu\delta^2}{2}\right\}=\left(1+\frac{\mu}{2}-\beta\right)\sum_{k=1}^{\omega}\delta^2>0.\end{aligned}$$

证得 $c=\sup\limits_{u\in\Omega^+}I(\boldsymbol{u})>0$. 由 c 的定义，知存在实点列 $\{\boldsymbol{u}^{(i)}\}\subseteq\Omega^+$，使得 $c=\lim\limits_{i\to\infty}I(\boldsymbol{u}^{(i)})$. 可知存在正数 P，使得对 $i\geqslant1$，有

$$-P\leqslant I(\boldsymbol{u}^{(i)}).\tag{3.36}$$

由（3.35）和（3.36），得

$$-P\leqslant I(\boldsymbol{u}^{(i)})\leqslant\left(1+\frac{\mu}{2}-a_1\right)|\boldsymbol{u}^{(i)}|_2^2+\omega\alpha.$$

推出

$$|\boldsymbol{u}^{(i)}|_2^2\leqslant\left(a_1-1-\frac{\mu}{2}\right)^{-1}(P+\omega a),$$

即 $\{\boldsymbol{u}^{(i)}\}\subseteq\Omega^+$ 是有界的．这样，它含有收敛的之列 $\{\boldsymbol{u}^{(i_j)}\}$. 设 $\{\boldsymbol{u}^{(i_j)}\}$ 收敛 $\boldsymbol{u}^{(0)}=(u_1^{(0)},\ \cdots,\ u_{\omega}^{(0)})$. 因 Ω^+ 是闭集，所以 $\boldsymbol{u}^{(0)}\in\Omega^+$ 且由于 $I(0)=0$，知 $\boldsymbol{u}^{(0)}$ 是非平凡的．可 $\boldsymbol{u}^{(0)}=(u_1^{(0)},\ \cdots,\ u_{\omega}^{(0)})$ 的所有坐标都是正的．事实上，令 $u_0=u_{\omega}$，$u_1=u_{\omega+1}$，不失一般性，可设存在 $i_0\in\mathbf{Z}[1,\omega]$，使得 $u_{i_0-1}^{(0)}>0$. 由于 $u_{i_0+1}^{(0)}\geqslant0$，所以

$$u_{i_0-1}^{(0)}+u_{i_0+1}^{(0)}>0.\tag{3.37}$$

可证 $u_{i_0}^{(0)}>0$. 否则，

$$\begin{aligned}c&=I(\boldsymbol{u}^{(0)})=\frac{1}{2}(\boldsymbol{u}^{(0)})^{\mathrm{T}}\boldsymbol{B}\boldsymbol{u}^{(0)}-\sum_{k=1}^{\omega}\left\{v\int_0^{u_k^{(0)}}f_k(s)\,\mathrm{d}s-\frac{\mu(u_k^{(0)})^2}{2}\right\}\\&=u_1^{(0)}u_2^{(0)}+u_2^{(0)}u_3^{(0)}+\cdots+u_{i_0-2}^{(0)}u_{i_0-1}^{(0)}+u_{i_0+1}^{(0)}u_{i_0+2}^{(0)}\\&\quad+\cdots+u_{\omega}^{(0)}u_1^{(0)}-\sum_{k\neq i_0}\left\{v\int_0^{u_k^{(0)}}f_k(s)\,\mathrm{d}s-\frac{\mu(u_k^{(0)})^2}{2}\right\}\end{aligned}$$

另一方面，由条件（C_1），有

$$\lim_{z\to0^+}\frac{\int_0^z f_k(s)\,\mathrm{d}s}{z}=\lim_{z\to0^+}f_k(z)=\lim_{z\to0^+}z\frac{f_k(z)}{z}=0.$$

从而有

$$\lim_{z\to0}\frac{v\int_0^z f_k(s)\,\mathrm{d}s-\frac{\mu}{2}z^2}{z}=0.$$

联合（3.37），存在 $\bar{u}_{i_0}^{(0)}>0$，使得

$$(u_{i_0-1}^{(0)}+u_{i_0+1}^{(0)})-\frac{v\int_0^{\bar{u}_{i_0}^{(0)}}f(s)\mathrm{d}s-\frac{\mu(\bar{u}_{i_0})^2}{2}}{\bar{u}_{i_0}}>0,$$

即

$$\varepsilon:=\bar{u}_{i_0}(u_{i_0-1}^{(0)}+u_{i_0+1}^{(0)})-\left(v\int_0^{\bar{u}_{i_0}}f(s)\mathrm{d}s-\frac{\mu(\bar{u}_{i_0})^2}{2}\right)>0.$$

选择

$$\bar{\boldsymbol{u}}=(u_1^{(0)},\ \cdots,\ u_{i_0-1}^{(0)},\ \bar{u}_{i_0},\ u_{i_0+1}^{(0)},\ \cdots,\ u_{\omega}^{(0)}).$$

则有

$$I(\bar{\boldsymbol{u}})=I(\boldsymbol{u}^{(0)})+\varepsilon>I(\boldsymbol{u}^{(0)})=c.$$

这与 c 的定义矛盾，故 $u_{i_0}^{(0)}>0$. 由归纳，知 $\boldsymbol{u}^{(0)}$ 的所有坐标都是正的，即 $\boldsymbol{u}^{(0)}\in\operatorname{int}\Omega^+$，可知 $\boldsymbol{u}^{(0)}$ 是 I 的正的临界点，也就是说 $\boldsymbol{u}^{(0)}$ 是（3.30）的正解.

为找（3.30）的负解，设 I 如（3.33）所定义和

$$\Omega^-=\{\boldsymbol{\omega}=(\omega_1,\ \omega_2,\ \cdots,\ \omega_\omega)^{\mathrm{T}}\in\mathbf{R}^\omega:\ -\omega_k\geqslant0,\ k=1,\ 2,\ \cdots,\ \omega\},$$

如果 $\boldsymbol{\omega}=(\omega_1,\ \omega_2,\ \cdots,\ \omega_\omega)^{\mathrm{T}}\in\Omega^-$，令 $\boldsymbol{\omega}=-\boldsymbol{u}$，则 $\boldsymbol{u}\in\Omega^+$. 可知在 Ω^- 中寻找泛函 I（ω）负的临界点等价于在 Ω^+ 寻找泛函

$$J(\boldsymbol{u})=I(-\boldsymbol{u})=\frac{1}{2}\boldsymbol{u}^{\mathrm{T}}\boldsymbol{B}\boldsymbol{u}-\sum_{k=1}^{\omega}\left\{v\int_0^{-u_k}f_k(s)\mathrm{d}s-\frac{\mu u_k^2}{2}\right\}$$

的正的临界点. 剩余的证法与前一部分类似，故从略. 证毕.

例 3.2 考虑系统（3.30）当 $\omega=3$ 和

$$f_i(x)=\begin{cases}x^3,\ x\geqslant0,\\ x^5,\ x<0,\end{cases}\quad i=1,\ 2,\ 3$$

的特殊情况. 我们可以证明当 $\mu>-2$ 时，系统存在唯一的正稳态解和唯一的负稳态解. 首先，容易验证定理 3.13 的条件得到满足. 故 $\mu>-2$ 时，系统有一个正稳态解和一个负稳态解. 再证唯一性：因方法类似，只证正稳态解的唯一性. 假设（x_1，x_2，x_3）^{T} 是正稳态解，则有

$$\begin{aligned}\mu x_1+x_2+x_3&=x_1^3,\\ x_1+\mu x_2+x_3&=x_2^3,\\ x_1+x_2+\mu x_3&=x_2^3.\end{aligned}\tag{3.38}$$

可证 $x_1=x_2=x_3$. 否则，不妨设 $x_1<x_2$ 且 $x_1=\min\{x_1,\ x_2,\ x_3\}$，由（3.38）的前两个式子，有

$$(\mu-1)(x_1-x_2)=x_1^3-x_2^3=(x_1-x_2)(x_1^2+x_1x_2+x_2^2).$$

推出

$$\mu-1=x_1^2+x_1x_2+x_2^2>3x_1^2.\tag{3.39}$$

若 $-2<\mu\leqslant1$，则 $\mu-1\leqslant0$. 由上式和 $x_1^2+x_1x_2+x_2^2>0$ 导出矛盾；若 $\mu>1$，由（3.38）的第一个式子，有 $x_1^2>\mu+2$. 再联合（3.38），得 $\mu-1>3x_1^2=3(\mu+2)$. 推出 $5\mu<-7$. 这与 $\mu>1$ 矛盾. 故 $x_1=x_2=x_3=t$. 代入（3.38），得唯一的正稳态解是

$$(\sqrt{2+\mu},\ \sqrt{2+\mu},\ \sqrt{2+\mu})^{\mathrm{T}}.$$

类似可得唯一的负稳态解是（$-\sqrt{2+\mu}$，$-\sqrt{2+\mu}$，$-\sqrt{2+\mu}$）^{T}.

此例说明定理 3.13 是“Sharp”的．

例 3.3 考虑（3.35）当 $\omega=3$，$\mu=0$ 和

$$f_k(x)=|x|^r\operatorname{sgn} x, r\in(0,1)\cup(1,+\infty), k=1,2,3$$

的情形，这时稳态解系统为

$$\begin{pmatrix}0&1&1\\1&0&1\\1&1&0\end{pmatrix}\begin{pmatrix}x_1\\x_2\\x_3\end{pmatrix}=\begin{pmatrix}|x_1|^r\operatorname{sgn} x_1\\|x_2|^r\operatorname{sgn} x_2\\|x_3|^r\operatorname{sgn} x_3\end{pmatrix},\ r\in(0,1)\cup(1,+\infty). \tag{3.40}$$

可以断言（3.40）有唯一的正解和唯一的负解．由（3.40），知 $\boldsymbol{u}$ 为（3.40）的正解的充要条件是 $-\boldsymbol{u}$ 为它的负解．所以我们只需讨论正解就行．

先证（3.40）有一个正解：当 $r\in(1,+\infty)$ 时，不难检验定理 3.13 的所有条件满足．由定理 3.13，知这时（3.40）有一个正解和一个负解．当 $r\in(0,1)$，注意到

$$\begin{pmatrix}0&1&1\\1&0&1\\1&1&0\end{pmatrix}^{-1}=\frac{1}{2}\begin{pmatrix}0&1&1\\1&0&1\\1&1&0\end{pmatrix}-\frac{1}{2}\begin{pmatrix}1&0&0\\0&1&0\\0&0&1\end{pmatrix}.$$

令 $x=x_1^r$，$y=x_2^r$，$z=x=x_3^r$，易知 $(x_1,x_2,x_3)^{\mathrm{T}}$ 是（3.40）的正解，当且仅当 $(x,y,z)^{\mathrm{T}}$ 是下面系统

$$\begin{pmatrix}0&1&1\\1&0&1\\1&1&0\end{pmatrix}\begin{pmatrix}x\\y\\z\end{pmatrix}=\begin{pmatrix}2x^{\frac{1}{r}}+x\\2y^{\frac{1}{r}}+y\\2z^{\frac{1}{r}}+z\end{pmatrix} \tag{3.41}$$

的正解．令 $\bar{f}_k(s)=2s^{\frac{1}{r}}+s, k=1,2,3$，容易验证定理 3.13 的所有条件满足．故（3.41）有一个正解．从而（3.40）有一个正解．

再证（3.40）的正解是唯一的：设 $(x_1,x_2,x_3)^{\mathrm{T}}$ 是（3.40）的正解，则必有 $x_1=x_2=x_3$. 否则，不失一般性，假设 $x_1<x_2$，则由（3.40），有

$$x_2+x_3=x_1^r,$$
$$x_1+x_3=x_2^r.$$

可看出 $x_2-x_1=x_1^r-x_2^r=r\alpha^{r-1}(x_1-x_2), \alpha\in(x_1,x_2)$．推出 $r\alpha^{r-1}=-1$. 这是不可能的．因此 $x_1=x_2=x_3=t$，且由（3.40），得 $t=2^{\frac{1}{r-1}}$.

综合上述讨论，以上断言为真．

本章参考文献

1. S. Haykin. *Neural Networks: A Comprehensive Foundation*. Macmillan Company, Englewood Cliffs, NJ, 1994.

2. 郭大钧．非线性泛函分析．济南：山东科学技术出版社，2001.

3. J. S. Roberts. *Artificial Neural Networks*. McGraw – Hill Company, Singapore, 1997.

4. F. A. Savaci and J. Vandewalle. On the stability analysis of cellular neural networks. *IEEE Transactions on Circuits and Systems I – fundamental Theory and Applications*, 40, 3 (1993): 213 – 215.

5. G. Q. Wang and S. S. Cheng. Bifurcation in a nonlinear dynamical system arising from seekingsteady of a neural net work. *International Journal of Bifurcation and Chaos*, 20, 8 (2010): 2585 – 2588.

6. G. Q. Wang and S. S. Cheng. Bifurcation in a nonlinear steady state system. *Opuscula Mathematica*, 30, 3 (2010): 349 – 360.

7. G. Q. Wang. *Bifurcation in a Nonlinear Steady State System with Piecewise Linear Function.* to appear.

8. G. Q. Wang and S. S. Cheng. Variational approach to positive and negative steady state solutions of a circular neural network. *Journal of Difference Equations and Applications*, 18, 2 (2012): 185 – 194.

9. G. Q. Wang and S. S. Cheng. Notes on periodic solutions of discrete steady state systems. *Port. Math.*, 64, 1 (2007): 3 – 10.

10. G. Q. Wang and S. S. Cheng. Multiple steady state solutions of a circular neural network. *Chaos Solitions Fractals*, 37 (2008): 1228 – 1232.

11. G. Q. Wang and S. S. Cheng. Elementary variational approach to zero free solutions of a nonlinear eigenvalue problem. *Nonlinear Analysis*, 69 (2008): 3030 – 3041.

12. G. Q. Wang and S. S. Cheng. Fixed point theorems arising from seeking steady states of neural. networks. *Appl. Math. Model.*, 33 (2009): 499 – 506.

第四章 用迭合度理论建立存在性定理

1972 年，Mawhin 在本章参考文献 43 中首次引入迭合度理论中的连续定理，后来，Mawhin 又将它加以发展（见本章参考文献 44）. 其实质是研究从一个赋范线性空间到另一个赋范线性空间的算子方程 $\boldsymbol{Lx}=\boldsymbol{Nx}$ 的解的存在性. 其中要求 $\boldsymbol{L}$ 是指数为 0 的 Fredholm 算子，而 $\boldsymbol{N}$ 满足适当的紧性.

正如本章参考文献 46 所指出，自 2000 年以来为研究各种差分边值问题（参见本章参考文献 66）或差分周期解（参见本章参考文献 1 ~ 6，9 ~ 11，13 ~ 17，20 ~ 26，28 ~ 40，48 ~ 57，61 ~ 65，67），人们经常用到迭合度理论中的 Mawhin 连续定理. 值得指出的是. 在本章参考文献 46 中，J. Mawhin 所列的参考文献里面有相当一部分是我国学者发表的文章.

很多神经网络的稳态解和大量的差分方程的周期解及边值问题可归结为研究下面非线性代数系统解的存在性：

$$\boldsymbol{Bu}=\boldsymbol{f}(\boldsymbol{u}),\boldsymbol{u}=(u_1,\ u_2\cdots u_\omega)^{\mathrm{T}}\in\mathbf{R}^\omega, \tag{4.1}$$

其中，$\boldsymbol{B}$ 是 $\omega\times\omega$ 实矩阵，$\boldsymbol{f}(\boldsymbol{u})=(f_1(\boldsymbol{u}),\cdots,f_\omega(\boldsymbol{u}))^{\mathrm{T}},f_k\in C(\mathbf{R}^\omega,\mathbf{R})$. 自然地，可用 Mawhin 连续定理来直接研究非线性代数系统（4.1）的解的存在性，然后导出相关稳态解或差分方程的周期解及边值问题的解存在性. 在应用 Mawhin 连续定理来证明（4.1）的解的存在性前，我们先从理论上统一处理一些实质问题，使得在以后的应用上，减少不必要的重复论证，节约更多的时间和精力去处理一些新的问题.

§4.1 关于 Brouwer 度理论与 Mawhin 连续定理的注记

有关迭合度的理论读者可以参见本章参考文献 12，18 ~ 19，43 ~ 46，这里只简要引出 Brouwer 度的理论与 Mawhin 的连续定理.

定义 4.1 设 Ω 是赋范线性空间$(\mathbf{R}^n,|\cdot|)$中的有界开集，f: $\overline{\Omega}\to\mathbf{R}^n$ 是 C^2 映射，$\boldsymbol{p}\in\mathbf{R}^n\setminus f(\partial\Omega)$，于是 $\tau=\inf\limits_{x\in\partial\Omega}|f(\boldsymbol{x})-\boldsymbol{p}|>0$. 作连续函数 Φ：$[0,+\infty)\to\mathbf{R}$,使满足

（ⅰ）存在 $0<\sigma<\tau^*\leqslant\dfrac{\tau}{2}$，使当 $r\notin(\sigma,\tau^*)$时,$\Phi(r)=0$；

（ⅱ）$\int_{\mathbf{R}^n}\Phi(|\boldsymbol{u}|)\mathrm{d}\boldsymbol{u}=1$.

定义 $\deg(f,\ \Omega,\ \boldsymbol{p})$ 如下：

$$\deg(f,\Omega,\boldsymbol{p}) = \int_{\overline{\Omega}} \Phi(\,|f(\boldsymbol{x}) - \boldsymbol{p}|\,) J_f(\boldsymbol{x})\,\mathrm{d}\boldsymbol{x},$$

这里 $J_f(\boldsymbol{x})$ 是函数 $f(\boldsymbol{x})$ 的 Jacobi 行列式.

定理 4.1 定义 4.1 中定义的 $\deg(f,\Omega,\boldsymbol{p})$ 与 Φ 的选取无关，

令

$$N_f = \{\boldsymbol{x} \in \Omega : J_f(\boldsymbol{x}) = 0\},$$

由反函数定理，知若 $\boldsymbol{p} \notin f(N_f)$，则方程 $f(\boldsymbol{x}) = \boldsymbol{p}$ 在 Ω 中至多有有限个根.

定理 4.2 若 $\boldsymbol{p} \notin f(N_f)$，则对由定义 4.1 所定义的 $\deg(f,\Omega,\boldsymbol{p})$ 来说，有

$$\deg(f,\Omega,\boldsymbol{p}) = \sum_{i=1}^{m} \operatorname{sgn} J_f(x_i).$$

其中 $x_i(1 \leqslant i \leqslant m)$ 是方程 $f(\boldsymbol{x}) = \boldsymbol{p}$ 在 Ω 中的所有根.

定理 4.3 由定义 4.1 所定义的 $\deg(f,\Omega,\boldsymbol{p})$ 是一个整数.

定义 4.2 设 Ω 是 $\mathbf{R}^n$ 中的有界开集，$f \in C(\overline{\Omega}, \mathbf{R}^n), \boldsymbol{p} \in \mathbf{R}^n \setminus f(\partial\Omega)$，取 $g = C^2(\overline{\Omega}, \mathbf{R}^n)$ 满足

$$\sup_{\boldsymbol{x}\in\Omega} |f(\boldsymbol{x}) - g(\boldsymbol{x})| < \inf_{\boldsymbol{x}\in\partial\Omega} |f(\boldsymbol{x}) - \boldsymbol{p}|,$$

则 $p \in R^n \setminus g(\partial\Omega)$. 设 $\deg(g,\Omega,\boldsymbol{p})$ 由定义 4.1 给出，令

$$\deg(f,\Omega,\boldsymbol{p}) = \deg(g,\Omega,\boldsymbol{p}),$$

则 $\deg(f,\Omega,\boldsymbol{p})$ 称为函数 f 在 Ω 上关于 $\boldsymbol{p}$ 的 Brouwer 度，记为 $\deg_B(f,\Omega,\boldsymbol{p})$.

接着，我们简单介绍 Brouwer 度的性质.

定理 4.4 Brouwer 度有下列基本性质

(ⅰ) 同伦不变性：设 $H: [0,1] \times \overline{\Omega} \to \mathbf{R}^n$ 连续且对任给 $t \in [0,1], \boldsymbol{x} \in \partial\Omega$ 有 $H(t,\boldsymbol{x}) \neq \boldsymbol{p}$，则

$$\deg_B(H(t,\boldsymbol{x}),\Omega,\boldsymbol{p}) \equiv \text{常数}, t \in [0,1];$$

(ⅱ) 区域可加性：设 Ω_1，$\Omega_2 \subseteq \Omega$ 是 $\mathbf{R}^n$ 中的有界开集，$\Omega_1 \cap \Omega_2 = \phi$，并且对任给的 $\boldsymbol{x} \in \overline{\Omega} \setminus (\Omega_1 \cap \Omega_2)$，都有 $f(\boldsymbol{x}) \neq \boldsymbol{p}$，则必有

$$\deg_B(f,\Omega,\boldsymbol{p}) = \deg_B(f,\Omega_1,\boldsymbol{p}) + \deg_B(f,\Omega_2,\boldsymbol{p});$$

(ⅲ) 切除性：设 $\Omega_1 \subset \Omega$ 是 $\mathbf{R}^n$ 中的有界开集，并且对任给的 $\boldsymbol{x} \in \overline{\Omega} \setminus \Omega_1$，都有 $f(\boldsymbol{x}) \neq \boldsymbol{p}$，则必有

$$\deg_B(f,\Omega,\boldsymbol{p}) = \deg_B(f,\Omega_1,\boldsymbol{p});$$

(ⅳ) 平移性：$\deg_B(f,\Omega,\boldsymbol{p}) = \deg_B(f-\boldsymbol{p},\Omega_1,0)$；

(ⅴ) 正规性：若 $\boldsymbol{p} \in \Omega$，则 $\deg_B(I,\ \Omega,\ \boldsymbol{p}) = 1$（这里 I 为恒等算子）；

(ⅵ) 可解性：若 $\deg_B(f,\Omega,\boldsymbol{p}) \neq 0$，则方程 $f(\boldsymbol{x}) = \boldsymbol{p}$ 在 Ω 中有解.

为了引入 Mawhin 连续定理，需要先引进一些概念.

设 $\boldsymbol{X}$，$\boldsymbol{Z}$ 是实的 Banach 空间，$\boldsymbol{L}$：dom $\boldsymbol{L} \subseteq \boldsymbol{X} \to \mathbf{Z}$ 是线性算子，$\boldsymbol{L}$ 称为一个指数为 0 的 Fredholm 算子，如果下列条件满足：

(a) Im $\boldsymbol{L}$ 是 $\mathbf{Z}$ 的闭子空间，

(b) dim *Ker* $\boldsymbol{L}$ = codim Im $\boldsymbol{L} < +\infty$.

由指数为 0 的 Fredholm 算子的定义，存在线性连续投影算子

$$P: X \to \mathrm{dom}\, L,\ Q: Z \to Z$$

满足

$$\mathrm{Im}\, P = Ker\, L,\ Ker\, Q = \mathrm{Im}\, L,$$

并且

$$X = Ker\, L \oplus Ker\, P,\ Z = \mathrm{Im}\, L \oplus \mathrm{Im}\, Q,$$

由此看出 $L_p = L|_{\mathrm{dom}\, L \cap Ker\, p}$: dom $L \cap Ker\, P \to \mathrm{Im}\, L$ 是映上的一一映射. 从而其逆映射 K_p: Im $L \to$ dom $L \cap Ker\, P$ 存在. 由于 dim Im Q = dim $Ker\, L$，因此存在同构映射 J: Im $Q \to Ker\, L$.

设 L: dom $L \subseteq X \to Z$ 是指数为 0 的 Fredholm 算子，N: $X \to Z$ 是连续映射，Ω 是 X 中的有界开集. 若 $QN(\overline{\Omega})$ 有界且 $(K_p(I-Q)N)(\overline{\Omega})$ 是 X 中的相对紧集，则称 N 在 $\overline{\Omega}$ 上 L-紧.

定理 4.5（Mawhin 连续定理 I，本章参考文献 12） 设 L 是指数为 0 的 Fredholm 算子，N 在 $\overline{\Omega}$ 上 L-紧，若

（a）对任意 $\lambda \in (0,1)$ 和 $x \in \mathrm{dom}\, L \cap \partial\Omega$，$Lx \neq \lambda Nx$,

（b）对任意 $x \in Ker\, L \cap \partial\Omega$，$QNx \neq 0$ 和

$$\deg(JQN, \Omega \cap Ker\, L, 0) \neq 0,$$

则方程 $Lx = Nx$ 在 dom$L \cap \overline{\Omega}$ 中必有解.

定理 4.6（Mawhin 连续定理 Ⅱ，本章参考文献 12） 设 L 是指数为 0 的 Fredholm 算子且 $Ker\, L = \{0\}$，N 在 $\overline{\Omega}$ 上 L-紧. 若 $0 \in \Omega$ 且对任意 $\lambda \in (0,1)$ 和 $x \in \mathrm{dom}\, L \cap \partial\Omega$，$Lx \neq \lambda Nx$，则方程 $Lx = Nx$ 在 dom $L \cap \overline{\Omega}$ 中必有解.

Wang，Yan 和 Cheng 在本章参考文献 58 ~ 60 中，为了研究中立型微分或差分方程，对 Mawhin 连续定理 I 稍加推广，得到下面的定理：

定理 4.7 设 L 是指数为 0 的 Fredholm 算子且 dom $L = X$，N 在 $\overline{\Omega}$ 上 L-紧，而线性算子 H 是 X 自身的同胚，且 $H(KerL) = KerL$. 若

（a）对任意 $\lambda \in (0,1)$ 和 $x \in \partial\Omega$，$LHx \neq \lambda Nx$,

（b）对任意 $x \in KerL \cap \partial\Omega$，$QNx \neq 0$ 和

$$\deg(JQN, \Omega \cap Ker\, L, 0) \neq 0,$$

则方程 $LHx = Nx$ 在 $\overline{\Omega}$ 中必有解.

证明： 因 L 是指数为 0 的 Fredholm 算子且线性算子 H 是 X 自身的同胚. 故由 N 在 $\overline{\Omega}$ 上 L-紧，推出 NH^{-1} 在 $H(\overline{\Omega})$ 上 L-紧. 由条件（a），推出

（a′）对任意 $\lambda \in (0,1)$ 和 $y \in \partial H(\Omega)$，$Ly \neq \lambda NH^{-1}y$.

注意到 $H|_{Ker\, L}$ 也是 $Ker\, L$ 自身的同胚，由条件（b），可推出

（b′）对任意 $y \in Ker\, L \cap \partial(H(\Omega))$，$QNH^{-1}y \neq 0$ 和

$$\deg(JQNH^{-1}, H(\Omega) \cap Ker\, L, 0) \neq 0.$$

于是由 Mawhin 连续定理，知方程 $Ly = NH^{-1}y$ 在 $H(\overline{\Omega})$ 中必有解. 从而方程 $LHx = Nx$ 在 $\overline{\Omega}$ 中必有解. 证毕.

类似地，Mawhin 连续定理 Ⅱ 可推广为下面的定理：

定理 4.8　设 L 是指数为 0 的 Fredholm 算子和 dom $L = X$，$Ker\ L = \{0\}$，N 在 $\overline{\Omega}$ 上 L - 紧，而线性算子 H 是 X 自身的同胚，若 $0 \in \Omega$ 且对任意 $\lambda \in (0,1)$ 和 $x \in \partial\Omega$，

$$LHx \neq \lambda Nx,$$

则方程 $LHx = Nx$ 在 $\overline{\Omega}$ 中必有解．

现在，我们转过来用 Mawhin 连续定理来讨论（4.1）的解．为了方便，将矩阵 B 直接看成 $\mathbf{R}^{\omega}$ 上的线性变换，即 B：$\mathbf{R}^{\omega} \to \mathbf{R}^{\omega}$. 由线性代数，知 dim $Ker\ B$ + dim Im $B = \omega$. 从而 dim $Ker\ B$ = codim Im B 且 Im B 是 $\mathbf{R}^{\omega}$ 的闭子空间．故 B 是指数为 0 的 Fredholm 算子．定义投影算子 $P = Q$：$\mathbf{R}^{\omega} \to \mathbf{R}^{w}$ 使得对任意 $u = x_n + y_n \in \mathbf{R}^{\omega}$（这里 $x_u \in$ Im B，$y_u \in$ Ker B），

$$Pu = Qu = y_u \tag{4.2}$$

容易看出 Im $P = Ker\ B$，$Ker\ Q$ = Im B，并且

$$\mathbf{R}^{\omega} = Ker\ B \oplus Ker\ P,\ \mathbf{R}^{\omega} = \mathrm{Im}\ B \oplus \mathrm{Im}\ Q.$$

因此，$B|_{Ker\ P}$：$Ker\ P \to \mathrm{Im}B$ 是映上的一一映射，从而其逆映射 $B^{-1}|_{\mathrm{Im}\ B}$：Im $B \to Ker\ P$ 存在．由（4.2），知 Im $Q = Ker\ B$. 取同构映射 J 为 lm Q 到 $Ker\ B$ 的恒等映射就行．

由 $f \in C(\mathbf{R}^{\omega}, \mathbf{R}^{\omega})$ 把 $\mathbf{R}^{\omega}$ 中的有界集映为 $\mathbf{R}^{\omega}$ 的有界集，容易知道：对 $\mathbf{R}^{\omega}$ 中的任意有界开集 Ω，$Qf(\overline{\Omega})$ 有界且 $\left(B^{-1}|_{\mathrm{Im}\ B}\ (I - Q)f\right)(\overline{\Omega})$ 是 $\mathbf{R}^{\omega}$ 中的相对紧集．故 f 在 $\overline{\Omega}$ 上 B - 紧．

综合上述讨论，由 Mawhin 连续定理 I，有

定理 4.9　设 P，Q 如（4.2）所定义．若存在 Banach 空间 $\mathbf{R}^{\omega}$ 中的有界开集 Ω 使得

(a) 对任意 $\lambda \in (0,1)$ 和 $u \in \partial\Omega, Bu \neq \lambda f(u)$；

(b) 对任意 $u \in Ker\ B \cap \partial\Omega, Qf(u) \neq 0$ 和

$$\deg_B(Qf, \Omega \cap Ker\ B, 0) \neq 0,$$

这里 $\deg_B$ 是 Brouwer 度．则（4.1）在 $\overline{\Omega}$ 中必有解，

类似地，由 Mawhin 连续定理 **II**，有

定理 4.10　设 P，Q 如（4.2）所定义且 $Ker\ B = \{0\}$，若存在 Banach 空间 $\mathbf{R}^{\omega}$ 中的有界开集 Ω 使得 $0 \in \Omega$ 且对任意 $\lambda \in (0,1)$ 和 $u \in \partial\Omega, Bu \neq \lambda f(u)$，则（4.1）在 $\overline{\Omega}$ 中必有解.

再考虑非线性代数系统：

$$BHu = f(u),\ u = (u_1,\ u_2,\ \cdots,\ u_{\omega})^{\mathrm{T}} \in \mathbf{R}^{\omega}, \tag{4.3}$$

其中 B 和 H 都是 $\omega \times \omega$ 实矩阵且 det $H \neq 0$，$f(u) = (f_1(u),\ f_2(u),\ \cdots,\ f_{\omega}(u))^{\mathrm{T}} \in \mathbf{R}^{\omega}$，$f_k \in \mathbf{C}\ (\mathbf{R}^{\omega},\ \mathbf{R})$.

显然线性算子 H 是 $\mathbf{R}^{\omega}$ 自身的线性同胚. 分别由定理 4.7 和定理 4.8，类似定理 4.9 和 4.10 讨论可得如下两个结论：

定理 4.11　设 P，Q 如（4.2）所定义，且 $H(Ker\ B) = Ker\ B$. 若存在 Banach 空间 $\mathbf{R}^{\omega}$ 中的有界开集 Ω 使得

(a) 对任意 $\lambda \in (0,\ 1)$ 和 $u \in \partial\Omega$，$BHu \neq \lambda f(u)$，

(b) 对任意 $u \in Ker$，$B \cap \partial\Omega$，$Qf(u)\ \neq 0$ 和

$$\deg_B(Qf, \Omega \cap Ker\ B, 0) \neq 0,$$

这里 $\deg_B$ 是 Brouwer 度，则（4.3）在 $\overline{\Omega}$ 中必有解.

定理 4.12 设 $\boldsymbol{P}$，$\boldsymbol{Q}$ 如（4.2）所定义且 $Ker\ \boldsymbol{B}=\{0\}$，若存在 Banach 空间 $\mathbf{R}^{\omega}$ 中的有界开集 Ω 使得 $0\in\Omega$ 且对任意 $\lambda\in(0,1)$ 和 $\boldsymbol{u}\in\partial\Omega$，$\boldsymbol{BHu}\neq\lambda f(\boldsymbol{u})$，则（4.3）在 $\overline{\Omega}$ 中必有解.

通常利用定理 4.9 至定理 4.12 来证明（4.1）（或（4.3））的解的存在性，还要注意如下几个问题：

1. 对解作先验界估计时适当选择 $\mathbf{R}^{\omega}$ 的范数。由 $\boldsymbol{Bu}\neq\lambda f(\boldsymbol{u})$，$\lambda\in(0,1)$（或 $\boldsymbol{BHu}\neq\lambda f(\boldsymbol{u}),\lambda\in(0,1)$）进行解的先验界估计，寻找有界开集 Ω 时，技巧性较强．要根据具体给出的 $\boldsymbol{B}$ 和 f，来适当选择 $\mathbf{R}^{\omega}$ 的范数，使先验界估计比较简单.

2. 对解作先验界估计时要进行较精确的计算．注意到 $\mathbf{R}^{\omega}$ 中的点可以延拓为 ω－周期数列，故在作解的先验界估计时，可利用周期数列的最佳不等式和一些分析技巧，进行精确计算，使得建立起来的定理对函数 f 的限制条件尽可能宽松一点.

3. 注意到 $\mathbf{R}^{\omega}$ 是有限维的，故要涉及的度的理论，只是 Brouwer 度就行.

在作先验界估计时，经常用到差分技巧．因 ω－周期数列的差分可以看成 $\mathbf{R}^{\omega}$ 的线性算子，而 $\mathbf{R}^{\omega}$ 的线性算子对应于 $\omega\times\omega$ 实矩阵．因此，我们有必要先讨论差分的一些性质，免得在今后的研究中进行类似的重复论证.

首先回顾：设 $\boldsymbol{u}=(u_1,\ u_2,\ \cdots,\ u_{\omega})^{\mathrm{T}}\in\mathbf{R}^{\omega}$，$\{u_i\}_{i\in\mathbf{Z}}$是 $\boldsymbol{u}$ 的 ω－周期延拓数列，给定 $u_{k_0}\in\{u_i\}_{i\in\mathbf{Z}}$，若存在 $n_0\in\mathbf{Z}$ 和 $s_0\in\mathbf{Z}[1,\omega]$，使得 $k_0=n_0\omega+s_0$，则称 u_{s_0}是 u_{k_0}关于 $\boldsymbol{u}$ 的 ω－周期回归．显然，u_{s_0}是 u_{k_0}关于 u 的 ω－周期回归，则 $u_{k_0}=u_{s_0}$．因此，在不引起混淆的情况下，常将 u_{k0}与它自身关于 $\boldsymbol{u}$ 的 ω－周期回归看成同一，而不加以区别．特别是 $\Delta u_{k_0}=u_{k_0+1}-u_{k_0}$常理解为在 $\{u_i\}_{i\in\mathbf{Z}}$中的项 u_{k_0}实施差分，然后 u_{k_0+1}的回归减去 u_{k_0}的回归.

定理 4.13 设 B 是 $\omega\times\omega$ 实矩阵且对任意 $\boldsymbol{u}=(u_1,\ u_2,\ \cdots,\ u_{\omega})^{\mathrm{T}}\in Ker\ \boldsymbol{B}$，有

$$(\boldsymbol{Bu})_k=\Delta^n u_{k-a}=0,\ k\in\mathbf{Z}[1,\omega],$$

这里 $n\in\mathbf{N}_+$ 和 $a\in\mathbf{Z}$ 都是固定常数，则

$$Ker\ \boldsymbol{B}=\{(c,\ c,\ \cdots,\ c)^{\mathrm{T}}\in\mathbf{R}^{\omega}:\ c\in\mathbf{R}\}$$

证明：不妨设 $n\geqslant2$ 且对任意 $\boldsymbol{u}=(u_1,\ u_2,\ \cdots,\ u_{\omega})^{\mathrm{T}}\in Ker\ \boldsymbol{B}$，有

$$(\boldsymbol{Bu})_k=\Delta^n u_{k-a}=0,\ k\in\mathbf{Z}[1,\omega]$$

由周期数列的最佳不等式，知

$$\max_{1\leqslant k\leqslant\omega}|\Delta^{n-1}u_{k-a}|\leqslant\frac{1}{2}\sum_{k=1}^{\omega}|\Delta^n u_{k-a}|=0,$$

得到 $\Delta^{n-1}u_{k-a}=0$，$k\in\mathbf{Z}[1,\omega]$．由递推，可得 $\Delta u_{k-a}=0$，$k\in\mathbf{Z}[1,\omega]$．又注意到 $\boldsymbol{u}$ 的 ω－周期延拓数列 $\{u_i\}_{i\in\mathbf{Z}}$的周期性，容易知道 $\boldsymbol{u}\in\{(c,\ c,\ \cdots,\ c)^{\mathrm{T}}\in\mathbf{R}^{\omega}:\ c\in\mathbf{R}\}$.

反之，对任意 $\boldsymbol{u}\in\{(c,\ c,\ \cdots,\ c)^{\mathrm{T}}\in\mathbf{R}^{\omega}:\ c\in\mathbf{R}\}$，注意到 $\boldsymbol{u}$ 的 ω－周期延拓数列是 $\{c\}_{i\in\mathbf{Z}}$容易验证

$$(\boldsymbol{Bu})_k=\Delta^n u_{k-a}=0,\ k\in\mathbf{Z}[1,\omega],$$

即 $\boldsymbol{u}\in Ker\ \boldsymbol{B}$．证毕.

定理 4.14 设 $\boldsymbol{B}$ 是 $\omega\times\omega$ 实矩阵，使得对任意 $\boldsymbol{u}=(u_1,\ u_2,\ \cdots,\ u_{\omega})^{\mathrm{T}}\in\mathbf{R}^{\omega}$，有

$$(\boldsymbol{Bu})_k=\Delta^n u_{k-a}=0,\ k\in\mathbf{Z}[1,\omega],$$

这里 $n\in\mathbf{N}_+$ 和 $a\in\mathbf{Z}$ 都是固定常数．则任意 $\boldsymbol{u}=(u_1,\ u_2,\ \cdots,\ u_\omega)^{\mathrm{T}}\in\mathbf{R}^\omega=\mathrm{Im}\,\boldsymbol{B}\oplus Ker\,\boldsymbol{B}$ 的直和分解为

$$\boldsymbol{u}=\boldsymbol{x}_{\boldsymbol{u}}+\boldsymbol{y}_{\boldsymbol{u}},\ \boldsymbol{x}_{\boldsymbol{u}}\in\mathrm{Im}\,\boldsymbol{B},\ \boldsymbol{y}_{\boldsymbol{u}}\in Ker\,\boldsymbol{B},$$

其中

$$\boldsymbol{x}_{\boldsymbol{u}}=\left((u_1-\left(\frac{\sum_{k=1}^{\omega}u_k}{\boldsymbol{\omega}}\right),\ u_2-\left(\frac{\sum_{k=1}^{\omega}u_k}{\boldsymbol{\omega}}\right),\ \cdots,\ u_\omega-\left(\frac{\sum_{k=1}^{\omega}u_k}{\boldsymbol{\omega}}\right)\right)^{\mathrm{T}},\tag{4.4}$$

$$\boldsymbol{y}_{\boldsymbol{u}}=\left(\frac{\sum_{k=1}^{\omega}u_k}{\boldsymbol{\omega}}\right)(1,\ 1,\ \cdots,\ 1)^{\mathrm{T}}\tag{4.5}$$

证明：易知任意 $\boldsymbol{u}=(u_1,\ u_2,\ \cdots,\ u_\omega)^{\mathrm{T}}\in\mathbf{R}^\omega$ 可以写成

$$\boldsymbol{u}=\boldsymbol{x}_{\boldsymbol{u}}+\boldsymbol{y}_{\boldsymbol{u}},$$

其中 $\boldsymbol{x}_{\boldsymbol{u}}$，$\boldsymbol{y}_{\boldsymbol{u}}$ 分别如（4.4）和（4.5）所给出．由定理 4.13，知 $\boldsymbol{y}_{\boldsymbol{u}}\in Ker\,\boldsymbol{B}$. 因此，只需内积 $\langle\boldsymbol{x}_u,\ \boldsymbol{y}_u\rangle=0$，结论就成立．直接计算知这显然成立．证毕．

§4.2　一个环形数位神经网络的稳态解

考虑环形数位神经网络：

$$\begin{cases}u_i^{(t+1)}-u_i^{(t)}=au_{i+1}^{(t)}-au_i^{(t)}+f_i(u_i^{(t)}),\ t\in\mathbf{N},\ i\in\mathbf{Z}[1,\omega],\\ u_0^{(t)}=u_\omega^{(t)},\ u_{\omega+1}^{(t)}=u_1^{(t)},\end{cases}\tag{4.6}$$

其中 $a\neq0$，$f_k\in C(\mathbf{R},\mathbf{R})$，$k\in\mathbf{Z}[1,\ \omega]$，（4.6）的稳态解系统为

$$\boldsymbol{Cu}=f(\boldsymbol{u}),\tag{4.7}$$

其中 $\boldsymbol{u}=(u_1,\ u_2,\ \cdots,\ u_\omega)^{\mathrm{T}}\in\mathbf{R}^\omega$，$f(\boldsymbol{u})=(f_1(u_1),\cdots,f_\omega(u_\omega))^{\mathrm{T}}$，而

$$\boldsymbol{C}=\begin{pmatrix}a&-a&0&0&\cdots&0&0\\0&a&-a&0&\cdots&0&0\\0&0&a&-a&\cdots&0&0\\\vdots&\vdots&\vdots&\vdots&\cdots&\vdots&\vdots\\0&0&0&0&\cdots&a&-a\\-a&0&0&0&\cdots&0&a\end{pmatrix}_{\omega\times\omega},\tag{4.8}$$

这里 $a\neq0$. 显然（4.7）是（4.1）当 $\boldsymbol{B}=\boldsymbol{C}$ 和 $f(\boldsymbol{u})=((f_1(u_1),\cdots,f_\omega(u_\omega))^{\mathrm{T}}$ 的特殊形式．易知 $\boldsymbol{C}$ 不是对称矩阵．下面我们利用定理 4.9 来建立保证（4.7）的解存在的充分性定理．

在 $\mathbf{R}^\omega$ 中定义范数

$$|\boldsymbol{u}|_\infty=\max_{1\leqslant k\leqslant\omega}|u_k|,$$

则 $(\mathbf{R}^\omega,|\cdot|_\infty)$ 为 Banach 空间．

定理 4.15　假设存在常数 $D>0$，$r_1>0$，$r_2\geqslant0$，使得

（ⅰ）当 $k\in\mathbf{Z}[1,\omega]$ 和 $|z|>D$，有 $zf_k(z)>0$ 和 $|f_k(z)|>r_1|z|$，

（ⅱ）当 $k\in\mathbf{Z}[1,\omega]$，$\lim\limits_{z\to-\infty}\dfrac{f_k(z)}{z}\leqslant r_2$ $\left(\text{或}\lim\limits_{z\to+\infty}\dfrac{f_k(z)}{z}\leqslant r_2\right)$，

则当 $\omega^2 r_2<|a|$时，(4.7) 有一个解．

证明：因证法类似，只需给出当 $k\in\mathbf{Z}[1,\omega]$ 时，$\lim\limits_{z\to-\infty}\dfrac{f_k(z)}{z}\leqslant r_2$ 的情形的证明．考察含参系统

$$\boldsymbol{Cu}=\lambda f(\boldsymbol{u}),\lambda\in(0,1). \tag{4.9}$$

设 $\boldsymbol{u}=(u_1,\ u_2,\ \cdots,\ u_\omega)^{\mathrm{T}}$ 是 (4.9) 的解，由 (4.9)，有

$$\sum_{k=1}^{\omega}f_k(u_k)=0. \tag{4.10}$$

可知存在 $\zeta,\ \eta\in\mathbf{Z}[1,\ \omega]$，使得

$$f_\zeta(u_\zeta)\leqslant 0 \tag{4.11}$$

和

$$f_\eta(u_\eta)\geqslant 0 \tag{4.12}$$

我们将证明

$$|\boldsymbol{u}|_\infty\leqslant D+\frac{\omega}{2}\max_{1\leqslant k\leqslant\omega}|\Delta u_k|. \tag{4.13}$$

事实上，只需考虑存在 $\delta\in\mathbf{Z}[1,\omega]$，使得

$$|u_\delta|\leqslant D$$

或对所有的 $k\in\mathbf{Z}[1,\omega]$，都有 $|u_k|>D$. 前一情形，由周期数列的最佳不等式，有

$$|\boldsymbol{u}|_\infty-|u_\delta|=\max_{1\leqslant k\leqslant\omega}|u_k|-|u_\delta|\leqslant\max_{1\leqslant i,j\leqslant\omega}|u_i-u_j|\leqslant\frac{1}{2}\sum_{k=1}^{\omega}|\Delta u_k|.$$

所以

$$|\boldsymbol{u}|_\infty\leqslant|u_\delta|+\frac{1}{2}\sum_{k=1}^{\omega}|\Delta u_k|\leqslant D+\frac{\omega}{2}\max_{1\leqslant k\leqslant\omega}|\Delta u_k|.$$

也即 (4.13) 成立．后一情形，若对所有的$k\in\mathbf{Z}[1,\omega]$，都有 $u_k>D$，则 $u_\zeta>D$. 由条件（ⅰ）和 (4.11) 立即导出矛盾．若对所有的 $k\in\mathbf{Z}[1,\omega]$，都有 $u_k<-D$，则 $u_\eta<-D$. 由条件（ⅰ）和 (4.12) 导出矛盾．故必存在 $i_0,\ j_0\in\mathbf{Z}[1,\omega]$，使得 $u_{i_0}>D$，$u_{j_0}<-D$，令 $u_c=\max\limits_{1\leqslant k\leqslant\omega}u_k$，$u_d=\min\limits_{1\leqslant k\leqslant\omega}u_k$，则 $u_a>D$，$u_b<-D$. 由周期数列的最佳不等式，有

$$u_c-u_d\leqslant\max_{1\leqslant i,j\leqslant\omega}|u_i-u_j|\leqslant\frac{1}{2}\sum_{k=1}^{\omega}|\Delta u_k|\leqslant\frac{\omega}{2}\max_{1\leqslant k\leqslant\omega}|\Delta u_k|.$$

推出

$$u_c\leqslant u_d+\frac{\omega}{2}\max_{1\leqslant k\leqslant\omega}|\Delta u_k|\leqslant -D+\frac{\omega}{2}\max_{1\leqslant k\leqslant\omega}|\Delta u_k| \tag{4.14}$$

和

$$u_d\geqslant u_c-\frac{\omega}{2}\max_{1\leqslant k\leqslant\omega}|\Delta u_k|\geqslant D-\frac{\omega}{2}\max_{1\leqslant k\leqslant\omega}|\Delta u_k|. \tag{4.15}$$

由 (4.14) 和 (4.15)，知对任何 $k\in\mathbf{Z}[1,\omega]$，有

$$D-\frac{\omega}{2}\max_{1\leqslant k\leqslant\omega}|\Delta u_k|\leqslant u_d\leqslant u_k\leqslant u_c\leqslant -D+\frac{\omega}{2}\max_{1\leqslant k\leqslant\omega}|\Delta u_k|.$$

这表明（4.13）也成立．故（4.13）得证．注意到$\omega^2 r_2 < |a|$，可取正数ε，使得

$$\frac{\omega^2}{|a|}(r_2+\varepsilon)<1. \tag{4.16}$$

由条件（ⅱ），知存在$\rho > D$，使得对任何$k\in\mathbf{Z}[1,\omega]$和$z<-\rho$，有

$$|f_k(z)|\leqslant(r_2+\varepsilon)|z|. \tag{4.17}$$

设

$$E_1=\{k\in\mathbf{Z}[1,\omega]:\ u_k<-\rho\}, \tag{4.18}$$

$$E_2=\{k\in\mathbf{Z}[1,\omega]:\ |u_k|\leqslant\rho\}, \tag{4.19}$$

$$E_3=\mathbf{Z}[1,\omega]\setminus(E_1\cup E_2) \tag{4.20}$$

和

$$M_0=\max_{1\leqslant k\leqslant\omega,\ |z|\leqslant\rho}|f_k(z)|, \tag{4.21}$$

由（4.17）和（4.18），有

$$\sum_{k\in E_1}|f_k(u_k)|\leqslant\sum_{k\in E_1}(r_2+\varepsilon)|u_k|\leqslant\omega(r_2+\varepsilon)|\boldsymbol{u}|_\infty. \tag{4.22}$$

由（4.19）和（4.21），有

$$\sum_{k\in E_2}|f_k(u_k)|\leqslant\omega M_0. \tag{4.23}$$

由（4.10），（4.20），（4.22）和（4.23），有

$$\begin{aligned}\sum_{k\in E_3}|f_k(u_k)|&=\sum_{k\in E_3}f_k(u_k)=-\sum_{k\in E_1}f_k(u_k)-\sum_{k\in E_2}f_k(u_k)\\&\leqslant\sum_{k\in E_1}|f_k(u_k)|+\sum_{k\in E_2}|f_k(u_k)|\\&\leqslant\omega(r_2+\varepsilon)|\boldsymbol{u}|_\infty+\omega M_0.\end{aligned} \tag{4.24}$$

由（4.22），（4.23）和（4.24），知

$$\sum_{k=1}^{\omega}|f_k(u_k)|\leqslant2\omega(r_2+\varepsilon)|\boldsymbol{u}|_\infty+2\omega M_0. \tag{4.25}$$

由（4.9），有

$$|a||\Delta u_k|=\lambda|f_k(u_k)|(k\in\mathbf{Z}[1,\omega]).$$

推出

$$\sum_{k=1}^{\omega}|\Delta u_k|\leqslant\frac{1}{|a|}\sum_{k=1}^{\omega}|f_k(u_k)|. \tag{4.26}$$

由（4.13）和（4.26），有

$$\begin{aligned}|\boldsymbol{u}|_\infty&\leqslant D+\frac{\omega}{2}\max_{1\leqslant k\leqslant\omega}|\Delta u_k|\leqslant D+\frac{\omega}{2}\sum_{k=1}^{\omega}|\Delta u_k|\leqslant D+\frac{\omega}{2|a|}\sum_{k=1}^{\omega}|f_k(u_k)|\\&\leqslant D+\frac{\omega^2}{|a|}(r_2+\varepsilon)|\boldsymbol{u}|_\infty+\frac{\omega^2}{|a|}M_0.\end{aligned}$$

由上式和（4.18），知存在$D_1>D$，使得$|\boldsymbol{u}|_\infty<D_1$．取有界开集

$$\Omega=\{u\in\mathbf{R}^\omega:\ |\boldsymbol{u}|_\infty<D_1\}.$$

则对任意$\lambda\in(0,1)$和$\boldsymbol{u}\in\partial\Omega$，有$\boldsymbol{B}\boldsymbol{u}\neq\lambda f(\boldsymbol{u})$．又对任意$\boldsymbol{u}\in Ker\ \boldsymbol{B}\cap\partial\Omega$，$\boldsymbol{u}=(D_1,D_1,\cdots,D_1)^{\mathrm{T}}$或$\boldsymbol{u}=(-D_1,-D_1,\cdots,-D_1)^{\mathrm{T}}$且注意到当$\boldsymbol{P}$，$\boldsymbol{Q}$如（4.3）所定义时，从而有

$$Qf(\boldsymbol{u})=\frac{\sum_{k=1}^{\omega}f_k(u_k)}{\omega}(1,1,\cdots,1)^{\mathrm{T}}\neq 0.$$

考察映射 h：$[0,\ 1]\times(\overline{\Omega}\cap Ker\ \boldsymbol{B})\to\mathbf{R}^{\omega}$：

$$h(\eta,\boldsymbol{u})=\eta\boldsymbol{u}+(1-\eta)Qf(\boldsymbol{u})\ .$$

可知对任意 $\eta\in[0,\ 1]$ 和 $\boldsymbol{u}\in Ker\ \boldsymbol{B}\cap\partial\Omega$，有

$$\boldsymbol{u}^{\mathrm{T}}h(\eta,\boldsymbol{u})=\eta\boldsymbol{u}^{\mathrm{T}}\boldsymbol{u}+(1-\eta)\boldsymbol{u}^{\mathrm{T}}\boldsymbol{Q}f(\boldsymbol{u})>0.$$

因此 h 是同伦映射，推知

$$\deg_B(\boldsymbol{Q}f,\Omega\cap Ker\ \boldsymbol{B},0)=\deg_B(\boldsymbol{I},\Omega\cap Ker\ \boldsymbol{B},0)\neq 0.$$

故由定理4.9，知（4.7）在 $\overline{\Omega}$ 中有一解．证毕．

现举例说明定理4.15的结论是“Sharp”的．

例4.1 设 $0<r_2<\frac{|a|}{\omega^2}$，讨论系统（4.7）当取 $f_k(z)=r_2z+\frac{r_2}{2}$ $(k\in\mathbf{Z}[1,\omega])$ 时的情形．容易知道当 $|z|\geqslant 1$ 时 $zf_k(z)>0$ 和 $|f_k(z)|\geqslant r_2|z|-\frac{r_2}{2}\geqslant\frac{r_2}{2}|z|$ 且 $\lim\limits_{|z|\mapsto+\infty}\frac{f_k(z)}{z}=r_2$．故由定理4.15，知此时（4.7）有一个解．

另一方面，在这种情形下，(4.7)又可写成

$$\boldsymbol{G}\boldsymbol{u}=\frac{r_2}{2}(1,\ 1,\ \cdots,\ 1)^{\mathrm{T}},\tag{4.27}$$

其中

$$\boldsymbol{G}=\begin{pmatrix}a-r_2 & -a & 0 & 0 & \cdots & 0 & 0\\ 0 & a-r_2 & -a & 0 & \cdots & 0 & 0\\ 0 & 0 & a-r_2 & -a & \cdots & 0 & 0\\ \vdots & \vdots & \vdots & \vdots & \cdots & \vdots & \vdots\\ 0 & 0 & 0 & 0 & \cdots & a-r_2 & -a\\ -a & 0 & 0 & 0 & \cdots & 0 & a-r_2\end{pmatrix}_{\omega\times\omega}.$$

直接计算知 $\det G=(a-r_2)^{\omega}+(-1)^{\omega+1}(-a)^{\omega}\neq 0$．故（4.27）有唯一解，也即这时（4.7）有唯一解．此例说明定理4.15是Sharp的．

注：定理4.15实际上给出了差分方程

$$\Delta u_k+\frac{1}{a}f_k(u_k)=0,k\in\mathbf{Z}$$

（这里 $f_k=f_{k\bmod\omega}$，$k\in\mathbf{Z}$）的 ω－周期解的存在性．

再考虑比（4.7）更一般的系统

$$\boldsymbol{D}\boldsymbol{u}=f(\boldsymbol{u}),\tag{4.28}$$

其中 $\boldsymbol{u}=(u_1,\ u_2,\ \cdots,\ u_{\omega})^{\mathrm{T}}\in\mathbf{R}^{\omega}$，$f(\boldsymbol{u})=(f_1(u_1),\cdots,f_{\omega}(u_{\omega}))^{\mathrm{T}}$，$f_k\in C(\mathbf{R},\mathbf{R})$，

$$D=\begin{pmatrix} a & b & 0 & 0 & \cdots & 0 & 0\\ 0 & a & b & 0 & \cdots & 0 & 0\\ 0 & 0 & a & b & \cdots & 0 & 0\\ \vdots & \vdots & \vdots & \vdots & \cdots & \vdots & \vdots\\ 0 & 0 & 0 & 0 & \cdots & a & b\\ b & 0 & 0 & 0 & \cdots & 0 & a \end{pmatrix}_{\omega\times\omega}.$$

我们可将（4.28）写成（4.7）的形式，然后由定理4.15可得到相应的结果.

§4.3　带时滞离散 Rayleigh 方程的周期解

这一节研究 Rayleigh 方程

$$\Delta^2 u_{n-1}+F_n(\Delta u_{n-\sigma_n})+G_n(u_{n-\tau_n})=p_n,\ n\in\mathbf{Z}, \tag{4.29}$$

其中，F_n，$G_n\in C(\mathbf{R},\mathbf{R})$ 且对任意 $n\in\mathbf{Z}$，$F_n(0)=0, F_n=F_{n \bmod \omega}, G_n=G_{n \bmod \omega}$，对某个正整数 $\omega\geqslant 3$，$\{\sigma_n\}_{n\in\mathbf{Z}}$，$\{\tau_n\}_{n\in\mathbf{Z}}$是整的 ω – 周期数列，$\{p_n\}_{n\in\mathbf{Z}}$是实的 ω – 周期数列且 $\sum_{k=1}^{\omega}p_k=0$.

注意到假设 $\sum_{k=1}^{\omega}p_k=0$ 是为了方便. 事实上，若 $C=\frac{1}{\omega}\sum_{k=1}^{\omega}p_k\neq 0$，令

$$\bar{p}_k=p_k-C,\ \bar{G}_k(z)=G_k(z)-C,$$

则（4.29）可写成

$$\Delta^2 u_{n-1}+F_n(\Delta u_{n-\sigma_n})+\bar{G}_n(u_{n-\tau_n})=\bar{p}_n,\ n\in\mathbf{Z},$$
$$\sum_{k=1}^{\omega}\bar{p}_k=0.$$

为寻找（4.29）的 ω – 周期解，可把问题转化为讨论如下系统解的存在性：

$$(\boldsymbol{Bu})_k=f_k(\boldsymbol{u}), k\in\mathbf{Z}[1,\omega]. \tag{4.30}$$

其中 $\boldsymbol{u}\in\mathbf{R}^{\omega}$，

$$(\boldsymbol{Bu})_k=\Delta^2 u_{k-1},\ k\in\mathbf{Z}[1,\omega], \tag{4.31}$$

$$f_k(\boldsymbol{u})=-F_k(\Delta u_{k-\sigma_k})-G_k(u_{k-\tau_k})+p_k, k\in\mathbf{Z}[1,\omega], \tag{4.32}$$

并在 $\mathbf{R}^{\omega}$ 中定义范数为

$$|\boldsymbol{u}|_{\infty}=\max_{1\leqslant K\leqslant\omega}|u_k|.$$

本节的主要结论是如下定理：

定理4.16　假设存在正数 K，D，r_1，r_2 和 r_3，使得

（ⅰ）当 $n\in\mathbf{Z}$ 和 $x\in\mathbf{R}$，有 $|F_n(x)|\leqslant r_1|x|+K$；

（ⅱ）当 $n\in\mathbf{Z}$ 和 $|x|>D$，有 $xG_n(x)>0$ 和 $|G_n(x)|\geqslant r_2|x|$；

（ⅲ）若 $\lim\limits_{x\to-\infty}\max\limits_{1\leqslant n\leqslant\omega}\frac{G_n(x)}{x}\leqslant r_3$ $\left(\text{或}\lim\limits_{x\to\infty}\max\limits_{1\leqslant n\leqslant\omega}\frac{G_n(x)}{x}\leqslant r_3\right)$，

则当 $\omega\left(r_1+r_3\left(\frac{r_1}{r_2}+\frac{\omega}{2}\right)\right)<1$ 时，（4.29）有一个 ω – 周期解.

证明：因证法类似，只需给出

$$\lim_{x\to-\infty}\max_{1\leqslant n\leqslant\omega}\frac{G_n(x)}{x}\leqslant r_3$$

情形的证明．考察含参系统

$$(\boldsymbol{Bu})_k=\lambda f_k(\boldsymbol{u}),k\in\mathbf{Z}[1,\omega],\tag{4.33}$$

其中，$\lambda\in(0,1)$，$\boldsymbol{B}$ 和 f_k（$k\in\mathbf{Z}[1,\omega]$）分别由（4.31）和（4.32）所给出．设 $\boldsymbol{u}=(u_1,u_2,\cdots,u_\omega)^{\mathrm{T}}$ 是（4.33）的解，由（4.33）和假设 $\sum_{k=1}^{\omega}p_k=0$，有

$$\sum_{k=1}^{\omega}\{F_k(\Delta u_{k-\sigma_k})+G_k(u_{k-\tau_k})\}=0.\tag{4.34}$$

可知存在 ζ，$\eta\in\mathbf{Z}[1,\omega]$ 使得

$$F_\zeta(\Delta u_{\zeta-\sigma_\zeta})+G_\zeta(u_{\zeta-\tau_\zeta})\leqslant 0\tag{4.35}$$

和

$$F_\eta(\Delta u_{\eta-\sigma_\eta})+G_\eta(u_{\eta-\tau_\eta})\geqslant 0.\tag{4.36}$$

我们将证明

$$|\boldsymbol{u}|_\infty\leqslant\left(\frac{r_1}{r_2}+\frac{\omega}{2}\right)\max_{1\leqslant k\leqslant\leqslant\omega}|\Delta u_k|+D+\frac{K}{r_2}.\tag{4.37}$$

事实上，如果存在 $\delta\in\mathbf{Z}[1,\omega]$，使得

$$|u_\delta|\leqslant D.\tag{4.38}$$

则由周期数列的最佳不等式，有

$$|\boldsymbol{u}|_\infty-|u_\delta|=\max_{1\leqslant k\leqslant\omega}|u_k|-|u_\delta|\leqslant\max_{0\leqslant i,j\leqslant\omega-1}|u_i-u_j|\leqslant\frac{1}{2}\sum_{k=1}^{\omega}|\Delta u_k|.\tag{4.39}$$

所以

$$|\boldsymbol{u}|_\infty\leqslant|u_\delta|+\frac{1}{2}\sum_{k=1}^{\omega}|\Delta u_k|\leqslant D+\frac{\omega}{2}\max_{1\leqslant k\leqslant\omega}|\Delta u_k|.\tag{4.40}$$

这表明（4.37）成立．如果对所有 $k\in\mathbf{Z}[1,\omega]$，都有 $|u_k|>D$，可分三种情形讨论如下：

情形Ⅰ．存在 i_0，$j_0\in\mathbf{Z}[1,\omega]$，使得 $u_{i_0}>D$，$u_{j_0}<-D$. 令 $u_a=\max_{1\leqslant k\leqslant\omega}u_k$，$u_b=\min_{1\leqslant k\leqslant\omega}u_k$，则 $u_a>D$，$u_b<-D$. 由周期数列的最佳不等式，推出

$$u_a-u_b\leqslant\max_{1\leqslant i,j\leqslant\omega}|u_i-u_j|\leqslant\frac{1}{2}\sum_{k=1}^{\omega}|\Delta u_k|\leqslant\frac{\omega}{2}\max_{1\leqslant k\leqslant\omega}|\Delta u_k|.\tag{4.41}$$

推出

$$u_a\leqslant u_b+\frac{\omega}{2}\max_{1\leqslant k\leqslant\omega}|\Delta u_k|\leqslant-D+\frac{\omega}{2}\max_{1\leqslant k\leqslant\omega}|\Delta u_k|\tag{4.42}$$

和

$$u_b\geqslant u_a-\frac{\omega}{2}\max_{1\leqslant k\leqslant\omega}|\Delta u_k|\geqslant D-\frac{\omega}{2}\max_{1\leqslant k\leqslant\omega}|\Delta u_k|.\tag{4.43}$$

由（4.42）和（4.43），知对任意 $k\in\mathbf{Z}[1,\omega]$，有

$$D-\frac{\omega}{2}\max_{1\leqslant k\leqslant\omega}|\Delta u_k|\leqslant u_b\leqslant u_k\leqslant u_a\leqslant-D+\frac{\omega}{2}\max_{1\leqslant k\leqslant\omega}|\Delta u_k|,$$

即（4.37）成立．

情形Ⅱ. 对所有 $k\in\mathbf{Z}[1,\omega]$ 都有 $u_k>D$, 由条件（ⅰ),（ⅱ）和（4.35），有

$$r_2|u_{\zeta-\tau_\zeta}|\leqslant|G_\zeta(u_{\zeta-\tau_\zeta})|=G_\zeta(u_{\zeta-\tau_\zeta})\leqslant-F_\zeta(\Delta u_{\zeta-\sigma_\zeta})\leqslant|F_\zeta(\Delta u_{\zeta-\sigma_\zeta})|\leqslant r_1|\Delta u_{\zeta-\sigma_\zeta}|+K\leqslant r_1\max_{1\leqslant k\leqslant\omega}|\Delta u_k|+K \tag{4.44}$$

这样,

$$|u_{\zeta-\tau_\zeta}|\leqslant\frac{r_1}{r_2}\max_{1\leqslant k\leqslant\omega}|\Delta u_k|+\frac{K}{r_2} \tag{4.45}$$

由（4.45），知存在 $c\in\mathbf{Z}[1,\omega]$，使得 u_c 满足

$$|u_c|\leqslant\frac{r_1}{r_2}\max_{1\leqslant k\leqslant\omega}|\Delta u_k|+\frac{K}{r_2}. \tag{4.46}$$

进一步，由周期数列的最佳不等式和（4.46），有

$$|\boldsymbol{u}|_\infty\leqslant|u_c|+\frac{1}{2}\sum_{k=1}^{\omega}|\Delta u_k|\leqslant\left(\frac{r_1}{r_2}+\frac{\omega}{2}\right)\max_{1\leqslant k\leqslant\omega}|\Delta u_k|+\frac{K}{r_2},$$

即（4.37）成立.

情形（ⅲ）. 对所有 $k\in\mathbf{Z}[1,\omega]$，都有 $u_k<-D$. 由条件（ⅰ),（ⅱ）和（4.36），有

$$r_2|u_{\eta-\tau_\eta}|\leqslant|G_\eta(u_{\eta-\tau_\eta})|=-G_\eta(u_{\eta-\tau_\eta})\leqslant F_\eta(\Delta u_{\eta-\sigma_\eta})\leqslant|F_\eta(\Delta u_{\eta-\sigma_\eta})|\leqslant r_1|\Delta u_{\eta-\sigma_\eta}|+K\leqslant r_1\max_{1\leqslant k\leqslant\omega}|\Delta u_k|+K. \tag{4.47}$$

这样,

$$|u_{\eta-\tau_\eta}|\leqslant\frac{r_1}{r_2}\max_{1\leqslant k\leqslant\omega}|\Delta u_k|+\frac{K}{r_2}. \tag{4.48}$$

由（4.48），知存在 $d\in\mathbf{Z}[1,\omega]$，使得

$$|u_d|\leqslant\frac{r_1}{r_2}\max_{1\leqslant k\leqslant\omega}|\Delta x_k|+\frac{K}{r_2} \tag{4.49}$$

利用（4.49）和类似于情形Ⅱ最后一步的推导，知（4.37）成立. 故（4.37）得证.

接着，注意到 $\omega\left(r_1+r_3\left(\frac{r_1}{r_2}+\frac{\omega}{2}\right)\right)<1$，因此存在正数 ε，使得

$$\eta_1=\omega\left(\left(r_1+(r_3+\varepsilon)\left(\frac{r_1}{r_2}+\frac{\omega}{2}\right)\right)<1. \tag{4.50}$$

由条件（ⅲ)，知存在 $\rho>D$，使得当 $n\in\mathbf{Z}[1,\omega]$ 和 $x<-\rho$ 时,

$$|G_n(x)|\leqslant(r_3+\varepsilon)|x|. \tag{4.51}$$

令

$$E_1=\{k\in\mathbf{Z}[1,\omega]:\ u_k<-\rho\}, \tag{4.52}$$

$$E_2=\{k\in\mathbf{Z}[1,\omega]:\ |u_k|\leqslant\rho\}, \tag{4.53}$$

$$E_3=\mathbf{Z}[1,\omega]\setminus(E_1\cup E_2), \tag{4.54}$$

$$M_0=\max_{1\leqslant i\leqslant\omega,\ |x|\leqslant\rho}|G_i(x)|, \tag{4.55}$$

由（4.37),（4.51）和（4.52）有

$$\sum_{n\in E_1}|G_n(u_{n-\tau_n})|\leqslant\sum_{k\in E_1}(r_3+\varepsilon)|u_{k-\tau_k}|\leqslant\omega(r_3+\varepsilon)|\boldsymbol{u}|_\infty$$
$$\leqslant\omega(r_3+\varepsilon)\left(\left(\frac{r_1}{r_2}+\frac{\omega}{2}\right)\max_{1\leqslant k\leqslant\omega}|\Delta u_k|+D+\frac{K}{r_2}\right).\tag{4.56}$$

由（4.53）和（4.55），有

$$\sum_{n\in E_2}|G_n(u_{n-\tau_n})|\leqslant\omega M_0.\tag{4.57}$$

由条件（ⅰ）推出

$$\sum_{k=1}^{\omega}|F_k(\Delta u_{k-\sigma_k})|\leqslant\sum_{k=1}^{\omega}(r_1|\Delta u_{k-\sigma_k}|+K)\leqslant\omega(r_1\max_{1\leqslant k\leqslant\omega}|\Delta u_k|+K).\tag{4.58}$$

由条件（ⅱ），（4.34），（4.54），（4.56），（4.57）和（4.58），得

$$\sum_{k\in E_3}|G_k(u_{k-\tau_k})|=\sum_{k\in E_3}G_k(u_{k-\tau_k})$$
$$=\sum_{k=1}^{\omega}G_k(u_{k-\tau_k})-\sum_{k\in E_1}G_k(u_{k-\tau_k})-\sum_{k\in E_2}G_k(u_{k-\tau_k})$$
$$\leqslant-\sum_{k=1}^{\omega}F_k(\Delta u_{k-\sigma_k})-\sum_{k\in E_1}G_k(u_{k-\tau_k})-\sum_{k\in E_2}G_k(u_{k-\tau_k})$$
$$\leqslant\sum_{k=1}^{\omega}|F_k(\Delta u_{k-\sigma_k})|+\sum_{k\in E_1}|G_k(u_{k-\tau_k})|+\sum_{k\in E_2}|G_k(u_{k-\tau_k})|$$
$$\leqslant\omega(r_1\max_{1\leqslant k\leqslant\omega}|\Delta u_k|+K)+\omega(r_3+\varepsilon)\left\{\left(\frac{r_1}{r_2}+\frac{\omega}{2}\right)\max_{1\leqslant k\leqslant\omega}|\Delta u_k|+D+\frac{k}{r_2}\right\}+\omega M_0$$
$$\leqslant\omega\left(r_1+(r_3+\varepsilon)\left(\frac{r_1}{r_2}+\frac{\omega}{2}\right)\right)\max_{1\leqslant k\leqslant\omega}|\Delta u_k|+\omega M_1,\tag{4.59}$$

其中 M_1 是某个正数．另一方面，由（4.33），有

$$\Delta^2u_{k-1}=-\lambda\{F_k(\Delta u_{k-\sigma_k})+G_k(u_{k-\tau_k})-p_k\},k\in\mathbf{Z}[1,\omega].\tag{4.60}$$

由条件（ⅱ），（4.56）～（4.60），得

$$\sum_{k=1}^{\omega}|\Delta^2u_{k-1}|\leqslant\sum_{k=1}^{\omega}|F_k(\Delta u_{k-\sigma_k})|+\sum_{k=1}^{\omega}|G_k(u_{k-\tau_k})|+\sum_{k=1}^{\omega}|p_k|$$
$$=\sum_{k=1}^{\omega}|F_k(\Delta u_{k-\sigma_k})|+\sum_{k\in E_1}|G_k(u_{k-\tau_k})|+\sum_{k\in E_2}|G_k(u_{k-\tau_k})|$$
$$+\sum_{k\in E_3}|G_k(u_{k-\tau_k})|+\sum_{K=1}^{\omega}|p_k|$$
$$\leqslant\omega\ (r_1\max_{1\leqslant k\leqslant\omega}|\Delta u_k|+K)+\omega(r_3+\varepsilon)\left\{\left(\frac{r_1}{r_2}+\frac{\omega}{2}\right)\max_{1\leqslant k\leqslant\omega}|\Delta u_k|+D+\frac{k}{r_2}\right\}$$
$$+\omega M_0+\omega\left(r_1+(r_3+\varepsilon)\left(\frac{r_1}{r_2}+\frac{\omega}{2}\right)\right)\max_{1\leqslant k\leqslant\omega}|\Delta u_k|+M_1+\sum_{k=1}^{\omega}|p_k|$$
$$\leqslant2\eta_1\max_{1\leqslant k\leqslant\omega}|\Delta u_k|+M_2,\tag{4.61}$$

其中 M_2 是某个正数．由周期数列的最佳不等式

$$\max_{1\leqslant k\leqslant\omega}|\Delta u_k|\leqslant\frac{1}{2}\sum_{k=1}^{\omega}|\Delta^2u_k|\tag{4.62}$$

及（4.61），得

$$\max_{1\leqslant k\leqslant\omega}|\Delta u_k|\leqslant\eta_1\max_{1\leqslant k\leqslant\omega}|\Delta u_k|+\frac{M_2}{2}.$$

推出

$$\max_{0\leqslant k\leqslant \omega-1}|\Delta x_k|\leqslant D_1, \tag{4.63}$$

这里 $D_1=\dfrac{M_2}{2(1-\eta_1)}$. 由（4.37）和（4.63），得

$$|\boldsymbol{u}|_\infty\leqslant\left(\frac{r_1}{r_2}+\frac{\omega}{2}\right)\max_{1\leqslant k\leqslant \omega}|\Delta u_k|+D+\frac{k}{r_2}\leqslant D_0, \tag{4.64}$$

其中 $D_0=\left(\dfrac{r_1}{r_2}+\dfrac{\omega}{2}\right)D_1+D+\dfrac{k}{r_2}$. 取正数 $\overline{D}>D_0+D$，并令

$$\Omega=\{\boldsymbol{u}\in\mathbf{R}^\omega:\ |\boldsymbol{u}|_\infty<\overline{D}\},$$

可知 Ω 是 $\mathbf{R}^\omega$ 中的有界开集. 由上面对解的估计得到的（4.64），知对每个 $\lambda\in(0,1)$ 和 $\boldsymbol{u}\in\partial\Omega$，有 $\boldsymbol{Bu}\neq\lambda f(\boldsymbol{u})$. 注意到 $\boldsymbol{u}\in\partial\Omega\cap Ker\boldsymbol{B}$，则 $\boldsymbol{u}=(\overline{D},\ \overline{D},\ \cdots,\ \overline{D})^{\mathrm{T}}$ 或 $\boldsymbol{u}=(-\overline{D},\ -\overline{D},\ \cdots,\ -\overline{D})^{\mathrm{T}}$. 因此，由（4.32），条件（ⅱ），假设 $\sum_{n=0}^{\omega-1}p_n=0$ 且注意到 $\boldsymbol{P}$，$\boldsymbol{Q}$ 如（4.3）所定义，知这时必有

$$\boldsymbol{Q}f(\boldsymbol{u})=\frac{-\sum_{k=1}^{\omega}\left(F_k(\Delta u_{k-\sigma_k})+G_k(u_{k-\tau_k})\right)}{\omega}(1,\ 1,\ \cdots,\ 1)^{\mathrm{T}}$$

$$=\frac{-\sum_{k=1}^{\omega}G_k(u_{k-\tau_k})}{\omega}(1,\ 1,\ \cdots,\ 1)^{\mathrm{T}}\neq 0.$$

特别地，当 $\boldsymbol{u}=(\overline{D},\ \overline{D},\ \cdots,\ \overline{D})^{\mathrm{T}}$ 时

$$\left(\boldsymbol{Q}f(\boldsymbol{u})\right)_k=\frac{-\sum_{k=1}^{\omega}G_k(\overline{D})}{\omega}<0,\ k\in\mathbf{Z}[1,\omega];$$

当 $\boldsymbol{u}=(-\overline{D},\ -\overline{D},\ \cdots,\ -\overline{D})^{\mathrm{T}}$ 时，

$$\left(\boldsymbol{Q}f\ (\boldsymbol{u})\right)_k=\frac{-\sum_{k=1}^{\omega}G_k(\overline{D})}{\omega}>0,\ k\in\mathbf{Z}[1,\omega].$$

这表明

$$\deg_B(\boldsymbol{Q}f,\Omega\cap Ker\ \boldsymbol{B},0)\neq 0.$$

故由定理4.9 知（4.30）在 $\overline{\Omega}$ 中有一解. 从而（4.29）有一个 ω－周期解. 证毕.

例 4.2 考虑 Rayleigh 方程（6.28），其中，$\omega\geqslant 3$，$\sigma_n=\left[\sin\dfrac{2\pi n}{\omega}\right]$，$\tau_n=\left[\cos\dfrac{2\pi n}{\omega}\right]$，这里［·］是取整数函数，

$$G_n(x)=\frac{4h(x)\exp\left(\sin^2\dfrac{2\pi n}{\omega}\right)}{13\omega(\omega+2)},\quad F_n(x)=\left(\frac{1+\left(\cos\dfrac{2\pi n}{\omega}\right)}{6\omega\ (2+\omega)}\right)x+\exp(-x^2)-1,$$

$$h\ (x)\ =\begin{cases}x^3,\ x\geqslant 0,\\ x,\ x<0\end{cases}$$

和

$$p_n=\begin{cases}1, & n=0 \bmod \omega,\\ -1, & n=1 \bmod \omega,\\ 0, & n=2 \bmod \omega.\end{cases}$$

取

$$K=2,\ D=1,\ r_1=\frac{1}{3\omega(2+\omega)}, r_2=\frac{4}{13\omega(2+\omega)}, r_3=\frac{4e}{13\omega(2+\omega)},$$

容易检验定理4.16的所有条件都得到满足，所以方程有一个ω-周期解．进一步可知这个解是非平凡的．因$y=\{0\}_{n\in\mathbf{Z}}$不是方程的解．

§4.4　化序列非线性差分系统周期解为数量代数系统的解

有很多序列非线性差分系统的周期解问题，可归结为讨论下面非线性向量代数系统

$$\boldsymbol{B}\boldsymbol{u}=f(\boldsymbol{u}) \tag{4.65}$$

的解.(4.65）中，$\boldsymbol{B}$ 是 $\omega\times\omega$ 实矩阵，$\boldsymbol{u}=(\boldsymbol{u}_1,\ \boldsymbol{u}_2,\ \cdots,\ \boldsymbol{u}_\omega)^{\mathrm{T}}\in\mathbf{R}^{k\omega}$ 且 $\boldsymbol{u}_i=(u_{i1},\ \cdots,\ u_{ik})$，$i\in\mathbf{Z}[1,\omega]$是$k$维实的横向量，$f(\boldsymbol{u})=(f_1(\boldsymbol{u}),\ \cdots,\ f_\omega(\boldsymbol{u}))^{\mathrm{T}}\in\mathbf{R}^\omega$，$f_k\in C(\mathbf{R}^{k\omega},\mathbf{R})$.

由于（4.65）的解 $\bar{\boldsymbol{u}}=(\bar{\boldsymbol{u}}_1,\ \bar{\boldsymbol{u}}_2,\ \cdots,\ \bar{\boldsymbol{u}}_\omega)^{\mathrm{T}}$ 的每个分量 $\bar{\boldsymbol{u}}_j$ 是一个 k 维横向量，当 $k\geqslant 2$ 时，如何将（4.65）化为形如（4.2）的数量代数系统的解来研究，使得上面对（4.2）的解所建立起来的解的存在性定理仍有用场，使得比起直接应用 Mawhin 连续定理来减少了对算子符合适当紧性的论证．我们将从下面的具体例子来说明这一点，它也是我们处理下面定理的证明有别于现有文献之处．

研究了多物种竞争离散系统

$$y_i^{(n+1)}=y_i^{(n)}\exp\left(r_i^{(n)}-\sum_{j=1}^{k}a_{ij}^{(n)}y_j^{(n)}-\sum_{j=1}^{k}b_{ij}^{(n)}y_j^{\left(n-\tau_{ij}^{(n)}\right)}\right),\ i\in\mathbf{Z}\ [1,k],\ n\in\mathbf{Z}. \tag{4.66}$$

其中 $r_i=\{r_i^{(n)}\}_{n\in\mathbf{Z}}$，$a_{ij}=\{a_{ij}^{(n)}\}_{n\in\mathbf{Z}}$，$b_{ij}=\{b_{ij}^{(n)}\}_{n\in\mathbf{Z}}$和 $\tau_{ij}=\{\tau_{ij}^{(n)}\}_{n\in\mathbf{Z}}$都是实$\omega$-周期数列，且 $\tau_{ij}^{(n)}\in\mathbf{Z}$ 使得对 $i,\ j\in\mathbf{Z}[1,\ k]$，有

$$r_i^{(n+\omega)}=r_i^{(n)},\ a_{ij}^{(n+\omega)}=a_{ij}^{(n)},\ b_{ij}^{(n+\omega)}=b_{ij}^{(n)},\ \tau_{ij}^{(n+\omega)}=\tau_{ij}^{(n)},\ n\in\mathbf{Z}.$$

进一步假设

$$a_{ij}^{(n)},\ b_{ij}^{(n)}\geqslant 0,\ i,\ j\in\mathbf{Z}[1,k],n\in\mathbf{Z},\sum_{n=0}^{\omega-1}r_i^{(n)}>0,i\in\mathbf{Z}[1,k],$$

$$\sum_{n=0}^{\omega-1}(a_{ii}^{(n)}+b_{ii}^{(n)})\neq 0,\ i\in\mathbf{Z}[1,k]\ .$$

下面采用对“时间”平均化的记号：

$$\bar{r}_i=\frac{1}{\omega}\sum_{n=0}^{\omega-1}r_i^{(n)},\ \bar{R}_i=\frac{1}{\omega}\sum_{n=0}^{\omega-1}|r_i^{(n)}|,\ \bar{a}_{ij}=\frac{1}{\omega}\sum_{n=0}^{\omega-1}a_{ij}^{(n)},\ \bar{b}_{ij}=\frac{1}{\omega}\sum_{n=0}^{\omega-1}b_{ij}^{(n)}.$$

系统（4.66）的一个解是指一个实向量序列 $\{\boldsymbol{y}^{(n)}\}_{n\in\mathbf{Z}}$，这里 $\boldsymbol{y}^{(n)}=(y_1^{(n)},y_2^{(n)},\cdots,y_k^{(n)})^{\mathrm{T}}$，它代入（4.66）成为恒等式．

下面讨论（4.66）的 ω – 周期正解的存在性．

定理 4.17 假设

（ⅰ）当 $i\in\mathbf{Z}[1,k]$ 时，$\bar{r}_i>0$，

（ⅱ）矩阵 $(\bar{a}_{ij}+\bar{b}_{ij})_{k\times k}$ 可逆且所有元素都是正的，

（ⅲ）当 $i\in\mathbf{Z}[1,k]$ 时，

$$\bar{r}_i>\sum_{1\leqslant j\leqslant k,j\neq i}(\bar{a}_{ij}+\bar{b}_{ij})\frac{\bar{r}_j}{\bar{a}_{jj}+\bar{b}_{jj}}\exp\left(\frac{1}{2}(\bar{R}_j+\bar{r}_j)\omega\right),$$

则（4.66）有一个 ω – 周期正解．

定理 4.17 是 Wang 和 Cheng 在本章参考文献 56 中，创立了周期数列的最佳不等式后给出的．后来，我们也了解到崔和刘在本章参考文献 10 中也研究了（4.66）的 ω – 周期正解的存在性．但本章参考文献 10 中在解的先验界的估计时，采用的不是周期数列的最佳不等式．因此，本章参考文献 10 得到的结论与定理 4.17 的主要差别是比"定理 4.17 的条件（ⅲ）"少了"$\frac{1}{2}$"这个因子．可见定理 4.17 比本章参考文献 10 相应结果的适用范围更广．此外，两篇文章在利用 Mawhin 连续定理时，算子所选择的空间也不同．算子符合适当的紧性，当然也要进行不同的论证．这里我们用化序列非线性差分系统周期解为数量代数系统的解的方法给出定理 4.17 的重新证明．

为了给出定理 4.17 的证明，我们必须做一些准备．易知若 $\{(u_1^{(n)},u_2^{(n)},\cdots,u_k^{(n)})^{\mathrm{T}}\}_{n\in\mathbf{Z}}$ 为

$$\Delta u_i^{(n)}=r_i^{(n)}-\sum_{j=1}^{k}a_{ij}^{(n)}\exp(u_j^{(n)})-\sum_{j=1}^{k}b_{ij}^{(n)}\exp(u_j^{(n-\tau_{ij}^{(n)})})\tag{4.67}$$

(其中 Δ 对 n 而言）的 ω – 周期解，则 $\{(y_1^{(n)},y_2^{(n)},\cdots,y_k^{(n)})^{\mathrm{T}}\}_{n\in\mathbf{Z}}=\{(\mathrm{e}^{u_1^{(n)}},\mathrm{e}^{u_2^{(n)}},\cdots,\mathrm{e}^{u_k^{(n)}})^{\mathrm{T}}\}_{n\in\mathbf{Z}}$ 是（4.66）的 ω – 周期正解．于是找（4.66）的 ω – 周期正解问题转化为寻找（4.67）的 ω – 周期解．

为寻找（4.67）的 ω – 周期解转化为数值非线性代数系统的问题，我们将 $\boldsymbol{u}\in\mathbf{R}^{k\omega}$ 用坐标表示为

$$\boldsymbol{u}=(u_1^{(1)},u_1^{(2)},\cdots,u_1^{(\omega)},u_2^{(1)},u_2^{(2)},\cdots,u_2^{(\omega)},\cdots,u_k^{(1)},u_k^{(2)},\cdots,u_k^{(\omega)})^{\mathrm{T}},$$

$\mathbf{R}^{k\omega}$ 中的范数定义为

$$|\boldsymbol{u}|_*=\left(\sum_{i=1}^{k}\left(\max_{1\leqslant n\leqslant\omega}|u_i^{(n)}|^2\right)\right)^{\frac{1}{2}}.$$

设分块矩阵：

$$\boldsymbol{B}=\begin{pmatrix}\boldsymbol{A}_\omega & & & \\ & \boldsymbol{A}_\omega & & \\ & & \ddots & \\ & & & \boldsymbol{A}_\omega\end{pmatrix}_{k\times k},\tag{4.68}$$

其中

$$A_\omega = \begin{pmatrix} -1 & 1 & 0 & 0 & \cdots & 0 & 0 \\ 0 & -1 & 1 & 0 & \cdots & 0 & 0 \\ 0 & 0 & -1 & 1 & \cdots & 0 & 0 \\ \vdots & \vdots & \vdots & \vdots & \cdots & \vdots & \vdots \\ 0 & 0 & 0 & 0 & \cdots & -1 & 1 \\ 1 & 0 & 0 & 0 & \cdots & 0 & -1 \end{pmatrix}_{\omega\times\omega}.$$

则 $\boldsymbol{B}$ 是 $k\omega\times k\omega$ 的数字矩阵 . f: $\mathbf{R}^{k\omega}\to\mathbf{R}^{k\omega}$定义为

$$f(\boldsymbol{u})=(f_{11}(\boldsymbol{u}),\cdots,f_{1\omega}(\boldsymbol{u}),f_{21}(\boldsymbol{u}),\cdots,f_{2\omega}(\boldsymbol{u}),\cdots,f_{k1}(\boldsymbol{u}),\cdots,f_{k\omega}(\boldsymbol{u}))^{\mathrm{T}},$$

其中

$$f_{in}(\boldsymbol{u})=r_i^{(n)}-\sum_{j=1}^{k}a_{ij}^{(n)}\exp\left(u_j^{(n)}\right)-\sum_{j=1}^{k}b_{ij}^{(n)}\exp\left(u_j^{\left(n-\tau_{ij}^{(n)}\right)}\right),i\in\mathbf{Z}[1,k],n\in\mathbf{Z}[1,\omega],\tag{4.69}$$

上式右边的 $u_j^{(n-\tau_{ij}^{(n)})}$ 应理解为（$u_j^{(1)}$，$u_j^{(2)}$，…，$u_j^{(\omega)}$）^{T} 的 ω－周期延拓数列$\{u_j^{(n)}\}_{n\in\mathbf{Z}}$中的项 . 显然$f_{in}(\boldsymbol{u})\in C(\mathbf{R}^{kw},\mathbf{R})$. 为找（4.67）的 ω－周期解则转化为找下面系统的解：

$$\boldsymbol{Bu}=f(\boldsymbol{u}),\boldsymbol{u}\in\mathbf{R}^{k\omega}.\tag{4.70}$$

容易证明 $\boldsymbol{u}\in Ker\ \boldsymbol{B}$，当且仅当存在常数 $c_i\in\mathbf{R}$，$i\in\mathbf{Z}[1,k]$ 使得

$$u_i^{(n)}=c_i,i\in\mathbf{Z}[1,k],n\in\mathbf{Z}[1,\omega]\ .$$

对任意 $\boldsymbol{u}\in\mathbf{R}^{k\omega}$的直和分解式 $\boldsymbol{u}=\boldsymbol{x}+\boldsymbol{y}$，$\boldsymbol{x}\in\mathrm{Im}\ \boldsymbol{B}$，$\boldsymbol{y}\in Ker\ \boldsymbol{B}$，

即

$$y_i^{(n)}=\frac{1}{\omega}\sum_{j=1}^{\omega}u_i^{(j)},i\in\mathbf{Z}[1,k],n\in\mathbf{Z}[1,\omega],$$

定义投影算子 $\boldsymbol{P}=\boldsymbol{Q}$: $\mathbf{R}^{k\omega}\to\mathbf{R}^{k\omega}$，使对任意 $\boldsymbol{u}=\boldsymbol{x}+\boldsymbol{y}\in\mathbf{R}^{k\omega}$(这里 $\boldsymbol{x}\in\mathrm{Im}\ \boldsymbol{B}$，$y\in Ker\ \boldsymbol{B}$)，

$$\boldsymbol{Pu}=\boldsymbol{Qu}=\boldsymbol{y}.\tag{4.71}$$

有

$$(\boldsymbol{Qu})_i^{(n)}=\frac{1}{\omega}\sum_{j=1}^{\omega}u_i^{(j)},i\in\mathbf{Z}[1,k],n\in\mathbf{Z}[1,\omega].$$

特别地，对 $i\in\mathbf{Z}[1,k]$，$n\in\mathbf{Z}[1,\omega]$，有

$$\begin{aligned}(\boldsymbol{Q}f(\boldsymbol{u}))_i^{(n)}&=\frac{1}{\omega}\sum_{n=1}^{\omega}f_{in}(\boldsymbol{u})\\&=\frac{1}{\omega}\sum_{n=1}^{\omega}\left(r_i^{(n)}-\sum_{j=1}^{k}a_{ij}^{(n)}\exp\left(u_j^{(n)}\right)-\sum_{j=1}^{k}b_{ij}^{(n)}\exp\left(u_j^{(u-\tau_{ij}^{(n)})}\right)\right),\end{aligned}\tag{4.72}$$

定理 4.17 **的证明**：考虑含参量系统：

$$\boldsymbol{Bu}=\lambda f(\boldsymbol{u}),\tag{4.73}$$

其中 $\lambda\in$（0,1）. 设 $\boldsymbol{u}\in\mathbf{R}^{k\omega}$是(4.73) 的解 . 由（4.73），有

$$(\boldsymbol{Bu})_i^{(n)}=\lambda f_{in}(\boldsymbol{u}),i\in\mathbf{Z}[1,k],n\in\mathbf{Z}[1,\omega].\tag{4.74}$$

由（4.68）和（4.74）对任意，得对任意 $i\in\mathbf{Z}$ [1,k]，$n\in\mathbf{Z}$ [1,ω]，有

$$\Delta u_i^{(n)}=\lambda\left(r_i^{(n)}-\sum_{j=1}^{k}a_{ij}^{(n)}\exp\ (u_j^{(n)})-\sum_{j=1}^{k}b_{ij}^{(n)}\exp\left(u_j^{(n-\tau_{ij}^{(n)})}\right)\right).\tag{4.75}$$

由（4.75），得

$$\sum_{s=1}^{\omega}\left(r_i^{(s)}-\sum_{j=1}^{k}a_{ij}^{(s)}\exp\left(u_j^{(s)}\right)-\sum_{j=1}^{k}b_{ij}^{(s)}\exp\left(u_j^{(s-\tau_{ij}^{(n)})}\right)\right)=0,\ i\in\mathbf{Z}[0,1]. \tag{4.76}$$

推出

$$\sum_{s=1}^{\omega}\left(\sum_{j=1}^{k}a_{ij}^{(s)}\exp\left(u_j^{(s)}\right)+\sum_{j=1}^{k}b_{ij}^{(s)}\exp\left(u_j^{(s-\tau_{ij}^{(s)})}\right)\right)=\omega\,\bar{r}i. \tag{4.77}$$

由（4.75）和（4.77），有

$$\begin{aligned}\sum_{s=1}^{\omega}\left|\Delta u_i^{(s)}\right| &\leqslant \sum_{s=1}^{\omega}\left(\left|r_i^{(s)}\right|+\sum_{j=1}^{k}a_{ij}^{(s)}\exp(u_j^{(s)})+\sum_{j=1}^{k}b_{ij}^{(s)}\exp\left(u_j^{(s-\tau_{ij}^{(s)})}\right)\right)\\ &=\sum_{s=0}^{\omega-1}\left|r_i^{(s)}\right|+\sum_{s=0}^{\omega-1}\left(\sum_{j=1}^{k}a_{ij}^{(s)}\exp(u_j^{(s)})+\sum_{j=1}^{k}b_{ij}^{(s)}\exp\left(u_j^{(s-\tau_{ij}^{(s)})}\right)\right)\\ &=(\bar{R}_i+\bar{r}_i)\omega.\end{aligned} \tag{4.78}$$

令 $u_i^{(\mu_i)}=\max\limits_{1\leqslant n\leqslant\omega}u_i^{(n)}$ 和 $u_i^{(v_i)}=\min\limits_{1\leqslant n\leqslant\omega}u_i^{(n)}$，这里 $1\leqslant\mu_i,\ v_i\leqslant\omega$. 由（4.77）有

$$\begin{aligned}\omega\,\bar{r}_i &=\sum_{s=1}^{\omega}\left(\sum_{j=1}^{k}a_{ij}^{(s)}\exp\left(u_j^{(s)}\right)+\sum_{j=1}^{k}b_{ij}^{(s)}\exp\left(u_j^{(s-\tau_{ij}^{(s)})}\right)\right)\\ &\geqslant\sum_{j=1}^{k}\left(\bar{a}_{ij}+\bar{b}_{ij}\right)\omega\exp u_j^{(v_j)}\\ &\geqslant(\bar{a}_{ii}+\bar{b}_{ii})\omega\exp u_i^{(v_i)},\end{aligned} \tag{4.79}$$

即

$$u_i^{(v_i)}\leqslant\ln\left(\frac{\bar{r}_i}{\bar{a}_{ii}+\bar{b}_{ii}}\right) \tag{4.80}$$

由周期数列的最佳不等式以及（4.78）和（4.80），知对 $n\in\mathbf{Z}[1,\omega]$，有

$$u_i^{(n)}\leqslant u_i^{(v_i)}+\frac{1}{2}\sum_{k=1}^{\omega}\left|\Delta u_i^{(k)}\right|\leqslant B_i, \tag{4.81}$$

这里

$$B_i=\ln\left(\frac{\bar{r}_i}{\bar{a}_{ii}+\bar{b}_{ii}}\right)+\frac{1}{2}\left(\bar{R}_i+\bar{r}_i\right)\omega. \tag{4.82}$$

而且由（4.77），得

$$\begin{aligned}\omega\,\bar{r}_i &\leqslant\sum_{s=1}^{\omega}\left(\sum_{j=1}^{k}a_{ij}^{(s)}\exp\left(u_j^{(\mu_j)}\right)+\sum_{j=1}^{k}b_{ij}^{(s)}\exp\left(u_j^{(\mu_j)}\right)\right)\\ &=\sum_{j=1}^{k}\left(\bar{a}_{ij}+\bar{b}_{ij}\right)\omega\exp\left(u_j^{(\mu_j)}\right).\end{aligned} \tag{4.83}$$

由（4.81）和（4.83），有

$$\begin{aligned}(\bar{a}_{ii}+\bar{b}_{ii})\exp(u_i^{(\mu_i)}) &\geqslant\bar{r}_i-\sum_{1\leqslant j\leqslant k,j\neq i}(\bar{a}_{ij}+\bar{b}_{ij})\exp\left(u_j^{(\mu_j)}\right)\\ &\geqslant\bar{r}_i-\sum_{1\leqslant j\leqslant k,j\neq i}(\bar{a}_{ij}+\bar{b}_{ij})\frac{\bar{r}_j}{(\bar{a}_{jj}+\bar{b}_{jj})}\exp\left(\frac{1}{2}(\bar{R}_j+\bar{r}_j)\omega\right),\end{aligned} \tag{4.84}$$

即

$$u_i^{(\mu_i)}\geqslant C_i, \tag{4.85}$$

这里

$$C_i = \ln\left\{\frac{\bar{r}_i - \sum_{1\leqslant j\leqslant k, j\neq i}(\bar{a}_{ij}+\bar{b}_{ij})\frac{\bar{r}_i}{(\bar{a}_{jj}+\bar{b}_{jj})}\exp(\frac{1}{2}(\bar{R}_j+\bar{r}_j)\omega)}{\bar{a}_{ii}+\bar{b}_{ii}}\right\}.$$

由周期数列的最佳不等式以及（4.78）和（4.85），知对 $n\in\mathbf{Z}[1,\omega]$，有

$$u_i^{(n)} \geqslant u_i^{(\mu_i)} - \frac{1}{2}\sum_{k=1}^{\omega}|\Delta u_i^{(k)}| \geqslant C_i - \frac{1}{2}(\bar{R}_i+\bar{r}_i)\omega. \tag{4.86}$$

由（4.81）和（4.86），有

$$\max_{0\leqslant n\leqslant \omega-1}|u_i^{(n)}| \leqslant H_i, \tag{4.87}$$

这里 $H_i = \max\left\{|B_i|,\ \left|C_i - \frac{1}{2}(\bar{R}_i+\bar{r}_i)\omega\right|\right\}+1$. 由条件（ⅰ）和（ⅱ），知线性系统

$$\bar{r}_i - \sum_{j=1}^{k}(\bar{a}_{ij}+\bar{b}_{ij})v_j = 0, i\in\mathbf{Z}[1,k] \tag{4.88}$$

有唯一解 $v^* = (v_1^*,\ v_2^*,\ \cdots,\ v_k^*)^{\mathrm{T}}$ 且 $v_i^*>0$，$i\in\mathbf{Z}[1,k]$．选择正数 M，使得

$$\left(\sum_{i=1}^{k}(\ln v_i^*)^2\right)^{\frac{1}{2}} < M. \tag{4.89}$$

由（4.87）和（4.89），知对（4.73）的任一解 $\boldsymbol{u}\in\mathbf{R}^{k\omega}$，

$$|\boldsymbol{u}|_* = \left(\sum_{i=1}^{k}(\max_{1\leqslant n\leqslant\omega}|u_i^{(n)}|)^2\right)^{\frac{1}{2}} < H,$$

这里 $H = (\sum_{i=1}^{k}H_i^2)^{\frac{1}{2}}+M$. 设

$$\Omega = \{\boldsymbol{u}\in\mathbf{R}^{k\omega}:\ |\boldsymbol{u}|_* < H\},$$

注意到 $\boldsymbol{u}\in\partial\Omega\cap Ker\,\boldsymbol{B}$，当且仅当存在 $c_i\in\mathbf{R}$，$i\in\mathbf{Z}[1,k]$，使得

$$u_i^{(n)} = c_i, i\in\mathbf{Z}[1,k], n\in\mathbf{Z}[1,\omega]). \tag{4.90}$$

进一步有

$$|\boldsymbol{u}|_* = (\sum_{i=1}^{k}(c_i)^2)^{\frac{1}{2}} = H > M. \tag{4.91}$$

注意到 $\boldsymbol{P}$，$\boldsymbol{Q}$ 如（4.71）所定义，由（4.72），有

$$|\boldsymbol{Q}f(\boldsymbol{u})|_* = \frac{1}{\omega}\left\{\sum_{i=1}^{k}\left(r_i^{(n)} - \sum_{j=1}^{k}a_{ij}^{(n)}\exp\ (c_j) - \sum_{j=1}^{k}b_{ij}^{(n)}\exp(c_j)\right)^2\right\}^{\frac{1}{2}} \neq 0.$$

所以 $\boldsymbol{Q}f(\boldsymbol{u})\neq 0$. 再由（4.72），有

$$\begin{aligned}(\boldsymbol{Q}f(\boldsymbol{u}))_i^{(n)} &= \frac{1}{\omega}\sum_{n=1}^{\omega}f_{in}(u)\\ &= \frac{1}{\omega}\sum_{n=1}^{\omega}\left(r_i^{(n)} - \sum_{j=1}^{k}a_{ij}^{(n)}\exp(u_j^{(n)}) - \sum_{j=1}^{k}b_{ij}^{(n)}\exp\left(u_j^{(n-\tau_{ij}^{(n)})}\right)\right)\\ &= \bar{r}_i - \sum_{j=1}^{k}(\bar{a}_{ij}+\bar{b}_{ij})\exp(c_j).\end{aligned}$$

由（4.88）和（4.89），知

$$\bar{\boldsymbol{r}}_i - \sum_{j=1}^{k}\ (\bar{a}_{ij}+\bar{b}_{ij})\exp(c_j) = 0,\ i\in\mathbf{Z}[1,\omega]$$

确定唯一一组 $\bar{c}_1$，$\bar{c}_2$，$\cdots$，$\bar{c}_k$ 使得 $(\sum_{i=1}^{k}(\bar{c}_i)^2)^{\frac{1}{2}} < H$. 结合 $Ker\,\boldsymbol{B}$ 的定义，知方程 $\boldsymbol{Q}f(\boldsymbol{u})=0$ 在 $\Omega\cap Ker\,\boldsymbol{B}$ 中有唯一解 $\bar{\boldsymbol{u}}$. 从而

$$\deg_B(Qf,\Omega\cap Ker\ B,0)=\text{sgn}\ \det\ \gamma_{Qf}(\bar{u})\ \neq 0.$$

上式中$\gamma_{Qf}(\bar{u})$是Qf在$\bar{u}$的Jacobi矩阵．故由定理4.9，知（4.70）在$\bar{\Omega}$中有一解．从而（4.66）有一个ω－周期正解．证毕．

例4.3 考虑下面系统

$$\begin{cases} y_1^{(n+1)}=y_1^{(n)}\exp(r_1^{(n)}-a_{11}^{(n)}y_1^{(n)}-b_{12}^{(n)}y_2^{(n-\tau_{12}(n))}),\\ y_2^{(n+1)}=y_2^{(n)}\exp(r_2^{(n)}-a_{22}^{(n)}y_1^{(n)}-b_{21}^{(n)}y_2^{(n-\tau_{21}(n))}),\end{cases}$$

其中$\{r_i^{(n)}\}_{n\in\mathbf{Z}}$，$\{b_{ij}^{(n)}\}_{n\in\mathbf{Z}}$，$\{a_{ii}^{(n)}\}_{n\in\mathbf{Z}}$和$\{\tau_{ij}^{(n)}\}_{n\in\mathbf{Z}}$，$i,\ j\in\{1,\ 2\}$是2－周期数列且$\tau_{ij}^{(n)}\in\mathbf{Z}$和

$$r_1^{(1)}=0,\ r_1^{(2)}=1,\ r_2^{(1)}=1,\ r_2^{(2)}=0,\ a_{11}^{(1)}=\frac{1}{3},\ a_{11}^{(2)}=\frac{2}{3},\ a_{22}^{(1)}=\frac{2}{3},$$

$$a_{22}^{(2)}=\frac{1}{3},\ b_{12}^{(1)}=\frac{1}{6e},\ b_{12}^{(2)}=\frac{1}{4e},\ b_{21}^{(1)}=\frac{1}{5e},\ b_{21}^{(2)}=\frac{1}{7e}.$$

容易检验定理4.17的条件全部满足，由定理4.17，知此系统有一个2－周期正解．

§4.5 中立型差分方程的周期解

研究中立型差分方程

$$\Delta(u_n+cu_{n-\sigma})=g_n(u_{n-\tau_1},u_{n-\tau_2},\cdots,u_{n-\tau_k}),n\in\mathbf{Z} \tag{4.92}$$

其中，$c\in\mathbf{R}$且$|c|\neq 1$，σ和τ_i（$i\in\mathbf{Z}[1,k]$）都是整数，$g_n\in C(\mathbf{R}^k,\mathbf{R})$且$g_n=g_{n\bmod\omega}(n\in\mathbf{Z})$，这里$\omega\geqslant 2$为正整数．利用定理6.12给出（6.92）存在$\omega$－周期解的充分性定理．

我们的结论是如下的两个定理：

定理4.18 设$|c|\neq 1$. 假设存在常数$D>0$，$\alpha\geqslant 0$和$\beta\geqslant 0$，使得

（ⅰ）当$n\in\mathbf{Z}$和$(z_1,\ z_2,\ \cdots,\ z_k)^{\mathrm{T}}\in\mathbf{R}^k$时，$|g_n(z_1,\ z_2,\ \cdots,\ z_k)|\leqslant\beta\max\limits_{1\leqslant i\leqslant k}|z_i|+\alpha$，

（ⅱ）当$n\in\mathbf{Z}$和$z_i\geqslant D$（$i=1,\ 2,\ \cdots,\ k$）时，$g_n(z_1,z_2,\cdots,z_k)>0$，

（ⅲ）当$n\in\mathbf{Z}$和$z_i\leqslant -D$（$i=1,\ 2,\ \cdots,\ k$）时，$g_n(z_1,z_2,\cdots,z_k)<0$，

则当$\omega\beta<2|1-|c||$时，（4.92）有一个ω－周期解．

定理4.19 设$|c|\neq 1$时．假设存在常数$D>0$，$\alpha\geqslant 0$和$\beta\geqslant 0$，使得

（ⅰ）当$n\in\mathbf{Z}$和$(z_1,\ z_2,\ \cdots,\ z_k)^{\mathrm{T}}\in\mathbf{R}^k$时，$|g_n(z_1,\ z_2,\ \cdots,\ z_k)|\leqslant\beta\max\limits_{1\leqslant i\leqslant k}|z_i|+\alpha$，

（ⅱ）当$n\in\mathbf{Z}$和$z_i\geqslant D(i=1,\ 2,\ \cdots,\ k)$时，$g_n(z_1,z_2,\cdots,z_k)<0$

（ⅲ）当$n\in\mathbf{Z}$和$z_i\leqslant -D(i=1,2,\cdots,k)$时，$g_n(z_1,z_2,\cdots,z_k)>0$，

则当$\omega\beta<2|1-|c||$时，（4.92）有一个ω－周期解．

因证法类似，只给出定理4.18的证明．先给出两个有用的引理：

引理4.1 设$|c|\neq 1$，则对任一ω－周期数列$\{u_i\}_{i\in\mathbf{Z}}$，有

$$\max_{1\leqslant s,i\leqslant\omega}|u_s-u_i|\leqslant\frac{1}{2|1-|c||}\sum_{k=1}^{\omega}|\Delta u_k+c\Delta u_{k-\sigma}|.$$

证明：因

$$\left|1-|c|\right|\sum_{k=1}^{\omega}|\Delta u_k|=\left|\sum_{k=1}^{\omega}|\Delta u_k|-|c|\sum_{k=1}^{\omega}|\Delta u_{k-\sigma}|\right|\leqslant\sum_{k=1}^{\omega}|\Delta u_k+c\Delta u_{k-\sigma}|,$$

所以

$$\sum_{k=1}^{\omega}|\Delta u_k|\leqslant\frac{1}{\left|1-|c|\right|}\sum_{k=1}^{\omega}|\Delta u_k+c\Delta u_{k-\sigma}|.$$

由上式和周期函数的最佳不等式

$$\max_{1\leqslant s,i\leqslant\omega}|u_s-u_i|\leqslant\frac{1}{2}\sum_{k=1}^{\omega}|\Delta u_k|,$$

知结论为真. 证毕.

定义算子 $\boldsymbol{H}$: $\mathbf{R}^{\omega}\to\mathbf{R}^{\omega}$，使得对任意 $\boldsymbol{u}=(u_1, u_1, \cdots, u_{\omega})^{\mathrm{T}}\in\mathbf{R}^{\omega}$，有

$$\boldsymbol{H}\boldsymbol{u}=(u_1+cu_{1-\sigma}, u_2+cu_{2-\sigma}, \cdots, u_{\omega}+cu_{\omega-\sigma})^{\mathrm{T}}.\tag{4.93}$$

引理 4.2 设 $|c|\neq1$，算子 $\boldsymbol{H}$ 如（4.93）所定义，则 $\boldsymbol{H}$ 是 $\mathbf{R}^{\omega}$ 自身的线性同胚.

证明： 设 u_{k_0} 是 $u_{1-\sigma}$ 关于 $\boldsymbol{u}$ 的回归. 由 $\boldsymbol{H}$ 的定义，易知 $\boldsymbol{H}$ 是 $\mathbf{R}^{\omega}$ 自身的线性变换（$\boldsymbol{H}$ 是 $\omega\times\omega$ 实矩阵）且 $\boldsymbol{H}=\boldsymbol{E}+\boldsymbol{D}$，这里 $\boldsymbol{E}$ 是 $\omega\times\omega$ 单位矩阵，$\boldsymbol{D}=(d_{ij})_{\omega\times\omega}$. 当 $j=i+k_0\leqslant\omega$ 或 $j=i+k_0-\omega\geqslant1$ 时，$d_{ij}=c$，而其他情形，$d_{ij}=0$. 可知 $\boldsymbol{H}$ 是可逆的. 故 $\boldsymbol{H}$ 是 $\mathbf{R}^{\omega}$ 自身的线性同胚. 证毕.

为寻找（4.92）的 ω－周期解. 只需要讨论如下系统解的存在性：

$$(\boldsymbol{BHu})_k=f_k(\boldsymbol{u}),k\in\mathbf{Z}[1,\omega],\tag{4.94}$$

其中 $\boldsymbol{u}\in\mathbf{R}^{\omega}$，

$$(\boldsymbol{Bu})_n=\Delta u_n,\ n\in\mathbf{Z}[1,\omega]\tag{4.95}$$

$$f_n(\boldsymbol{u})=g_n(u_{n-\tau_1},u_{n-\tau_2},\cdots,u_{n-\tau_k}),n\in\mathbf{Z}[1,\omega].\tag{4.96}$$

在 $\mathbf{R}^{\omega}$ 定义范数：$|\boldsymbol{u}|_{\infty}=\max_{1\leqslant k\leqslant\omega}|u_k|$. 因 $|c|\neq1$ 且 $Ker\ \boldsymbol{B}=\{(a, a, \cdots, a)^T\in R^{\omega}: a\in R\}$，易知 $\boldsymbol{H}(Ker\ \boldsymbol{B})=Ker\boldsymbol{B}$.

定理 4.19 的证明：考虑含参量系统

$$(\boldsymbol{BHu})_n=\lambda f_n(\boldsymbol{u}),n\in\mathbf{Z}[1,\omega].\tag{4.97}$$

其中 $\lambda\in(0, 1)$，设 $\boldsymbol{u}\in\mathbf{R}^{\omega}$ 是（4.97）的解. 由（4.95）~（4.97），有

$$\Delta u_n+c\Delta u_{n-\sigma}=\lambda g_n(u_{n-\tau_1},u_{n-\tau_2},\cdots,u_{n-\tau_k}),n\in\mathbf{Z}[1,\omega].\tag{4.98}$$

设 $u_{\zeta}=\max_{1\leqslant n\leqslant\omega}u_n$，$u_{\eta}=\min_{1\leqslant n\leqslant\omega}u_n$. 由引理 4.1 和（4.98），有

$$\begin{aligned}u_{\zeta}-u_{\eta}&=\max_{1\leqslant s,t\leqslant\omega}|u_s-u_t|\\&\leqslant\frac{1}{2\left|1-|c|\right|}\sum_{n=1}^{\omega}|\Delta u_n+c\Delta u_{n-\sigma}|\\&\leqslant\frac{1}{2\left|1-|c|\right|}\sum_{n=1}^{\omega}|g_n(u_{n-\tau_1}, u_{n-\tau_2}, \cdots, u_{n-\tau_k})|.\end{aligned}\tag{4.99}$$

如果存在某个 $l\in\mathbf{Z}[1,\omega]$，使得 $|u_l|<D$，则由（4.99），知对任意 $n\in\mathbf{Z}$，有

$$\begin{aligned}|u_n|&\leqslant|u_l|+|u_n-u_l|\\&\leqslant D+\max_{1\leqslant s,t\leqslant\omega}|u_s-u_t|\\&\leqslant D+\frac{1}{2\left|1-|c|\right|}\sum_{n=1}^{\omega}|g_n(u_{n-\tau_1}, u_{n-\tau_2}, \cdots, u_{n-\tau_k})|.\end{aligned}\tag{4.100}$$

否则，由（4.98），有

$$\sum_{n=1}^{\omega} g_n(u_{n-\tau_1}, u_{n-\tau_2}, \cdots, u_{n-\tau_k}) = 0. \tag{4.101}$$

由条件（ⅱ），（ⅲ）和（4.101），知 $u_\zeta \geq D$ 和 $u_\eta \leq -D$. 由（4.99），有

$$\begin{aligned} u_\zeta &\leq u_\eta + \frac{1}{2|1-|c||}\sum_{n=1}^{\omega} |g_n(u_{n-\tau_1}, u_{n-\tau_2}, \cdots, u_{n-\tau_k})| \\ &\leq -D + \frac{1}{2|1-|c||}\sum_{n=1}^{\omega} |g_n(u_{n-\tau_1}, u_{n-\tau_2}, \cdots, u_{n-\tau_k})| \end{aligned} \tag{4.102}$$

和

$$\begin{aligned} u_\eta &\geq u_\zeta - \frac{1}{2|1-|c||}\sum_{n=1}^{\omega} |g_n(u_{n-\tau_1}, u_{n-\tau_2}, \cdots, u_{n-\tau_k})| \\ &\geq D - \frac{1}{2|1-|c||}\sum_{n=1}^{\omega} |g_n(u_{n-\tau_1}, u_{n-\tau_2}, \cdots, u_{n-\tau_k})|. \end{aligned} \tag{4.103}$$

由（4.102）和（4.103），推出对任意 $n \in \mathbf{Z}[1,\omega]$，有

$$\begin{aligned} D &- \frac{1}{2|1-|c||}\sum_{n=1}^{\omega} |g_n(u_{n-\tau_1}, u_{n-\tau_2}, \cdots, u_{n-\tau_k})| \leq u_\eta \leq u_n \leq u_\zeta \\ &\leq -D + \frac{1}{2|1-|c||}\sum_{n=1}^{\omega} |g_n(u_{n-\tau_1}, u_{n-\tau_2}, \cdots, u_{n-\tau_k})|. \end{aligned} \tag{4.104}$$

综合上述两种情况讨论所得到的（4.100）和（4.104），可知对任意 $n \in \mathbf{Z}[1,\omega]$，有

$$|u_n| \leq D + \frac{1}{2|1-|c||}\sum_{n=1}^{\omega} |g_n(u_{n-\tau_1}, u_{n-\tau_2}, \cdots, u_{n-\tau_k})|,$$

即

$$|\boldsymbol{u}|_\infty \leq D + \frac{1}{2|1-|c||}\sum_{n=1}^{\omega} |g_n(u_{n-\tau_1}, u_{n-\tau_2}, \cdots, u_{n-\tau_k})|. \tag{4.105}$$

由条件（ⅰ），有

$$\begin{aligned} \sum_{n=1}^{\omega} |g_n(u_{n-\tau_1}, u_{n-\tau_2}, \cdots, u_{n-\tau_k})| &\leq \beta \sum_{n=1}^{\omega} \max_{1\leq i\leq k} |u_{n-\tau_i}| + \omega\alpha \\ &\leq \beta\omega |u|_\infty + \omega\alpha. \end{aligned} \tag{4.106}$$

由（4.105）和（4.106），推出

$$|\boldsymbol{u}|_\infty \leq \frac{C}{1-\sigma_1}, \tag{4.107}$$

这里 $C = D + \frac{\omega\alpha}{2|1-|c||}$，$\sigma_1 = \frac{\omega\beta}{2|1-|c||}$. 取正数 $\overline{D} > D + \frac{C}{1-\sigma_1}$，令

$$\Omega = \{\boldsymbol{u} \in \mathbf{R}^\omega : |\boldsymbol{u}|_\infty < \overline{D}\},$$

可知 Ω 是 $\mathbf{R}^\omega$ 中的有界开集. 由上面解的估计得到的（4.107），知对每个 $\lambda \in (0,1)$ 和 $\boldsymbol{u} \in \partial\Omega$，有 $\boldsymbol{BHu} \neq \lambda f(\boldsymbol{u})$. 因当 $\boldsymbol{u} \in \partial\Omega \cap \mathrm{Ker}\,\boldsymbol{B}$ 时，$\boldsymbol{u} = (\overline{D}, \overline{D}, \cdots, \overline{D})^{\mathrm{T}}$ 或 $\boldsymbol{u} = (-\overline{D}, -\overline{D}, \cdots, -\overline{D})^{\mathrm{T}}$ 且注意到 $\boldsymbol{P}$，$\boldsymbol{Q}$ 如（4.3）所定义，则有

$$\boldsymbol{Q}f(\boldsymbol{u}) = \frac{1}{\omega}\sum_{n=1}^{\omega} g_n(u_{n-\tau_1}, u_{n-\tau_2}, \cdots, u_{n-\tau_k})\,(1, 1, \cdots, 1)^{\mathrm{T}} \neq 0.$$

特别地，当 $\boldsymbol{u} = (\overline{D}, \overline{D}, \cdots, \overline{D})^{\mathrm{T}}$ 时，

$$\big(\boldsymbol{Q}f(\boldsymbol{u})\big)_i = \frac{1}{\omega}\sum_{n=1}^{\omega} g_n(\overline{D}, \overline{D}, \cdots, \overline{D}) > 0,\ i \in \mathbf{Z}[1,\omega].$$

而当 $\boldsymbol{u}=(-\overline{D}, -\overline{D}, \cdots, -\overline{D})^{\mathrm{T}}$ 时，

$$(\boldsymbol{Q}f(\boldsymbol{u}))_i=\frac{1}{\omega}\sum_{n=1}^{\omega}g_n(-\overline{D},-\overline{D},\cdots,-\overline{D})<0, i\in\mathbf{Z}[1,\omega].$$

这表明

$$\deg_B(\boldsymbol{Q}f, \Omega\cap Ker\,\boldsymbol{B}, 0)\neq 0.$$

故由定理4.11，知（4.94）在 $\overline{\Omega}$ 中有一解．从而（4.92）有一个 ω－周期解．证毕．

本章参考文献

1. L. Bai, M Fan and K. Wang. Existence of positive periodic solution for difference equations of three－species ratio－dependent predator－prey system. *Soochow J. Math.*, 29 (2003): 259－274.

2 . L. Bai, M. Fan and K. Wang. Periodic solutions for a discrete time ratio－dependent two predator－one prey system. *Ann. Differential Equations*, 20 (2004): 1－13.

3. L. Bai, M. Fan and K. Wang. Existence of positive periodic solution for difference equations of a cooperative system (in Chinese) . *J. Biomath.*, 19 (2004): 271－279.

4 . C. Bereanu and J. Mawhin. Existence and multiplicity results for periodic solutions of nonlinear difference equations. *J. Difference Equations Applic.*, 12 (2006): 677－695.

5. C. Bereanu and J. Mawhin. Existence and multiplicity results for nonlinear second order difference equations with Dirichlet boundary conditions. *Mathematica Bohemica*, 131 (2006): 145－160.

6. C. Bereanu and J. Mawhin. Periodic solutions of first order nonlinear difference equations. *Rend. Semin. Mat. Univ. Politecnico Torino*, 65 (2007): 17－33.

7. P. Bohl. Ueber die Bewegung eines mechanischen systems in der Näe einer Gleichge wichtslage. *J. Reine Angew. Math.*, 127 (1904): 179－276.

8. L. E. J. Brouwer. Ueber Abbildungen von Mannigfaltigkeiten. *Math. Ann.*, 71 (1912): 97－115.

9. X. X. Chen and F. D. Chen. Periodicity and stability of a discrete time periodic n－species Lotka－Volterra competition system with feedback controls and deviating arguments. *Soochow J. Math.*, 32 (2006): 343－368.

10. 崔瑞刚，刘智钢．多物种竞争差分系统正周期解的存在性．数学理论与应用，2004，24（2）：33—37.

11. B. X. Dai and J. Z. Zou. Periodic solutions of a discrete－time diffusive system governed by backward difference equations. *Adv. Difference Equ.*, 2005 (2005): 263－274.

12. K. Deimling. *Nonlinear Functional Analysis*. Springer－Verlag, Berlin, 1985.

13. E. M. Elabbasy and S. H. Saker. Periodic solutions and oscillation of discrete non－lin-

ear delay population dynamics model with external force. *IMA J. Appl. Math.*, 70 (2005): 753 - 767.

14. M. Fan, S. and Agarwal. Periodic solutions for a class of discrete time - competition systems. *Nonlinear Stud.*, 9 (2002): 249 - 261.

15. M. Fan, S. and Agarwal. Periodic solutions of nonautonomous discrete predator - prey system of Lotka - Volterra type. *Appl. Anal.*, 81 (2002): 801 - 812.

16. M. Fan and K. Wang. Periodic solutions of a discrete time nonautonomous ratio - dependent predator - prey system. *Math. Comput. Model*, 35 (2002): 951 - 961.

17. M. Fan and Q. Wang. Periodic solutions of a class of nonautonomous discrete time semi - ratio - dependent predator - prey systems. *Discrete Contin. Dyn. Syst. Ser.*, B 4 (2004): 563 - 574.

18. 郭大钧. 非线性泛函分析. 济南：山东科学技术出版社，1985.

19. 郭大钧，孙经先，刘兆理. 非线性常微分方程的泛函方法. 济南：山东科学技术出版社，1995.

20. S. J. Guo and L. H. Huang. Periodic oscillation for discrete - time Hopfield neural networks. *Phys. Lett.*, A 329 (2004): 199 - 206.

21. M. Hesaaraki, M. Fazly. Periodic solution for a discrete time predator - prey system with monotone functional responses. *C. R. Acad. Sci. Paris*, 345 (2007): 199 - 202.

22. H. F. Huo and W. T. Li. Existence and global stability of positive periodic solutions of a discrete delay competition system. *Intern. J. Math. Math. Sci.*, 38 (2003): 2401 - 2413.

23. H. F. Huo, W. T. Li. Existence and global stability of periodic solutions of a discrete predator - prey system with delays. *Applied Math. Comput.*, 153 (2004): 337 - 351.

24. H. F. Huo and W. T. Li. Stable periodic solution of the discrete periodic Leslie - Grower predator - prey model. *Math. Comput. Modelling*, 40 (2004): 261 - 269.

25. H. F. Huo and W. T. Li. Existence and global stability of periodic solutions of a discrete ratio - dependent food chain model with delay. *Appl. Math. Comput.*, 162 (2005): 1333 - 1349.

26. N. Kosmatov. Multi - point boundary value problems on time scales at resonance. *J. Math. Anal. Appl.*, 323 (2006): 253 - 266.

27. J. Leray and J. Schauder, Topologie et équations fonctionnelles. *Ann. Scient. Ecole Normale* Sup., 3, 51 (1934): 45 - 78.

28. Y. K. Li. Global stability and existence of periodic solutions of discrete delayed cellular neural networks. *Physics Letters*, A 333 (2004): 51 - 61.

29. Y. K. Li. Positive periodic solutions of a discrete mutualism model with time delays. *Intern. J. Math. Math. Sci.*, 4 (2005): 499 - 506.

30. Y. K. Li. Existence and exponential stability of periodic solution for continuous - time and discrete - time generalized bidirectional neural networks. *Electron. J. Differential Equations*, 32 (2006): 1 - 21.

31. Y. K. Li and H. F. Huo. Positive periodic solutions of delay difference equations and applications in population dynamics. *J. Comput. Appl. Math.*, 176 (2005): 357-369.

32. Y. K. Li and L. H. Lu. Positive periodic solutions of discrete n-species food-chain systems. *Appl. Math. Comput.*, 167 (2005): 324-344.

33. Y. K. Li and L. F. Zhu. Existence of positive periodic solutions for difference equations with feedback control. *Appl. Math. Letters*, 18 (2005): 61-67.

34. Y. K. Li and L. F. Zhu. Existence of periodic solutions of discrete Lotka-Volterra systems with delays. *Bull. Inst. Math. Acad. Sinica*, 33 (2005): 369-380.

35. Z. Q. Liang. Existence of a positive periodic solution for a ratio-dependent discrete-time Leslie system (Chinese). *J. Biomath.*, 19 (2004): 421-427.

36. Q. M. Liu and R. Xu. Periodic solution of a discrete time periodic three-species food-chain model with functional response and time delays. Nonlinear Phenom. *Complex Syst*, 6 (2003): 597-606.

37. Y. J. Liu. Periodic solutions of second order nonlinear functional difference equations. *Arch. Math.*, (*Brno*) 43 (2007): 67-74.

38. Z. G. Liu and A. P. Chen. The existence of positive periodic solutions in a logistic difference model with a feedback control. *Ann. Differential Equations*, 20 (2004): 369-378.

39. Z. G. Liu and A. P. Chen. J. D. Cao, F. D. Chen. Multiple periodic solutions of a discrete time predator-prey systems with type IV functional responses. *Electron. J. Differential Equations*, 2 (2004): 11.

40. Z. J. Liu and L. S. Chen. Positive periodic solution of a general discrete non-autonomous difference system of plankton allelopathy with delays. *J. Comput. Appl. Math.*, 197 (2006): 446-456.

41. N. G. Lloyd. degree *Theory*, *Cambridge Tracts in Mathematics. No.* 73. Cambridge University Press, Cambridge, 1978.

42. M. J. Ma, H. S. Tang and W. Luo. Periodic solutions for nonlinear second-order difference equations. *Applied Mathematics and Computation*, 184 (2007): 685-694.

43. J. Mawhin. Equivalence theorems for nonlinear operator equations and coincidence degree theory for some mappings in locally convex topological vector spaces. *J. Differential Equations*, 12 (1972): 610-636.

44. J. Mawhin. *Topological* degree *methods in nonlinear boundary value problems. CBMS Reg. Conf. in Math.*, *No* 40. American Math. Soc., Providence, RI, 1979.

45. J. Mawhin. A simple approach to Brouwer degree based on differential forms. *Advanced Nonlinear Studies*, 4 (2004): 535-548.

46. J. Mawhin. Reduction and continuation theorems, for Brouwer degree and applictions to nonlinear difference equations. *Opuscula Mathematica*, 28, 4 (2008): 541-560.

47. H. Poincaré. Sur les courbes définies par une équation différentielle. *J. Math. Pures Appl.*, 4, 2 (1886): 151-217.

48. S. H. Saker. Existence of positive periodic solutions of discrete models for the interaction of demand and supply. *Nonlinear Funct. Anal. Appl.*, 10 (2005): 311 - 324.

49. Y. L. Song, M. A. Han. Periodic solutions of a discrete time predator - prey system. *Acta Math. Appl.* sin. *Engl. Ser.*, 22 (2006): 397 - 404.

50. Y. G. Sun and S. H. Saker. Existence of positive periodic solutions of nonlinear discrete model exhibiting the Allee effect. *Appl. Math. Comput.*, 168 (2005): 1086 - 1097.

51. Y. G. Sun and S. H. Saker. Oscillatory and asymptotic behavior of positive periodic solutionsof nonlinear discrete model exhibiting the Allee effect. *Appl. Math. Comput.*, 168 (2005): 1205 - 1218.

52. Y. G. Sun and S. H. Saker. Positive periodic solutions of discrete three - level food - chain model of Holling type II. *Appl. Math. Comput.*, 180 (2006): 353 - 365.

53. G. Q. Wang and S. S. Cheng. Positive periodic solutions for a nonlinear difference equation via a continuation theorem. *Adv. Difference Equations*, 4 (2004): 311 - 320.

54. G. Q. Wang and S. S. Cheng. Periodic solutions of a neutral difference system. *Bol. Soc. Parana. Mat.*, 22, 3 (2004): 117 - 126.

55. G. Q. Wang and S. S. Cheng. Periodic solutions of higher order nonlinear difference equations via a continuation theorem. *Georgian Math. J.*, 12 (2005): 539 - 550.

56. G. Q. Wang and S. S. Cheng. Positive periodic solutions for a nonlinear difference system via a continuation theorem. *Bull. Braz. Math. Soc.*, NS 36 (2005): 319 - 332.

57. G. Q. Wang and S. S. Cheng. Periodic solutions of discrete rayleigh equations with deviating arguments. *Taiwanese J. Math.*, 13, 6B (2009): 2051 - 2067.

58. 王根强，燕居让. 二阶非线性中立性泛函微分方程周期解的存在性. 数学学报，2004，47 (2): 379—384.

59. 王根强，燕居让. 多变时滞 n 阶非线性中立性泛函微分方程周期解存在性. 数学物理学报，2006，26 (2): 306—313.

60. G. Q. Wang and S. S. Cheng. Existence of periodic solutions for a neutral differential equation with piecewise constant argument. *Funkcialaj Ekvacioj*, 48 (2005): 299 - 311.

61. L. L. Wang, W. T. Li and P. H. Zhao. Existence and global stability of positive periodic solutions of a discrete predator - prey system with delays. *Advances Difference Equations*, 4 (2004): 321 - 336.

62. R. Xu, M. A. J. Chaplain and F. A. Davidson. Periodic solutions of a discrete nonautonomous Lotka - Volterra predator - prey model with time delays. *Discrete Contin. Dyn. Syst. Ser.*, B 4 (2004): 823 - 831.

63. H. Y. Zhang, Y. H. Xia. Existence of positive periodic solution of a discrete time mutualism system with delays. *Ann. Differential Equations*, 22 (2006): 225 - 233.

64. J. B. Zhang and H. Fang. Multiple periodic solutions for a discrete time model of plankton allelopathy. *Adv. Difference Equ.* 2006, *Art.* 90479, 1 - 14.

65. N. Zhang, B. X. Dai and X. Z. Qian. Periodic solutions of a discrete time stage - struc-

ture model. *Nonlinear Anal. Real World Appl*, 8 (2007): 27 – 39.

66. R. Y. Zhang, Z. C. Wang, Y. Chen, J. Wu. Periodic solutions of a single species discrete population model with periodic harvest/stock. *Comput. Math. Appl.*, 39 (2000): 77 – 90.

67. X. Y. Zhang, L. Bai, M. Fan and K. Wang. Existence of positive periodic solution for predator – prey difference system with Holling (iii) functional response. *Math. Appl.*, (Wuhan) 15 (2002): 25 – 31.

第五章　用不动点理论建立存在性定理

在数学分析中有许多诸如关于一个方程或系统（如代数系统、微分方程、积分方程）的解的存在性等问题，它们往往归结为研究形如 $x=Tx$ 的算子方程在某一空间 D 内的解的存在性问题．这里 T 是 D 到它自身的一个映射（或算子），若 $x_0\in D$，使得 $x_0=Tx_0$ 则称 x_0 是 T 的不动点．于是就归结为求 T 的不动点问题．

许多差分（包括带时滞差分）周期、边值问题与神经网络稳态解问题，在理论上可归结为非线性代数系统的解的问题，因此可利用不动点定理来研究．

本章的主要目的：一、利用 Krasnoselskii 锥拉伸与锥压缩不动点定理直接研究非线性代数系统，并举例说明我们的结论在统一处理某些周期，边值问题和神经网络稳态解问题的方面的效应；二、利用 Schauder 不动点定理来研究一类中立型差分系统的周期解．

§5.1　一些常用的不动点定理

本节只列出一些常用的不动点定理：

引理 5.1（Krasnoselskii 锥拉伸与锥压缩不动点定理）　设 Ω_1 与 Ω_2 是实 Banach 空间 $(E,\ |\cdot|)$ 的两个有界开集，$\boldsymbol{\theta}\in\Omega_1\subseteq\overline{\Omega}_1\subseteq\Omega_2$，$P$ 是 E 中的一个锥且 $A:P\cap(\overline{\Omega}_2\setminus\Omega_1)\to P$ 全连续，若满足下面条件之一：

（ⅰ）对任意 $\boldsymbol{x}\in P\cap\partial\Omega_1$，$|A\boldsymbol{x}|\leqslant|\boldsymbol{x}|$，而对任意 $\boldsymbol{x}\in P\cap\partial\Omega_2$，$|A\boldsymbol{x}|\geqslant|\boldsymbol{x}|$；

（ⅱ）对任意 $\boldsymbol{x}\in P\cap\partial\Omega_1$，$|A\boldsymbol{x}|\geqslant|\boldsymbol{x}|$，而对任意 $\boldsymbol{x}\in P\cap\partial\Omega_2$，$|A\boldsymbol{x}|\leqslant|\boldsymbol{x}|$，

则 A 在 $P\cap(\overline{\Omega}_2\setminus\Omega_1)$ 中必有不动点．

注：所谓 P 为 Banach 空间 $(E,|\cdot|)$ 的一个锥，是指 P 是 E 中的非空闭集且满足如下两个条件：

（ⅰ）任给 $\boldsymbol{x}$，$\boldsymbol{y}\in P$，$\alpha\geqslant0$，$\beta\geqslant0$，有 $\alpha\boldsymbol{x}+\beta\boldsymbol{y}\in P$，

（ⅱ）若 $\boldsymbol{x}\in P$，$\boldsymbol{x}\neq0$，则 $-\boldsymbol{x}\notin P$.

所谓 A：$P\to P$ 全连续就是说：A 在 P 上连续且对 P 中的任一有界子集 D，$A(D)$ 都是 P 中的相对紧集；有限维 Banach 空间一个集合是相对紧集的，当且仅当它是有界的．

引理 5.2（Banach 压缩映射不动点定理）　设 D 是 Banach 空间 $(E,|\cdot|)$ 的非空闭子集，而 T 是 D 到自身的映射，若存在正数 α：$0<\alpha<1$ 使得对任意的 $\boldsymbol{x}$，$\boldsymbol{y}\in D$，有

$$|T\boldsymbol{x}-T\boldsymbol{y}|\leqslant\alpha|\boldsymbol{x}-\boldsymbol{y}|,$$

则 T 在 D 内有唯一的不动点．

引理 5.3（Schauder 不动点定理） 设 K 是 Banach 空间 E 的有界凸闭集，而 T 是 K 到自身内的全连续算子，则 T 在 K 内必有不动点.

引理 5.4（Krasnoselskii 双映射不动点定理） 设 K 是 Banach 空间 E 的有界凸闭集，而 T 与 S 是映 K 入 E 的两个映射，它们满足下列条件：

（i）对任意 $\boldsymbol{x}$，$\boldsymbol{y}\in K$ 有 $T\boldsymbol{x}+S\boldsymbol{y}\in K$，

（ii）T 是压缩映射，

（iii）S 在 K 上是全连续的，

则映射 $T+S$ 在 K 上必有不动点．

引理 5.5（Poincaré – Bohl 不动点定理） 设（E，$|\cdot|$）是有限维具内积 $\langle\cdot,\cdot\rangle$ 的 Hilbert 空间，$\rho>0$，$B(\rho)$ 是以 $\boldsymbol{\theta}(\in E)$ 为中心、半径为 ρ 的开球，N：$\overline{B(\rho)}\subseteq E\to E$ 是连续映射且使得当 $|\boldsymbol{x}|=\rho$ 时，

$$\langle N\boldsymbol{x},\boldsymbol{x}\rangle\geqslant 0(\text{或}\langle N\boldsymbol{x},\boldsymbol{x}\rangle\leqslant 0),$$

则 N 在 $\overline{B(\rho)}$ 中必有不动点．

引理 5.6（Brouwer 不动点定理） 设$(E,|\cdot|)$是有限维赋范空间，$\rho>0$，$B(\rho)$ 是以 $\boldsymbol{\theta}(\in E)$ 为中心、半径为 ρ 的开球，N：$\overline{B(\rho)}\subseteq E\to E$ 是连续映射且使得当 $|\boldsymbol{x}|\leqslant\rho$ 时，$|N\boldsymbol{x}|\leqslant\rho$，则 N 在 $\overline{B(\rho)}$ 中必有不动点.

§5.2 非线性代数系统的正解

考察如下非线性代数系统

$$\boldsymbol{u}=\boldsymbol{A}f(\boldsymbol{u}), \tag{5.1}$$

其中，$\boldsymbol{u}=(u_1,\cdots,u_\omega)^{\mathrm{T}}\in\mathbf{R}^\omega$，$\boldsymbol{A}$ 是 $\omega\times\omega$ 实非负矩阵（即矩阵 $\boldsymbol{A}$ 中所有元素都是非负数），$f(\boldsymbol{u})=(f_1(\boldsymbol{u}),\cdots,f_\omega(\boldsymbol{u}))^{\mathrm{T}}$，$f_k\in C(\mathbf{R}^\omega,\mathbf{R})$，$k\in\mathbf{Z}[1,\omega]$.

作为（5.1）的特殊形式，有

$$\boldsymbol{u}=\boldsymbol{A}f(\boldsymbol{u}), \tag{5.2}$$

其中，$\boldsymbol{u}=(u_1,\cdots,u_\omega)^{\mathrm{T}}\in\boldsymbol{R}^\omega$，$\boldsymbol{A}$ 是 $\omega\times\omega$ 实非负矩阵，$f(\boldsymbol{u})=(f_1(u_{1-\tau_1}),\cdots,f_\omega(u_{\omega-\tau_\omega}))^{\mathrm{T}}$，$f_k\in C(\mathbf{R},\mathbf{R})$，$\tau_k\in\mathbf{Z}$，$k\in\mathbf{Z}[1,\omega]$，而 $u_{1-\tau_1}$，$\cdots$，$u_{\omega-\tau_\omega}$应分别理解为自身关于 $\boldsymbol{u}$ 的 ω－周期回归．

很多差分（包括带时滞差分）方程的周期、边值问题与神经网络稳态解问题，可以归结为利用不动点定理来研究（5.1）或（5.2）．传统上求某个差分周期问题或边值问题的“Green 函数”，其效果相当于把形如 $\boldsymbol{Bu}=f(\boldsymbol{u})$ 的代数系统转化为形如（5.1）或（5.2）的代数系统（参见本章列出的大部分参考文献），然后利用不动点定理来讨论．直接利用不动点定理来研究（5.1）或（5.2）的代数系统的解的存在性，可使得今后的研究和理论应用减少不必要的重复论证．

利用各种不动点定理研究差分周期边值问题，现有的成果很多，无法一一列举（参见

本章列出的参考文献）. 但可以说 Krasnoselskii 锥拉伸与锥压缩不动点定理使用的频率是最高的. 其原因之一，是因为有很多实际问题需要找问题的正解，此时构造适当的锥，利用此不动点定理就往往奏效. Zhang 和 Feng 在本章参考文献 61 中，研究了（5.2）当矩阵 $\boldsymbol{A}$ 中所有元素都是正数且所有 $\tau_k=0$ 的情形. 在本节我们将推广本章参考文献 61 的结果，利用 Krasnoselskii 锥拉伸与锥压缩不动点定理直接研究（5.1）的正解存在性，然后对（5.2）导出相应的结论. 最后将所得的结果应用来处理差分（包括带时滞差分）方程周期及边值问题和神经网络的稳态解问题.

这里，总假设（5.1）和（5.2）中 $\boldsymbol{A}$ 是非负矩阵且矩阵 $\boldsymbol{A}$ 的秩 rank $\boldsymbol{A}>0$. 所有存在性定理的证明都在 Banach 空间（$\mathbf{R}^{\omega}, |\cdot|_{\infty}$）中进行. 并总在 Banach 空间（$\mathbf{R}^{\omega}, |\cdot|_{\infty}$）定义锥 P 和开集 Ω_r 分别为

$$P=\{\boldsymbol{u}=(u_1,\ u_2,\ \cdots,\ u_{\omega})^{\mathrm{T}}\in\mathbf{R}^{\omega}:\ u_i\geqslant\sigma|\boldsymbol{u}|_{\infty},\ i\in\mathbf{Z}[1,\omega]\},\tag{5.3}$$

$$\Omega_r=\{\boldsymbol{u}=(u_1,\ u_2,\ \cdots,\ u_{\omega})^{\mathrm{T}}\in\mathbf{R}^{\omega}:\ |\boldsymbol{u}|_{\infty}<r,\ i\in\mathbf{Z}[1,\omega]\},\tag{5.4}$$

其中 r 和 σ 都是正数且 $\sigma=\dfrac{m}{M}$，而 m 和 M 分别是矩阵 $\boldsymbol{A}$ 所有非零元素的一个下界和一个上界. 我们也总用符号 $I_i(i\in\mathbf{Z}[1,\omega])$ 表示矩阵 $\boldsymbol{A}$ 的第 i 行的所有非零元素的列标构成的集，并定义算子 $\boldsymbol{T}$：$P\to\mathbf{R}^{\omega}$，

$$\boldsymbol{Tu}=\boldsymbol{A}f(\boldsymbol{u}).\tag{5.5}$$

则 $\boldsymbol{T}$ 全连续.

§5.2.1 存在一个和多个正解的条件

定理 5.1 假设 A 是非负矩阵，其每一行都有一个元素大于 0 且下面条件成立：

（i）当 $\boldsymbol{u}\in\mathbf{R}^{\omega}$ 且 $\boldsymbol{u}\geqslant 0$ 时，不等式 $f_k(\boldsymbol{u})\geqslant 0$ 对一切 $k\in\mathbf{Z}[1,\omega]$ 成立，

（ii）对任何 $k\in\mathbf{Z}[1,\omega]$，有

$$\lim_{\substack{|\boldsymbol{u}|_{\infty}\to 0\\ \boldsymbol{u}\in P}}\sup\frac{f_k(\boldsymbol{u})}{|\boldsymbol{u}|_{\infty}}<\frac{1}{M\omega}\tag{5.6}$$

和

$$\lim_{\substack{|\boldsymbol{u}|_{\infty}\to+\infty\\ \boldsymbol{u}\in P}}\inf\frac{f_k(\boldsymbol{u})}{|\boldsymbol{u}|_{\infty}}>\frac{1}{m},\tag{5.7}$$

则（5.1）有一个正解.

证明：由（5.5），知对任意 $\boldsymbol{u}\in P$，有

$$(\boldsymbol{Tu})_i=\sum_{j=1}^{\omega}a_{ij}f_j(\boldsymbol{u})=\sum_{j\in I_i}a_{ij}f_j(\boldsymbol{u}).\tag{5.8}$$

推出对任意 $\boldsymbol{u}\in P$，有

$$|(\boldsymbol{Tu})_i|\leqslant\sum_{j=1}^{\omega}a_{ij}f_j(\boldsymbol{u})\leqslant M\sum_{j\in I_i}f_j(\boldsymbol{u}).$$

所以

$$|\boldsymbol{Tu}|_{\infty}\leqslant M\sum_{j\in I_i}f_j(\boldsymbol{u}).\tag{5.9}$$

由（5.8）和（5.9），有

$$(\boldsymbol{Tu})_i=\sum_{j=1}^{\omega}a_{ij}f_j(\boldsymbol{u})\geqslant m\sum_{j\in I_i}f_j(\boldsymbol{u})\geqslant\sigma|\boldsymbol{Tu}|_\infty.$$

可知 $\boldsymbol{TP}\subseteq P$. 由（5.7），知存在 $r_1>0$，使得当 $\boldsymbol{u}\in P$ 且 $|\boldsymbol{u}|_\infty\geqslant r_1$ 时，有

$$f_k(\boldsymbol{u})\geqslant\frac{1}{m}|\boldsymbol{u}|_\infty,\ k\in\mathbf{Z}[1,\omega].$$

从而当 $\boldsymbol{u}\in P\cap\partial\Omega_{r_1}$ 时，有

$$|\boldsymbol{Tu}|_\infty=\max_{1\leqslant i\leqslant\omega}(\boldsymbol{Tu})_i=(\boldsymbol{Tu})_{i_0}=\sum_{j\in I_{i0}}a_{i_0j}f_j(\boldsymbol{u})\geqslant mf_{j_0}(\boldsymbol{u})\geqslant|\boldsymbol{u}|_\infty,\tag{5.10}$$

上式的 i_0 是 $\mathbf{Z}[1,\omega]$ 中的某个数，而 j_0 可以是集合 I_i 中的任一元素．由（5.6），知存在 r_2：$r_1>r_2>0$，使得当 $\boldsymbol{u}\in P$ 且 $0<|\boldsymbol{u}|_\infty\leqslant r_2$ 时，有

$$f_k(\boldsymbol{u})\leqslant\frac{1}{M\omega}|\boldsymbol{u}|_\infty,\ k\in\mathbf{Z}[1,\omega].$$

从而当 $\boldsymbol{u}\in P\cap\partial\Omega_{r_2}$ 时，有

$$|\boldsymbol{Tu}|_\infty=\max_{1\leqslant i\leqslant\omega}(\boldsymbol{Tu})_i=(\boldsymbol{Tu})_{i_1}\leqslant M\sum_{j=1}^{\omega}f_j(\boldsymbol{u})\leqslant\frac{1}{\omega}\sum_{j=1}^{\omega}|u|_\infty\leqslant|\boldsymbol{u}|_\infty\tag{5.11}$$

由（5.10），（5.11）和引理 5.1，知 $P\cap(\overline{\Omega}_{r_1}\setminus\Omega_{r_2})$ 中必有不动点，即（5.1）有一个正解．证毕．

类似于定理 5.1 的证法，可得下面的定理 5.2.

定理 5.2 假设 $\boldsymbol{A}$ 是非负矩阵，其每一行都有一个元素大于 0 且下面条件成立：

（ⅰ）当 $\boldsymbol{u}\in\mathbf{R}^\omega$ 且 $\boldsymbol{u}\geqslant0$ 时，不等式 $f_k(\boldsymbol{u})\geqslant0$ 对一切 $k\in\mathbf{Z}[1,\omega]$ 成立，

（ⅱ）对任何 $k\in\mathbf{Z}[1,\omega]$，有

$$\lim_{\substack{|\boldsymbol{u}|_\infty\to0\\ \boldsymbol{u}\in P}}\inf\frac{f_k(\boldsymbol{u})}{|\boldsymbol{u}|_\infty}>\frac{1}{m}\text{和}\lim_{\substack{|\boldsymbol{u}|_\infty\to+\infty\\ \boldsymbol{u}\in P}}\sup\frac{f_k(\boldsymbol{u})}{|\boldsymbol{u}|_\infty}<\frac{1}{M\omega},$$

则（5.1）有一个正解．

作为定理 5.1 和定理 5.2 的推论，对系统（5.2）有如下的结果：

推论 5.1 假设 $\boldsymbol{A}$ 是非负矩阵，其每一行都有一个元素大于 0 且下面条件成立：

（ⅰ）当 $x\in\mathbf{R}$ 且 $x\geqslant0$ 时，不等式 $f_k(x)\geqslant0$ 对一切 $k\in\mathbf{Z}[1,\omega]$ 成立，

（ⅱ）对任何 $k\in\mathbf{Z}[1,\omega]$，有

$$\lim_{x\to0^+}\sup\frac{f_k(x)}{x}<\frac{1}{M\omega},\tag{5.12}$$

和

$$\lim_{x\to+\infty}\inf\frac{f_k(x)}{x}>\frac{1}{\sigma m},\tag{5.13}$$

则（5.2）有一个正解．

事实上，由 P 的定义，知对任意 $\boldsymbol{u}\in P$，有 $|\boldsymbol{u}|_\infty\to0$ 等价于 $u_{k-\tau_k}\to0^+$，$|\boldsymbol{u}|_\infty\to+\infty$ 等价于 $u_{k-\tau_k}\to+\infty$ 且

$$\frac{f_k(u_{k-\tau_k})}{\sigma|\boldsymbol{u}|_\infty}\geqslant\frac{f_k(u_{k-\tau_k})}{u_{k-\tau_k}}\geqslant\frac{f_k(u_{k-\tau_k})}{|\boldsymbol{u}|_\infty}.\tag{5.14}$$

由（5.12），（5.13）和（5.14），推出

$$\lim_{\substack{|u|_\infty\to 0\\ u\in P}}\sup\frac{f_k(u_{k-\tau_k})}{|\boldsymbol{u}|_\infty}<\frac{1}{M\omega}\text{和}\lim_{\substack{|u|_\infty\to +\infty\\ u\in P}}\inf\frac{f_k(u_{k-\tau_k})}{|\boldsymbol{u}|_\infty}>\frac{1}{m}.$$

从而由定理5.1，知推论5.1的结论成立.

类似地，由定理5.2可得下面的推论5.2：

推论5.2 假设 $\boldsymbol{A}$ 是非负矩阵，其每一行都有一个元素大于0且下面条件成立：

（ⅰ）当 $x\in\mathbf{R}$ 且 $x\geqslant 0$ 时，不等式 $f_x(x)\geqslant 0$ 对一切 $k\in\mathbf{Z}[1,\omega]$ 成立，

（ⅱ）对任何 $k\in\mathbf{Z}[1,\omega]$，有

$$\lim_{x\to 0^+}\inf\frac{f_k(x)}{x}>\frac{1}{\sigma m}\text{和}\lim_{x\to +\infty}\sup\frac{f_k(x)}{x}<\frac{1}{M\omega},$$

则（5.2）有一个正解.

定理5.3 假设 $\boldsymbol{A}$ 是非负矩阵，其每一行都有一个元素大于0且下面条件成立：

（ⅰ）当 $\boldsymbol{u}\in\mathbf{R}^\omega$ 且 $\boldsymbol{u}\geqslant 0$ 时，不等式 $f_k(\boldsymbol{u})\geqslant 0$ 对一切 $k\in\mathbf{Z}[1,\omega]$ 成立，

（ⅱ）存在正数 ρ，使得对任何 $k\in\mathbf{Z}[1,\omega]$，有

$$\lim_{\substack{|u|_\infty\to \rho\\ u\in P}}\inf\frac{f_k(\boldsymbol{u})}{|\boldsymbol{u}|_\infty}>\frac{1}{m}, \tag{5.15}$$

$$\lim_{\substack{|u|_\infty\to 0\\ u\in P}}\sup\frac{f_k(\boldsymbol{u})}{|\boldsymbol{u}|_\infty}<\frac{1}{\omega M} \tag{5.16}$$

和

$$\lim_{\substack{|u|_\infty\to +\infty\\ u\in P}}\sup\frac{f_k(\boldsymbol{u})}{|\boldsymbol{u}|_\infty}<\frac{1}{\omega M}, \tag{5.17}$$

则（5.1）有两个正解.

证明：由（5.5），知 $\boldsymbol{T}$ 全连续且 $\boldsymbol{TP}\subseteq P$. 由（5.15），知存在整数 r_1：$\rho>r_1>0$，使得当 $\rho>|\boldsymbol{u}|_\infty\geqslant r_1$ 时，有

$$f_k(\boldsymbol{u})\ \geqslant\frac{1}{m}|\boldsymbol{u}|_\infty,\ k\in\mathbf{Z}[1,\omega].$$

从而当 $\boldsymbol{u}\in P\cap\partial\Omega_{r_1}$ 时，有

$$|\boldsymbol{Tu}|_\infty=\max_{1\leqslant i\leqslant\omega}(\boldsymbol{Tu})_i=(\boldsymbol{Tu})_{i_0}=\sum_{j\in I_{i_0}}a_{i_0j}f_j(\boldsymbol{u})\geqslant mf_{j_0}(\boldsymbol{u})\geqslant|\boldsymbol{u}|_\infty,$$

上式的 j_0 可以是集合 I_{i_0} 中的某一元素. 推出当 $\boldsymbol{u}\in p\cap\partial\Omega_{r_1}$ 时，有

$$|\boldsymbol{Tu}|_\infty\geqslant|\boldsymbol{u}|_\infty \tag{5.18}$$

由（5.16），知存在 r_2：$r_1>r_2>0$，使得当 $0<|\boldsymbol{u}|_\infty\leqslant r_2$ 时，有

$$f_k(\boldsymbol{u})\leqslant\frac{1}{\omega M}|\boldsymbol{u}|_\infty,\ k\in\mathbf{Z}[1,\omega].$$

从而当 $\boldsymbol{u}\in P\cap\partial\Omega_{r_2}$ 时，有

$$|\boldsymbol{Tu}|_\infty=\max_{1\leqslant i\leqslant\omega}(\boldsymbol{Tu})_i=(\boldsymbol{Tu})_{i_1}\leqslant M\sum_{j=1}^{\omega}f_j(\boldsymbol{u})\leqslant\frac{1}{\omega}\sum_{j=1}^{\omega}|\boldsymbol{u}|_\infty\leqslant|\boldsymbol{u}|_\infty. \tag{5.19}$$

由（5.18），（5.19）和引理5.1，知 $\boldsymbol{T}$ 在 $P\cap(\overline{\Omega}_{r_1}\setminus\Omega_{r_2})$ 中必有不动点，即（5.1）有一个正解 $\boldsymbol{u}^{(1)}\in P\cap(\overline{\Omega}_{r_1}\setminus\Omega_{r_2})$. 由（5.17）可找正数 r_3：$r_3>r_1$，使得当 $|\boldsymbol{u}|_\infty\geqslant r_3$ 时，有

$$f_k(\boldsymbol{u}) \leqslant \frac{1}{M\omega}|\boldsymbol{u}|_\infty,\ k \in \mathbf{Z}[1,\ \omega].$$

从而当 $\boldsymbol{u} \in P \cap \partial\Omega_{r_3}$ 时，有

$$|T\boldsymbol{u}|_\infty = \max_{1 \leqslant i \leqslant \omega}(T\boldsymbol{u})_i = (T\boldsymbol{u})_{i_1} \leqslant M\sum_{j=1}^{\omega} f_j(\boldsymbol{u}) \leqslant \frac{1}{\omega}\sum_{j=1}^{\omega}|\boldsymbol{u}|_\infty \leqslant |\boldsymbol{u}|_\infty. \tag{5.20}$$

由（5.18），（5.20）和引理5.1，知（5.1）有另一个正解 $\boldsymbol{u}^{(2)} \in P \cap (\overline{\Omega}_{r_3} \setminus \Omega_{r_1})$．证毕．

定理 5.4 假设 A 是非负矩阵，其每一行都有一个元素大于 0 且下面条件成立：

（ⅰ）当 $\boldsymbol{u} \in \mathbf{R}^\omega$ 且 $\boldsymbol{u} \geqslant 0$ 时，不等式 $f_k(\boldsymbol{u}) \geqslant 0$ 对一切 $k \in \mathbf{Z}[1,\omega]$ 成立，

（ⅱ）存在正数 ρ，使得对任何 $k \in \mathbf{Z}[1,\omega]$，有

$$\limsup_{\substack{|\boldsymbol{u}|_\infty \to \rho \\ \boldsymbol{u} \in P}} \frac{f_k(\boldsymbol{u})}{|\boldsymbol{u}|_\infty} < \frac{1}{\omega M},\quad \liminf_{\substack{|\boldsymbol{u}|_\infty \to 0 \\ \boldsymbol{u} \in P}} \frac{f_k(\boldsymbol{u})}{|\boldsymbol{u}|_\infty} > \frac{1}{m} \text{和} \liminf_{\substack{|\boldsymbol{u}|_\infty \to +\infty \\ \boldsymbol{u} \in P}} \frac{f_k(\boldsymbol{u})}{|\boldsymbol{u}|_\infty} > \frac{1}{m},$$

则（5.1）有两个正解．

定理 5.4 的证法与定理 5.3 类似．作为定理 5.3 和定理 5.4 的推论，对系统（5.2），有

推论 5.3 假设 A 是非负矩阵，其每一行都有一个元素大于 0 且下面条件成立：

（ⅰ）当 $x \in \mathbf{R}$ 且 $x \geqslant 0$ 时，不等式 $f_k(x) \geqslant 0$ 对一切 $k \in \mathbf{Z}[1,\omega]$ 成立，

（ⅱ）存在正数 ρ，使得对 $k \in \mathbf{Z}[1,\omega]$，有

$$\liminf_{x \to \rho} \frac{f_k(x)}{x} > \frac{1}{\sigma m},\quad \limsup_{x \to 0^+} \frac{f_k(x)}{x} < \frac{1}{\omega M} \text{和} \limsup_{x \to +\infty} \frac{f_k(x)}{x} < \frac{1}{\omega M}$$

则（5.2）有两个正解．

推论 5.4 假设 A 是非负矩阵，其每一行都有一个元素大于 0 且下面条件成立：

（ⅰ）当 $x \in \mathbf{R}$ 且 $x \geqslant 0$ 时，不等式 $f_k(x) \geqslant 0$ 对一切 $k \in \mathbf{Z}[1,\omega]$ 成立，

（ⅱ）存在正数 ρ，使得对 $k \in \mathbf{Z}[1,\omega]$，有

$$\limsup_{x \to \rho} \frac{f_k(x)}{x} < \frac{1}{\omega M},\quad \liminf_{x \to 0^+} \frac{f_k(x)}{x} > \frac{1}{\sigma m} \text{和} \liminf_{x \to +\infty} \frac{f_k(x)}{x} > \frac{1}{\sigma m},$$

则（5.2）有两个正解．

我们也注意到，如果矩阵 A 的所有元素都是正的且使用上、下极限的工具，则对（5.1）和（5.2）可得更精确的结论．

引理 5.7 假设矩阵 A 的所有元素都是正的，而当 $\boldsymbol{u} \in \mathbf{R}^\omega$ 且 $\boldsymbol{u} \geqslant 0$ 时，不等式 $f_k(\boldsymbol{u}) \geqslant 0$ 对一切 $k \in \mathbf{Z}[1,\omega]$ 成立且存在 $r_2 > r_1 > 0$，使得

（ⅰ）当 $\boldsymbol{u} \in P$ 且 $0 < |\boldsymbol{u}|_\infty \leqslant r_1$ 时，$\sum_{k=1}^{\omega} f_k(\boldsymbol{u}) \leqslant \frac{1}{M}|\boldsymbol{u}|_\infty$，

（ⅱ）当 $\boldsymbol{u} \in P$ 且 $|\boldsymbol{u}|_\infty \geqslant r_2$ 时，$\sum_{k=1}^{\omega} f_k(\boldsymbol{u}) \geqslant \frac{1}{m}|\boldsymbol{u}|_\infty$，

则（5.1）有一个正解．

证明： 由（5.5），知对任意 $\boldsymbol{u} \in P$，有

$$(T\boldsymbol{u})_i = \sum_{j=1}^{\omega} a_{ij} f_j(\boldsymbol{u}) = \sum_{j \in I_i} a_{ij} f_j(\boldsymbol{u}). \tag{5.21}$$

推出对任意 $\boldsymbol{u} \in P$，有

$$|(\boldsymbol{Tu})_i| \leqslant \sum_{j=1}^{\omega} a_{ij} f_j(\boldsymbol{u}) \leqslant M \sum_{j=1}^{\omega} f_j(\boldsymbol{u}).$$

所以

$$|\boldsymbol{Tu}|_\infty \leqslant M \sum_{j=1}^{\omega} f_j(\boldsymbol{u}). \tag{5.22}$$

由（5.21）和（5.22），有

$$(\boldsymbol{Tu})_i = \sum_{j=1}^{\omega} a_{ij} \boldsymbol{f}_j(\boldsymbol{u}) \geqslant m \sum_{j=1}^{\omega} f_j(\boldsymbol{u}) \geqslant \sigma |\boldsymbol{Tu}|_\infty.$$

可知 $TP \subset P$. 由条件（ⅱ），知当 $\boldsymbol{u} \in P$ 且 $|\boldsymbol{u}|_\infty \geqslant r_2$ 时，有

$$\sum_{k=1}^{\omega} f_k(\boldsymbol{u}) \geqslant \frac{1}{m} |\boldsymbol{u}|_\infty.$$

从而当 $\boldsymbol{u} \in P \cap \partial\Omega_{r_2}$ 时有

$$|\boldsymbol{Tu}|_\infty = \max_{1 \leqslant i \leqslant \omega} (\boldsymbol{Tu})_i = (\boldsymbol{Tu})_{i_0} = \sum_{j=1}^{\omega} a_{i_0 j} f_j(\boldsymbol{u}) \geqslant m \sum_{j=1}^{\omega} f_j(\boldsymbol{u}) \geqslant |\boldsymbol{u}|_\infty. \tag{5.23}$$

由条件（ⅰ），知当 $\boldsymbol{u} \in P$ 且 $0 < |\boldsymbol{u}|_\infty \leqslant r_1$ 时，有

$$\sum_{k=1}^{\omega} f_k(\boldsymbol{u}) \leqslant \frac{1}{M} |\boldsymbol{u}|_\infty.$$

从而当 $\boldsymbol{u} \in P \cap \partial\Omega_{r_1}$ 时，有

$$|\boldsymbol{Tu}|_\infty = \max_{1 \leqslant i \leqslant \omega} (\boldsymbol{Tu})_i = (\boldsymbol{Tu})_{i_1} \leqslant M \sum_{j=1}^{\omega} f_j(\boldsymbol{u}) \leqslant |\boldsymbol{u}|_\infty. \tag{5.24}$$

由（5.23），（5.24）和引理5.1，知 $\boldsymbol{T}$ 在 $P \cap (\overline{\Omega}_{r_2} \setminus \Omega_{r_1})$ 中必有不动点，即（5.1）有一个正解. 证毕.

引理5.8 假设矩阵 $\boldsymbol{A}$ 的所有元素都是正的，而当 $\boldsymbol{u} \in \mathbf{R}^\omega$ 和 $\boldsymbol{u} \geqslant 0$ 时，不等式 $f_k(\boldsymbol{u}) \geqslant 0$ 对一切 $k \in \mathbf{Z}[1,\omega]$ 成立且存在 $r_2 > r_1 > 0$，使得

（ⅰ）当 $\boldsymbol{u} \in P$ 且 $0 < |\boldsymbol{u}|_\infty \leqslant r_1$ 时，$\sum_{k=1}^{\omega} f_k(\boldsymbol{u}) \geqslant \frac{1}{m} |\boldsymbol{u}|_\infty$，

（ⅱ）当 $\boldsymbol{u} \in P$ 且 $|\boldsymbol{u}|_\infty \geqslant r_2$ 时，$\sum_{k=1}^{\omega} f_k(\boldsymbol{u}) \leqslant \frac{1}{M} |\boldsymbol{u}|_\infty$，

则（5.1）有一个正解.

引理5.8的证法与引理5.7类似.

引理5.9 假设矩阵 $\boldsymbol{A}$ 的所有元素都是正的，而当 $\boldsymbol{u} \in \mathbf{R}^\omega$ 且 $\boldsymbol{u} \geqslant 0$ 时，不等式 $f_k(\boldsymbol{u}) \geqslant 0$ 对一切 $k \in \mathbf{Z}[1,\omega]$ 成立且存在 $r_4 > r_3 > r_2 > r_1 > 0$，使得

（ⅰ）当 $\boldsymbol{u} \in P$ 且 $0 < |\boldsymbol{u}|_\infty \leqslant r_1$ 时，$\sum_{k=1}^{\omega} f_k(\boldsymbol{u}) \leqslant \frac{1}{M} |\boldsymbol{u}|_\infty$，

（ⅱ）当 $\boldsymbol{u} \in P$ 且 $r_2 \leqslant |\boldsymbol{u}|_\infty \leqslant r_3$ 时，$\sum_{k=1}^{\omega} f_k(\boldsymbol{u}) \geqslant \frac{1}{m} |\boldsymbol{u}|_\infty$，

（ⅲ）当 $\boldsymbol{u} \in P$ 且 $|\boldsymbol{u}|_\infty \geqslant r_4$ 时，$\sum_{k=1}^{\omega} f_k(\boldsymbol{u}) \leqslant \frac{1}{M} |\boldsymbol{u}|_\infty$，

则（5.1）有两个正解.

证明： 由（5.5）知. 对任意 $\boldsymbol{u} \in P$ 有

$$(\boldsymbol{Tu})_i = \sum_{j=1}^{\omega} a_{ij} f_j(\boldsymbol{u}) = \sum_{j \in Ii} a_{ij} f_j(\boldsymbol{u}) \tag{5.25}$$

推出对任意 $\boldsymbol{u}\in P$，有

$$|(\boldsymbol{Tu})_i|\leqslant\sum_{j=1}^{\omega}a_{ij}f_j(\boldsymbol{u})\leqslant M\sum_{j=1}^{\omega}f_j(\boldsymbol{u}).$$

所以

$$|\boldsymbol{Tu}|_\infty\leqslant M\sum_{j=1}^{\omega}f_j(\boldsymbol{u}) \tag{5.26}$$

由（5.25）和（5.26），有

$$(\boldsymbol{Tu})_i=\sum_{j=1}^{\omega}a_{ij}f_j(\boldsymbol{u})\geqslant m\sum_{j=1}^{\omega}f_j(\boldsymbol{u})\geqslant\sigma|\boldsymbol{Tu}|_\infty.$$

可知 $TP\subseteq P$. 由条件（ⅱ），知当 $\boldsymbol{u}\in P$ 且 $r_2\leqslant|\boldsymbol{u}|_\infty\leqslant r_3$ 时，有

$$\sum_{k=1}^{\omega}f_k(\boldsymbol{u})\geqslant\frac{1}{m}|\boldsymbol{u}|_\infty.$$

从而当 $\boldsymbol{u}\in P\cap\partial\Omega_{r_2}$ 或 $\boldsymbol{u}\in P\cap\partial\Omega_{r_3}$ 时，都有

$$|\boldsymbol{Tu}|_\infty=\max_{1\leqslant i\leqslant\omega}(\boldsymbol{Tu})_i=(\boldsymbol{Tu})_{i_0}=\sum_{j=1}^{\omega}a_{i_0j}f_j(\boldsymbol{u})\geqslant m\sum_{j=1}^{\omega}f_j(\boldsymbol{u})\geqslant|\boldsymbol{u}|_\infty. \tag{5.27}$$

由条件（ⅰ），知当 $\boldsymbol{u}\in P$ 且 $0<|\boldsymbol{u}|_\infty\leqslant r_1$ 时，有

$$\sum_{k=1}^{\omega}f_k(\boldsymbol{u})\leqslant\frac{1}{M}|\boldsymbol{u}|_\infty.$$

从而当 $\boldsymbol{u}\in P\cap\partial\Omega_{r_1}$ 时，有

$$|\boldsymbol{Tu}|_\infty=\max_{1\leqslant i\leqslant\omega}(\boldsymbol{Tu})_i=(\boldsymbol{Tu})_{i_1}\leqslant M\sum_{i=1}^{\omega}f_j(\boldsymbol{u})\leqslant|\boldsymbol{u}|_\infty \tag{5.28}$$

由条件（ⅲ），知当 $|\boldsymbol{u}|_\infty\geqslant r_4$ 时，有

$$\sum_{k=1}^{\omega}f_k(\boldsymbol{u})\leqslant\frac{1}{M}|\boldsymbol{u}|_\infty.$$

从而当 $\boldsymbol{u}\in P\cap\partial\Omega_{r_4}$ 时，有

$$|\boldsymbol{Tu}|_\infty=\max_{1\leqslant i\leqslant\omega}(\boldsymbol{Tu})_i=(\boldsymbol{Tu})_{i_1}\leqslant M\sum_{j=1}^{\omega}f_j(\boldsymbol{u})\leqslant|\boldsymbol{u}|_\infty \tag{5.29}$$

由（5.27），（5.28），（5.29）和引理5.1，知 $\boldsymbol{T}$ 在 $P\cap(\overline{\Omega}_{r_2}\setminus\Omega_{r_1})$ 和 $P\cap(\overline{\Omega}_{r_4}\setminus\Omega_{r_3})$ 中各有一个不动点，即（5.1）有两个正解. 证毕.

引理 5.10 假设矩阵 $\boldsymbol{A}$ 的所有元素都是正的，而当 $\boldsymbol{u}\in\mathbf{R}^\omega$ 且 $\boldsymbol{u}\geqslant0$ 时，不等式 $f_k(\boldsymbol{u})\geqslant0$ 对 $k\in\mathbf{Z}[1,\omega]$ 且存在 $r_4>r_3>r_2>r_1>0$，使得

（ⅰ）当 $\boldsymbol{u}\in P$ 且 $0<|\boldsymbol{u}|_\infty\leqslant r_1$ 时，$\sum_{k=1}^{\omega}f_k(\boldsymbol{u})\geqslant\frac{1}{m}|\boldsymbol{u}|_\infty$，

（ⅱ）当 $\boldsymbol{u}\in P$ 且 $r_2\leqslant|\boldsymbol{u}|_\infty\leqslant r_3$ 时，$\sum_{k=1}^{\omega}f_k(\boldsymbol{u})\leqslant\frac{1}{M}|\boldsymbol{u}|_\infty$，

（ⅲ）当 $\boldsymbol{u}\in P$ 且 $|\boldsymbol{u}|_\infty\geqslant r_4$ 时，$\sum_{k=1}^{\omega}f_k(\boldsymbol{u})\geqslant\frac{1}{m}|\boldsymbol{u}|_\infty$，

则（5.1）有两个正解.

引理 5.10 的证法与引理 5.9 类似.

分别由引理 5.7 至引理 5.10 并结合利用上、下极限的定义，可直接推出对（5.1）有如下四个定理：

定理 5.5 假设矩阵 $\boldsymbol{A}$ 的所有元素都是正的且下面条件成立：

(ⅰ) 当 $\boldsymbol{u}\in\mathbf{R}^{\omega}$ 且 $\boldsymbol{u}\geqslant 0$ 时，不等式 $f_k(\boldsymbol{u})\geqslant 0$ 对一切 $k\in\mathbf{Z}[1,\omega]$ 成立，

(ⅱ) 对任何 $k\in\mathbf{Z}[1,\omega]$，有

$$\lim_{\substack{|\boldsymbol{u}|_\infty\to 0\\ \boldsymbol{u}\in P}}\sup\frac{\sum_{k=1}^{\omega}f_k(\boldsymbol{u})}{|\boldsymbol{u}|_\infty}<\frac{1}{M}\text{和}\lim_{\substack{|\boldsymbol{u}|_\infty\to +\infty\\ \boldsymbol{u}\in P}}\inf\frac{\sum_{k=1}^{\omega}f_k(\boldsymbol{u})}{|\boldsymbol{u}|_\infty}>\frac{1}{m},$$

则 (5.1) 有一个正解.

定理 5.6 假设矩阵 $\boldsymbol{A}$ 的所有元素都是正的且下面条件成立:

(ⅰ) 当 $\boldsymbol{u}\in\mathbf{R}^{\omega}$ 且 $\boldsymbol{u}\geqslant 0$ 时，不等式 $f_k(\boldsymbol{u})\geqslant 0$ 对一切 $k\in\mathbf{Z}[1,\omega]$ 成立，

(ⅱ) 对任何 $k\in\mathbf{Z}[1,\omega]$，有

$$\lim_{\substack{|\boldsymbol{u}|_\infty\to 0\\ \boldsymbol{u}\in P}}\inf\frac{\sum_{k=1}^{\omega}f_k(\boldsymbol{u})}{|\boldsymbol{u}|_\infty}>\frac{1}{m}\text{和}\lim_{\substack{|\boldsymbol{u}|_\infty\to +\infty\\ \boldsymbol{u}\in P}}\sup\frac{\sum_{k=1}^{\omega}f_k(\boldsymbol{u})}{|\boldsymbol{u}|_\infty}<\frac{1}{M},$$

则 (5.1) 有一个正解.

定理 5.7 假设矩阵 $\boldsymbol{A}$ 的所有元素都是正的且下面条件成立:

(ⅰ) 当 $\boldsymbol{u}\in\mathbf{R}^{\omega}$ 且 $\boldsymbol{u}\geqslant 0$ 时，不等式 $f_k(\boldsymbol{u})\geqslant 0$ 对一切 $k\in\mathbf{Z}[1,\omega]$ 成立，

(ⅱ) 存在正数 ρ，使得对任何 $k\in\mathbf{Z}[1,\omega]$，有

$$\lim_{\substack{|\boldsymbol{u}|_\infty\to \rho\\ \boldsymbol{u}\in P}}\sup\frac{\sum_{k=1}^{\omega}f_k(\boldsymbol{u})}{|\boldsymbol{u}|_\infty}<\frac{1}{M},\quad\lim_{\substack{|\boldsymbol{u}|_\infty\to 0\\ \boldsymbol{u}\in P}}\inf\frac{\sum_{k=1}^{\omega}f_k(\boldsymbol{u})}{|\boldsymbol{u}|_\infty}>\frac{1}{m},\quad\lim_{\substack{|\boldsymbol{u}|_\infty\to +\infty\\ \boldsymbol{u}\in P}}\inf\frac{\sum_{k=1}^{\omega}f_k(\boldsymbol{u})}{|\boldsymbol{u}|_\infty}>\frac{1}{m},$$

则 (5.1) 有两个正解.

定理 5.8 假设矩阵 $\boldsymbol{A}$ 的所有元素都是正的且下面条件成立:

(ⅰ) 当 $\boldsymbol{u}\in\mathbf{R}^{w}$ 且 $\boldsymbol{u}\geqslant 0$ 时，不等式 $f_k(\boldsymbol{u})\geqslant 0$ 对一切 $k\in\mathbf{Z}[1,\omega]$ 成立，

(ⅱ) 存在正数 ρ，使得对任何 $k\in\mathbf{Z}[1,\omega]$，有

$$\lim_{\substack{|\boldsymbol{u}|_\infty\to \rho\\ \boldsymbol{u}\in P}}\inf\frac{\sum_{k=1}^{\omega}f_k(\boldsymbol{u})}{|\boldsymbol{u}|_\infty}>\frac{1}{m},\quad\lim_{\substack{|\boldsymbol{u}|_\infty\to 0^+\\ \boldsymbol{u}\in P}}\sup\frac{\sum_{k=1}^{\omega}f_k(\boldsymbol{u})}{|\boldsymbol{u}|_\infty}<\frac{1}{M},\quad\lim_{\substack{|\boldsymbol{u}|_\infty\to +\infty\\ \boldsymbol{u}\in P}}\sup\frac{\sum_{k=1}^{\omega}f_k(\boldsymbol{u})}{|\boldsymbol{u}|_\infty}<\frac{1}{M}$$

则 (5.1) 有两个正解.

作为定理 5.5 至定理 5.8 的推论，对系统 (5.2) 有如下的结果:

推论 5.5 假设矩阵 $\boldsymbol{A}$ 的所有元素都是正的且下面条件成立:

(ⅰ) 当 $x\in\mathbf{R}$ 且 $x\geqslant 0$ 时，不等式 $f_k(x)\geqslant 0$ 对一切 $k\in\mathbf{Z}[1,\omega]$ 成立，

(ⅱ) 对任何 $k\in\mathbf{Z}[1,\omega]$，有

$$\lim_{x\to 0^+}\sup\frac{f_k(x)}{x}<\frac{1}{M\omega}\tag{5.30}$$

和

$$\lim_{x\to +\infty}\sup\frac{f_k(x)}{x}>\frac{1}{\sigma m\omega},\tag{5.31}$$

则 (5.2) 有一个正解.

事实上，由 P 的定义，知对任意 $\boldsymbol{u}\in P$，有 $|\boldsymbol{u}|_\infty\to 0$ 等价于 $u_{k-\tau_k}\to 0^+$，$|\boldsymbol{u}|_\infty\to+\infty$ 等价于 $u_{k-\tau_k}\to+\infty$ 且

$$\frac{f_k(u_{k-\tau_k})}{\sigma|\boldsymbol{u}|_\infty} \geqslant \frac{f_k(u_{k-\tau_k})}{u_{k-\tau_k}} \geqslant \frac{f_k(u_{k-\tau_k})}{|\boldsymbol{u}|_\infty} \tag{5.32}$$

由（5.30），（5.31）和（5.32），推出对 $k \in \mathbf{Z}[1,\omega]$，有

$$\limsup_{\substack{|\boldsymbol{u}|_\infty \to 0 \\ \mathrm{u} \in P}} \frac{f_k(u_{k-\tau_k})}{|\boldsymbol{u}|_\infty} < \frac{1}{M\omega} \text{和} \liminf_{\substack{|\boldsymbol{u}|_\infty \to +\infty \\ \boldsymbol{u} \in P}} \frac{f_k(u_{k-\tau_k})}{|\boldsymbol{u}|_\infty} > \frac{1}{m\omega}.$$

推出

$$\limsup_{\substack{|\boldsymbol{u}|_\infty \to 0 \\ \boldsymbol{u} \in P}} \frac{\sum_{k=1}^{\omega} f_k(u_{k-\tau_k})}{|\boldsymbol{u}|_\infty} \leqslant \sum_{k=1}^{\omega} \limsup_{\substack{|\boldsymbol{u}|_\infty \to +\infty \\ \boldsymbol{u} \in P}} \frac{f_k(u_{k-\tau_k})}{|\boldsymbol{u}|_\infty} < \frac{1}{M},$$

和

$$\liminf_{\substack{|\boldsymbol{u}|_\infty \to +\infty \\ \boldsymbol{u} \in P}} \frac{\sum_{k=1}^{\omega} f_k(u_{k-\tau_k})}{|\boldsymbol{u}|_\infty} \geqslant \sum_{k=1}^{\omega} \liminf_{\substack{|\boldsymbol{u}|_\infty \to +\infty \\ \boldsymbol{u} \in P}} \frac{f_k(u_{k-\tau_k})}{|\boldsymbol{u}|_\infty} > \frac{1}{m}.$$

从而由定理 5.5，知推论 5.5 的结论成立.

推论 5.6 假设 $\boldsymbol{A}$ 是非负矩阵，其每一行都有一个元素大于 0 且下面条件成立：

（ⅰ）当 $x \in \mathbf{R}$ 且 $x \geqslant 0$ 时，不等式 $f_k(x) \geqslant 0$ 对一切 $k \in \mathbf{Z}[1,\omega]$ 成立，

（ⅱ）对任何 $k \in \mathbf{Z}[1,\omega]$，有

$$\liminf_{x \to 0^+} \frac{f_k(x)}{x} > \frac{1}{\sigma m\omega} \text{和} \limsup_{x \to +\infty} \frac{f_k(x)}{x} < \frac{1}{M\omega},$$

则（5.2）有一个正解.

推论 5.7 假设矩阵 A 的所有元素都是正的且下面条件成立：

（ⅰ）当 $x > 0$ 时，不等式 $f_k(x) > 0$ 对一切 $k \in \mathbf{Z}[1,\omega]$ 成立，

（ⅱ）存在正数 ρ，使得对任何 $k \in \mathbf{Z}[1,\omega]$，有

$$\liminf_{x \to \rho} \frac{f_k(x)}{x} > \frac{1}{\sigma m\omega},\ \limsup_{x \to 0^+} \frac{f_k(x)}{x} < \frac{1}{M\omega} \text{和} \limsup_{x \to +\infty} \frac{f_k(x)}{x} < \frac{1}{M\omega},$$

则（5.2）有两个正解.

推论 5.8 假设矩阵 $\boldsymbol{A}$ 的所有元素都是正的，且下面条件成立：

（ⅰ）当 $x > 0$ 时，不等式 $f_k(x) > 0$ 对一切 $k \in \mathbf{Z}$ $[1,\omega]$ 成立，

（ⅱ）存在正数 ρ 使得对任何 $k \in \mathbf{Z}[1,\omega]$，有

$$\limsup_{x \to \rho} \frac{f_k(x)}{x} < \frac{1}{M\omega},\ \liminf_{x \to 0^+} \frac{f_k(x)}{x} > \frac{1}{\sigma m\omega} \text{和} \liminf_{x \to \infty} \frac{f_k(x)}{x} > \frac{1}{\sigma m\omega}$$

则（5.2）有两个正解.

§5.2.2 一阶时滞差分方程的周期正解

再考虑一阶时滞差分方程：

$$x_{k+1} = a_k x_k + g_k(x_{k-\tau_k}),\ k \in \mathbf{Z}, \tag{5.33}$$

其中，$\{\tau_k\}_{k \in \mathbf{Z}}$ 和 $\{a_k\}_{k \in \mathbf{Z}}$ 都是 ω – 周期数列且 $\tau_k \in \mathbf{Z}$，$g_k \in C(\mathbf{R},\mathbf{R})$，而 $g_{k+\omega} = g_k$，$k \in \mathbf{Z}$.

首先回顾一个概念：设 $\boldsymbol{u} = (u_1,\ u_2,\ \cdots,\ u_\omega)^{\mathrm{T}} \in \mathbf{R}^\omega$，$\{u_i\}_{i \in \mathbf{Z}}$ 是 $\boldsymbol{u}$ 的 ω – 周期延拓数

列，给定 $u_{k_0}\in\{u_i\}_{i\in\mathbf{Z}}$若存在 $n_0\in\mathbf{Z}$ 和 $s_0\in\mathbf{Z}[1,\omega]$，使得 $k_0=n_0\omega+s_0$，则称 u_{s_0}是 u_{k_0}关于 $\boldsymbol{u}$ 的 ω－周期回归．显然，若 u_{s_0}是 u_{k_0}关于 $\boldsymbol{u}$ 的 ω－周期回归，则 $u_{k_0}=u_{s_0}$.

易知研究（5.33）的 ω-周期解问题等价于讨论（5.2）当 $\boldsymbol{A}=\boldsymbol{H}$ 的特殊形式，这里

$$\boldsymbol{H}=\begin{pmatrix}-a_1 & 1 & 0 & \cdots & 0 & 0\\ 0 & -a_2 & 1 & \cdots & 0 & 0\\ \vdots & \vdots & \vdots & \cdots & \vdots & \vdots\\ 0 & 0 & 0 & \cdots & -a_{\omega-1} & 1\\ 1 & 0 & 0 & \cdots & 0 & -a_\omega\end{pmatrix}_{\omega\times\omega} \tag{5.34}$$

当 $\det\boldsymbol{H}=(-1)^{\omega+1}(1-\prod_{k=1}^{\omega}a_k)\neq 0$ 时，矩阵 $\boldsymbol{H}^{-1}$可逆且矩阵 $\boldsymbol{H}^{-1}=(h_{ij})_{\omega\times\omega}$定义为

$$h_{ij}=\begin{cases}G(i,\ j),\ 1\leqslant i\leqslant j\leqslant\omega,\\ G(i,\ j+\omega),\ 1\leqslant j<i\leqslant\omega,\end{cases}$$

其中

$$G(i,\ j)=(\prod_{k=j+1}^{i+\omega-1}a_k)(1-\prod_{k=1}^{\omega}a_k)^{-1},\ i\leqslant j\leqslant i+\omega-1.$$

这里，约定 $a_{k+\omega}=a_k$，$k\in\mathbf{Z}[1,\omega]$ 且对整数 α 和 β，$\beta<\alpha$，约定$\prod_{\alpha}^{\beta}(\cdot)=1$. 可知当 $a_k\geqslant 0$，$(k\in\mathbf{Z}[1,\ \omega])$ 且$\prod_{k=1}^{\omega}a_k<1$ 时，$\boldsymbol{H}^{-1}$是非负矩阵且每行有一个元素大于0. 分别由推论5.1 和推论 5.2，可得（5.33）存在一个 ω－周期正解的两个简单结论如下：

推论 5.9 假设 $a_k\geqslant 0$ 对 $k\in\mathbf{Z}[1,\omega]$ 成立，$\prod_{k=1}^{\omega}a_k<1$ 且下面条件成立：

（ⅰ）当 $x\geqslant 0$ 时，不等式 $g_k(x)\geqslant 0$ 对 $k\in\mathbf{Z}[1,\omega]$ 成立，

（ⅱ）对任何 $k\in\mathbf{Z}[1,\omega]$，有

$$\lim_{x\to 0^+}\frac{g_k(x)}{x}=0\ 和\ \lim_{x\to+\infty}\frac{g_k(x)}{x}=+\infty,$$

则（5.33）有一个 ω－周期正解．

推论 5.10 假设 $a_k\geqslant 0$ 对 $k\in\mathbf{Z}[1,\omega]$ 成立，$\prod_{k=1}^{\omega}a_k<1$ 且下面条件成立：

（ⅰ）当 $x\geqslant 0$ 时，不等式 $g_k(x)\geqslant 0$ 对一切 $k\in\mathbf{Z}[1,\omega]$ 成立，

（ⅱ）对任何 $k\in\mathbf{Z}\ [1,\ \omega]$，有

$$\lim_{x\to 0^+}\frac{g_k(x)}{x}=+\infty\ 和\ \lim_{x\to+\infty}\frac{g_k(x)}{x}=0,$$

则（5.33）有一个 ω－周期正解．

同样地，分别由推论 5.3 和推论 5.4，可得（5.33）存在两个 ω－周期正解的充分性条件，这里从略．

例 5.1 考虑差分方程：

$$x_{k+1}=q_kx_{k-\tau}^r,\ k\in\mathbf{Z}, \tag{5.35}$$

其中 $r\in(0,1)\cup(1,+\infty)$ 是参数，$\tau\in\mathbf{N}_+$，$\{q_k\}_{k\in\mathbf{Z}}$是 ω－周期正的数列．可以证明对任一固定的 $r\in(0,1)\cup(1,+\infty)$，和对任一正整数 ω，（5.35）有唯一的ω－周期正解.

事实上，（5.35）是（5.33）当 $a_k\equiv 0$，$g_k(x)=q_kx^r$，而 $\tau_k\equiv\tau$，$k\in\mathbf{Z}$ 的特殊情形.

若 $r\in(1,+\infty)$，容易检验推论 5.9 的条件得到满足，从而（5.35）有一个 ω－周期正解. 若 $r\in(0,1)$，也容易检验推论 5.10 的条件得到满足，从而（5.35）有一个 ω－周期正解. 再讨论唯一性，假设 $x=\{x_k\}_{k\in\mathbf{Z}}$ 和 $y=\{y_k\}_{k\in\mathbf{Z}}$ 是（5.35）的不同两个 ω－周期正解，则

$$\max_{1\leqslant k\leqslant\omega}\frac{x_k}{y_k}=\frac{x_{k_0}}{y_{k_0}} \text{与} \max_{1\leqslant k\leqslant\omega}\frac{y_k}{x_k}=\frac{y_{k_1}}{x_{k_1}}$$

中必有一个大于 1. 不妨设

$$\max_{1\leqslant k\leqslant\omega}\frac{x_k}{y_k}=\frac{x_{k_0}}{y_{k_0}}>1,$$

则由（5.35），知

$$\frac{x_{k_0+\tau+1}}{y_{k_0+\tau+1}}=\frac{q_{k_0+\tau}x_{k_0}^r}{q_{k_0+\tau}y_{k_0}^r}=\left(\frac{x_{k_0}}{y_{k_0}}\right)^r$$

由递推，知对任何正整数 n，都有

$$\frac{x_{k_0+n\tau+n}}{y_{k_0+n\tau+n}}=\left(\frac{x_{k_0}}{y_{k_0}}\right)^{nr}\to+\infty,\quad n\to\infty.$$

但由周期性知这是不可能的. 故我们的断言为真.

此例说明推论 5.9 和推论 5.10 是“Sharp”的.

§5.2.3 三项差分边值问题

研究三项差分边值问题：

$$\begin{cases}ax_{k+1}-bx_k+cx_{k-1}+g_k(x_k)=0,\ k\in\mathbf{Z}[1,\omega],\\ x_0=x_{\omega+1}=0,\end{cases}\tag{5.36}$$

其中，$b>0$，$a>0$ 和 $c>0$ 为定数，$g_k\in C(\mathbf{R},\mathbf{R})$，$k\in\mathbf{Z}[1,\omega]$.

如同前面的定义，差分边值问题（5.36）的解是指一个有限数列 $\{x_k\}_{k=0}^{\omega+1}$，它使得当 $k\in\mathbf{Z}[1,\omega]$ 时，满足 $ax_{k+1}-bx_k+cx_{k-1}+g_k(x_k)=0$ 且满足边值条件 $x_0=x_{\omega+1}=0$. 为方便，我们约定 $\{x_k\}_0^{\omega+1}$ 的子列 $\{x_k\}_{k=1}^{\omega}$ 叫做（5.36）的解. 当这样的子列一经找出，$\{x_k\}_0^{\omega+1}$ 便确定.

若取 $a=c=1$，$b=2$，（5.36）就成为二阶差分周期边值问题：

$$\begin{cases}\Delta^2x_{k-1}+g_k(x_k)=0,\ k\in\mathbf{Z}[1,\omega],\\ x_0=x_{\omega+1}=0.\end{cases}$$

讨论问题（5.36），等价于研究代数系统：

$$\boldsymbol{BX}=g(\boldsymbol{X}),\tag{5.37}$$

其中 $\boldsymbol{X}=(x_1,x_2,\cdots,x_\omega)^{\mathrm{T}}\in\mathbf{R}^\omega$，$g(\boldsymbol{X})=(g_1(x_1),\cdots,g_\omega(x_\omega))^{\mathrm{T}}$，而

$$\boldsymbol{B}=\begin{pmatrix}b&-a&0&\cdots&0&0&0\\-c&b&-a&\cdots&0&0&0\\ \vdots&\vdots&\vdots&\cdots&\vdots&\vdots&\vdots\\0&0&0&\cdots&-c&b&-a\\0&0&0&\cdots&0&-c&b\end{pmatrix}_{\omega\times\omega}.\tag{5.38}$$

定理 5.9 假设 $a>0$ 和 $c>0$ 和 $b>2\left(\sqrt{ac}\cos\frac{\pi}{\omega+1}\right)$ 且当 $x\neq 0$ 时，不等式 $xg_k(x)\leqslant 0$ 对 $k\in\mathbf{Z}[1,\omega]$ 成立，则（5.37）没有正解.

事实上，注意到 $a>0$ 和 $c>0$，$b>2\left(\sqrt{ac}\cos\frac{\pi}{\omega+1}\right)$，由定理 1.12，知矩阵 $\boldsymbol{B}$ 是可逆的，矩阵 $\boldsymbol{B}^{-1}$ 的所有元素都大于0. 又（5.37）可写成

$$\boldsymbol{X}=\boldsymbol{B}^{-1}g(\boldsymbol{X}),\tag{5.39}$$

由此可知，定理 5.9 的结论成立.

同样地，由（5.39），推论 5.1 和推论 5.2，可得（5.36）存在 ω－周期正解的两个简单结论如下：

推论 5.11 假设 $a>0$，$c>0$ 和 $b>2\left(\sqrt{ac}\cos\frac{\pi}{\omega+1}\right)$ 且下面条件成立：

（ⅰ）当 $x\geqslant 0$ 时，不等式 $g_k(x)\geqslant 0$ 对一切 $k\in\mathbf{Z}[1,\omega]$ 成立，

（ⅱ）对任何 $k\in\mathbf{Z}[1,\omega]$，有

$$\lim_{x\to 0^+}\frac{g_k(x)}{x}=0 \text{ 和 } \lim_{x\to+\infty}\frac{g_k(x)}{x}=+\infty,$$

则（5.36）有一个正解.

推论 5.12 假设 $a\geqslant 0$ 和 $c\geqslant 0$，$b>2\left(\sqrt{ac}\cos\frac{\pi}{\omega+1}\right)$ 且下面条件成立：

（ⅰ）当 $x\geqslant 0$ 时，不等式 $g_k(x)\geqslant 0$ 对一切 $k\in\mathbf{Z}[1,\omega]$ 成立，

（ⅱ）对任何 $k\in\mathbf{Z}[1,\omega]$，有

$$\lim_{x\to 0^+}\frac{g_k(x)}{x}=+\infty \text{ 和 } \lim_{x\to+\infty}\frac{g_k(x)}{x}=0,$$

则（5.36）有一个正解.

例 5.2 考虑

$$\begin{cases}ax_{k+1}-bx_k+cx_{k-1}+x_k^r=0,\ k\in\mathbf{Z}[1,\omega],\\ x_0=x_{\omega+1}=0,\end{cases}\tag{5.40}$$

其中 $r\in(0,1)$，$a>0$，$c>0$ 和 $b>2\left(\sqrt{ac}\cos\frac{\pi}{\omega+1}\right)$. 可以证明（5.40）有唯一的正解.

事实上，（5.40）是（5.36）当 $g_k(x_k)=x_k^r$，$k\in\mathbf{Z}[1,\omega]$ 的特殊情形. 易验证推论 5.12 的条件得到满足，于是（5.40）有一个正解. 再讨论唯一性. 注意到 $a>0$，$c>0$ 和 $b>2\left(\sqrt{ac}\cos\frac{\pi}{\omega+1}\right)$，故矩阵 $\boldsymbol{B}$ 是可逆的且 $\boldsymbol{B}^{-1}=(a_{ij})_{\omega\times\omega}$ 的所有元素都大于0. 假设 $x=(x_1,\cdots,x_\omega)^{\mathrm{T}}$ 和 $y=(y_1,\cdots,y_\omega)^{\mathrm{T}}$ 是（5.40）的两个不同的正解，则

$$\min_{1\leqslant k\leqslant\omega}\frac{x_k}{y_k}=\frac{x_{k_0}}{y_{k_0}} \text{ 与 } \min_{1\leqslant k\leqslant\omega}\frac{y_k}{x_k}=\frac{y_{k_1}}{x_{k_1}}$$

中必有一个小于1. 不妨设

$$\rho=\min_{1\leqslant k\leqslant\omega}\frac{x_k}{y_k}=\frac{x_{k_0}}{y_{k_0}}<1,$$

另一方面，由于

$$\rho=\frac{x_{k_0}}{y_{k_0}}=\frac{\sum\limits_{j=1}^{\omega}a_{k_0j}x_j^r}{\sum\limits_{j=1}^{\omega}a_{k_0j}y_j^r}\geqslant\left(\frac{x_{k_0}}{y_{k_0}}\right)^r=\rho^r,$$

推出 $\rho\geqslant 1$. 矛盾．故我们的断言为真．

此例表明推论 5.12 的条件．是“Sharp”的．

§5.2.4 三阶差分特征边值问题的正解

考虑三阶差分特征边值问题：

$$\Delta^3 u_{n-2}+\lambda a_n f(u_n)=0,\ n\in\mathbf{Z}[2,\Gamma+2] \tag{5.41}$$

分别带有如下五种边值条件之一：

$$(\mathrm{I}_1)\ u_0=u_1=u_{\Gamma+3}=0;$$

$$(\mathrm{I}_2)\ u_0=u_1=\Delta u_{\Gamma+2}=0;$$

$$(\mathrm{I}_3)\ u_0=u_1=\Delta^2 u_{\Gamma+1}=0;$$

$$(\mathrm{I}_4)\ u_0=\Delta^2 u_0=\Delta u_{\Gamma+2}=0;$$

$$(\mathrm{I}_5)\ u_0=\Delta^2 u_0=u_{\Gamma+3}=0.$$

(5.41) 中，$\lambda>0$ 是参数，f: $[0,+\infty)\to[0,+\infty)$ 是连续函数，$a_n>0$，对 $n\in\mathbf{Z}[2,\Gamma+2]$ 成立．

如上，差分边值问题 (5.41)-(I_i)（这里 $i=1,2,3,4,5$）的解是指一个有限数列 $\{x_k\}_{k=0}^{\Gamma+3}$，它使得当 $k\in\mathbf{Z}[2,\Gamma+2]$ 时满足 (5.41) 且满足边值条件 (I_i)．为方便，我们约定 $\{x_k\}_{k=0}^{\Gamma+3}$ 的子列 $\{x_k\}_{k=2}^{\Gamma+2}$ 叫做 (5.41)(I_i) 的解．当这样的子列一经找出，通过它和边值条件 (5.41)-(I_i) 即得到 $\{x_k\}_{k=0}^{\Gamma+3}$. 以后，对于差分边值问题，都作类似的约定，不再重复说明．

下面我们将用到如下的符号：

$$f^{\alpha}=\limsup_{x\to\alpha}\frac{f(x)}{x},\ f_{\alpha}=\liminf_{x\to\alpha}\frac{f(x)}{x},$$

其中 $\alpha\in[0,+\infty)$ 或 $\alpha=+\infty$，而当 $\alpha=0$ 时，“$x\to\alpha$”应换成“$x\to 0^+$”．

引理 5.11（参见本章参考文献 57） 差分特征边值问题 (5.41)-(I_i)（这里 $i=1,2,3,4,5$）的解 $\{u_n^{(i)}\}_{n=2}^{\Gamma+2}$ 满足

$$u_n^{(i)}=\sum_{s=2}^{\Gamma+2}\lambda G^{(i)}(n,s)a_s f(u_s^{(i)}),\ n\in\mathbf{Z}[2,\Gamma+2], \tag{5.42}$$

其中 $G^{(i)}(n,s)$ 称为 Green 函数且

$$G^{(1)}(n,s)=\begin{cases}\dfrac{n(n-1)(\Gamma+3-s)(\Gamma+4-s)}{2(\Gamma+3)(\Gamma+2)}-\dfrac{(n-s)(n-s+1)}{2}, & 2\leqslant s<n,\\[2ex] \dfrac{n(n-1)(\Gamma+3-s)(\Gamma+4-s)}{2(\Gamma+3)(\Gamma+2)}, & n\leqslant s\leqslant\Gamma+2;\end{cases}$$

$$G^{(2)}(n,\ s)=\begin{cases}\dfrac{n(n-1)(\Gamma+3-s)}{2(\Gamma+2)}-\dfrac{(n-s)(n-s+1)}{2},\ 2\leqslant s<n,\\ \dfrac{n(n-1)(\Gamma+3-s)}{2(\Gamma+2)},\ n\leqslant s\leqslant\Gamma+2;\end{cases}$$

$$G^{(3)}(n,\ s)=\begin{cases}\dfrac{n(n-1)}{2}-\dfrac{(n-s)(n-s+1)}{2},\ 2\leqslant s<n,\\ \dfrac{n(n-1)}{2},\ n\leqslant s\leqslant\Gamma+2;\end{cases}$$

$$G^{(4)}(n,\ s)=\begin{cases}n(\Gamma+3-s)-\dfrac{(n-s)(n-s+1)}{2},\ 2\leqslant s<n,\\ n(\Gamma+3-s),\ n\leqslant s\leqslant\Gamma+2;\end{cases}$$

$$G^{(5)}(n,\ s)=\begin{cases}\dfrac{(\Gamma+3-s)(\Gamma+4-s)}{2}-\dfrac{(n-s)(n-s+1)}{2},\ 2\leqslant s<n,\\ \dfrac{(\Gamma+3-s)(\Gamma+4-s)}{2},\ n\leqslant s\leqslant\Gamma+2;\end{cases}$$

事实上，只要将（5.42）直接代入（5.41）-(I_i) 检验即可.

引理 5.12（参见本章参考文献 57） 对 $i=1,2,3,4,5$，下列结论成立：

$$0<G^{(i)}(n,\ s)\leqslant g^{(i)}(s),\ (n,\ s)\in\mathbf{Z}[2,\Gamma+2]\times\mathbf{Z}[2,\Gamma+2],$$

$$G^{(i)}(n,\ s)\geqslant m^{(i)}g^{(i)}(s),\ (n,\ s)\in\mathbf{Z}[2,\Gamma+2]\times\mathbf{Z}[2,\Gamma+2],$$

其中

$$g^{(1)}(s)=G^{(1)}(\tau(s),\ s),\ m^{(1)}=\frac{2}{(\Gamma+1)(\Gamma+2)},$$

$$\tau(s)=\left[\frac{4\Gamma^2+28\Gamma+48-4s}{8\Gamma+24-4s}\right];$$

$$g^{(2)}(s)=\frac{(\Gamma+3-s)(s-1)}{2},\ m^{(2)}=\frac{2}{(\Gamma+1)(\Gamma+2)};$$

$$g^{(3)}(s)=\frac{(2\Gamma+6-s)(s-1)}{2},\ m^{(3)}=\frac{1}{(\Gamma+1)(\Gamma+2)};$$

$$g^{(4)}(s)=\frac{(\Gamma+3-s)(\Gamma+2-s)}{2},\ m^{(4)}=\frac{2}{\Gamma+2};$$

$$g^{(5)}(s)=\frac{(\Gamma+3-s)(\Gamma+4-s)}{2},\ m^{(5)}=\frac{2}{\mathrm{T}+2}.$$

求（5.41）-(I_i)($i=1,2,3,4,5$) 的正解问题转化为求下列代数系统：

$$u_n^{(i)}=\sum_{s=2}^{\Gamma+2}\left(\frac{G^{(i)}(n,\ s)}{g^{(i)}(s)}\right)\lambda g^{(i)}(s)a_sf(u_s^{(i)}),\ n\in\mathbf{Z}[2,\Gamma+2]\tag{5.43}$$

的正解．令 $\omega=\Gamma+1$，$\boldsymbol{A}=(a_{kj})_{w\times w}$，这里

$$a_{kj}=\frac{G^{(i)}(k+1,\ j+1)}{g^{(i)}(j+1)},\ k,\ j\in\mathbf{Z}[1,\omega],$$

并令 $f_k(x)=\lambda g^{(i)}(k+1)a_{k+1}f(x)$，$u_k=u_{k+1}^{(i)}$，$k\in\mathbf{Z}[1,\omega]$，则（5.43）可写成（5.2）的形式．这时，取 $M=1$，$m=m^{(i)}$，则 $\sigma=m^{(i)}$．注意到由 P 的定义，知对任意 $\boldsymbol{u}\in P$，$|\boldsymbol{u}|_\infty\to0$ 等价于 $u_k\to0^+$，$k\in\mathbf{Z}[1,\omega]$ 且 $|\boldsymbol{u}|_\infty\to+\infty$ 等价于 $u_k\to+\infty$，$k\in\mathbf{Z}[1,\omega]$．而

$$\frac{f_k(u_k)}{\sigma|\boldsymbol{u}|_\infty}\geqslant\frac{f_k(u_k)}{u_k}\geqslant\frac{f_k(u_k)}{|\boldsymbol{u}|_\infty},$$

容易得到如下四个式子：

$$\begin{aligned}\lim_{\substack{|\boldsymbol{u}|_\infty\to 0\\ \boldsymbol{u}\in P}}\sup\frac{\sum_{k=1}^{\omega}f_k(u_k)}{|\boldsymbol{u}|_\infty}&=\lambda\lim_{\substack{|\boldsymbol{u}|_\infty\to 0\\ \boldsymbol{u}\in P}}\sup\frac{\sum_{k=1}^{\omega}g^{(i)}(k+1)a_{k+1}f(u_k)}{|\boldsymbol{u}|_\infty}\\&\leqslant\lambda\sum_{k=1}^{\omega}g^{(i)}(k+1)a_{k+1}f^0=\lambda f^0\sum_{s=2}^{\Gamma+2}g^{(i)}(s)a_s;\end{aligned}\tag{5.44}$$

$$\begin{aligned}\lim_{\substack{|\boldsymbol{u}|_\infty\to 0\\ \boldsymbol{u}\in P}}\inf\frac{\sum_{k=1}^{\omega}f_k(u_k)}{|\boldsymbol{u}|_\infty}&=\lambda\lim_{\substack{|\boldsymbol{u}|_\infty\to 0\\ \boldsymbol{u}\in P}}\inf\frac{\sum_{k=1}^{\omega}g^{(i)}(k+1)a_{k+1}f(u_k)}{|\boldsymbol{u}|_\infty}\\&\geqslant\lambda\sigma\sum_{k=1}^{\omega}g^{(i)}(k+1)a_{k+1}f_0=\lambda m^{(i)}f_0\sum_{s=2}^{\Gamma+2}g^{(i)}(s)a_s;\end{aligned}\tag{5.45}$$

$$\begin{aligned}\lim_{\substack{|\boldsymbol{u}|_\infty\to +\infty\\ \boldsymbol{u}\in P}}\inf\frac{\sum_{k=1}^{\omega}f_k(\boldsymbol{u})}{|\boldsymbol{u}|_\infty}&\geqslant\lambda\lim_{\substack{|\boldsymbol{u}|_\infty\to +\infty\\ \boldsymbol{u}\in P}}\inf\frac{\sum_{k=1}^{\omega}g^{(i)}(k+1)a_{k+1}f(u_k)}{|\boldsymbol{u}|_\infty}\\&\geqslant\lambda\sigma f_\infty\sum_{k=1}^{\omega}g^{(i)}(k+1)a_{k+1}\geqslant\lambda m^{(i)}f_\infty\sum_{s=2}^{\Gamma+2}g^{(i)}(s)a_s\end{aligned}\tag{5.46}$$

和

$$\begin{aligned}\lim_{\substack{|\boldsymbol{u}|_\infty\to 0\\ \boldsymbol{u}\in P}}\sup\frac{\sum_{k=1}^{\omega}f_k(\boldsymbol{u})}{|\boldsymbol{u}|_\infty}&\leqslant\lambda\lim_{\substack{|\boldsymbol{u}|_\infty\to +\infty\\ \boldsymbol{u}\in P}}\sup\frac{\sum_{k=1}^{\omega}g^{(i)}(k+1)a_{k+1}f(u_k)}{|\boldsymbol{u}|_\infty}\\&\leqslant\lambda f^\infty\sum_{k=1}^{\omega}g^{(i)}(k+1)a_{k+1}=\lambda f^\infty\sum_{s=2}^{\Gamma+2}g^{(i)}(s)a_s.\end{aligned}\tag{5.47}$$

推论 5.13 假设下面条件之一成立：

（i）f_∞ 和 f^0 都是正实数且 $\dfrac{1}{m^{(i)}f_\infty\sum_{s=2}^{\Gamma+2}g^{(i)}(s)a_s}<\lambda<\dfrac{1}{f^0\sum_{s=2}^{\Gamma+2}g^{(i)}(s)a_s}$；

（ii）$f^0=0$，f_∞ 是正实数且 $\lambda>\dfrac{1}{m^{(i)}f_\infty\sum_{s=2}^{\Gamma+2}g^{(i)}(s)a_s}$；

（iii）$f^0=0$，$f_\infty=+\infty$ 且 $\lambda>0$，

（iv）$f^\infty=0$ 和 f_0 都是正实数且 $\dfrac{1}{m^{(i)}f_0\sum_{s=2}^{\Gamma+2}g^{(i)}(s)a_s}<\lambda<\dfrac{1}{f^\infty\sum_{s=2}^{\Gamma+2}g^{(i)}(s)a_s}$；

（v）当 $f^\infty=0$，f_0 是正实数且 $\lambda>\dfrac{1}{m^{(i)}f_0\sum_{s=2}^{\Gamma+2}g^{(i)}(s)a_s}$；

（vi）当 $f^\infty=0$，$f_0=+\infty$ 且 $\lambda>0$，

则差分特征边值问题（5.41）-（I_i）有一个正解．

事实上，注意到 $M=1$，$m=m^{(i)}$ 由（5.44），（5.46）和定理 5.5，知情形（i）~（iii）的结论成立．由（5.45），（5.47）和定理 5.6，知情形（iv）~（vi）的结论成立．

为给出（5.41）-（I_i）有两个正解的充分性结论．再设 ρ 为正数，于是有

$$\lim_{\substack{|u|_\infty\to\rho\\u\in P}}\sup\frac{\sum_{k=1}^{\omega}f_k(u_k)}{|u|_\infty}=\lambda\lim_{\substack{|u|_\infty\to\rho\\u\in P}}\sup\frac{\sum_{k=1}^{\omega}g^{(i)}(k+1)a_{k+1}f(u_k)}{|u|_\infty}$$

$$\leqslant\lambda\sum_{k=1}^{\omega}g^{(i)}(k+1)a_{k+1}f^{\rho}=\lambda f^{\rho}\sum_{s=2}^{\Gamma+2}g^{(i)}(s)a_s. \tag{5.48}$$

和

$$\lim_{\substack{|u|_\infty\to\rho\\u\in P}}\inf\frac{\sum_{k=1}^{\omega}f_k(u)}{|u|_\infty}\geqslant\lambda\lim_{\substack{|u|_\infty\to\rho\\u\in P}}\inf\frac{\sum_{k=1}^{\omega}g^{(i)}(k+1)a_{k+1}f(u_k)}{|u|_\infty}$$

$$\geqslant\lambda\sigma f_{\rho}\sum_{k=1}^{\omega}g^{(i)}(k+1)a_{k+1}\geqslant\lambda m^{(i)}f_{\rho}\sum_{s=2}^{\Gamma+2}g^{(i)}(s)a_s. \tag{5.49}$$

推论 5.14 设 ρ 是正实数，又假设下面条件之一成立：

（i）f_0，f_∞ 和 f^{ρ} 都是正实数且 $\dfrac{1}{(m^{(i)})^2\sum_{s=2}^{\Gamma+2}g^{(i)}(s)a_s\min\{f_\infty,f_0\}}<\lambda<\dfrac{1}{f^{\rho}\sum_{s=2}^{\Gamma+2}g^{(i)}(s)a_s}$；

（ii）f_0 和 f_∞ 都是正实数，$f^{\rho}=0$ 且 $\lambda>\dfrac{1}{(m^{(i)})^2\sum_{s=2}^{\Gamma+2}g^{(i)}(s)a_s\min\{f_\infty,f_0\}}$；

（iii）$f_0=f_\infty=+\infty$，f^{ρ} 是正实数且 $0<\lambda<\dfrac{1}{f^{\rho}\sum_{s=2}^{\Gamma+2}g^{(i)}(s)a_s}$；

（iv）$f_0=f_\infty=+\infty$，$f^{\rho}=0$ 且 $\lambda>0$；

（v）$\max\{f^0,f^\infty\}$ 和 f_{ρ} 都是正实数且 $\dfrac{1}{(m^{(i)})^2f_{\rho}\sum_{s=2}^{\Gamma+2}g^{(i)}(s)a_s}<\lambda<\dfrac{1}{\max\{f^0,f^\infty\}\sum_{s=2}^{\Gamma+2}g^{(i)}(s)a_s}$；

（vi）$f^0=f^\infty=0$，f_{ρ} 是正实数且 $\lambda>\dfrac{1}{(m^{(i)})^2f_{\rho}\sum_{s=2}^{\Gamma+2}g^{(i)}(s)a_s}$，

则差分特征边值问题（5.41）-（I_i）（$i=1,2,3,4,5$）有两个正解.

事实上，情形（i）~（iv）的结论可直接由（5.45）~（5.48）和定理 5.7 推出. 情形（v）~（vi）的结论可直接由（5.44）~（5.49）和定理 5.8 推出.

§5.3 二阶差分边值问题的正的对称解

称向量 $\boldsymbol{u}=(u_1,u_2,\cdots,u_\omega)^{\mathrm{T}}\in\mathbf{R}^{\omega}$ 是对称的，如果它满足 $u_i=u_{\omega-i+1}$，$i\in\mathbf{Z}\left[1,\left[\frac{\omega}{2}\right]\right]$.

设正整数 $\omega\geqslant2$，考虑二阶差分周期和边值问题：

$$\begin{cases}\Delta^2u_{k-1}+f_k(u_k)=0,\ k\in\mathbf{Z}[1,\omega],\\u_0=u_{\omega+1}=0,\end{cases} \tag{5.50}$$

其中 $f_i\in C(\mathbf{R},\mathbf{R})$，$i\in\mathbf{Z}[1,\omega]$ 且 $f_i=f_{\omega-i+1}$，$i\in\mathbf{Z}\left[1,\left[\frac{\omega}{2}\right]\right]$. 下面我们给出（5.50）存

在正的对称解的充分性条件.

讨论问题 (5.50), 等价于研究下面系统:

$$B_{\omega\times\omega}u=f(u),\tag{5.51}$$

其中 $u=(u_1, u_2, \cdots, u_\omega)^T\in\mathbf{R}^\omega$, $f(u)=(f_1(u_1), f_2(u_2), \cdots, f_\omega(u_\omega))^T$, $f_i\in C(\mathbf{R},\mathbf{R})$, $i\in\mathbf{Z}[1,\omega]$且$f_i=f_{\omega-i+1}$, $i\in\mathbf{Z}\left[1, \left[\frac{\omega}{2}\right]\right]$. 而

$$B_{\omega\times\omega}=\begin{pmatrix}2&-1&0&\cdots&0&0&0\\-1&2&-1&\cdots&0&0&0\\\vdots&\vdots&\vdots&\cdots&\vdots&\vdots&\vdots\\0&0&0&\cdots&-1&2&-1\\0&0&0&\cdots&0&-1&2\end{pmatrix}_{\omega\times\omega}\tag{5.52}$$

引理 5.13 若 $\omega=2k+1$, 则 $w=(w_1, w_2, \cdots, w_\omega)^T$ 为 (5.51) 的对称解, 当且仅当$\overline{w}=(w_1, w_2, \cdots, w_k, w_{k+1})^T$ 为下面系统的解:

$$(B_{(k+1)\times(k+1)}+P_{(k+1)\times(k+1)})Y=G(Y),\tag{5.53}$$

其中 $Y=(y_1, y_2, \cdots, y_{k+1})^T$, $G(Y)=(f_1(y_1), \cdots, f_k(y_k), f_{k+1}(y_{k+1}))^T$, $P_{(k+1)\times(k+1)}=(p_{ij})_{(k+1)\times(k+1)}$, 当 $i=k+1$, $j=k$ 时, $p_{ij}=-1$; 其他情形, $p_{ij}=0$.

证明: 当 $\omega=2k+1$, 设 $w=(w_1, w_2, \cdots, w_\omega)^T$ 为 (5.51) 的对称解. 由 (5.51), 有

$$\begin{cases}2w_1-w_2=f_1(w_1),\\-w_1+2w_2-w_3=f_2(w_2),\\\cdots\cdots,\\-w_{k-1}+2w_k-w_{k+1}=f_k(w_k),\\-w_k+2w_{k+1}-w_{k+2}=f_{k+1}(w_{k+1}),\\\cdots\cdots,\\-w_{\omega-1}+2w_\omega=f_1(w_1).\end{cases}\tag{5.54}$$

注意到$f_{\omega-i+1}=f_i$, $w_{\omega-i+1}=w_i$, $i\in\mathbf{Z}[1,k]$, 由 (5.54), 推出

$$\begin{cases}2w_1-w_2=\lambda f_1(w_1),\\-w_1+2w_2-w_3=\lambda f_2(w_2),\\\cdots\cdots,\\-w_{k-1}+2w_k-w_{k+1}=\lambda f_k(w_k),\\-2w_k+2w_{k+1}=\lambda f_{k+1}(w_{k+1}),\end{cases}$$

即 $\overline{w}=(w_1, \cdots, w_k, w_{k+1})^T$ 为 (5.53) 的解. 反之, 设 $\overline{w}=(w_1, \cdots, w_k, w_{k+1})^T$ 为 (5.53) 的解. 令 $w_{\omega-i+1}=w_i$, $i\in\mathbf{Z}[1,k]$, 不难知道, $w=(w_1, w_2, \cdots, w_\omega)^T$ 为 (5.51) 的对称解. 证毕.

引理 5.14 若 $\omega=2k$, 则 $w=(w_1, w_2, \cdots, w_\omega)^T$ 为 (5.51) 的对称解, 当且仅当 $\overline{w}=(w_1, w_2, \cdots, w_k)^T$为下面系统的解:

$$(B_{k\times k}+Q_{k\times k})X=H(X),\tag{5.55}$$

其中 $\boldsymbol{X}=(x_1, x_2, \cdots, x_k)^{\mathrm{T}}$，$\boldsymbol{H}(\boldsymbol{X})=(f_1(x_1), \cdots, f_k(x_k))^{\mathrm{T}}$，$\boldsymbol{Q}_{k\times k}=(q_{ij})_{k\times k}$，当 $i=j=k$ 时，$q_{ij}=-1$；其他情形，$q_{ij}=0$.

证明： 当 $\boldsymbol{\omega}=2k$，设 $\boldsymbol{w}=(w_, w_2, \cdots, w_\omega)^{\mathrm{T}}$ 为（5.51）的对称解，由（5.51），有

$$\begin{cases}2w_1-w_2=f_1(w_1),\\ -w_1+2w_2-w_3=f_2(w_2),\\ \cdots\cdots,\\ -w_{k-1}+2w_k-w_{k+1}=f_k(w_k),\\ \cdots\cdots,\\ -w_{\omega-1}+2w_\omega=f_1(w_1).\end{cases} \tag{5.56}$$

注意到 $f_{\omega-i+1}=f_i$，$w_{\omega-i+1}=w_i$，$i\in\mathbf{Z}[1,k]$，由（5.56），推出

$$\begin{cases}2w_1-w_2=f_1(w_1),\\ -w_1+2w_2-w_3=f_2(w_2),\\ \cdots\cdots,\\ -w_{k-1}+w_k=f_k(w_k),\end{cases}$$

即 $\overline{\boldsymbol{w}}=(w_1, \cdots, w_k)^{\mathrm{T}}$ 为（5.55）的解．反之，设 $\overline{\boldsymbol{w}}=(w_1, \cdots, w_k)^{\mathrm{T}}$ 为（5.55）的解．令 $w_{\omega-i+1}=w_i$，$i\in\mathbf{Z}[1, k]$，不难知道 $\boldsymbol{w}=(w_1, w_2, \cdots, w_\omega)^{\mathrm{T}}$ 为（5.51）的对称解．证毕．

定理 5.10 假设

（i）当 $x\geqslant 0$ 时，不等式 $f_k(x)\geqslant 0$ 对一切 $k\in\mathbf{Z}[1,\omega]$ 成立．

（ii）对 $k\in\mathbf{Z}[1,\omega]$，有

$$\lim_{z\to 0^+}\frac{f_k(z)}{z}=0 \tag{5.57}$$

和

$$\lim_{z\to+\infty}\frac{f_k(z)}{z}=+\infty, \tag{5.58}$$

则（5.51）有一个正的对称解．

证明： 当 $\boldsymbol{\omega}=2k+1$ 时，由引理 5.13，知为找（5.51）正的对称解，只要找（5.53）的正解．因

$$\begin{aligned}(\boldsymbol{B}_{(k+1)\times(k+1)}+\boldsymbol{P}_{(k+1)\times(k+1)})^{-1}&=(\boldsymbol{B}_{(k+1)\times(k+1)}(I+\boldsymbol{B}^{-1}_{(k+1)\times(k+1)}\boldsymbol{P}_{(k+1)\times(k+1)}))^{-1},\\ &=(I+\boldsymbol{B}^{-1}_{(k+1)\times(k+1)}\boldsymbol{P}_{(k+1)\times(k+1)})^{-1}\boldsymbol{B}^{-1}_{(k+1)\times(k+1)},\end{aligned} \tag{5.59}$$

其中 I 是 $(k+1)\times(k+1)$ 的单位矩阵而

$$
\boldsymbol{B}^{-1}_{(k+1)\times(k+1)} = \frac{1}{k+2}\begin{pmatrix} k+1 & k & k-1 & \cdots & 2 & 1 \\ k & 2k & 2(k-1) & \cdots & 4 & 2 \\ k-1 & 2(k-1) & 3(k-2) & \cdots & 6 & 3 \\ \vdots & \vdots & \vdots & \cdots & \vdots & \vdots \\ 2 & 4 & 6 & \cdots & 2k & k \\ 1 & 2 & 3 & \cdots & k & k+1 \end{pmatrix}_{(k+1)\times(k+1)}
$$

$$
= (g_{ij})_{(k+1)\times(k+1)}, \tag{5.60}
$$

这里

$$
g_{ij} = \begin{cases} \dfrac{j(k+2-i)}{k+2}, & 1 \leqslant j \leqslant i \leqslant k+1, \\ \dfrac{i(k+2-j)}{k+2}, & 1 \leqslant i \leqslant j \leqslant k+1. \end{cases}
$$

令

$$
\boldsymbol{R} = (r_{ij})_{(k+1)\times(k+1)}, \tag{5.61}
$$

其中

$$
r_{ij} = \begin{cases} i, & j = k, \\ 0, & j \neq k, \end{cases}
$$

则

$$
\begin{aligned}
&\boldsymbol{B}^{-1}_{(k+1)\times(k+1)}\boldsymbol{P}_{(k+1)\times(k+1)} = \frac{-1}{k+2}R, \\
&(\boldsymbol{B}^{-1}_{(k+1)\times(k+1)}\boldsymbol{P}_{(k+1)\times(k+1)})^{i} = k^{i-1}\left(\frac{-1}{k+2}\right)^{i}\boldsymbol{R}, \\
&(\boldsymbol{I} + \boldsymbol{B}^{-1}_{(k+1)\times(k+1)}\boldsymbol{P}_{(k+1)\times(k+1)})^{-1} = \boldsymbol{I} + \sum_{i=1}^{\infty}(-1)^{i}\left(k^{i-1}\left(\frac{-1}{k+2}\right)^{i}\right)\boldsymbol{R} \\
&\qquad = \boldsymbol{I} + \frac{1}{2}\boldsymbol{R},
\end{aligned} \tag{5.62}
$$

所以

$$
\begin{aligned}
&(\boldsymbol{B}_{(k+1)\times(k+1)} + \boldsymbol{P}_{(k+1)\times(k+1)})^{-1} \\
&= (\boldsymbol{I} + \boldsymbol{B}^{-1}_{(k+1)\times(k+1)}\boldsymbol{P}_{(k+1)\times(k+1)})^{-1}\boldsymbol{B}^{-1}_{(k+1)\times(k+1)} \\
&= \left(\boldsymbol{I} + \frac{1}{2}\boldsymbol{R}\right)(g_{ij})_{(k+1)\times(k+1)} \\
&= \left(g_{ij} + \frac{i}{2}g_{kj}\right)_{(k+1)\times(k+1)}.
\end{aligned} \tag{5.63}
$$

(5.53) 可写成

$$
\boldsymbol{Y} = (\boldsymbol{B}_{(k+1)\times(k+1)} + \boldsymbol{P}_{(k+1)\times(k+1)})^{-1}\boldsymbol{G}(Y) \tag{5.64}
$$

且由 (5.63)，知 $(\boldsymbol{B}_{(k+1)\times(k+1)} + \boldsymbol{P}_{(k+1)\times(k+1)})^{-1}$ 的所有元素都是正的．由 (5.57)，(5.58) 和推论 5.5，知 (5.64) 有一个正解．从而 (5.51) 有一个正的对称解．当 $\omega = 2k$ 时，由引理 5.14 和推论 5.5，类似可证得 (5.51) 有一个正的对称解．证毕．

定理 5.11 假设

（ⅰ）当 $x \geqslant 0$ 时，不等式 $f_k(x) \geqslant 0$ 对一切 $k \in \mathbf{Z}[1, \omega]$ 成立，

（ⅱ）对任何 $k \in \mathbf{Z}[1, \omega]$，有

$$\lim_{z \to 0^+} \frac{f_k(z)}{z} = +\infty \text{ 和 } \lim_{z \to +\infty} \frac{f_k(z)}{z} = 0,$$

则（5.51）有一个正的对称解．

§5.4 中立型差分系统的周期解

本节考虑中立型差分系统：

$$\Delta(\boldsymbol{x}(n) - c\boldsymbol{x}(n-\tau)) = \boldsymbol{A}(n, \boldsymbol{x}(n))\boldsymbol{x}(n) + \boldsymbol{f}(n, \boldsymbol{x}(n-\sigma)), \ n \in \mathbf{Z}, \tag{5.65}$$

其中 τ 和 $\sigma \in \mathbf{Z}$ 且 $c \in \mathbf{R}$ 和 $|c| < 1$，$\boldsymbol{A}: \mathbf{Z} \times \mathbf{R}^{s \times s} \to \mathbf{R}^s$ 和 f: $\mathbf{Z} \times \mathbf{R}^s \to \mathbf{R}^s$ 是连续函数，使得对某正整数 ω 和任意（n, $\boldsymbol{y}$）$\in \mathbf{Z} \times \mathbf{R}^s$，有

$$\boldsymbol{A}(n+\omega, \boldsymbol{y}) = \boldsymbol{A}(n, \boldsymbol{y}), \ f(n+\omega, \boldsymbol{y}) = f(n, \boldsymbol{y}).$$

（5.65）的一个解是形如 $\{\boldsymbol{x}(n)\}_{n \in \mathbf{Z}}$ 的实 s－维向量序列，它代入（5.65）后使得（5.65）成为恒等式．（5.65）的一个解 $\{\boldsymbol{x}(n)\}_{n \in \mathbf{Z}}$ 称为 ω－周期的，是指对任意 $n \in \mathbf{Z}$ 都有 $\boldsymbol{x}(n+\omega) = \boldsymbol{x}(n)$．

Wang 和 Cheng 在本章参考文献 35 中利用 Krasnoselskii 双映射不动点定理，给出（5.65）存在 ω－周期解的充分条件，这里我们利用 Schauder 不动点定理（5.65）给出存在 ω－周期解的一个更简单的判别法．为此，我们首先做些必要的准备工作．

首先，对任何实数列 $\{u_n\}_{n \in \mathbf{Z}}$ 定义非标准和算子：

$$\bigoplus_{n=a}^{\beta} u_n = \begin{cases} \sum\limits_{n=a}^{\beta} u_n, & \alpha \leqslant \beta, \\ 0, & \beta = \alpha - 1, \\ -\sum\limits_{n=\beta+1}^{a-1} u_n, & \beta < \alpha - 1. \end{cases}$$

接着，回顾矩阵范数和矩阵测度的概念．设 $|\cdot|_p$ 是线性空间 $\mathbf{C}^n$ 上通常引入的标准 p 范数．对每个 $\boldsymbol{A} \in \mathbf{C}^{s \times s}$，定义

$$\|\boldsymbol{A}\|_p = \sup_{|x|_p \neq 0} \frac{|\boldsymbol{A}\boldsymbol{x}|_p}{|\boldsymbol{x}|_p}$$

为矩阵 $\boldsymbol{A}$ 相应于向量范数 $|\cdot|_p$ 的范数．相应于 $\|\cdot\|_p$ 的矩阵测度是函数 μ_p：$\mathbf{C}^{sxs} \to \mathbf{R}$，它使得

$$\mu_p(\boldsymbol{A}) = \lim_{k \to +\infty} k\left(\left\| \boldsymbol{I} + \frac{1}{k}\boldsymbol{A} \right\|_p - 1 \right),$$

其中 $\boldsymbol{I}$ 是 $s \times s$ 单位矩阵．

矩阵测度 μ_p 有如下性质：

（ⅰ）对每个 $\boldsymbol{A} \in \mathbf{C}^{s \times s}$，$\mu_p(\boldsymbol{A})$ 是一个确定实数；

(ⅱ) 对 $A\in\mathbf{C}^{s\times s}$，$-\|A\|_p\leqslant-\mu_p(-A)\leqslant\mu_p(A)\leqslant\|A\|_p$；

(ⅲ) 对 $\alpha\geqslant0$ 和 $A\in\mathbf{C}^{s\times s}$，$\mu_p(\alpha A)=\alpha\mu_p(A)$；

(ⅳ) 对 A，$B\in\mathbf{C}^{s\times s}$，

$\max[\mu_p(A)-\mu_p(-B),\ -\mu_p(-A)+\mu_p(-B)\}\ \leqslant\mu_p(A+B)\leqslant\mu_p(A)+\mu_p(B)$；

(ⅴ) μ_p 是凸的，即 $\alpha\in[0,\ 1]$ 和 A，$B\in\mathbf{C}^{s\times s}$

$$\mu_p(\alpha A+(1-a))B\leqslant\alpha\mu_\rho(A)+(1-\alpha)\mu_p(B);$$

(ⅵ) $-\mu_p(-A)\leqslant\mathrm{Re}\ \lambda\leqslant\mu_p(A)$，这里 λ 表示矩阵 A 的特征值.

我们知道：设 $x=(x_1,\ x_2,\ \cdots,\ x_s)^{\mathrm{T}}\in\mathbf{C}^s$，$A=\ (a_{ij})_{s\times s}\in\mathbf{C}^{s\times s}$则

$|x|_\infty=\max\limits_{1\leqslant i\leqslant s}|x_i|$，$\|A\|_\infty=\max\limits_{1\leqslant i\leqslant s}\sum_j|a_{ij}|$，$\mu_\infty(A)=\max\limits_{1\leqslant i\leqslant s}\{a_{ii}+\sum_{j\neq i}|a_{ij}|\}$；

$|x|_1=\sum\limits_{i=1}^{s}|x_i|$，$|A|_1=\max\limits_{1\leqslant j\leqslant s}\sum_i|a_{ij}|$，$\mu_1(A)=\max\limits_{1\leqslant j\leqslant s}\{a_{ij}+\sum_{i\neq j}|a_{ij}|\}$.

引理 5.15 设 $A=(a_{ij})_{s\times s}\in\mathbf{C}^{s\times s}$且设当 $i\in\mathbf{Z}[1,s]$ 时，$|a_{ii}|\leqslant1$，则对所有的正整数 k，

$$\|I+A\|_p\leqslant k\left\|I+\frac{1}{k}A\right\|_p-(k-1),\ p=1,\ \infty.$$

证明： 当 $p=\infty$ 时，由定义，知对每个正整数 k，存在 $i_0\in\mathbf{Z}[1,\ s]$，使得

$$\begin{aligned}\left\|\frac{1}{k}I+\frac{1}{k}A\right\|_p&=\frac{a_{i_0i_0}}{k}+\frac{1}{k}+\frac{1}{k}\sum\nolimits_{j\neq i_0}|a_{ij}|\\&=1+\frac{a_{i_0i_0}}{k}+\frac{1}{k}\sum\nolimits_{j\neq i_0}|a_{ij}|-\frac{k-1}{k}\\&=\left|1+\frac{a_{i_0i_0}}{k}\right|+\frac{1}{k}\sum\nolimits_{j\neq i_0}|a_{ij}|-\frac{k-1}{k}\\&\leqslant k\left\|I+\frac{1}{k}A\right\|_\infty-\frac{k-1}{k}.\end{aligned}$$

推出

$$\|I+A\|_p\leqslant k\left\|\frac{1}{k}I+\frac{1}{k}A\right\|_\infty\leqslant k\left\|I+\frac{1}{k}A\right\|_\infty-(k-1)$$

类似可证当 $p=1$ 时结论也成立. 证毕.

下面回顾一些线性周期系统的基本事实. 考虑系统：

$$\Delta x(n)=A(n)x(n),\ n\in\mathbf{Z},\tag{5.66}$$

其中 $A(n)=(a_{ij}(n))_{s\times s}\in\mathbf{R}^{s\times s}$，$I+A(n)$ 是非退化矩阵（这里 I 是 $s\times s$ 单位矩阵）且当 $n\in\mathbf{Z}$ 时，$A(n+\omega)=A(n)$. 设 $\Phi(n,\ n_0)$ 是(5.66)的基础解阵且满足 $\Phi(n_0,\ n_0)=I$,则

$$\Phi(n,\ n_0)=\prod_{i=n_0}^{n-1}\Big(I+A(i)\Big)=\Big(I+A(n-1)\Big)\Big(I+A(n-2)\Big)\cdots\Big(I+A(n_0)\Big),\ n>n_0$$

和

$$\Phi(n,\ n_0)=\prod_{i=n}^{n_0-1}\Big(I+A(i)\Big)^{-1},\ n<n_0.$$

对（5.66）的任一解，有

$$x(n)=\Phi(n,\ n_0)x(n_0),\ n\in\mathbf{Z}.\tag{5.67}$$

容易验证：对任意 $n, s, t\in\mathbf{Z}$,

$$\boldsymbol{\Phi}(n, \delta)\boldsymbol{\Phi}(\delta, t)=\boldsymbol{\Phi}(n, t) \tag{5.68}$$

和

$$\boldsymbol{\Phi}(n+1, \delta)-\boldsymbol{\Phi}(n, \delta)=\boldsymbol{A}(n)\boldsymbol{\Phi}(n, \delta). \tag{5.69}$$

作为一个推论：若 $\{\boldsymbol{x}(n)\}_{n\in\mathbf{Z}}$是（5.66）的任意非平凡 ω - 周期解，则 $\boldsymbol{x}(n_0)\neq 0$ 和

$$\left(\boldsymbol{I}-\boldsymbol{\Phi}(n_0+\omega, n_0)\right)\boldsymbol{x}(n_0)=\left(\boldsymbol{\Phi}(n_0, n_0)-\boldsymbol{\Phi}(n_0+\omega, n_0)\right)\boldsymbol{x}(n_0)=0.$$

所以

$$\det\left(\boldsymbol{I}-\boldsymbol{\Phi}(n_0+\omega, n_0)\right)=0$$

反之，若 $\det\left(\boldsymbol{I}-\boldsymbol{\Phi}(n_0+\omega, n_0)\right)=0$. 则存在 $\boldsymbol{x}_{n_0}\neq 0$，使得 $\boldsymbol{I}\boldsymbol{x}_{n_0}=\boldsymbol{\Phi}(n_0+\omega, n_0)\boldsymbol{x}_{n_0}$. 令 $\{\boldsymbol{x}(n)\}_{n\in\mathbf{Z}}$是（5.66）满足 $\boldsymbol{x}(n_0)=\boldsymbol{x}_{n_0}$的唯一解．由于

$$\boldsymbol{x}(n_0+w)=\boldsymbol{\Phi}(n_0+\omega, n_0)\boldsymbol{x}_{n_0}=\boldsymbol{x}(n_0),$$

由（5.67），知 $\{\boldsymbol{x}(n)\}_{n\in\mathbf{Z}}$是（5.66）的非平凡 ω - 周期解．

引理 5.16 设 $\{\boldsymbol{x}(n)\}_{n\in\mathbf{Z}}$ 是（5.66）的解，若 $\boldsymbol{A}(n)=(a_{ij}(n))_{s\times s}\in\mathbf{R}^{s\times s}$ 和 $|a_{ii}(n)|<1$ 对所有的 $i\in\mathbf{Z}[1,s]$ 都成立，则对任意 $n, m\in\mathbf{Z}$ 且 $n\geqslant m$，有

$$|\boldsymbol{x}(n)|_\infty\leqslant|\boldsymbol{x}(m)|_\infty\exp\left(\bigoplus_{i=m}^{n-1}\left(\boldsymbol{A}(i)\right)\right).$$

证明： 由（5.66），有

$$\boldsymbol{x}(i+1)=(\boldsymbol{I}+\boldsymbol{A}(i))\boldsymbol{x}(i), \quad i\geqslant m.$$

结合引理 5.15，推出

$$|\boldsymbol{x}(i+1)|_\infty\leqslant\|\boldsymbol{I}+\boldsymbol{A}(i)\|_\infty|\boldsymbol{x}(i)|_\infty\leqslant\left(k\left\|\boldsymbol{I}+\frac{1}{k}\boldsymbol{A}(i)\right\|_\infty-(k-1)\right)|\boldsymbol{x}(i)|_\infty$$
$$\leqslant\exp\left(k\left\|\boldsymbol{I}+\frac{1}{k}\boldsymbol{A}(i)\right\|_\infty-k\right)|\boldsymbol{x}(i)|_\infty.$$

令 $k\to\infty$，得

$$|\boldsymbol{x}(i+1)|_\infty\leqslant\exp\left(\mu_\infty\left(\boldsymbol{A}(i)\right)\right)|\boldsymbol{x}(i)|_\infty, \quad n\geqslant m.$$

由此，可推出结论成立．证毕．

作为直接推论：（5.66）的基础解阵满足：

$$\|\boldsymbol{\Phi}(n,m)\|_\infty\leqslant\exp\left(\bigoplus_{i=m}^{n-1}\mu_\infty\left(\boldsymbol{A}(i)\right)\right), \quad n\geqslant m \tag{5.70}$$

设（5.66）相应的非齐次系统：

$$\Delta\boldsymbol{x}(n)=\boldsymbol{A}(n)\boldsymbol{x}(n)+F(n), \quad n\in\mathbf{Z}, \tag{5.71}$$

其中 $F:\mathbf{Z}\to\mathbf{R}^s$ 使得对任意 $n\in\mathbf{Z}$, $F(n+\omega)=F(n)$. 设 $\{\boldsymbol{x}(n)\}_{n\in\mathbf{Z}}$是（5.71）的解．我们应用常数变易法来求 $\{\boldsymbol{x}(n)\}_{n\in\mathbf{Z}}$的表达式．令

$$\boldsymbol{x}(n)=\boldsymbol{\Phi}(n, n_0)\boldsymbol{y}(n), \quad n\in\mathbf{Z}, \tag{5.72}$$

这里 $\boldsymbol{\Phi}$ 是（5.66）的基础解阵且满足 $\boldsymbol{\Phi}(n_0, n_0)=\boldsymbol{I}$. 由于

$$\boldsymbol{\Phi}(n+1, n_0)\boldsymbol{y}(n+1)=(\boldsymbol{I}+\boldsymbol{A}(n))\boldsymbol{\Phi}(n, n_0)\boldsymbol{y}(n)+F(n)$$

和

$$\boldsymbol{\Phi}(n+1, n_0)=(\boldsymbol{I}+\boldsymbol{A}(n))\boldsymbol{\Phi}(n, n_0),$$

因此有

$$\boldsymbol{\Phi}(n+1,\ n_0)\Delta y(n)=F(n).$$

这样

$$\Delta \boldsymbol{y}(n)=\boldsymbol{\Phi}^{-1}(n+1,\ n_0)F(n)=\boldsymbol{\Phi}(n_0,\ n+1)F(n).$$

所以

$$\boldsymbol{y}(n)=\boldsymbol{y}(n_0)+\bigoplus_{i=n_0}^{n-1}\boldsymbol{\Phi}(n_0,\ i+1)F(i),\ n\in\mathbf{Z}.$$

结合（5.72）且注意到$\boldsymbol{y}(n_0)=\boldsymbol{x}(n_0)$，我们得到（5.71）的解$\{\boldsymbol{x}(n)\}_{n\in\mathbf{Z}}$的表达式为

$$\begin{aligned}\boldsymbol{x}(n)&=\boldsymbol{\Phi}(n,\ n_0)\boldsymbol{x}(n_0)+\boldsymbol{\Phi}(n,\ n_0)\bigoplus_{i=n_0}^{n-1}\boldsymbol{\Phi}(n_0,\ i+1)F(i)\\&=\boldsymbol{\Phi}(n,\ n_0)\boldsymbol{x}(n_0)+\bigoplus_{i=n_0}^{n-1}\boldsymbol{\Phi}(n,\ i+1)F(i),\ n\in\mathbf{Z}.\end{aligned}\tag{5.73}$$

引理 5.17 假设

$$\exp\left(\bigoplus_{i=n_0}^{\omega-1}\left(u_\infty\,|\boldsymbol{A}(i)|\right)\right)<1,\tag{5.74}$$

则（5.66）没有任何非平凡的ω-周期解，而相应非齐次系统（5.71）有一个ω-周期解$\{\boldsymbol{x}(n)\}_{n\in\mathbf{Z}}$满足

$$\boldsymbol{x}(n)=\left(I-\boldsymbol{\Phi}(n+\omega,\ n)\right)^{-1}\bigoplus_{i=n}^{n+\omega-1}\boldsymbol{\Phi}(n+\omega,\ i+1)F(i),\ n\in\mathbf{Z}.\tag{5.75}$$

反之，如果$\{\boldsymbol{x}(n)\}_{n\in\mathbf{Z}}$由（5.75）所给出，则它必是（5.71）的$\omega$-周期解.

事实上，由（5.70）和（5.74）且注意$\boldsymbol{A}(n)$的周期性，知对一切$n\in\mathbf{Z}$，$\|\boldsymbol{\Phi}(n+\omega,\ n)\|_\infty<1$. 因此，$\boldsymbol{I}-\boldsymbol{\Phi}(\omega+n,\ n)$是严格对角占优矩阵. 从而可逆. 结合一个基本事实：(5.6 6) 没有任何非平凡ω-周期解，当且仅当$\det(\boldsymbol{I}-\boldsymbol{\Phi}(n_0+\omega,\ n_0))\neq 0$. 证得（5.66）没有非平凡的$\omega$-周期解. 设$\{\boldsymbol{x}(n)\}_{n\in\mathbf{Z}}$是（5.71）的$\omega$-周期解. 由（5.73）和周期性，有

$$\begin{aligned}&(\boldsymbol{I}-\boldsymbol{\Phi}(\omega+n,\ n))\boldsymbol{x}(n)=\boldsymbol{x}(n+\omega)-\boldsymbol{\Phi}(\omega+n,\ n)\boldsymbol{x}(n)\\&=\boldsymbol{\Phi}(n+\omega,\ n_0)\boldsymbol{x}(n_0)+\bigoplus_{i=n_0}^{n+\omega-1}\boldsymbol{\Phi}(n+\omega,\ i+1)F(i)\\&\quad-\boldsymbol{\Phi}(n+\omega,\ n_0)\boldsymbol{\Phi}(n,\ n_0)\boldsymbol{x}(n_0)-\boldsymbol{\Phi}(n+\omega,\ n_0)\bigoplus_{i=n_0}^{n-1}\boldsymbol{\Phi}(n,\ i+1)F(i)\\&=\bigoplus_{i=n}^{n+\omega-1}\boldsymbol{\Phi}(n+\omega,\ i+1)F(i).\end{aligned}$$

由此推出（5.75）成立. 反之，如果$\{\boldsymbol{x}(n)\}_{n\in\mathbf{Z}}$由（5.75）所给出. 对上述步骤逆推，容易证得它必是（5.71）的ω-周期解.

定理 5.12 假设存在一个非平凡的ω-周期数列$\{\alpha(n)\}_{n\in\mathbf{Z}}$，使得

$$\beta=\exp\left(\bigoplus_{i=0}^{w-1}\alpha(i)\right)<1\tag{5.76}$$

对$(n,\ \boldsymbol{y})\in\mathbf{Z}\times\mathbf{R}^s$，矩阵$\boldsymbol{A}(n,\ \boldsymbol{y})=(a_{ij}(n,\ \boldsymbol{y}))_{s\times s}$中的每个元素，都有$|a_{ij}(n,\ \boldsymbol{y})|<1$和

$$\mu(\boldsymbol{A}(n,\ \boldsymbol{y}))=\alpha(n),\ n\in\mathbf{Z}.\tag{5.77}$$

进一步假设存在$M>0$，使得

$$\bigoplus_{n=0}^{\omega-1}\sup_{|\boldsymbol{y}|_\infty\leqslant M}|f(n,\ \boldsymbol{y})|_\infty\leqslant M\left\{\frac{(1-\beta)}{M_0}-2\,|c|\,\omega\right\},$$

这里

$$M_0=\sup_{0\leqslant s\leqslant t\leqslant\omega-1}\exp\left(\bigoplus_{i=s}^{t}\alpha(i)\right)$$

则（5.65）有一个ω-周期解.

证明：记

$$l_\omega=\{\boldsymbol{x}=\{\boldsymbol{x}(n)\}_{n\in\mathbf{Z}}:\boldsymbol{x}(n+\omega)=\boldsymbol{x}(n)\in\mathbf{R}^s\},$$

l_ω 赋予通常的线性结构且范数定义为 $|\boldsymbol{u}|_\infty=\max\limits_{0\leqslant n\leqslant\omega}|\boldsymbol{u}(i)|_\infty$，则 l_ω 是 ωs 维 Banach 空间．对每个 $\boldsymbol{u}=\{\boldsymbol{u}(n)\}_{n\in\mathbf{Z}}\in l_\omega$，考虑周期系统

$$\Delta\boldsymbol{x}(n)=\boldsymbol{A}(n,\ \boldsymbol{u})\boldsymbol{x}(n),\ n\in\mathbf{Z} \tag{5.78}$$

和

$$\Delta\boldsymbol{x}(n)=\boldsymbol{A}(n,\ \boldsymbol{u}(n))x(n)+f(n,\ \boldsymbol{u}(n-\sigma))-c\Delta\boldsymbol{u}(n-\tau),\ n\in\mathbf{Z}. \tag{5.79}$$

令 $\boldsymbol{\Phi}_u(n,\ n_0)$ 为（5.78）的基础解阵且 $\boldsymbol{\Phi}_u(n_0,\ n_0)=\boldsymbol{I}$，由（5.76）和（5.77），有

$$\exp(\oplus_{i=0}^{\omega-1}\mu_\infty\ (A(i,\ \boldsymbol{u}(i))))\leqslant\exp(\oplus_{i=0}^{\omega-1}\alpha\ (i))<1.$$

从而由引理 5.17，知（5.78）没有非平凡的 ω - 周期解且任意 $\boldsymbol{I}-\boldsymbol{\Phi}_u(\omega+n,\ n)$ 可逆．

定义映射 P：$l_\omega\to l_\omega$，使得

$$(P\boldsymbol{u})(n)=(\boldsymbol{I}-\boldsymbol{\Phi}_u(\omega+n,\ n))^{-1}\times$$
$$\oplus_{i=n}^{n+\omega-1}(\boldsymbol{\Phi}_u(n+\omega,\ i+1)\ (f(i,\ \boldsymbol{u}(i-\sigma))-c\Delta\boldsymbol{u}(i-\tau))),\ n\in\mathbf{Z}. \tag{5.80}$$

因此，若 $\boldsymbol{u}$ 是 $\boldsymbol{P}$ 的不动点，则由引理 5.17，知 $\boldsymbol{u}$ 是（5.65）的 ω - 周期解．

现证 Schauder 不动点定理的所有条件都得到满足．设

$$G=\{x\in l_\omega:\ |x|_\infty\leqslant M\},$$

易见 G 是 l_ω 中的有界闭凸集．可证对任意 $\boldsymbol{u}\in G$，有 $P\boldsymbol{u}\in G$．事实上，由于

$$\|\boldsymbol{\Phi}_u\ (n+\omega,\ s)\|_\infty\leqslant\exp(\oplus_{i=s}^{\omega-1}\mu_\infty(\boldsymbol{A}(i,\ \boldsymbol{u}(i))))\leqslant\exp(\oplus_{i=s}^{\omega-1}\alpha(i))<M_0,\ n\leqslant s\leqslant n+\omega-1.$$

且由（5.70），得

$$\|(\boldsymbol{I}-\boldsymbol{\Phi}_u(n+\omega,\ n))^{-1}\|_\infty\leqslant\|\oplus_{i=0}^{\infty}(\boldsymbol{\Phi}_u(n+\omega,\ n))^i\|_\infty\leqslant\oplus_{i=0}^{\infty}\|(\boldsymbol{\Phi}_u(n+\omega,\ n))^i\|_\infty$$
$$\leqslant\oplus_{i=0}^{\infty}\beta^i=\frac{1}{1-\beta}.$$

由（5.80），有

$$\begin{aligned}|(P\boldsymbol{u})(n)|&\leqslant\|(\boldsymbol{I}-\boldsymbol{\Phi}_u(\omega+n,\ n))^{-1}\|_\infty\oplus_{i=n}^{n+\omega-1}\|\boldsymbol{\Phi}_u(n+\omega,\ i+1)\|_\infty\\&\quad\times\Big\{\sup_{|\boldsymbol{y}|_\infty\leqslant M}|f(n,\ \boldsymbol{y})|_\infty+2M|c|\Big\}\\&\leqslant\frac{M_0}{1-\beta}\big(2M|c|\omega+\oplus_{i=n}^{n+\omega-1}\sup_{|\boldsymbol{y}|_\infty\leqslant M}|f(n,\ \boldsymbol{y})|_\infty\big)\\&\leqslant\frac{M_0}{1-\beta}\Big(2M|c|\omega+M\Big(\frac{(1-\beta)}{M_0}-2|c|\omega\Big)\Big)=M.\end{aligned}$$

这样，证得对任意 $\boldsymbol{u}\in G$，$P\boldsymbol{u}\in G$．对任意 $\boldsymbol{u}$，$\boldsymbol{v}\in G$，由（5.80），有

$$\Delta(P\boldsymbol{u})(n)=\boldsymbol{A}(n,\boldsymbol{u}(n))(P\boldsymbol{u})(n)+f(n,\boldsymbol{u}(n-\sigma))-c\Delta\boldsymbol{u}(n-\tau),\ n\in\mathbf{Z},$$

和

$$\Delta(P\boldsymbol{v})(n)=A(n,\boldsymbol{v}(n))(P\boldsymbol{v})(n)+f(n,\boldsymbol{v}(n-\sigma))-c\Delta\boldsymbol{v}(n-\tau),\ n\in\mathbf{Z},$$

令 $\boldsymbol{V}=P\boldsymbol{u}-P\boldsymbol{v}$，则

$$\Delta(\boldsymbol{V}(n))=\boldsymbol{A}(n,\boldsymbol{u}(n))\boldsymbol{V}(n)+\boldsymbol{w}(n,\boldsymbol{u}(n),\boldsymbol{v}(n)),\ n\in\mathbf{Z}, \tag{5.81}$$

其中

$$w(n,\boldsymbol{u}(n),\boldsymbol{v}(n))=\{\boldsymbol{A}(n,\boldsymbol{u}(n))-\boldsymbol{A}(n,\boldsymbol{v}(n))\}(P\boldsymbol{v})(n)$$
$$+f(n,\boldsymbol{u}(n-\sigma))-f(n,\boldsymbol{v}(n-\sigma))-c\Delta\boldsymbol{u}(n-\tau)+c\Delta\boldsymbol{v}(n-\tau).$$

由于对 $0\leqslant n\leqslant\omega-1$，$\boldsymbol{A}(n,\ \boldsymbol{y})$ 和 $f(n,\ \boldsymbol{y})$ 在 G 上连续且 $P\boldsymbol{u}$ 在 G 上有界，可知当 $|\boldsymbol{u}-\boldsymbol{v}|_\infty\to0$，对 $0\leqslant n\leqslant\omega-1$，$w(n,\ \boldsymbol{u}(n),\ \boldsymbol{v}(n))\to0$. 由（5.81），有

$$|\boldsymbol{v}\ (n)|_\infty\leqslant\|(\boldsymbol{I}-\boldsymbol{\Phi}_u(\omega+n,\ n))^{-1}\|_\infty\bigoplus_{i=n}^{n+\omega-1}\|\boldsymbol{\Phi}_u\ (n+\omega,\ i+1)\|_\infty|\boldsymbol{w}(n,\ \boldsymbol{u}(n),\ \boldsymbol{v}(n))|_\infty$$
$$\leqslant\frac{M_0}{1-\beta}\bigoplus_{i=n}^{n+\omega-1}|\boldsymbol{w}(n,\ \boldsymbol{u}(n),\ \boldsymbol{v}(n))|_\infty.$$

可知当 $|\boldsymbol{u}-\boldsymbol{v}|_\infty\to0$，$|\boldsymbol{v}|_\infty=|P\boldsymbol{u}-P\boldsymbol{v}|_\infty\to0$，即 P 是 G 上的连续映射且映 G 中的任一有界集为 G 中的有界集．故 P 是 G 到 G 的全连续映射. 从而由 Schauder 不动点定理，得 P 有一个不动点．故（5.65）有一个 ω - 周期解．证毕．

例 5.3 考虑 2 - 维非线性中立型差分方程：

$$\Delta\left(\boldsymbol{x}(n)-\frac{1}{16}\boldsymbol{x}(n-\tau)\right)=\boldsymbol{A}(n,\ \boldsymbol{x}(n))\boldsymbol{x}(n)+f(n,\ \boldsymbol{x}(n-\sigma)),\ n\in\mathbf{Z},\tag{5.82}$$

其中 τ 和 σ 都是整数，

$$\boldsymbol{A}(n,\ \boldsymbol{y})=\begin{pmatrix}-\frac{1}{4} & \frac{(-1)^n}{8}e^{-y_1^2-y_2^2}\\ \frac{(-1)^n}{8}e^{-y_1^4-y_2^4} & -\frac{1}{4}\end{pmatrix},\ n\in\mathbf{Z}$$

和

$$f(n,\ \boldsymbol{y})=\begin{pmatrix}\frac{(-1)^n}{4}e^{-y_1^2-y_2^2}\\ \frac{(-1)^n}{8}e^{-y_1^8-y_2^8}\end{pmatrix},\ n\in\mathbf{Z}.$$

易知对 $i,\ j=1,\ 2$，$|a_{ij}(n,\ \boldsymbol{y})|_\infty\leqslant\frac{1}{4}$，$\mu_\infty(\boldsymbol{A}(n,\ \boldsymbol{y}))\leqslant-\frac{1}{8}$，取 $\alpha(n)=-\frac{1}{8}$，$\omega=2$ 和 $M=16$，则容易验证定理 5.12 的条件满足，故（5.82）有一个 2 - 周期解且由 $f\ (n,\ 0)\neq0$，知此解是非平凡的．

本章参考文献

1. R. P. Agarwal and D. O' Regan. A fixed - point approach for nonlinear discrete boundary value problems, *Comput. Math. Appl.*, 36, 10 - 12（1998）: 115 - 121.

2. R. P. Agarwal and P. J. Y. Wong. *Advanced Topics in Difference Equations*. Kluwer, Netherlands, 1997.

3. R. P. Agarwal and D. O' Regan. Singular discrete boundary value problems. *Appl. Math. Lett.*, 12, 4（1999）: 127 - 131.

4. R. P. Agarwal and J. Henderson. Positive solutions and nonlinear eigenvalue problems for third - order difference equations. *Comput. Math. Appl.*, 36, 10 - 12（1998）: 10 - 12.

5. R. P. Agarwal. On fourth - order boundary value problems arising in beam analysis. *Dif-*

ferential Integral Equations, 2 (1989): 91 –110.

6. R. P. Agarwal and D. O' Regan. Discrete conjugate boundary value problems. *Appl. Math. Lett.*, 13 (2000): 97 –104.

7. R. P. Agarwal and P. Y. H. Pang. On a generalized difference system. *Nonlinear Anal.*, 30 (1997): 365 –376.

8. F. M. Atici and G. S. Gueseinov. Positive periodic solutions for nonlinear difference equations with periodic coefficients. *J. Math Anal Appl*, 232 (1999): 166 –182.

9. F. M. Atici. Existence of positive solutions of nonlinear discrete Sturm – Liouville problems. *Math. Comput. Modelling*, 32 (2000): 599 –607.

10. A. L. Barabasi and R. Albert. Emergence of scaling in random networks. *Science*, 286 (1999): 509 –512.

11. A. L. Barabasi, R. Albert and H. Jeong. Mean – field theory for scale – free random networks. *Phys. A*, 272 (1999): 173 –187.

12. A. Castro, J. Cossio and M. Neuberger. A sign – changing solution for a superlinear Dirichlet problem. *Rocky Mountain J. Math.*, 27, 1 (1997): 10 –53.

13. K. C. Chang. Anextension of Hess – Kato theorem to elliptic systems and its applications to multiple solution problems. *Acta Math. Sinica*, 15, 4 (1999): 439 –451.

14. S. S. Cheng. *Partial Difference Equations*. Taylor & Francis, London and New York, 2003.

15. S. S. Cheng and S. S. Lin. Existence and uniqueness theorems for nonlinear difference boundary value problems. *Util. Math.*, 39 (1991): 167 –186.

16. S. S. Cheng and R. F. Lu. Discrete Wirtinger's inequalities and conditions for partial difference equations. *Fasc. Math.*, 23 (1991): 9 –24.

17. S. S. Cheng, H. T. Yen. On a discrete nonlinear boundary value problem. *Linear Algebra Appl.*, 313 (2000): 193 –201.

18. C. D. Coster, C. Fabry and F. Munyamarere. Nonresonance condition for fourth – order nonlinear boundary value problems. *Int. J. Math. Math. Sci.*, 17 (1994): 725 –740.

19. P. Erdos and A. Renyi. On random graph. *Pub. Math.*, 6 (1959): 290 –297.

20. P. Erdos and A. Renyi. On the evolution of random graph. *Pub. Math. Hungar. Acad. Sci.*, 5 (1960): 17 –61.

21. L. Erbe and H. Wang. Existence and nonexistence of positive solutions for elliptic equations in an annulus. *Inequalities and Applications*, *World Science Series in Application Analysis*, *vol.* 3, *World Science Publishing*, *River Edge*, *NJ*, 1994: 207 –217.

22. Y. Gao, G. Zhang and W. Ge. Existence of periodic positive solutions for delay difference equations. *J. Systems Sci. Math.*, 33, 2 (2003): 155 –162 (in Chinese).

23. P. Hartman. Difference equations: disconjugacy, principal solutions, *Green's functions*, *complete monotonicity*, *Trans. Amer. Math. Soc.*, 246 (1978): 1 –30.

24. 郝兆才. 半线性三阶差分方程边值问题的非负解. 数学物理学报, 2001, 21

(A): 225—229.

25. A. S. Householder. *The Theory of Matrices in Numerical Analysis*. Blaisdell Publishing Company, 1964.

26. I. Katsunori. Asymptotic analysis for linear difference equations. *Trans. Amer. Math. Soc.*, 349 (1997): 4107 - 4142.

27. M. Krasnoselskii. *Positive Solution of Operator Equations*. Noordhoff, Groningen, 1964.

28. W. G. Kelley and A. P. Peterson. *Difference Equations*. Academic Press, London, 1991.

29. M. G. Krein and M. A. Rutman. Linear operators leaving invariant a cone in a Banach space. *Transl. AMS*, 10 (1962): 199 - 325.

30. P. Lancaster and M. Tismenetsky. *The Theory of Matrices*. Academic Press, Inc., 1985.

31. A. Lasota. A discrete boundary value problem. *Ann. Polon. Math.*, 20 (1968): 183 - 190.

32. Y. Q. Li and Z. L. Liu. Multiple sign - changing solutions for elliptic eigenvalue problem with a restriction. *Sci. China Ser. A*, 30, 11 (2000): 967 - 975.

33. M. Vidyasagar. *Nonlinear System Analsis*. Pretice - Hall. Inc., 1978.

34. G. Q. Wang. *Positive and Negative Steady State Solutions of A Segment - based Neural Network*, to appear.

35. G. Q. Wang and S. S. Cheng. Periodic solutions of a neutral difference system. *Bol. Soc. Paran. Mat*, 22, 2 (2004): 117 - 126.

36. X. Li, X. Wang and G. Chen. Pinning a complex dynamical network to its equilibrium. *IEEE Trans. Circuits Systems - I*, 51, 10 (2004): 2074 - 2087.

37. 李晓月，王丽颖. 二阶离散边值问题正解的单个和多个正解. 数学物理学报，2009，29 (A): 1187—1195.

38. Y. Liu. On positive periodic solutions of functional difference equations with forcing term and applications. *Compute Math Appl*, 56 (2008): 2247 - 2255.

39. R. Y. Ma, J. H. Zhang and M. Fu. The method of lower and upper solutions for fourth - order two - point boundary value problems, *J. Math. Anal. Appl.*, 215 (1997): 415 - 422.

40. G. I. Marchuk. *Methods of Numerical Mathematics*. second ed. Springer - Verlag Inc., New York, 1982.

41. N. M. Madbouly, D. F. McGhee and G. F. Roach. Adomian's method for Hammerstein integral equations arising from chemical reactor theory. *Appl. Math. Comput.*, 117 (2001): 241 - 249.

42. M. E. Newman. Models of the small world. *J. Statist. Phys.*, 101 (2000): 819 - 841.

43. C. V. Pao. Block monotone iterative methods for numerical solutions of nonlinear elliptic equations. *Numer. Math.*, 72 (1995): 239 - 262.

44. 任景莉，任保献. 一类离散 m 点边值问题正解的存在性与多重性. 系统科学与数学，2005，25（1）：78—86.

45. M. Ryszard, P. Jerzy. On periodic solutions of a first order difference equation. *An. Stiint. Univ. "Al. I. Coza" Iasi. Sect. I a Mat.* (*N. S.*), 34, 2 (1998): 125 - 133.

46. A. Saadatmandi, M. Razzaghi and M. Dehghan, sinc - Galerkin solution for nonlinear two - point boundary value problems with applications to chemical reactor theory. *Math. Comput. Modelling*, 42 (2005): 1237 - 1244.

47. Y. Shi and G. Chen. Chaos of discrete dynamical systems in complete metric spaces. *Chaos, Solitons & Fractals*, 22 (2004): 555 - 571.

48. Y. Shi and G. Chen. Chaos of discrete dynamical systems in Banach spaces, *Sci. China Ser. A*, 48 (2005): 222 - 238.

49. H. Wang. On the existence of positive solutions for semilinear elliptic equations in the annulus. *J. Differential Equations*, 109 (1994): 1 - 7.

50. H. Wang. On the number of positive solutions of nonlinear systems. *J. Math. Anal. Appl.*, 281 (2003): 287 - 306.

51. H. Wang. Positive periodic solutions of functional differential equations. *J. Differential Equations*, 202 (2004): 354 - 366.

52. 张丽颖，李晓月. 二阶离散周期边值问题的正解. 东北师大学报（自然科学版），39，2（2007）：11—15.

53. D. J. Watts, S. H. Strogatz. Collective dynamics of small - world networks. *Nature*, 393 (1998): 440 - 442.

54. D. J. Watts. *Small Worlds*. Princeton University Press, Princeton, NJ, 1999.

55. P. J. Y. Wong and R. P. Agarwal, On the eigenvalue of boundary value problems for higher order difference equations. *Rocky Mountain J. Math.*, 28, 2 (1998): 767 - 791.

56. P. J. Y. Wong. Two - point right focal eigenvalue problems for difference equations. *Dynam. Systems Appl.*, 7 (1998): 345 - 364.

57. 杨春明，翁佩萱. 三阶差分方程特征边值问题的 Green 函数和正解. 应用数学学报，30，2（2007）：235—246.

58. G. Zhang, S. S. Cheng. Positive periodic solutions for discrete population models. *Nonlinear Funct. Anal. Appl.*, 8, 3 (2003): 335 - 344.

59. G. Zhang and S. S. Cheng. Periodic solutions of a discrete population model. *Funct. Differ. Equ.*, 7, 3 - 4 (2000): 223 - 230.

60. G. Zhang and S. S. Cheng. Existence of solutions for a nonlinear system with a parameter. *J. Math. Anal. Appl.*, 314 (2006): 311 - 319.

61. G. Zhang and W. Y. Feng. On the number of positive solutions of a nonlinear algebraic system. *Linear Algebra and Its Applications*, 422, 2 - 3 (2007): 404 - 421.

62. G. Zhang and L. Medina. Three - point boundary value problems for difference equations. *Comput. Math. Appl.*, 48, 12 (2004): 1791 - 1799.

63. G. Zhang and Z. L. Yang. Existence of 2n nontrivial solutions for discrete two - point

boundary value problems. *Nonlinear Anal. TMA*, 59, 7 (2004): 1181 - 1187.

64. Z. Y. Zhang. An algebraic principle for the stability of difference operators. *J. Differential Equations*, 136 (1997): 236 - 247.

65. R. Y. Zhang, Z. C. Wang, Y. Chen and J. Wu. Periodic solutions of a single species discrete population model with periodic harvest/stock. *Comput. Math. Appl.*, 39 (2000): 77 - 90.

第六章　用临界点理论建立存在性定理

用经典的临界点理论来证明微分方程的解的存在性是常用的方法（参见本章参考文献 11，20，21，35）．近十年来，临界点理论又成为研究差分方程存在周期解和数位神经网络存在稳态解的一个重要工具，并由此形成了一个热门的课题，出现了许多很好的成果（参见本章列出的大部分文献）．

本章介绍利用临界点理论研究一类非线性代数方程的解的存在性问题的一些方法与结论．这些结论可导出神经网络的稳态解和差分周期、边值问题解的存在性定理及 $\mathbf{R}^{\omega}$ 上的映射存在 $\mathbf{2}^{\omega}$ 个不动点的结论．最后一节，也直接利用临界点理论研究二维神经网络的模型的稳态解问题，并说明用临界点理论来研究偏差分方程的“双周期”问题的作用．

§6.1　研究对象与准备工作

本章主要讨论非线性代数系统

$$\boldsymbol{B}\boldsymbol{u}=f(\boldsymbol{u}),\ \boldsymbol{u}=(u_1,\ u_2,\ \cdots,\ u_{\omega})^{\mathrm{T}}\in\mathbf{R}^{\omega},\tag{6.1}$$

其中，$\boldsymbol{B}$ 是 $\omega\times\omega$ 实对称矩阵，$f(\boldsymbol{u})=(f_1(\boldsymbol{u}),\ f_2(\boldsymbol{u}),\ \cdots,\ f_{\omega}(\boldsymbol{u}))^{\mathrm{T}}$，而 $f_k\in C(\mathbf{R}^{\omega},\mathbf{R})$，$k\in\mathbf{Z}[1,\omega]$．

作为（6.1）的特殊形式，有

$$\boldsymbol{B}\boldsymbol{u}=f(\boldsymbol{u}),\ \boldsymbol{u}=(\boldsymbol{u}_1,\ u_2,\ \cdots,\ u_{\omega})^{\mathrm{T}}\in\mathbf{R}^{\omega},\tag{6.2}$$

其中，$\boldsymbol{B}$ 是 $\omega\times\omega$ 实对称矩阵，$f(\boldsymbol{u})=(f_1(u_1),\ f_2(u_2),\ \cdots,\ f_{\omega}(u_{\omega}))^{\mathrm{T}}$，而 $f_k\in C(\mathbf{R},\mathbf{R})$，$k\in\mathbf{Z}[1,\omega]$．

在（6.2）中再引进参数，有

$$\boldsymbol{B}\boldsymbol{u}=\lambda f(\boldsymbol{u}),\ \boldsymbol{u}=(u_1,\ u_2,\ \cdots,\ u_{\omega})^{\mathrm{T}}\in\mathbf{R}^{\omega},\tag{6.3}$$

其中 $\lambda>0$ 是实参数，$\boldsymbol{B}$ 是 $\omega\times\omega$ 实对称矩阵，$f(\boldsymbol{u})=(f_1(u_1),\ \cdots,\ f_{\omega}(u_{\omega}))^{\mathrm{T}}$，而 $f_k\in C(\mathbf{R},\mathbf{R})$，$k\in\mathbf{Z}[1,\omega]$．

利用临界点理论给出以上系统解的存在性定理，并由此导出神经网络的稳态解和差分周期、边值问题解的存在性定理．

§6.1.1 几个临界点定理

首先给出 Fréchet 导数的概念．设 X 和 Y 是 Banach 空间，f：$U\to Y$ 是映射，$U\subseteq X$ 是一个开集，

定义 6.1 称 f 在 $\boldsymbol{x}_0\in U$ 上 Fréchet 是可微的（简作 F－可微），指的是存在 X 到 Y 的线性算子 $\boldsymbol{A}$ 使得对任意 $\boldsymbol{h}\in X$ 且 $\boldsymbol{x}_0+\boldsymbol{h}\in U$，都有

$$|f(\boldsymbol{x}_0+\boldsymbol{h})-f(\boldsymbol{x}_0)-\boldsymbol{A}\boldsymbol{h}|_Y=o(|\boldsymbol{h}|_X),\quad |\boldsymbol{h}|_X\to 0.$$

这时称 $\boldsymbol{A}$ 为 f 在 $\boldsymbol{x}_0$ 处的 Fréchet 导数（简作 F－导数），记作 $f'(x_0)$.

注：当 f 是定义在 $\mathbf{R}^\omega$ 上的实值函数，则函数 f 在点 $\boldsymbol{x}_0\in\mathbf{R}^\omega$ 的 F－导数就是函数 f 在点 $\boldsymbol{x}_0$ 的梯度 $\nabla f|_{x_0}$，即 $f'(\boldsymbol{x}_0)=\nabla f|_{x_0}$．而 F－可微是全微分概念的推广．

回顾临界点的概念：设 X 是 Banach 空间，f：$X\to\mathbf{R}$ 是一个泛函，若 $\boldsymbol{x}_0\in X$，使得 $f'(\boldsymbol{x}_0)=0$，则称 $\boldsymbol{x}_0$ 为函数 f 的临界点，而 $f(\boldsymbol{x}_0)$ 为函数 f 的临界值．

引理 6.1（局部极值定理） 设 V 是在 $\mathbf{R}^\omega$ 中的某个开区域，f 是定义在 V 上的实值函数，在 V 中的点 $\boldsymbol{u}^{(0)}$ 具有一阶偏导数且在该点处取得最大值或最小值（即 $f(\boldsymbol{u}^{(0)})=\max\limits_{u\in V}f(\boldsymbol{u})$ 或 $f(\boldsymbol{u}^{(0)})=\min\limits_{u\in V}f(\boldsymbol{u})$），则 $\boldsymbol{u}^{(0)}$ 必是函数 f 的一个临界点.

有关经典临界点理论的系统详细论述，可参看本章参考文献 21，35. 这里，只是引出下面所提及的.

设 H 是实 Hilbert 空间，$C^1(H,\mathbf{R})$ 表示 H 上 F－可微且 F－导数连续的泛函的集合，一个泛函 $J\in C^1(H,\mathbf{R})$ 满足 Palais－Smale 条件（P－S 条件）是指若序列 $\{\boldsymbol{u}_n\}\subseteq E$，使得 $\{J(\boldsymbol{u}_n)\}$ 有界且 $J'(\boldsymbol{u}_n)\to 0$，$n\to\infty$，则 $\{\boldsymbol{u}_n\}$ 有收敛子列．

以 D_r 表示 H 中以 0 为中心，半径为 r 的开球，∂D_r 表示 D_r 的边界．

引理 6.2（Linking 定理） 设 $H=H_1\oplus H_2$ 是实 Hilbert 空间，H_1 是 H 的有限维子空间，若 $I\in C^1(H,\mathbf{R})$ 满足 P－S 条件，进一步假设：

（ⅰ）存在常数 $a>0$ 和 $\rho>0$，使得 $I|_{\partial D_\rho\cap H_2}\geqslant a$，

（ⅱ）存在 $\boldsymbol{e}\in\partial D_1\cap H_2$ 和常数 $R_0>\rho$，使得 $I|\partial Q\leqslant 0$，这里

$$Q=\{\overline{D}_{R_0}\cap H_1\}\oplus\{t\boldsymbol{e}:\ 0<t<R_0\},$$

则 I 有一个临界值 $c\geqslant a$，这里

$$c=\inf_{h\in\Gamma}\max_{u\in\overline{Q}}I(h(\boldsymbol{u})),\quad \Gamma=\{h\in\mathbf{C}(\overline{Q},\ H):\ h|_{\partial Q}=id\}$$

且 id 表示恒等算子．

引理 6.3（Saddle Point 定理） 设 $H=H_1\oplus H_2$ 是实 Hilbert 空间，$H_1\neq\{0\}$ 是 H 的有限维子空间．若 $I\in C^1(H,\mathbf{R})$ 满足 P－S 条件，进一步假设：

（ⅰ）存在常数 σ 和 ρ，使得 $I|_{\partial D_\rho\cap H_1}\leqslant\sigma$，

（ⅱ）存在 $\boldsymbol{e}\in D_\rho\cap H_1$ 和常数 $R_0>\sigma$，使得 $I|_{e+H_2}\leqslant R_0$，

则 I 有一个临界值 $c\geqslant R_0$ 且

$$c=\inf_{h\in\Gamma}\max_{u\in\overline{D}_\rho\cap H_1}I(h(\boldsymbol{u})),$$

这里 $\Gamma=\{h\in C(\overline{D}_\rho\cap H_1,\ H):\ h|_{\partial D_\rho\cap H_1}=id\}$ 且 id 表示恒等算子.

引理 6.4（Clark 定理） 设 H 是实的 Banach 空间，$I\in C^1(H,\mathbf{R})$ 是偶泛函，有下界且满足 P－S 条件，进一步假设 $I(0)=0$ 和存在 $K\subseteq H$，使得 K 是单位球面 S^{j-1} 的一个奇同胚且 $\sup_K I<0$，则 I 至少有 j 对不同的非平凡的临界点.

引理 6.5（Mountain Pass 定理） 设 H 是实的 Banach 空间，$I\in C^1(H,\mathbf{R})$ 且满足 $P-S$ 条件，若 I 在 H 上有上界，则 I 有一个临界值：$c=\sup\limits_{u\in H}I(\boldsymbol{u})$；若 I 在 H 上有下界，则 I 有一个临界值：$c'=\inf\limits_{u\in H}I(\boldsymbol{u})$.

§6.1.2 与非线性代数系统相应的变分框架

下面讨论与（6.1）~（6.3）相应的变分框架.

在 $\mathbf{R}^\omega$ 中引进通常向量的线性结构，内积 $\langle\cdot,\cdot\rangle$ 定义如下：

$$\langle\boldsymbol{u},\ \boldsymbol{v}\rangle=\sum_{k=1}^{\omega}u_kv_k,\ \boldsymbol{u}=(u_1,\ u_2,\ \cdots,\ u_\omega)^{\mathrm{T}},\ \boldsymbol{v}=(v_1,\ v_2,\ \cdots,\ v_\omega)^{\mathrm{T}}\in\mathbf{R}^\omega,$$

而范数 $|\cdot|_2$ 定义如下：

$$|\boldsymbol{u}|_2=\sqrt{\sum_{k=1}^{\omega}u_k^2},\ \boldsymbol{u}=(u_1,\ u_2,\ \cdots,\ u_\omega)^{\mathrm{T}}\in\mathbf{R}^\omega,$$

则 $\mathbf{R}^\omega$ 是 ω 维实 Hilbert 空间.

定义 6.2 设 $U\subseteq\mathbf{R}^\omega$ 是一个开区域，给定 f：$U\to\mathbf{R}^\omega$ 使得

$$f(\boldsymbol{u})=(f_1(\boldsymbol{u}),\ f_2(\boldsymbol{u}),\ \cdots,\ f_\omega(\boldsymbol{u}))^{\mathrm{T}},\ \boldsymbol{u}\in U,$$

这里 f_k：$U\to\mathbf{R}$. 若存在可导泛函 F：$U\to\mathbf{R}$，使得在 U 上

$$F'(\boldsymbol{u})(=\nabla F(\boldsymbol{u}))=f(\boldsymbol{u}),$$

则称 F 为 f 在 U 上的一个原函数.

直接由定义 6.2 容易证明下面定理 6.1 和 6.2 是成立的.

定理 6.1 设 $\tau_1,\ \tau_2,\ \cdots,\ \tau_\omega$ 和 $\mu_1,\ \mu_2,\ \cdots,\ \mu_\omega$ 是排列 $123\cdots\omega$ 的两个重排，$f\in C(\mathbf{R}^\omega,\ \mathbf{R}^\omega)$，使得

$$f(\boldsymbol{u})=(f_1(\boldsymbol{u}),\ f_2(\boldsymbol{u}),\cdots,\ f_\omega(\boldsymbol{u}))^{\mathrm{T}},$$

其中，$\boldsymbol{u}=(u_1,\ u_2,\ \cdots,\ u_\omega)^{\mathrm{T}}\in\mathbf{R}^\omega$，$f_{\tau_i}(\boldsymbol{u}),i=1,2,\cdots,k$ 是只与 $u_{\mu_1},\ u_{\mu_2},\ \cdots,\ u_{\mu_k}$ 有关的实值函数，$f_{\tau_j}(\boldsymbol{u})$，$j=k+1,\ \cdots,\ \omega$ 是只与 $u_{\mu_{k+1}},\ \cdots,\ u_{\mu_\omega}$ 有关的实值函数. 如果存在分别定义在 $\mathbf{R}^k$ 和 $\mathbf{R}^{\omega-k}$ 的实值函数 $F_1(u_{\mu_1},\ u_{\mu_2}\cdots\cdots,\ u_{\mu_k})$ 和 $F_2(u_{\mu_{k+1}},\ u_{\mu_{k+2}},\ u_{\mu_\omega})$，使得

$$\frac{\partial}{\partial u_{\mu_i}}F_1(u_{\mu_1},\ u_{\mu_2}\cdots,\ u_{\mu_k})\ =f_{\tau_i}(\boldsymbol{u}),\ i\in\mathbf{Z}[1,\ k],$$

和

$$\frac{\partial}{\partial u_{\mu_j}}F_2(u_{\mu_{k+1}},\ u_{\mu_{k+2}},\ u_{\mu_\omega})\ =f_{\tau_j}(\boldsymbol{u}),\ j\in\mathbf{Z}[k+1,\ \omega],$$

则

$$F(\boldsymbol{u})=F_1(u_{\mu_1},\ u_{\mu_2},\ \cdots,\ u_{\mu_k})+F_2(u_{\mu_{k+1}},\ \cdots,\ u_{\mu_\omega})$$

是函数 f 在 $\mathbf{R}^\omega$ 上的一个原函数.

定理 6.2 设 $\boldsymbol{B}$ 是 $\omega\times\omega$ 实对称矩阵，则 $\frac{1}{2}\boldsymbol{u}^{\mathrm{T}}\boldsymbol{B}\boldsymbol{u}$ 是 $\boldsymbol{B}\boldsymbol{u}$ 在 $\mathbf{R}^\omega$ 上的一个原函数.

定理 6.3 设 B 和 f 如（6.2）所给出，则泛函 I：$\mathbf{R}^{\omega}\to\mathbf{R}$,

$$I(\boldsymbol{u})=\frac{1}{2}\boldsymbol{u}^{\mathrm{T}}\boldsymbol{B}\boldsymbol{u}-\sum_{k=1}^{\omega}\int_{0}^{u_k}f_k(s)\,\mathrm{d}s,\ u=(u_1,\ u_2,\ \cdots,\ u_{\omega})^{\mathrm{T}}\in\mathbf{R}^{\omega}$$

是 $\boldsymbol{Bu}-f(\boldsymbol{u})$ 在 $\mathbf{R}^{\omega}$ 上的一个原函数.

证明：因 $f_k(u_k)$ 是只与 u_k 有关的函数，由定理 6.1，知 $\sum_{k=1}^{\omega}\int_{0}^{u_k}f_k(s)\,\mathrm{d}s$ 是 $f(\boldsymbol{u})$ 在 $\mathbf{R}^{\omega}$ 上的一个原函数. 由定理 6.2，知 $\frac{1}{2}\boldsymbol{u}^{\mathrm{T}}\boldsymbol{Bu}$ 是 $\boldsymbol{Bu}$ 在 $\mathbf{R}^{\omega}$ 上的一个原函数. 推出结论为真. 证毕.

§6.2 带正定矩阵非线性代数系统的非平凡解

本节假设（6.1）~（6.3）中 $\boldsymbol{B}=(b_{ij})_{\omega\times\omega}$ 是实正定矩阵，它的特征值为 λ_1，λ_2，…，λ_{ω} 且 $0<\lambda_1\leqslant\lambda_2\leqslant\cdots\leqslant\lambda_{\omega}$.

§6.2.1 非平凡解的不存在性

定理 6.4 假设 $\boldsymbol{B}$ 为正定矩阵且当 $\boldsymbol{u}\neq 0$ 时，$\boldsymbol{u}^{\mathrm{T}}f(\boldsymbol{u})\leqslant 0$，则（6.1）没有非平凡解.

证明：对任何 $\boldsymbol{u}\in\mathbf{R}^{\omega}$ 且 $\boldsymbol{u}\neq 0$，由（6.1），有 $\boldsymbol{u}^{\mathrm{T}}\boldsymbol{Bu}=\boldsymbol{u}^{\mathrm{T}}f(\boldsymbol{u})$. 另一方面，因 $\boldsymbol{B}$ 为正定矩阵，可知 $\boldsymbol{u}^{\mathrm{T}}\boldsymbol{Bu}>0$. 这与 $\boldsymbol{u}^{\mathrm{T}}f(\boldsymbol{u})\leqslant 0$ 矛盾. 证毕.

推论 6.1 假设 $\boldsymbol{B}$ 为正定矩阵且当 $u_k\neq 0$ 时，不等式 $u_kf_k(u_k)\leqslant 0$ 对一切 $k\in\mathbf{Z}[1,\omega]$ 都成立，则（6.2）没有非平凡解.

推论 6.2 假设 $\boldsymbol{B}$ 为正定矩阵且当 $u_k\neq 0$ 时，不等式 $u_kf_k(u_k)\leqslant 0$ 对一切 $k\in\mathbf{Z}[1,\omega]$ 成立，则对每个 $\lambda>0$，（6.3）没有非平凡解.

§6.2.2 非线性代数系统的多解性

Wang 和 Cheng 在本章参考文献 28 中研究了（6.3）的非平凡稳态解的存在性. 这里我们推广本章参考文献 28 的工作，利用 Clark 定理给出（6.1）存在 2ω 个非平凡稳态解的"Sharp"条件.

定理 6.5 假设 $\boldsymbol{B}$ 为正定矩阵且 f 在 $\mathbf{R}^{\omega}$ 上的有一个原函数 $F\in C^1(\mathbf{R}^{\omega},\mathbf{R})$ 是偶泛函（即 $F(-\boldsymbol{u})=F(\boldsymbol{u})$，$\boldsymbol{u}\in\mathbf{R}^{\omega}$）且 $F(0)=0$ 和下面条件成立：

（i）存在常数 $\delta>0$ 和 $\alpha\in\left(0,\ \frac{1}{2}\lambda_1\right)$，使得当 $\boldsymbol{u}\in\mathbf{R}^{\omega}$ 且 $|\boldsymbol{u}|_2\leqslant\delta$ 时，有

$$F(\boldsymbol{u})\leqslant\alpha|\boldsymbol{u}|_2^2,$$

（ii）存在常数 $M>0$，$a>0$ 和 $a_1\in\left(\frac{1}{2}\lambda_{\omega},\ +\infty\right)$，使得当 $\boldsymbol{u}\in\mathbf{R}^{\omega}$ 且 $|\boldsymbol{u}|_2\geqslant M$ 时，有

$$F(\boldsymbol{u}) \geqslant a_1 |\boldsymbol{u}|_2^2 - a,$$

则（6.1）有 2ω 个非平凡解.

证明：设泛函 I：$\mathbf{R}^\omega \to \mathbf{R}$ 定义如下：

$$I(\boldsymbol{u}) = -\frac{1}{2}\boldsymbol{u}^{\mathrm{T}}\boldsymbol{B}_\omega \boldsymbol{u} + F(\boldsymbol{u}),\quad u \in \mathbf{R}^\omega,$$

由定理 6.3，知它是 $f(\boldsymbol{u}) - \boldsymbol{B}\boldsymbol{u}$ 在 $\mathbf{R}^\omega$ 上的一个原函数. 易知 $I \in C^1(\mathbf{R}^\omega, \mathbf{R})$，$I(0) = 0$ 且当 $\boldsymbol{u} \in \mathbf{R}^\omega$，$I(-\boldsymbol{u}) = I(\boldsymbol{u})$，即 I 是偶泛函. 现证 I 有下界，令

$$a' = \max\{|F(\boldsymbol{u}) - a_1 |\boldsymbol{u}|_2^2 + a| : |\boldsymbol{u}|_2 \leqslant M\}$$

和 $a_2 = a + a'$，结合条件（ⅱ），知对任意 $\boldsymbol{u} \in \mathbf{R}^\omega$，有

$$F(\boldsymbol{u}) \geqslant a_1 |\boldsymbol{u}|_2^2 - a_2.$$

这样，对任意 $\boldsymbol{u} \in \mathbf{R}^\omega$，得

$$\begin{aligned} I(\boldsymbol{u}) &= -\frac{1}{2}\boldsymbol{u}^{\mathrm{T}}\boldsymbol{B}_\omega \boldsymbol{u} + F(\boldsymbol{u}) \\ &\geqslant -\frac{1}{2}\lambda_\omega |\boldsymbol{u}|_2^2 + a_1 |\boldsymbol{u}|_2^2 - a_2 \\ &\geqslant \left(a_1 - \frac{1}{2}\lambda_\omega\right)|\boldsymbol{u}|_2^2 - a_2. \end{aligned} \tag{6.4}$$

由于 $a_1 > \frac{1}{2}\lambda_\omega$，所以对任意 $\boldsymbol{u} \in \mathbf{R}^\omega$，有

$$I(\boldsymbol{u}) > -a_2.$$

故 I 有下界. 设 $\{\boldsymbol{u}^{(n)}\}$ 是 $\mathbf{R}^\omega$ 中任何使得 $\{I(\boldsymbol{u}^{(n)})\}$ 有界的序列，可设正数 P，使得对任意 $n \in \mathbf{N}^*$，有

$$I(\boldsymbol{u}^{(n)}) \leqslant P. \tag{6.5}$$

由（6.4）和（6.5），得

$$\left(a_1 - \frac{1}{2}\lambda_\omega\right)|\boldsymbol{u}^{(n)}|_2^2 - a_2 \leqslant I(\boldsymbol{u}^{(n)}) \leqslant P.$$

推出

$$|\boldsymbol{u}^{(n)}|_2^2 \leqslant \left(a_1 - \frac{1}{2}\lambda_\omega\right)^{-1}(P + a_2),$$

即 $\{\boldsymbol{u}^{(n)}\}$ 是 $\mathbf{R}^\omega$ 中有界的序列，从而 $\{\boldsymbol{u}^{(n)}\}$ 必有收敛子列. 可知 I 满足 P – S 条件. 由条件（ⅰ），知存在常数 $\delta > 0$ 和 $\alpha \in \left(0, \frac{1}{2}\lambda_1\right)$，使得当 $\boldsymbol{u} \in \mathbf{R}^\omega$ 且 $|\boldsymbol{u}|_2 \leqslant \delta$ 时，有

$$F(\boldsymbol{u}) \leqslant \alpha |\boldsymbol{u}|_2^2.$$

令 $K = \{\boldsymbol{u} \in \mathbf{R}^\omega : |\boldsymbol{u}|_2 = \delta\}$，易知 K 是 $S^{\omega-1}$ 的一个奇同胚且对任意 $\boldsymbol{u} \in K$，有

$$\begin{aligned} I(\boldsymbol{u}) &= -\frac{1}{2}\boldsymbol{u}^{\mathrm{T}}\boldsymbol{B}\boldsymbol{u} + F(\boldsymbol{u}) \\ &\leqslant -\left(\frac{1}{2}\lambda_1 - \alpha\right)|\boldsymbol{u}|_2^2 = -\sigma < 0, \end{aligned}$$

这里 $\sigma = \left(\frac{1}{2}\lambda_1 - \alpha\right) > 0$. 这样由引理 6.4，知 I 有 2ω 个非平凡临界点，即（6.1）有 2ω

个非平凡稳态解．证毕．

定理 6.6　假设 $\boldsymbol{B}$ 为正定矩阵且 f 在 $\mathbf{R}^{\omega}$ 上有一个原函数 $F\in C^{1}(\mathbf{R}^{\omega},\mathbf{R})$，它是偶泛函（即 $F(-\boldsymbol{u})=F(\boldsymbol{u})$，$\boldsymbol{u}\in\mathbf{R}^{\omega}$）且 $F(0)=0$ 和下面条件成立：

（ⅰ）存在常数 $\delta>0$ 和 $\alpha\in\left(\frac{1}{2}\lambda_{\omega},+\infty\right)$，使得当 $\boldsymbol{u}\in\mathbf{R}^{\omega}$ 且 $|\boldsymbol{u}|_{2}\leqslant\delta$ 时，有

$$F(\boldsymbol{u})\geqslant\alpha|\boldsymbol{u}|_{2}^{2}.$$

（ⅱ）存在常数 $M>0$，$a>0$ 和 $a_{1}\in\left(0,\frac{1}{2}\lambda_{1}\right)$，使得当 $\boldsymbol{u}\in\mathbf{R}^{\omega}$ 且 $|\boldsymbol{u}|_{2}\geqslant M$ 时，有

$$F(\boldsymbol{u})\leqslant a_{1}|\boldsymbol{u}|_{2}^{2}+a,$$

则（6.1）有 2ω 个非平凡解．

证明： 考虑泛函

$$J(\boldsymbol{u})=\frac{1}{2}\boldsymbol{u}^{\mathrm{T}}\boldsymbol{B}\boldsymbol{u}-F(\boldsymbol{u}),\ \boldsymbol{u}\in\mathbf{R}^{\omega},$$

由定理 6.3，知它是 $\boldsymbol{B}\boldsymbol{u}-f(\boldsymbol{u})$ 在 $\mathbf{R}^{\omega}$ 上的一个原函数．易知 $J\in C^{1}(\mathbf{R}^{\omega},\mathbf{R})$，$J(0)=0$ 且当 $\boldsymbol{u}\in\mathbf{R}^{\omega}$，$J(-\boldsymbol{u})=J(\boldsymbol{u})$，即 J 是偶泛函．现证 J 有下界，令

$$a'=\max\{|F(\boldsymbol{u})-a_{1}|\boldsymbol{u}|_{2}^{2}-a|:\ |z|_{2}\leqslant M\}$$

和 $a_{2}=a+a'$，则由条件（ⅱ），知对任意 $\boldsymbol{u}\in\mathbf{R}^{\omega}$，有

$$F(\boldsymbol{u})\leqslant a_{1}|\boldsymbol{u}|_{2}^{2}+a_{2}.\tag{6.6}$$

这样，对任意 $\boldsymbol{u}\in\mathbf{R}^{\omega}$，得，

$$\begin{aligned}J(\boldsymbol{u})&=\frac{1}{2}\boldsymbol{u}^{\mathrm{T}}\boldsymbol{B}\boldsymbol{u}-F(\boldsymbol{u})\\&\geqslant\frac{1}{2}\lambda_{1}|\boldsymbol{u}|_{2}^{2}-a_{1}|\boldsymbol{u}|_{2}^{2}-a_{2}\\&\geqslant\left(\frac{1}{2}\lambda_{1}-a_{1}\right)|\boldsymbol{u}|_{2}^{2}-a_{2}.\end{aligned}\tag{6.7}$$

由于 $a_{1}\in\left(0,\frac{1}{2}\lambda_{1}\right)$，所以对任意 $\boldsymbol{u}\in\mathbf{R}^{\omega}$，有

$$J(\boldsymbol{u})\geqslant-a_{2}.$$

故 J 有下界．$\{\boldsymbol{u}^{(n)}\}$ 是 $\mathbf{R}^{\omega}$ 中任何使得 $\{J(\boldsymbol{u}^{(n)})\}$ 有界的序列，可设正数 P，使得对任意 $n\in\mathbf{N}_{+}$，有

$$J(\boldsymbol{u}^{(n)})\leqslant P.\tag{6.8}$$

由（6.7）和（6.8），有

$$\left(\frac{1}{2}\lambda_{1}-a_{1}\right)|\boldsymbol{u}^{(n)}|_{2}^{2}-a_{2}\leqslant J(\boldsymbol{u}^{(n)})\leqslant P.$$

推出

$$|\boldsymbol{u}^{(n)}|_{2}^{2}\leqslant\left(\frac{1}{2}\lambda_{1}-a_{1}\right)^{-1}(P+a_{2}),$$

即 $\{\boldsymbol{u}^{(n)}\}$ 是 $\mathbf{R}^{\omega}$ 中有界的序列．从而 $\{\boldsymbol{u}^{(n)}\}$ 必有收敛子列．可知 $\boldsymbol{J}$ 满足 P－S 条件．由条件（ⅰ），知存在正数 $\delta>0$ 和 $\alpha\in\left(\frac{1}{2}\lambda_{\omega},+\infty\right)$，使得当 $\boldsymbol{u}\in\mathbf{R}^{\omega}$ 且 $|\boldsymbol{u}|_{2}\leqslant\delta$ 时，有

$$F(\boldsymbol{u}) \geqslant \alpha |\boldsymbol{u}|_2^2.$$

令 $K=\{\boldsymbol{u}\in\mathbf{R}^{\omega}: |\boldsymbol{u}|_2=\delta\}$，易知 K 是 $S^{\omega-1}$ 的一个奇同胚且对任意 $\boldsymbol{u}\in K$，有

$$\begin{aligned} J(\boldsymbol{u}) &= \frac{1}{2}\boldsymbol{u}^{\mathrm{T}}\boldsymbol{B}_{\omega}\boldsymbol{u} - F(\boldsymbol{u}) \\ &\leqslant \left(\frac{1}{2}\lambda_{\omega} - \alpha\right)\|\boldsymbol{u}\|_2^2 = -\sigma < 0. \end{aligned}$$

这里 $\sigma=\left(\alpha-\frac{1}{2}\lambda_{\omega}\right)\delta^2>0$. 这样由引理 6.4，知 $\boldsymbol{J}$ 有 2ω 个非平凡临界点，即（4.1）有 2ω 个非平凡的稳态解．证毕．

现考察代数系统（6.2），令

$$F(\boldsymbol{u}) = \sum_{k=1}^{\omega}\int_0^{u_k} f_k(s)\,\mathrm{d}s,\ \boldsymbol{u}=(u_1,\ u_2,\ \cdots,\ u_{\omega})^{\mathrm{T}}\in\mathbf{R}^{\omega},$$

不难看出 $F\in C^1(\mathbf{R}^{\omega},\ \mathbf{R})$ 是 f 在 $\mathbf{R}^{\omega}$ 上的一个原函数且 $F(0)=0$. 进一步，倘若对任何 $k\in\mathbf{Z}[1,\ \omega]$，$f_k\in C(\mathbf{R},\ \mathbf{R})$ 是奇函数，则函数 F 为偶泛函（即 $F(-\boldsymbol{u})=F(\boldsymbol{u})$，$\boldsymbol{u}\in\mathbf{R}^{\omega}$）．故分别由定理 6.5 和定理 6.6 推出下面的推论 6.3 和推论 6.4 成立：

推论 6.3 假设 $\boldsymbol{B}$ 为正定矩阵且对任何 $k\in\mathbf{Z}[1,\omega]$，$f_k\in C(\mathbf{R},\mathbf{R})$ 是奇函数且下面条件满足：

（i）存在 $\delta>0$ 和 $\alpha\in\left(0,\ \frac{1}{2}\lambda_1\right)$，使得当 $z\in\mathbf{R}$ 且 $|z|\leqslant\delta$ 时，对一切 $k\in\mathbf{Z}[1,\omega]$，都有

$$\int_0^z f_k(s)\,\mathrm{d}s \leqslant \alpha|z|^2.$$

（ii）存在常数 $M>0$，$a>0$ 和 $a_1\in\left(\frac{1}{2}\lambda_{\omega},+\infty\right)$，使得当 $|z|\geqslant M$ 时，对一切 $k\in\mathbf{Z}[1,\omega]$，都有

$$\int_0^z f_k(s)\,\mathrm{d}s \geqslant a_1|z|^2 - a,$$

则（6.2）有 2ω 个非平凡解．

推论 6.4 假设 $\boldsymbol{B}$ 为正定矩阵且对任何 $k\in\mathbf{Z}[1,\ \omega]$，$f_k\in C(\mathbf{R},\mathbf{R})$ 是奇函数且下面条件成立：

（i）存在常数 $\delta>0$ 和 $\alpha\in\left(\frac{1}{2}\lambda_{\omega},+\infty\right)$，使得当 $|z|\leqslant\delta$ 时，对一切 $k\in\mathbf{Z}[1,\omega]$，都有

$$\int_0^z f_k(s)\,\mathrm{d}s \geqslant \alpha|z|^2.$$

（ii）存在常数 $M>0$，$a>0$ 和 $a_1\in\left(0,\ \frac{1}{2}\lambda_1\right)$，使得当 $|z|\geqslant M$ 时，对一切 $k\in\mathbf{Z}[1,\omega]$，都有

$$\int_0^z f_k(s)\,\mathrm{d}s \leqslant a_1|z|^2 + a,$$

则（6.2）有 2ω 个非平凡解．

再考察代数系统（6.3），令

$$F(\boldsymbol{u})=\lambda\sum_{k=1}^{\omega}\int_0^{u_k}f_k(s)\,\mathrm{d}s,\ \boldsymbol{u}=(u_1,\ u_2,\ \cdots,\ u_\omega)^{\mathrm{T}}\in\mathbf{R}^\omega,$$

不难看出 $F\in C^1(\mathbf{R}^\omega,\mathbf{R})$ 是 λf 在 $\mathbf{R}^\omega$ 上的一个原函数且 $F(0)=0$. 进一步，倘若任何对 $k\in\mathbf{Z}[1,\omega]$，$f_k\in C(\mathbf{R},\mathbf{R})$ 是奇函数，则函数 F 为偶泛函（即 $F(-\boldsymbol{u})=F(\boldsymbol{u})$，$\boldsymbol{u}\in\mathbf{R}^\omega$）. 故分别由定理 6.5 和定理 6.6 推出下面的推论 6.5 和推论 6.6 成立：

推论 6.5 假设 $\boldsymbol{B}$ 为正定矩阵且对任何 $k\in\mathbf{Z}[1,\omega]$，$f_k\in C(\mathbf{R},\mathbf{R})$ 是奇函数且下面条件成立：

（ⅰ）对任何 $k\in\mathbf{Z}[1,\ \omega]$，有

$$\lim_{z\to0}\frac{\int_0^z f_k(s)\,\mathrm{d}s}{z^2}=0,$$

（ⅱ）存在正数 M，a 和 a_1，使得当 $|z|\geqslant M$ 时，对一切 $k\in\mathbf{Z}[1,\omega]$，都有

$$\int_0^z f_k(s)\,\mathrm{d}s\geqslant a_1|z|^2-a,$$

则对每个 $\lambda>\dfrac{1}{2a_1}\lambda_\omega$，（6.3）有 2ω 个非平凡稳态解.

推论 6.6 假设 $\boldsymbol{B}$ 为正定矩阵且对任何 $k\in\mathbf{Z}[1,\omega]$，$f_k\in C(\mathbf{R},\mathbf{R})$ 是奇函数且下面条件成立：

（ⅰ）对任何 $k\in\mathbf{Z}[1,\ \omega]$，有

$$\lim_{z\to0}\frac{\int_0^z f_k(s)\,\mathrm{d}s}{z^2}=+\infty.$$

（ⅱ）存在常数 $M>0$，$a>0$ 和 $a_1\in\left(0,\ \dfrac{1}{2}\lambda_1\right)$，使得当 $|z|\geqslant M$ 时，对一切 $k\in\mathbf{Z}[1,\ \omega]$，有

$$\int_0^z f_k(s)\,\mathrm{d}s\leqslant a_1|z|^2+a,$$

则对每个 λ：$0<\lambda<\dfrac{1}{2a_1}\lambda_1$，（6.3）有 2ω 个非平凡稳态解.

注：由推论 6.5 和推论 6.6 直接看出本章参考文献 28 的两个主要结论成立.

作为应用，我们讨论分布在圆周上的数神经网络模型：

$$\begin{cases}u_i^{(t+1)}-u_i^{(t)}=\beta_1(u_{i-1}^{(t)}-u_i^{(t)})+\beta_1(u_{i+1}^{(t)}-u_i^{(t)})+\beta_2 f_i(u_i^{(t)}),\ i\in\mathbf{Z}[1,\omega],\ t\in\mathbf{N},\\ u_0^{(t)}=0,\ u_{\omega+1}^{(t)}=0,\end{cases}\tag{6.9}$$

其中，每个 f_i 是定义在 $\mathbf{R}$ 上的实连续函数，参数 $\beta_1>0$，$\beta_2>0$，令 $\boldsymbol{B}$ 是 $\omega\times\omega$ 正定矩阵：

$$\boldsymbol{B}=\begin{pmatrix}2&-1&0&\cdots&0&0&0\\-1&2&-1&\cdots&0&0&0\\\vdots&\vdots&\vdots&\cdots&\vdots&\vdots&\vdots\\0&0&0&\cdots&-1&2&-1\\0&0&0&\cdots&0&-1&2\end{pmatrix}_{\omega\times\omega},$$

$\boldsymbol{u}=(u_1, u_2, \cdots, u_\omega)^{\mathrm{T}} \in \mathbf{R}^\omega$, $f(\boldsymbol{u})=(f_1(u_1), f_2(u_2), \cdots, f_\omega(u_\omega))^{\mathrm{T}}$, $\lambda=\dfrac{\beta_2}{\beta_1}$, 则（6.9）的稳态解系统为

$$\boldsymbol{B}\boldsymbol{u}=\lambda f(\boldsymbol{u}). \tag{6.10}$$

注意到矩阵 $\boldsymbol{B}$ 的特征值为

$$\lambda'_k=2\left(1-\cos\frac{k\pi}{\omega+1}\right),\ k\in\mathbf{Z}[1,\omega],$$

$$\lambda_\omega=\max_{1\leqslant i\leqslant\omega}\lambda'_i=2\left(1-\cos\frac{\omega\pi}{\omega+1}\right),\ \lambda_1=\min_{1\leqslant i\leqslant\omega}\lambda'_i=2\left(1-\cos\frac{\pi}{\omega+1}\right),$$

分别由推论4.5和推论4.6即得：

推论6.7 假设对任何 $k\in\mathbf{Z}[1,\omega]$, $f_k\in C(\mathbf{R},\mathbf{R})$ 是奇函数且下面条件成立：

（i）对任何 $k\in\mathbf{Z}[1,\omega]$, 有

$$\lim_{z\to0}\frac{\int_0^z f_k(s)\mathrm{d}s}{z^2}=0,$$

（ii）存在正数 M, a 和 a_1, 使得当 $|z|\geqslant M$ 时，对一切 $k\in\mathbf{Z}[1,\omega]$, 都有

$$\int_0^z f_k(s)\mathrm{d}s\geqslant a_1|z|^2-a,$$

则对每个 $\lambda>\dfrac{2}{a_1}\sin^2\dfrac{\omega\pi}{2(\omega+1)}$,（6.9）有 2ω 个非平凡稳态解.

推论6.8 假设对任何 $k\in\mathbf{Z}[1,\omega]$, $f_k\in C(\mathbf{R},\mathbf{R})$ 是奇函数且下面条件成立：

（i）对任何 $k\in\mathbf{Z}[1,\omega]$, 有

$$\lim_{z\to0}\frac{\int_0^z f_k(s)\mathrm{d}s}{z^2}=+\infty,$$

（ii）存在正数 a_1, a_2 和 M, 使得当 $|z|\geqslant M$ 时，对一切 $k\in\mathbf{Z}[1,\omega]$, 都有

$$\int_0^z f_k(s)\mathrm{d}s\leqslant a_1|z|^2+a_2,$$

则对每个 λ：$0<\lambda<\dfrac{2}{a_1}\sin^2\dfrac{\pi}{2(\omega+1)}$,（6.9）有 2ω 个非平凡稳态解.

例6.1 考虑

$$\begin{pmatrix}2 & -1\\ -1 & 2\end{pmatrix}\begin{pmatrix}x\\ y\end{pmatrix}=\lambda\begin{pmatrix}f(x)\\ f(y)\end{pmatrix}, \tag{6.11}$$

其中 $f(x)=x^3$, 对任何 $\lambda>0$, 取 $a_1>\dfrac{2}{\lambda}\sin^2\dfrac{\pi}{3}$, $a_2=1$, 注意到

$$\lim_{|z|\to+\infty}\frac{\int_0^z f_k(s)\mathrm{d}s}{z^2}=+\infty,$$

可知存在正数 M, 使得当 $|z|\geqslant M$ 时，有

$$\int_0^z f(s)\mathrm{d}s\geqslant a_1|z|^2-a_2.$$

易知推论 6.7 的条件满足. 由推论 6.7，知对任何 $\lambda>0$，(6.11) 有 4 个非平凡解. 另一方面，对任何 $\lambda>0$，可以直接求出 (6.11) 的所有解为

$$\begin{pmatrix}0\\0\end{pmatrix},\ \begin{pmatrix}\frac{1}{\lambda}\sqrt{\lambda}\\ \frac{1}{\lambda}\sqrt{\lambda}\end{pmatrix},\ \begin{pmatrix}-\frac{1}{\lambda}\sqrt{\lambda}\\ -\frac{1}{\lambda}\sqrt{\lambda}\end{pmatrix},\ \begin{pmatrix}+\frac{1}{\lambda}\sqrt{3\lambda}\\ -\frac{1}{\lambda}\sqrt{3\lambda}\end{pmatrix},\ \begin{pmatrix}-\frac{1}{\lambda}\sqrt{3\lambda}\\ +\frac{1}{\lambda}\sqrt{3\lambda}\end{pmatrix}.$$

因此推论 6.7 当 $\omega=2$ 是"Sharp"的.

推论 6.8 的"Sharp"性留给读者举例说明.

§6.2.3 非线性代数系统的弃零解

Wang 和 Cheng 在本章参考文献 27 中研究了 (6.3). 这里我们直接研究 (6.1)，推广本章参考文献 27 的工作，利用 $\mathbf{R}^\omega$ 上函数的局部极值定理，给出 (6.1) 存在弃零解的两个"Sharp"条件. 分别由这两个"Sharp"条件，可导出 $\mathbf{R}^\omega$ 上映射存在 2^ω 个弃零的不动点的"Sharp"条件. 后者将放在下一小节专门论述.

定理 6.7 假设 $\boldsymbol{B}$ 为正定矩阵且存在数 $t(i)\in\{0,1\}$，$i\in\mathbf{Z}[1,\omega]$，使得当 $i,j\in\mathbf{Z}[1,\omega]$ 且 $j\neq i$ 时，$(-1)^{t(i)+t(j)}b_{i,j}\geqslant 0$. 又设

$$\Omega=\{\boldsymbol{u}=(u_1,u_2,\cdots,u_\omega)^{\mathrm{T}}:(-1)^{t(k)}u_k\geqslant 0,\ k\in\mathbf{Z}[1,\omega]\},$$

f 在 Ω 上的有一个原函数 F 满足 $F(0)=0$，进一步假设下面条件成立：

(i) $\displaystyle\lim_{\boldsymbol{u}\in\Omega,\ |\boldsymbol{u}|_2\to 0}\frac{F(\boldsymbol{u})}{|\boldsymbol{u}|_2^2}=0.$

(ii) 存在常数 $M>0$，$a>0$ 和 $a_1\in\left(\frac{1}{2}\lambda_\omega,+\infty\right)$，使得当 $\boldsymbol{u}\in\Omega$ 且 $|\boldsymbol{u}|_2\geqslant M$ 时，有

$$F(\boldsymbol{u})\geqslant a_1|\boldsymbol{u}|_2^2-a.$$

(iii) 对任何 $\boldsymbol{u}\in\Omega$ 和 $i\in\mathbf{Z}[1,\omega]$，有

$$F(u_1,\cdots,u_\omega)\leqslant F(u_1,\cdots,u_{i-1},0,u_{i+1},\cdots,u_\omega)+F(0,\cdots,0,u_i,0,\cdots,0),$$

则 (6.1) 有一个弃零解 $\boldsymbol{u}=(u_1,u_2,\cdots,u_\omega)^{\mathrm{T}}$ 满足 $\operatorname{sgn}u_i=(-1)^{t(i)}$，$i\in\mathbf{Z}[1,\omega]$.

证明： 设泛函 $I:\Omega\to\mathbf{R}$，使得

$$I(\boldsymbol{u})=-\frac{1}{2}\boldsymbol{u}^{\mathrm{T}}\boldsymbol{B}\boldsymbol{u}+F(\boldsymbol{u}).$$

令

$$a_2'=\max\{|F(\boldsymbol{u})-a_1|\boldsymbol{u}|_2^2+a|:\boldsymbol{u}\in\Omega,\ |\boldsymbol{u}|_2\leqslant M\}$$

和 $a_2=a+a_2'$，则由条件 (ii)，得对任意 $\boldsymbol{u}\in\Omega$，有

$$F(\boldsymbol{u})\geqslant a_1|\boldsymbol{u}|_2^2-a_2.$$

这可推出对任意 $\boldsymbol{u}\in\Omega$，有

$$I(\boldsymbol{u}) = -\frac{1}{2}\boldsymbol{u}^{\mathrm{T}}\boldsymbol{B}\boldsymbol{u} + F(\boldsymbol{u})$$

$$\geqslant -\frac{1}{2}\lambda_{\omega}|\boldsymbol{u}|_2^2 + a_1|\boldsymbol{u}|_2^2 - a_2 \tag{6.12}$$

$$\geqslant \left(a_1 - \frac{1}{2}\lambda_{\omega}\right)|\boldsymbol{u}|_2^2 - a_2.$$

所以对任意 $\boldsymbol{u}\in\Omega$，有

$$I(\boldsymbol{u}) \geqslant -a_2.$$

故 I 在 Ω 有下界. 设 $c_1 = \inf\limits_{u\in\Omega} I(\boldsymbol{u})$. 由条件（ⅰ），得存在常数 $\delta>0$ 和 $\alpha<\frac{1}{2}\lambda_1$，使得对任意 $\boldsymbol{u}\in\Omega$ 且 $|\boldsymbol{u}|_2\leqslant\delta$，有

$$F(\boldsymbol{u})\leqslant\alpha|\boldsymbol{u}|_2^2.$$

于是对任意 $\boldsymbol{u}\in\Omega$ 且 $|\boldsymbol{u}|_2=\delta$，有

$$I(\boldsymbol{u}) = -\frac{1}{2}\boldsymbol{u}^{\mathrm{T}}\boldsymbol{B}\boldsymbol{u} + F(\boldsymbol{u}) \leqslant -\left(\frac{1}{2}\lambda_1 - \alpha\right)|\boldsymbol{u}|_2^2 < 0.$$

这样 $c_1 = \inf\limits_{u\in\Omega} I(\boldsymbol{u})<0$. 由 c_1 的定义，知存在点列 $\{\boldsymbol{u}^{(n)}\}\subseteq\Omega$，使得 $\lim\limits_{n\to\infty} I(\boldsymbol{u}^{(n)}) = c_1$. 可设正数 P，使得对任意 $n\geqslant1$，有

$$I(\boldsymbol{u}^{(n)})\leqslant P. \tag{6.13}$$

由（6.12）和（6.13），有

$$\left(a_1 - \frac{1}{2}\lambda_{\omega}\right)|\boldsymbol{u}^{(n)}|_2^2 - a_2 \leqslant I(\boldsymbol{u}^{(n)})\leqslant P.$$

推出

$$|\boldsymbol{u}^{(n)}|_2^2 \leqslant \left(a_1 - \frac{1}{2}\lambda_{\omega}\right)^{-1}(P+a_2).$$

因此 $\{\boldsymbol{u}^{(n)}\}$ 是 Ω 中有界的序列，所以 $\{\boldsymbol{u}^{(n)}\}$ 必有收敛子列 $\{\boldsymbol{u}^{(n_i)}\}$. 设 $\lim\limits_{i\to\infty}\boldsymbol{u}^{(n_i)} = \boldsymbol{u}^{(0)}$，则 $\boldsymbol{u}^{(0)}\in\Omega$ 且 $I(\boldsymbol{u}^{(0)})=c_1$. 注意到 $I(0)=0$ 和 $c_1<0$，可知存在某个 $k_0\in\mathbf{Z}[1,\omega]$，使得 $(-1)^{t(k_0)}u_{k_0}^{(0)}>0$. 可断言 $\boldsymbol{u}^{(0)}\in\Omega$ 是 I 的一个弃零临界点. 假设存在 $i_0\in\mathbf{Z}[1,\omega]$，使得 $u_{i_0}^{(0)}=0$，则有

$$c_1 = I(\boldsymbol{u}^{(0)}) = -\frac{1}{2}\sum_{i\neq i_0, j\neq i_0} b_{i,j}u_i^{(0)}u_j^{(0)} + F(u_1^{(0)}, \cdots, u_{i_0-1}^{(0)}, 0, u_{i_0+1}^{(0)}, \cdots, u_{\omega}^{(0)}). \tag{6.14}$$

另一方面，由假设，知当 $i, j\in\mathbf{Z}[1,\omega]$ 且 $j\neq i$ 时，有 $(-1)^{t(i)+t(j)}b_{i,j}\geqslant0$. 于是

$$\sum_{j\neq i_0}(-1)^{t(i_0)+t(j)}b_{i_0j}(-1)^{t(j)}u_j^{(0)}\geqslant0.$$

注意到若 $(-1)^{t(i_0)}u_{i_0}\geqslant0$，则

$$I_0(u_{i_0}) := -\frac{1}{2}b_{i_0i_0}(u_{i_0})^2 - u_{i_0}\sum_{j\neq i_0}b_{i_0j}u_j^{(0)} + F(0, \cdots, 0, u_{i_0}, 0, \cdots, 0) \tag{6.15}$$

$$\leqslant -\frac{1}{2}b_{i_0i_0}(u_{i_0})^2 + F(0, \cdots, 0, u_{i_0}, 0, \cdots, 0).$$

由于 $\boldsymbol{B}$ 是正定矩阵，所以 $b_{i_0i_0}>0$. 由条件（ⅰ），（6.14）和（6.15），知存在 $\bar{u}_{i_0}$，使得

$(-1)^{t(i_0)}\bar{u}_{i0}>0$ 且 $I_0(\bar{u}_{i_0})<0$. 取

$$\bar{\boldsymbol{u}}=(u_1^{(0)},\ \cdots,\ u_{i_0-1}^{(0)},\ \bar{u}_{i_0},\ u_{i_0+1}^{(0)},\ \cdots,\ u_\omega^{(0)})^{\mathrm{T}}\in\Omega,$$

则由条件（ⅲ），有

$$\begin{aligned}I(\bar{\boldsymbol{u}})&=-\frac{1}{2}\sum_{i\neq i_0,j\neq i_0}b_{i,j}u_i^{(0)}u_j^{(0)}-\frac{1}{2}b_{i_0i_0}(\bar{u}_{i_0})^2-\bar{u}_{i_0}\sum_{j\neq i_0}b_{i_0j}u_j^{(0)}+\\&\quad F(u_1^{(0)},\ \cdots,\ u_{i_0-1}^{(0)},\ \bar{u}_{i_0},\ u_{i_0+1}^{(0)},\ \cdots,\ u_\omega^{(0)})\\&\leqslant-\frac{1}{2}\sum_{i\neq i_0,j\neq i_0}b_{i,j}u_i^{(0)}u_j^{(0)}-\frac{1}{2}b_{i_0i_0}(\bar{u}_{i_0})^2-\bar{u}_{i_0}\sum_{j\neq i_0}b_{i_0j}u_j^{(0)}+\\&\quad F(u_1^{(0)},\ \cdots,\ u_{i_0-1}^{(0)},\ 0,\ u_{i_0+1}^{(0)},\ \cdots,\ u_\omega^{(0)})+F(0,\ \cdots,\ 0,\ \bar{u}_{i_0},\ 0,\ \cdots,\ 0)\\&=I(\boldsymbol{u}^{(0)})+I_0(\bar{\boldsymbol{u}}_0)<I(\boldsymbol{u}^{(0)})=c_1,\end{aligned}$$

这与 c_1 的定义矛盾. 因此 $\boldsymbol{u}^{(0)}\in\operatorname{int}\Omega$. 推知 $\boldsymbol{u}^{(0)}$ 是 I 的一个临界点，即 $\boldsymbol{u}^{(0)}$ 是 (6.1) 的弃零解且 $\operatorname{sgn}u_i=(-1)^{t(i)}$，$i\in\mathbf{Z}[1,\ \omega]$. 证毕.

定理 6.8 假设 $\boldsymbol{B}$ 为正定矩阵且存在数 $t(i)\in\{0,\ 1\}$，$i\in\mathbf{Z}[1,\omega]$，使得当 $i,\ j\in\mathbf{Z}[1,\ \omega]$ 且 $j\neq i$ 时，$(-1)^{t(i)+t(j)}b_{i,j}\leqslant0$. 又设

$$\Omega=\{\boldsymbol{u}=(u_1,\ u_2,\ \cdots,\ u_\omega):\ (-1)^{t(k)}u_k\geqslant0,\ k\in\mathbf{Z}[1,\omega]\},$$

则函数 f 在 Ω 上有一个原函数 F 满足 $F(0)=0$. 进一步假设下面条件成立:

（ⅰ）$\displaystyle\lim_{\boldsymbol{u}\in\Omega,\ |\boldsymbol{u}|_2\to0}\frac{F(\boldsymbol{u})}{|\boldsymbol{u}|_2^2}=+\infty$,

（ⅱ）存在常数 $M>0$，$a>0$ 和 $a_1\in\left(0,\ \frac{1}{2}\lambda_1\right)$，使得当 $\boldsymbol{u}\in\Omega$ 且 $|\boldsymbol{u}|_2\geqslant M$ 时，有

$$F(\boldsymbol{u})\leqslant a_1|\boldsymbol{u}|_2^2+a,$$

（ⅲ）对任何 $\boldsymbol{u}\in\Omega$ 和 $i\in\mathbf{Z}[1,\omega]$，都有

$$F(u_1,\ \cdots,\ u_\omega)\geqslant F(u_1,\ \cdots,\ u_{i-1},\ 0,\ u_{i+1},\ \cdots,\ u_\omega)+F(0,\ \cdots,\ 0,\ u_i,\ 0,\ \cdots,\ 0),$$

则 (6.1) 有一个弃零解 $\boldsymbol{u}=(u_1,\ u_2,\ \cdots,\ u_\omega)^{\mathrm{T}}$ 满足 $\operatorname{sgn}u_i=(-1)^{t(i)}$，$i\in\mathbf{Z}[1,\omega]$.

证明： 设泛函 $J:\ \Omega\to\mathbf{R}$，使得

$$J(\boldsymbol{u})=\frac{1}{2}\boldsymbol{u}^{\mathrm{T}}\boldsymbol{B}\boldsymbol{u}-F(\boldsymbol{u}),$$

令

$$a_2'=\max\{|F(\boldsymbol{u})-a_1|\boldsymbol{u}|_2^2-a|:\ \boldsymbol{u}\in\Omega,\ |\boldsymbol{u}|_2\leqslant M\}$$

和 $a_2=a+a_2'$，由条件（ⅱ），得对任意 $\boldsymbol{u}\in\Omega$，有

$$F(\boldsymbol{u})\leqslant a_1|\boldsymbol{u}|_2^2+a_2.$$

这样，可推出对任意 $\boldsymbol{u}=(u_1,\ u_2,\ \cdots,\ u_\omega)^{\mathrm{T}}\in\Omega$，有

$$\begin{aligned}J(\boldsymbol{u})&=\frac{1}{2}\boldsymbol{u}^{\mathrm{T}}\boldsymbol{B}\boldsymbol{u}-F(\boldsymbol{u})\\&\geqslant\frac{1}{2}\lambda_1|\boldsymbol{u}|_2^2-a_1|\boldsymbol{u}|_2^2-a_2\\&\geqslant\left(\frac{1}{2}\lambda_1-a_1\right)|\boldsymbol{u}|_2^2-a_2.\end{aligned}\tag{6.16}$$

所以对任意 $\boldsymbol{u}\in\Omega$，有

$$J(\boldsymbol{u})\geqslant a_2.$$

故 I 在 Ω 有下界. 设 $c_1=\inf\limits_{u\in\Omega}J(\boldsymbol{u})$，可证 $c_1<0$. 事实上，由（ⅰ），知存在正数 δ 和 $\alpha>\frac{1}{2}\lambda_\omega$，使得对任意 $\boldsymbol{u}\in\Omega$ 且 $|\boldsymbol{u}|_2\leqslant\delta$，有

$$F(\boldsymbol{u})\geqslant\alpha|\boldsymbol{u}|_2^2.$$

于是对任何 $\boldsymbol{u}\in\Omega$ 且 $|\boldsymbol{u}|_2=\delta$，有

$$\begin{aligned}J(\boldsymbol{u})&=\frac{1}{2}\boldsymbol{u}^{\mathrm{T}}\boldsymbol{B}\boldsymbol{u}-F(\boldsymbol{u})\\&\leqslant\frac{1}{2}\lambda_\omega|\boldsymbol{u}|_2^2-\alpha|\boldsymbol{u}|_2^2\\&\leqslant\left(\frac{1}{2}\lambda_\omega-\alpha\right)|\boldsymbol{u}|_2^2<0.\end{aligned}$$

这样 $c_1=\inf\limits_{u\in\Omega}J(\boldsymbol{u})<0$. 由 c_1 的定义，知存在点列 $\{\boldsymbol{u}^{(n)}\}\subseteq\Omega$，使得 $\lim\limits_{n\to\infty}J(\boldsymbol{u}^{(n)})=c_1$. 可设正数 P，使得对任意 $n\in\mathbf{N}_+$，有

$$J(\boldsymbol{u}^{(n)})\leqslant P.\tag{6.17}$$

由（6.16）和（6.17），有

$$\left(\frac{1}{2}\lambda_1-a_1\right)|\boldsymbol{u}^{(n)}|_2^2-a_2\leqslant J(\boldsymbol{u}^{(n)})\leqslant P,$$

推出

$$|\boldsymbol{u}^{(n)}|_2^2\leqslant\left(\frac{1}{2}\lambda_1-a_1\right)^{-1}(a_2+P).$$

因此，$\{\boldsymbol{u}^{(n)}\}$ 是 Ω 上的有界点列. 从而必有收敛子列 $\{\boldsymbol{u}^{(n_i)}\}$. 设 $\lim\limits_{i\to\infty}\boldsymbol{u}^{(n_i)}=\boldsymbol{u}^{(0)}$，则 $\boldsymbol{u}^{(0)}=(u_1^{(0)},u_2^{(0)},\cdots,u_\omega^{(0)})^{\mathrm{T}}\in\Omega$ 且 $J(\boldsymbol{u}^{(0)})=c_1$. 注意到 $J(0)=0$ 和 $c_1<0$，可知存在某个 $k_0\in\mathbf{Z}[1,\omega]$，使得 $(-1)^{t(k_0)}u_{k_0}^{(0)}>0$. 可以断言 $\boldsymbol{u}^{(0)}\in\Omega$ 是 J 的一个弃零临界点. 假设存在 $i_0\in\mathbf{Z}[1,\omega]$，使得 $u_i^{(0)}=0$，则有

$$c_1=J(\boldsymbol{u}^{(0)})=\frac{1}{2}\sum_{i\neq i_0,j\neq i_0}b_{i,j}u_i^{(0)}u_j^{(0)}-F(u_1^{(0)},\cdots,u_{i_0-1}^{(0)},0,u_{i_0+1}^{(0)},\cdots,u_\omega^{(0)}).$$

另一方面，由假设，知当 $i,j\in\mathbf{Z}[1,\omega]$ 且 $j\neq i$ 时，有 $(-1)^{t(i)+t(j)}b_{i,j}\leqslant0$. 于是

$$\sum_{j\neq i_0}(-1)^{t(i_0)+t(j)}b_{i_0j}\left((-1)^{t(j)}u_j^{(0)}\right)\leqslant0.$$

注意到若 $(-1)^{t(i_0)}u_{i_0}\geqslant0$，则

$$\begin{aligned}J_0(u_{i_0}):&=\frac{1}{2}b_{i_0i_0}(u_{i_0})^2+u_{i_0}\sum_{j\neq i_0}b_{i_0j}u_j^{(0)}-F(0,\cdots,u_{i_0},0,\cdots,0)\\&=\frac{1}{2}b_{i_0i_0}(u_{i_0})^2+(-1)^{t(i_0)}u_{i_0}\sum_{j\neq i_0}(-1)^{t(i_0)+t(j)}b_{i_0j}((-1)^{t(-1)t(j)}u_j^{(0)})-F(0,\cdots,0,u_{i_0},0,\cdots,0)\\&\leqslant\frac{1}{2}b_{i_0i_0}(u_{i_0})^2-F(0,\cdots,0,u_{i0},0,\cdots,0).\end{aligned}\tag{6.18}$$

由于$B_{\omega\times\omega}$是正定矩阵，所以$b_{i_0 i_0}>0$. 由（i）和（6.18），可知存在$\bar{u}_{i_0}$，使得$(-1)^{t(i_0)}\bar{u}_{i_0}>0$且$J_0(\bar{u}_{i_0})<0$. 取

$$\bar{\boldsymbol{u}}=(u_1^{(0)}, \cdots, u_{i_0-1}^{(0)}, \bar{u}_{i_0}, u_{i_0+1}^{(0)}, \cdots, u_\omega^{(0)})^{\mathrm{T}},$$

则有

$$\begin{aligned}
J(\bar{\boldsymbol{u}}) &= \frac{1}{2}\sum_{i\neq i_0, j\neq i_0} b_{i,j}u_i^{(0)}u_j^{(0)}+\frac{1}{2}b_{i_0i_0}(\bar{u}_{i_0})^2+\bar{u}_{i_0}\sum_{j\neq i_0}b_{i_0j}u_j^{(0)}-F(u_1^{(0)}, \cdots, u_{i_0-1}^{(0)}, \bar{u}_{i_0}, u_{i_0+1}^{(0)}, \cdots, u_\omega^{(0)})\\
&\leqslant \frac{1}{2}\sum_{i\neq i_0, j\neq i_0} b_{i,j}u_i^{(0)}u_j^{(0)}+\frac{1}{2}b_{i_0i_0}(\bar{u}_{i_0})^2+\bar{u}_{i_0}\sum_{j\neq i_0}b_{i_0j}u_j^{(0)}\\
&\quad -F(u_1^{(0)}, \cdots, u_{i_0-1}^{(0)}, 0, u_{i_0+1}^{(0)}, \cdots, u_\omega^{(0)})-F(0, \cdots, 0, \bar{u}_{i_0}, 0, \cdots, 0)\\
&= J(\boldsymbol{u}^{(0)})+J_0(\bar{\boldsymbol{u}}_0)<J(\boldsymbol{u}^{(0)})=c_1.
\end{aligned}$$

这与c_1的定义矛盾. 因此$\boldsymbol{u}^{(0)}\in \operatorname{int}\Omega$. 推知$\boldsymbol{u}^{(0)}$是$I$的一个临界点，即$\boldsymbol{u}^{(0)}$是（6.1）的弃零解且$\operatorname{sgn} u_i=(-1)^{t(i)}$，$i\in\mathbf{Z}[1,\omega]$. 证毕.

现在，我们用定理6.7和定理6.8讨论（6.3），导出本章参考文献27的主要结果.

推论6.9 假设$f_k\in C(\mathbf{R},\mathbf{R})$，$k\in\mathbf{Z}[1,\omega]$且存在数$t(i)\in\{0, 1\}$，$i\in\mathbf{Z}[1,\omega]$，使得当$i, j\in\mathbf{Z}[1,\omega]$且$j\neq i$时，有$(-1)^{t(i)+t(j)}b_{i,j}\geqslant 0$. 进一步假设下面条件成立：

（i）对任何$k\in\mathbf{Z}[1,\omega]$，有

$$\lim_{z\to 0}\frac{f_k(z)}{z}=0.$$

（ii）存在正数a_1，a_2和M，使得当$|z|\geqslant M$时，对一切$k\in\mathbf{Z}[1,\omega]$，都有

$$\int_0^z f_k(s)\,\mathrm{d}s\geqslant a_1|z|^2-a_2,$$

则对每个$\lambda>\frac{1}{2a_1}\lambda_\omega$，（6.3）都有2个弃零解，其中一个是$\boldsymbol{u}=(u_1, u_2, \cdots, u_\omega)^{\mathrm{T}}$满足$\operatorname{sgn} u_i=(-1)^{t(i)}$，$i\in\mathbf{Z}[1,\omega]$，另一个是$\boldsymbol{v}=(v_1, v_2, \cdots, v_\omega)^{\mathrm{T}}$满足$\operatorname{sgn} v_i=(-1)^{t(i)+1}$，$i\in\mathbf{Z}[1,\omega]$.

证明：设

$$F(\boldsymbol{u})=\lambda\sum_{k=1}^{\omega}\int_0^{u_k}f_k(s)\,\mathrm{d}s,\ \boldsymbol{u}=(u_1, u_2, \cdots, u_\omega)^{\mathrm{T}}\in\mathbf{R}^\omega, \tag{6.19}$$

则F是函数f在$\mathbf{R}^\omega$上的一个原函数且$F(0)=0$. 由条件（i）对每个$k\in\mathbf{Z}[1,\omega]$，有

$$\lim_{u_k\to 0}\frac{\lambda\int_0^{u_k}f_k(s)\,\mathrm{d}s}{u_k^2}=0.$$

可知对任给正数ε，存在正数δ，使得当$0<|u_k|<\delta$时，对任何$k\in\mathbf{Z}[1,\omega]$，都有

$$\lambda\int_0^{u_k}f_k(s)\,\mathrm{d}s\leqslant\varepsilon u_k^2. \tag{6.20}$$

特别地，当某个$u_k=0$时，上式也成立. 由（6.19）和（6.20），得当$0<|\boldsymbol{u}|_2<\delta$时，有

$$F(\boldsymbol{u})=\lambda\sum_{k=1}^{\omega}\int_0^{u_k}f_k(s)\,\mathrm{d}s\leqslant\varepsilon|\boldsymbol{u}|_2^2.$$

推出

$$\lim_{|u|_2\to 0}\frac{F(u)}{|u|_2^2}=0. \tag{6.21}$$

由（ⅱ），知存在正数 a，使得当 $z\in\mathbf{R}$ 时，对一切 $k\in\mathbf{Z}[1,\omega]$，都有

$$\int_0^z f_k(s)\,ds\geqslant a_1|z|^2-a,$$

从而对任意 $u\in\mathbf{R}^\omega$ 且 $|u|_2\geqslant M$，有

$$F(u)=\lambda\sum_{k=1}^{\omega}\int_0^{u_k}f_k(s)\,ds\geqslant\lambda a_1|u|_2^2-\lambda\omega a. \tag{6.22}$$

由（6.21），（6.22）且注意到 $\lambda a_1>\frac{1}{2}\lambda_\omega$，知定理 6.7 的条件（ⅰ）和（ⅱ）满足．由（6.19），知满足定理 6.7 的条件（ⅲ）．再注意到当 $i,j\in\mathbf{Z}[1,\omega]$ 且 $j\neq i$ 时，有 $(-1)^{t(i)+t(j)}b_{i,j}\geqslant 0$．故由定理 6.7，得知对每个 $\lambda>\frac{1}{2a_1}\lambda_\omega$，（6.3）有一个弃零解 $u=(u_1,u_2,\cdots,u_\omega)^{\mathrm T}$ 满足 $\operatorname{sgn}u_i=(-1)^{t(i)}$，$i\in\mathbf{Z}[1,\omega]$．由前面同样的理由，并注意到当 $i,j\in\mathbf{Z}[1,\omega]$ 且 $j\neq i$ 时，有 $(-1)^{t(i)+1+t(j)+1}b_{i,j}\geqslant 0$．由定理 6.7，可知这时（6.3）有另一个弃零解 $v=(v_1,v_2,\cdots v_\omega)^{\mathrm T}$ 满足 $\operatorname{sgn}v_i=(-1)^{t(i)+1}(i\in\mathbf{Z}[1,\omega])$．证毕.

推论 6.10 假设 $f_k\in C(\mathbf{R},\mathbf{R})$，$k\in\mathbf{Z}[1,\omega]$ 且存在数 $t(i)\in\{0,1\}$，$i\in\mathbf{Z}[1,\omega]$，使得当 $i,j\in\mathbf{Z}[1,\omega]$ 且 $j\neq i$ 时，有 $(-1)^{t(i)+i(j)}b_{i,j}\geqslant 0$．进一步假设下面条件成立：

（ⅰ）对任何 $k\in\mathbf{Z}[1,\omega]$，有

$$\lim_{z\to 0}\frac{f_k(z)}{z}=0,$$

（ⅱ）存在正数 a_1'，a_2'，M' 和 $\alpha>2$，使得当 $|z|\geqslant M'$ 时，对一切 $k\in\mathbf{Z}[1,\omega]$，都有

$$\int_0^z f_k(s)\,ds\geqslant a_1'|z|^\alpha-a_2',$$

则对每个 $\lambda>0$，（6.3）有 2 个弃零解，其中一个是 $u=(u_1,u_2,\cdots,u_\omega)^{\mathrm T}$ 满足 $\operatorname{sgn}u_i=(-1)^{t(i)}$，$i\in\mathbf{Z}[1,\omega]$，另一个是 $v=(v_1,v_2,\cdots,v_\omega)^{\mathrm T}$ 满足 $\operatorname{sgn}v_i=(-1)^{t(i)+1}$，$i\in\mathbf{Z}[1,\omega]$.

证明： 对任意 $\lambda>0$，取 $a_1>\frac{1}{2\lambda}\lambda_\omega$，由（ⅱ），得存在正数 a_1'，a_2'，M' 和 $\alpha>2$，使得当 $|z|\geqslant M'$ 时，对任何 $k\in\mathbf{Z}[1,\omega]$，都有

$$\int_0^z f_k(s)\,ds\geqslant a_1'|z|^\alpha-a_2'=a_1'|z|^{\alpha-2}|z|^2-a_2',$$

令 $M>M'$ 且 $a_1'M^{\alpha-2}>a_1$．则由上式，知当 $|z|\geqslant M$ 和 $k\in\mathbf{Z}[1,\omega]$ 时，有

$$\int_0^z f_k(s)\,ds\geqslant a_1|z|^2-a_2',$$

即推论 6.9 的条件（ⅱ）成立．结合（ⅰ）可知，推论 6.9 的所有条件成立．由推论 6.9，推知结论为真．证毕.

作为推论 6.9 和推论 6.10 的直接结果，有推论 6.11 和推论 6.12：

推论 6.11 假设推论 6.9 的条件成立，则对每个 $\lambda>\frac{1}{2a_1}\lambda_\omega$，

（ⅰ）若向量 $((-1)^{t(1)},(-1)^{t(2)},\cdots,(-1)^{t(\omega)})^{\mathrm T}$ 是正或负的，则（6.3）有 2 个

弃零解，其中一个是正的，另一个是负的；

（ⅱ）若向量$((-1)^{t(1)}, (-1)^{t(2)}, \cdots, (-1)^{t(\omega)})^{\mathrm{T}}$是全振动的，则（6.3）有2个全振动解；

（ⅲ）若向量$((-1)^{t(1)}, (-1)^{t(2)}, \cdots, (-1)^{t(\omega)})^{\mathrm{T}}$是$k$－偏振动的，则（6.3）有2个$k$－偏振动解且其中一个是$\boldsymbol{u}=(u_1, u_2, \cdots, u_\omega)^{\mathrm{T}}$满足$\operatorname{sgn} u_i=(-1)^{t(i)}$，$i\in\mathbf{Z}[1,\omega]$，另一个是$\boldsymbol{v}=(v_1, v_2, \cdots, v_\omega)^{\mathrm{T}}$满足$\operatorname{sgn} v_i=(-1)^{t(i)+1}$，$i\in\mathbf{Z}[1,\omega]$.

推论6.12 假设推论6.10的条件成立，则对每个$\lambda>0$，

（ⅰ）若向量$((-1)^{t(1)}, (-1)^{t(2)}, \cdots, (-1)^{t(\omega)})^{\mathrm{T}}$是正或负的，则（6.3）有2个弃零解，其中一个是正的，另一是负的；

（ⅱ）若向量$((-1)^{t(1)}, (-1)^{t(2)}, \cdots, (-1)^{t(\omega)})^{\mathrm{T}}$是全振动的，则（6.3）有2个全振动解；

（ⅲ）若向量$((-1)^{t(1)}, (-1)^{t(2)}, \cdots, (-1)^{t(\omega)})^{\mathrm{T}}$是$k$－偏振动的，则（6.3）有2个$k$－偏振动解且其中一个是$\boldsymbol{u}=(u_1, u_2, \cdots, u_\omega)^{\mathrm{T}}$满足$\operatorname{sgn} u_i=(-1)^{t(i)}$，$t\in\mathbf{Z}[1,\omega]$，另一个是$\boldsymbol{v}=(v_1, v_2, \cdots, v_\omega)^{\mathrm{T}}$满足$\operatorname{sgn} v_i=(-1)^{t(i)+1}$，$i\in\mathbf{Z}[1,\omega]$.

推论6.13 假设$f_k\in C(\mathbf{R},\mathbf{R})$，$k\in\mathbf{Z}[1,\omega]$且存在数$t(i)\in\{0, 1\}$，$i\in\mathbf{Z}[1,\omega]$，使得当$i$，$j\in\mathbf{Z}[1,\omega]$且$j\neq i$时，有$(-1)^{t(i)+t(j)}b_{i,j}\leqslant 0$. 进一步假设下面条件成立：

（ⅰ）对任何$k\in\mathbf{Z}[1,\omega]$，有

$$\lim_{z\to 0}\frac{\int_0^z f_k(s)\,\mathrm{d}s}{z^2}=+\infty,$$

（ⅱ）存在正数a_1，a_2和M，使得当$|z|\geqslant M$时，对一切$k\in\mathbf{Z}[1,\omega]$，都有

$$\int_0^z f_k(s)\,\mathrm{d}s\leqslant a_1|z|^2+a_2,$$

则对每个$\lambda\in\left(0, \dfrac{1}{2a_1}\lambda_1\right)$，（6.3）有2个弃零解，其中一个是$\boldsymbol{u}=(u_1, u_2, \cdots, u_\omega)$满足$\operatorname{sgn} u_i=(-1)^{t(i)}$，$i\in\mathbf{Z}[1,\omega]$，另一个是$\boldsymbol{v}=(v_1, v_2, \cdots, v_\omega)^{\mathrm{T}}$满足$\operatorname{sgn} v_i=(-1)^{t(i)}$，$i\in\mathbf{Z}[1,\omega]$.

证明：设

$$F(\boldsymbol{u})=\lambda\sum_{k=1}^{\omega}\int_0^{u_k}f_k(s)\,\mathrm{d}s,\quad \boldsymbol{u}=(u_1, u_2, \cdots, u_\omega)^{\mathrm{T}}\in\mathbf{R}^\omega. \tag{6.23}$$

则F是λf在$\mathbf{R}^\omega$上的一个原函数且$F(0)=0$. 由条件（ⅰ），知对每个$k\in\mathbf{Z}[1,\omega]$，有

$$\lim_{u_k\to 0}\frac{\lambda\int_0^{u_k}f_k(s)\,\mathrm{d}s}{u_k^2}=+\infty.$$

于是对任给正数G，存在正数δ，使得当$0<|u_k|<\delta$时，就有

$$\lambda\int_0^{u_k}f_k(s)\,\mathrm{d}s\geqslant Gu_k^2,\quad k=\mathbf{Z}[1,\omega].$$

注意到当某个$u_k=0$时，上式仍然成立，从而推出当$0<|\boldsymbol{u}|_2<\delta$时，有

$$F(\boldsymbol{u})=\lambda\sum_{k=1}^{\omega}\int_0^{u_k}f_k(s)\,\mathrm{d}s\geqslant G|\boldsymbol{u}|_2^2,$$

即

$$\frac{F(\boldsymbol{u})}{|\boldsymbol{u}|_2^2}\geqslant G.$$

由此证得

$$\lim_{|\boldsymbol{u}|_2\to 0}\frac{F(\boldsymbol{u})}{|\boldsymbol{u}|_2^2}=+\infty. \tag{6.24}$$

由（ⅱ），知存在正数 a，使得当 $z\in\mathbf{R}$ 时，对一切 $k\in\mathbf{Z}[1,\omega]$，都有

$$\int_0^z f_k(s)\,\mathrm{d}s\leqslant a_1|z|^2+a.$$

从而当 $\boldsymbol{u}\in\mathbf{R}^\omega$ 且 $|\boldsymbol{u}|_2\geqslant M$ 时，有

$$F(\boldsymbol{u})=\lambda\sum_{k=1}^{\omega}\int_0^{u_k}f_k(s)\,\mathrm{d}s\leqslant\lambda a_1|\boldsymbol{u}|_2^2+\lambda\omega a. \tag{6.25}$$

由（6.24），（6.25）且注意到 $\lambda a_1\in\left(0,\ \frac{1}{2}\lambda_1\right)$，知定理 6.8 的条件（ⅰ）和（ⅱ）成立. 由（6.23），知定理6.8的条件（ⅲ）满足. 再注意到当 i，$j\in\mathbf{Z}[1,\omega]$ 且 $j\neq i$ 时，有 $(-1)^{t(i)+t(j)}b_{i,j}\leqslant 0$. 由定理6.8，知对每个 $\lambda\in\left(0,\ \frac{1}{2a_1}\lambda_1\right)$，(6.3) 有一个弃零解 $\boldsymbol{u}=(u_1,\ u_2,\ \cdots,\ u_\omega)^{\mathrm{T}}$ 满足 $\operatorname{sgn} u_i=(-1)^{t(i)}$，$i\in\mathbf{Z}[1,\omega]$. 由前面同样的理由，并注意到当 i，$j\in\mathbf{Z}[1,\ \omega]$ 且 $j\neq i$ 时，有 $(-1)^{t(i)+1+t(j)+1}b_{i,j}\leqslant 0$. 由定理 6.8，可知这时（6.3）有另一个弃零解 $\boldsymbol{v}=(v_1,\ v_2,\ \cdots,\ v_\omega)^{\mathrm{T}}$满足 $\operatorname{sgn} v_i=(-1)^{t(i)+1}$，$i\in\mathbf{Z}[1,\omega]$. 证毕.

推论 6.14 假设 $f_k\in C(\mathbf{R},\ \mathbf{R})$，$k\in\mathbf{Z}[1,\omega]$ 且存在数 $t(i)\in\{0,\ 1\}$，$i\in\mathbf{Z}[1,\omega]$，使得当 i，$j\in\mathbf{Z}[1,\omega]$ 且 $j\neq i$ 时，有 $(-1)^{t(i)+t(j)}b_{i,j}\leqslant 0$. 进一步假设下面条件成立：

（ⅰ）对任何 $k\in\mathbf{Z}[1,\omega]$，有

$$\lim_{z\to 0}\frac{\int_0^z f_k(s)\,\mathrm{d}s}{z^2}=+\infty,$$

（ⅱ）存在正数 a_1'，a_2'，M'和 $\beta\in(1,\ 2)$，使得当 $|z|\geqslant M'$时，对一切 $k\in\mathbf{Z}[1,\omega]$，都有

$$\int_0^z f_k(s)\,\mathrm{d}s\leqslant a_1'|z|^\beta+a_2',$$

则对每个 $\lambda>0$，(6.3) 有 2 个弃零解，其中一个是 $\boldsymbol{u}=(u_1,\ u_2,\ \cdots,\ u_w)^{\mathrm{T}}$ 满足 $\operatorname{sgn} u_i=(-1)^{t(i)}$，$i\in\mathbf{Z}[1,\omega]$；另一个是 $\boldsymbol{v}=(v_1,\ v_2,\ \cdots,\ v_\omega)^{\mathrm{T}}$ 满足 $\operatorname{sgn} v_i=(-1)^{t(i)}$，$i\in\mathbf{Z}[1,\omega]$.

证明： 对任意 $\lambda>0$，取 $0<a_1<\frac{1}{2\lambda}\lambda_\omega$，由（ⅱ），知存在正数 a_1'，a_2'，M'和 $\beta\in(1,\ 2)$，使得当 $|z|\geqslant M'$时，对一切 $k\in\mathbf{Z}[1,\omega]$ 都有

$$\int_0^z f_k(s)\,\mathrm{d}s\leqslant a_1'|z|^\beta+a_2',$$

令 $M>M'$ 且 $a_1'M^{\beta-2}<a_1$，于是当 $|z|\geqslant M$ 时，对一切 $k\in\mathbf{Z}[1,\omega]$，都有

$$\int_0^z f_k(s)\,\mathrm{d}s\leqslant a_1|z|^2+a_2',$$

即推论 6.13 的条件（ⅱ）满足. 结合（ⅰ），可知推论 6.13 的所有条件成立. 故结论成立. 证毕.

作为推论 6.13 和推论 6.14 的直接推论，我们有

推论 6.15 假设推论 6.13 的条件成立，则对每个 $\lambda \in \left(0, \frac{1}{2a_1}\lambda_1\right)$，

（ⅰ）若向量 $((-1)^{t(1)}, (-1)^{t(2)}, \cdots (-1)^{t(\omega)})^{\mathrm{T}}$ 是正或负，则（6.3）有 2 个弃零解且其中一个是正的，另一是负的；

（ⅱ）若向量 $((-1)^{t(1)}, (-1)^{t(2)}, \cdots (-1)^{t(\omega)})^{\mathrm{T}}$ 是全振动的，则（6.3）有 2 个全振动解；

（ⅲ）若向量 $((-1)^{t(1)}, (-1)^{t(2)}, \cdots, (-1)^{t(\omega)})^{\mathrm{T}}$ 是 k-偏振动的，则（6.3）有 2 个 k-偏振动解且其中一个是 $\boldsymbol{u}=(u_1, u_2, \cdots, u_\omega)^{\mathrm{T}}$ 满足 $\operatorname{sgn} u_i = (-1)^{t(i)}$，$i \in \mathbf{Z}[1,\omega]$，另一个是 $\boldsymbol{v}=(v_1, v_2, \cdots, v_\omega)^{\mathrm{T}}$ 满足 $\operatorname{sgn} v_i = (-1)^{t(i)+1}$，$i \in \mathbf{Z}[1,\omega]$.

推论 6.16 假设推论 6.14 的条件成立，则对每个 $\lambda > 0$，

（ⅰ）若向量 $((-1)^{t(1)}, (-1)^{t(2)}, \cdots, (-1)^{t(\omega)})^{\mathrm{T}}$ 是正或负，则（6.3）有 2 个弃零解且其中一个是正的，另一是负的；

（ⅱ）若向量 $((-1)^{t(1)}, (-1)^{t(2)}, \cdots, (-1)^{t(\omega)})^{\mathrm{T}}$ 是全振动的，则（6.3）有 2 个全振动解；

（ⅲ）若向量 $((-1)^{t(1)}, (-1)^{t(2)}, \cdots, (-1)^{t(\omega)})^{\mathrm{T}}$ 是 k-偏振动的，则（6.3）有 2 个 k-偏振动解且其中一个是 $\boldsymbol{u}=(u_1, \cdots, u_\omega)^{\mathrm{T}}$ 满足 $\operatorname{sgn} u_1 = (-1)^{t(i)}$，$i \in \mathbf{Z}[1,\omega]$，另一个是 $\boldsymbol{v}=(v_1, \cdots, v_\omega)^{\mathrm{T}}$ 满足 $\operatorname{sgn} v_i = (-1)^{t(i)+1}$，$i \in \mathbf{Z}[1,\omega]$.

例 6.2 系统

$$\begin{cases} 2x_1 + x_2 = (2 - \sin x_1)x_1^3, \\ x_1 + 2x_2 - x_3 = \dfrac{1}{2}x_2^3, \\ -x_2 + 2x_3 + x_4 = \dfrac{2}{25}x_3^3, \\ x_3 + 2x_4 = x_4^3 \end{cases} \tag{6.26}$$

是系统（6.3）当 $\lambda=1$，$f_1(z)=(2-\sin z)z^3$，$f_2(z)=\frac{1}{2}z^3$，$f_3(z)=\frac{2}{25}z^3$，$f_4(z)=z^3$ 和

$$\boldsymbol{B} = \begin{pmatrix} 2 & 1 & 0 & 0 \\ 1 & 2 & -1 & 0 \\ 0 & -1 & 2 & 1 \\ 0 & 0 & 1 & 2 \end{pmatrix}$$

时的特例. 这里函数 $f_1(z)$ 不是奇函数，但满足推论 6.9 的条件（ⅰ）和（ⅱ）. $\boldsymbol{B}$ 是正定矩阵且 $b_{12}=b_{34}=1$，$b_{23}=-1$，$b_{13}=b_{14}=b_{24}=0$，可以取 $(t(1), t(2), t(3), t(4))^{\mathrm{T}} = (0, 0, 1, 1)^{\mathrm{T}}$，使得对 i，$j=1, 2, 3, 4$ 且 $i \neq j$，有 $(-1)^{t(i)+t(j)} b_{ij} \geqslant 0$. 由推论 6.11，知（6.26）有两个 1-偏振动解.

例 6.3　系统

$$\begin{cases}2x_1 - x_2 = (2-\sin x_1)x_1^{\frac{1}{3}}, \\ -x_1 + 2x_2 + x_3 = \dfrac{1}{2}x_2^{\frac{1}{3}} \\ x_2 + 2x_3 - x_4 = \dfrac{2}{25}x_3^{\frac{1}{3}}, \\ -x_3 + 2x_4 = x_4^{\frac{1}{3}}\end{cases} \tag{6.27}$$

是系统（6.3）当 $\lambda=1$，$f_1(z)=(2-\sin z)z^{\frac{1}{3}}$，$f_2(z)=\dfrac{1}{2}z^{\frac{1}{3}}$，$f_3(z)=\dfrac{2}{25}z^{\frac{1}{3}}$，$f_4(z)=z^{\frac{1}{3}}$和

$$\boldsymbol{B}=\begin{pmatrix}2 & -1 & 0 & 0\\ -1 & 2 & 1 & 0\\ 0 & 1 & 2 & -1\\ 0 & 0 & -1 & 2\end{pmatrix}$$

时的特例. 这里函数$f_1(z)$不是奇函数，但满足推论 6.13 的条件（i）和（ii）. 由于 $\boldsymbol{B}$ 是正定矩阵且 $b_{12}=b_{34}=-1$，$b_{23}=1$，$b_{13}=b_{14}=b_{24}=0$，可取 $(t(1), t(2), t(3), t(4))^{\mathrm{T}}=(0, 0, 1, 1)^{\mathrm{T}}$，使得对 i，$j=1, 2, 3, 4$ 且 $i\neq j$，有 $(-1)^{t(i)+t(j)}b_{i,j}\leqslant 0$. 由推论 6.15，知（6.27）有两个 1 – 偏振动解.

例 6.4　系统

$$\begin{cases}2x_1 - x_2 = 2x_1^3, \\ -x_1 + 2x_2 - x_3 = \dfrac{1}{2}x_2^3, \\ -x_2 + 2x_3 = 2x_3^3\end{cases} \tag{6.28}$$

是系统（6.3）当 $\lambda=1$，$f_1(z)=2z^3$，$f_2(z)=\dfrac{1}{2}z^3$，$f_3(z)=2z^3$和

$$B=\begin{pmatrix}2 & -1 & 0\\ -1 & 2 & -1\\ 0 & -1 & 2\end{pmatrix}$$

时的特例. 我们可以断言（6.28）有 4 个弃零解，其中一个正，一个负，而另两个是全振动的且（6.28）没有 1 – 偏振动解. 事实上，矩阵 $\boldsymbol{B}$ 的特征值是 $\lambda_k=2\left(1-\cos\dfrac{k\pi}{4}\right)$，$k=1, 2, 3$. 可知它是正定矩阵. 取 $(t(1), t(2), t(3))^{\mathrm{T}}=(0, 1, 0)^{\mathrm{T}}$，不难检验推论 6.9 的所有条件都满足. 由推论 6.11，知（6.28）有两个全振动解. 另一方面，令 $x=2x_1^3$，$y=\dfrac{1}{2}x_2^3$，$z=2x_3^3$，则（6.28）可以写成

$$\overline{\boldsymbol{B}}\begin{pmatrix}x\\ y\\ z\end{pmatrix}=\begin{pmatrix}\left(\dfrac{1}{2}\right)^{\frac{1}{3}}x^{\frac{1}{3}}\\ 2^{\frac{1}{3}}y^{\frac{1}{3}}\\ \left(\dfrac{1}{2}\right)^{\frac{1}{3}}z^{\frac{1}{3}}\end{pmatrix}, \tag{6.29}$$

其中

$$\overline{B}=B^{-1}=\begin{pmatrix}\frac{3}{4} & \frac{1}{2} & \frac{1}{4}\\ \frac{1}{2} & 1 & \frac{1}{2}\\ \frac{1}{4} & \frac{1}{2} & \frac{3}{4}\end{pmatrix}.$$

它是系统（6.3）当 $\lambda=1$，$\bar{f}_1(w)=\left(\frac{1}{2}\right)^{\frac{1}{3}}w^{\frac{1}{3}}$，$\bar{f}_2(w)=2^{\frac{1}{3}}w^{\frac{1}{3}}$，$\bar{f}_3(w)=\left(\frac{1}{2}\right)^{\frac{1}{3}}w^{\frac{1}{3}}$的特例．注意到矩阵 $\overline{B}$ 的所有元素都是正的，取 $(t(1),t(2),t(3))=(1,1,1)$ 及 $\alpha_1\in\left(0,\frac{1}{2\lambda_3}\right)$，不难检验满足推论6.13的所有条件．由推论6.15，知（6.29）有一个正解和一个负解．从而（6.28）有一个正解和一个负解．为证明（6.28）没有1-偏振动解，设 $(x_1,x_2,x_3)^{\mathrm{T}}$ 是（6.28）的解，必须讨论下面四种情形都不能发生：（ⅰ）$x_1<0$，$x_2<0$，$x_3>0$；（ⅱ）$x_1>0$，$x_2>0$，$x_3<0$；（ⅲ）$x_1>0$，$x_2<0$，$x_3<0$；（ⅳ）$x_1<0$，$x_2>0$，$x_3>0$. 假设（ⅰ）发生，由（6.28）的第一个式子，得

$$2x_1^3-2x_1=-x_2>0$$

推出 $-1<x_1<0$. 由（6.28）的第三个式子，得

$$2x_3^3-2x_3=-x_2>0.$$

推出 $x_3>1$. 这样 $x_1+x_3>0$. 由（6.28）的第二个式子，得

$$-\frac{1}{2}x_2^3+2x_2=x_1+x_3>0.$$

推出 $x_2<-2$. 另一方面，由（6.28）的第一个式子，得

$$x_2=2x_1-2x_1^3>2x_1>-2.$$

矛盾. 假设（ⅱ）发生，令 $(y_1,y_2,y_3)^{\mathrm{T}}=(-x_1,-x_2,-x_3)^{\mathrm{T}}$，则 $(y_1,y_2,y_3)^{\mathrm{T}}$ 是（6.28）的解且 $y_1<0$，$y_2<0$，$y_3>0$，由（ⅰ）的讨论导出矛盾．假设（ⅲ）发生，令 $(y_1,y_2,y_3)^{\mathrm{T}}=(x_3,x_2,x_1)^{\mathrm{T}}$，由（6.28）的对称性，知 $(y_1,y_2,y_3)^{\mathrm{T}}$ 也是（6.28）的解．但由于 $y_1<0$，$y_2<0$，$y_3>0$，由（ⅰ）的讨论导出矛盾．假设（ⅳ）发生，令 $(y_1,y_2,y_3)^{\mathrm{T}}=(-x_1,-x_2,-x_3)^{\mathrm{T}}$，则 $(y_1,y_2,y_3)^{\mathrm{T}}$ 是（6.28）的解且 $y_1>0$，$y_2<0$，$y_3<0$. 由（ⅲ）的讨论导出矛盾. 证明（6.28）没有1-偏振动解．故我们的断言为真．

不难举例说明推论6.9至6.16是“Sharp”的．这里从略．

§6.2.4 $\mathbf{R}^{\omega}$ 上映射存在 2^{ω} 个弃零的不动点的“Sharp”条件

作为定理6.7和定理6.8的直接推论，我们可得如下四个有用的不动点定理：

定理 6.9 设 $\Omega=\{\boldsymbol{u}=(u_1,u_2,\cdots,u_{\omega})^{\mathrm{T}}:(-1)^{t(k)}u_k\geqslant0,k\in\mathbf{Z}[1,\omega]\}$，映射 f: $\Omega\to\Omega$ 在 Ω 上有一个原函数 F 满足 $F(0)=0$，进一步假设下面条件成立：

（ⅰ）$\lim\limits_{\boldsymbol{u}\in\Omega,|\boldsymbol{u}|_2\to0}\frac{F(\boldsymbol{u})}{|\boldsymbol{u}|_2^2}=0$，

（ⅱ）存在常数 $M>0$，$a>0$ 和 $a_1\in\left(\frac{1}{2},+\infty\right)$，使得当 $\boldsymbol{u}\in\Omega$ 且 $|\boldsymbol{u}|_2\geqslant M$ 时，有

$$F(\boldsymbol{u})\geqslant a_1|\boldsymbol{u}|_2^2-a,$$

（ⅲ）对任何 $\boldsymbol{u}\in\Omega$ 和 $i\in\mathbf{Z}[1,\omega]$，有

$$F(u_1,u_2,\cdots,u_\omega)\leqslant F(u_1,\cdots,u_{i-1},0,u_{i+1},\cdots,u_\omega)+F(0,\cdots,0,u_i,0,\cdots,0),$$

则 f 在 $\operatorname{int}\Omega$ 中有一个不动点.

定理 6.10 设 $\Omega=\{\boldsymbol{u}=(u_1,u_2,\cdots,u_\omega)^{\mathrm{T}}:(-1)^{t(k)}u_k\geqslant 0,\ k\in\mathbf{Z}[1,\omega]\}$，映射 f：$\Omega\to\Omega$ 在 Ω 上有一个原函数 F 满足 $F(0)=0$，进一步假设下面条件成立：

（ⅰ）$\lim\limits_{\boldsymbol{u}\in\Omega,|\boldsymbol{u}|_2\to 0}\dfrac{F(\boldsymbol{u})}{|\boldsymbol{u}|_2^2}=+\infty$，

（ⅱ）存在常数 $M>0$，$a>0$ 和 $a_1\in\left(0,\frac{1}{2}\right)$，使得当 $\boldsymbol{u}\in\Omega$ 且 $|\boldsymbol{u}|_2\geqslant M$ 时，有

$$F(\boldsymbol{u})\leqslant a_1|\boldsymbol{u}|_2^2+a,$$

（ⅲ）对任何任意 $\boldsymbol{u}\in\Omega$ 和 $i\in\mathbf{Z}[1,\omega]$，有

$$F(u_1,u_2,\cdots,u_\omega)\geqslant F(u_1,\cdots,u_{i-1},0,u_{i+1},\cdots,u_\omega)+F(0,\cdots,0,u_i,0,\cdots,0),$$

则 f 在 $\operatorname{int}\Omega$ 中有一个不动点.

定理 6.11 假设映射 f：$\mathbf{R}^\omega\to\mathbf{R}^\omega$ 有一个原函数 F 满足 $F(0)=0$. 进一步假设下面条件成立：

（ⅰ）$\lim\limits_{|\boldsymbol{u}|_2\to 0}\dfrac{F(\boldsymbol{u})}{|\boldsymbol{u}|_2^2}=0$，

（ⅱ）存在常数 $M>0$，$a>0$ 和 $a_1\in\left(\frac{1}{2},+\infty\right)$，使得当 $\boldsymbol{u}\in\mathbf{R}^\omega$ 且 $|\boldsymbol{u}|_2\geqslant M$ 时，有

$$F(\boldsymbol{u})\geqslant a_1|\boldsymbol{u}|_2^2-a,$$

（ⅲ）对任意 $\boldsymbol{u}\in\mathbf{R}^\omega$ 和 $i\in\mathbf{Z}[1,\omega]$，有

$$F(u_1,u_2,\cdots,u_\omega)\leqslant F(u_1,\cdots,u_{i-1},0,u_{i+1},\cdots,u_\omega)+F(0,\cdots,0,u_i,0,\cdots,0),$$

则 f 有 2^ω 个弃零不动点且任给向量 $((-1)^{t(1)},(-1)^{t(2)},\cdots,(-1)^{t(\omega)})^{\mathrm{T}}$（这里 $t(i)\in\{0,1\}$，$i\in\mathbf{Z}[1,\omega]$）都有一个弃零的不动点 $\boldsymbol{u}=(u_1,u_2,\cdots,u_\omega)^{\mathrm{T}}$ 满足 $\operatorname{sgn}u_i=(-1)^{t(i)}$，$i\in\mathbf{Z}[1,\omega]$.

定理 6.12 假设映射 f：$\mathbf{R}^\omega\to\mathbf{R}^\omega$ 有一个原函数 F 满足 $F(0)=0$，进一步假设下面条件成立：

（ⅰ）$\lim\limits_{\boldsymbol{u}\in\Omega,|\boldsymbol{u}|_2\to 0}\dfrac{F(\boldsymbol{u})}{|u|_2^2}=+\infty$.

（ⅱ）存在常数 $M>0$，$a>0$ 和 $a_1\in\left(0,\frac{1}{2}\right)$，使得当 $\boldsymbol{u}\in\mathbf{R}^\omega$ 且 $|\boldsymbol{u}|_2\geqslant M$ 时，有

$$F(\boldsymbol{u})\leqslant a_1|\boldsymbol{u}|_2^2+a,$$

（ⅲ）对任意 $\boldsymbol{u}\in\mathbf{R}^\omega$ 和 $i\in\mathbf{Z}[1,\omega]$，有

$$F(u_1,u_2,\cdots,u_\omega)\geqslant F(u_1,\cdots,u_{i-1},0,u_{i+1},\cdots,u_\omega)+F(0,\cdots,0,u_i,0,\cdots,0),$$

则 f 有 2^ω 个弃零不动点且对任给向量 $((-1)^{t(1)},(-1)^{t(2)},\cdots,(-1)^{t(\omega)})^{\mathrm{T}}$（这里 $t(i)\in\{0,1\}$，$i\in\mathbf{Z}[1,\omega]$）都有一个弃零的不动点 $\boldsymbol{u}=(u_1,u_2,\cdots,u_\omega)^{\mathrm{T}}$ 满足 $\operatorname{sgn}u_i=$

$(-1)^{t(i)}, i\in \mathbf{Z}[1,\omega]$.

例 6.5 设 $\Omega=\{\boldsymbol{u}=(u_1, u_2, \cdots, u_\omega): u_k\geqslant 0, k\in\mathbf{Z}[1,\omega]\}$, f: $\Omega\to\Omega$ 使得

$$f(\boldsymbol{u})=(f_1(\boldsymbol{u}), \cdots, f_\omega(\boldsymbol{u}))^{\mathrm{T}}, f_k(\boldsymbol{u})=\frac{1}{1+u_k}, k\in\mathbf{Z}[1,\omega],$$

易知 f 在 Ω 上有一个原函数

$$F(\boldsymbol{u})=\ln(\prod_{k=1}^{\omega}(1+u_k))$$

满足 $F(0)=0$ 且

$$\lim_{\boldsymbol{u}\in\Omega\,|\boldsymbol{u}|_2\to 0}\frac{F(\boldsymbol{u})}{|\boldsymbol{u}|_2^2}=+\infty, \quad \lim_{\boldsymbol{u}\in\Omega,\,|\boldsymbol{u}|_2\to+\infty}\frac{F(\boldsymbol{u})}{|\boldsymbol{u}|_2^2}=0.$$

容易检验定理 6.10 的所有条件都满足. 故由定理 6.10，知 f 有一个正的不动点. 另一方面，由 $\boldsymbol{u}=f(\boldsymbol{u})$ 直接解出 f 有唯一正不动点 $\boldsymbol{u}=(u_1, u_2, \cdots, u_\omega)$，其中

$$u_k=\frac{\sqrt{5}-1}{2}, k\in\mathbf{Z}[1,\omega].$$

下面我们给出两个例子来说明定理 6.11 和定理 6.12 的“Sharp”性.

例 6.6 设 $\omega\geqslant 2$, f: $\mathbf{R}^\omega\to\mathbf{R}^\omega$, $f(\boldsymbol{u})=(f_1(\boldsymbol{u}), \cdots, f_\omega(\boldsymbol{u}))^{\mathrm{T}}$，其中，

$$f_1(u_1, u_2, \cdots, u_\omega)=\begin{cases}\dfrac{7\omega}{3}u_1^3, & u_1\geqslant 0,\\[2mm] \dfrac{8\omega}{3}u_1^3, & u_1<0,\end{cases}$$

$$f_k(u_1, u_2, \cdots, u_\omega)=\frac{7\omega}{3}u_k^3, k=2, \cdots, \omega.$$

f 在 $\mathbf{R}^\omega$ 上有原函数

$$F(u_1, u_2, \cdots, u_\omega)=\begin{cases}\dfrac{7\omega}{12}(u_1^4+u_2^4+\cdots+u_\omega^4), & u_1\geqslant 0,\\[2mm] \dfrac{2\omega}{3}u_1^4+\dfrac{7\omega}{12}(u_2^4+\cdots+u_\omega^4), & u_1<0\end{cases}$$

不是偶函数，但满足 $F(0)=0$，而且

$$\lim_{|\boldsymbol{u}|_2\to 0}\frac{|F(\boldsymbol{u})|}{|\boldsymbol{u}|_2^2}=0,$$

可知定理 6.11 的条件（i）满足. 注意到当 $|\boldsymbol{u}|_2\geqslant\omega$ 时，$\max\limits_{1\leqslant i\leqslant\omega}|u_i|\geqslant 1$，这样当 $|\boldsymbol{u}|_2\geqslant\omega$ 时，有

$$\begin{aligned}F(u_1, u_2, \cdots, u_\omega)&\geqslant\frac{7\omega}{12}(u_1^4+u_2^4+\cdots+u_\omega^4)\geqslant\frac{7\omega}{12}(\max_{0\leqslant i\leqslant\omega}|u_i|)^4-1\\&\geqslant\frac{7\omega}{12}(\max_{0\leqslant i\leqslant\omega}|u_i|)^2-1\geqslant\frac{7}{12}|\boldsymbol{u}|_2^2-1,\end{aligned}$$

即定理 6.11 的条件（ii）满足. 容易验证定理 6.11 的条件（iii）也满足，由定理 6.11，知 f 有 2^ω 个带有各种不同符号分量的弃零的不动点. 另一个方面，由 $\boldsymbol{u}=f(\boldsymbol{u})$ 直接解出的所有解都形如 $\boldsymbol{u}=(u_1, u_2, \cdots, u_\omega)$，其中 $u_1=0$ 或 $\left(\frac{3}{7\omega}\right)^{\frac{1}{2}}$ 或 $-\left(\frac{3}{8\omega}\right)^{\frac{1}{2}}$，$u_k=0$ 或 $\left(\frac{3}{7\omega}\right)^{\frac{1}{2}}$

或 $-\left(\frac{3}{7\omega}\right)^{\frac{1}{2}}$，$k=2$，…，$\omega$. 故定理6.11是Sharp的.

例6.7 设 $\omega\geqslant 2$，f：$\mathbf{R}^{\omega}\to\mathbf{R}^{\omega}$，$f(\boldsymbol{u})=(f_1(\boldsymbol{u}),\cdots,f_{\omega}(\boldsymbol{u}))^{\mathrm{T}}$，其中

$$f_1(u_1,u_2,\cdots,u_{\omega})=\begin{cases}\dfrac{1}{2\omega}u_1^{\frac{1}{3}}, & u_1\geqslant 0,\\ \dfrac{5}{9\omega}u_1^{\frac{1}{3}}, & u_1<0,\end{cases}$$

$$f_k(u_1,u_2,\cdots,u_{\omega})=\frac{1}{2\omega}u_k^{\frac{1}{3}}\ (k=2,\cdots,\omega),$$

f 在 $\mathbf{R}^{\omega}$ 上有原函数

$$F(u_1,u_2,\cdots,u_{\omega})=\begin{cases}\dfrac{3}{8\omega}\left(u_1^{\frac{4}{3}}+u_2^{\frac{4}{3}}+\cdots+u_{\omega}^{\frac{4}{3}}\right), & u_1\geqslant 0,\\ \dfrac{5}{12\omega}u_1^{\frac{4}{3}}+\dfrac{3}{8\omega}\left(u_2^{\frac{4}{3}}+\cdots+u_{\omega}^{\frac{4}{3}}\right), & u_1<0\end{cases}$$

不是偶函数，但满足 $F(0)=0$，而且

$$\lim_{|\boldsymbol{u}|_2\to 0}\frac{|F(\boldsymbol{u})|}{|\boldsymbol{u}|_2^2}=+\infty,$$

可知定理6.12的条件（ⅰ）满足. 注意到当 $|\boldsymbol{u}|_2\geqslant\omega$ 时，$\max\limits_{1\leqslant i\leqslant\omega}|u_i|\geqslant 1$，这样当 $|\boldsymbol{u}|_2\geqslant\omega$ 时，有

$$F(u_1,u_2,\cdots,u_{\omega})\leqslant\frac{5}{12\omega}\left(u_1^{\frac{4}{3}}+u_2^{\frac{4}{3}}+\cdots+u_{\omega}^{\frac{4}{3}}\right)\leqslant\frac{5}{12}\left(\max_{0\leqslant i\leqslant\omega}|u_i|\right)^{\frac{4}{3}}+1,$$

$$\leqslant\frac{5}{12}\{\max_{0\leqslant i\leqslant\omega}|u_i|\}^2+1\leqslant\frac{5}{12}|\boldsymbol{u}|_2^2+1$$

即定理6.12的条件（ⅱ）满足. 容易验证定理6.12的条件（ⅲ）也成立. 故 f 有 2^{ω} 个带有各种不同符号分量的弃零的不动点. 另一个方面，由 $\boldsymbol{u}=f(\boldsymbol{u})$ 直接算出的所有解都形如 $\boldsymbol{u}=(u_1,u_2,\cdots,u_{\omega})^{\mathrm{T}}$，其中 $u_1=0$ 或 $\left(\frac{1}{2\omega}\right)^{\frac{3}{2}}$ 或 $-\left(\frac{5}{9\omega}\right)^{\frac{3}{2}}$，$u_k=0$ 或 $\left(\frac{1}{2\omega}\right)^{\frac{3}{2}}$ 或 $-\left(\frac{1}{2\omega}\right)^{\frac{3}{2}}$，$k=2$，…，$\omega$. 故定理6.12是Sharp的.

§6.3 带半正定矩阵非线性代数系统的非平凡解

本节总假设（6.1）中 $\boldsymbol{B}=(b_{ij})_{\omega\times\omega}$ 是实半正定矩阵，它的特征值为 λ_1，λ_2，…，λ_{ω} 且 $0=\lambda_1=\cdots=\lambda_r<\lambda_{r+1}\leqslant\cdots\leqslant\lambda_{\omega}$.

§6.3.1 不存在非平凡解的充分性判据

定理6.13 假设 $\boldsymbol{B}$ 为实半正定矩阵且当 $\boldsymbol{u}\neq 0$ 时，$\boldsymbol{u}^{\mathrm{T}}f(\boldsymbol{u})<0$，则（6.1）没有非平

凡解．

证明：对任一 $\boldsymbol{u}\in\mathbf{R}^{\omega}$ 且 $\boldsymbol{u}\neq0$，由（6.1），有 $\boldsymbol{u}^{\mathrm{T}}\boldsymbol{B}\boldsymbol{u}=\boldsymbol{u}^{\mathrm{T}}f(\boldsymbol{u})$．但 $\boldsymbol{B}$ 为实半正定矩阵，所以 $\boldsymbol{u}^{\mathrm{T}}\boldsymbol{B}_{\omega}\boldsymbol{u}\geqslant0$，这与 $\boldsymbol{u}^{\mathrm{T}}f(\boldsymbol{u})<0$ 矛盾．证毕．

§6.3.2 存在非平凡解的充分性判据

定理 6.14 假设 $\boldsymbol{B}$ 为半正定矩阵且 f 在 $\mathbf{R}^{\omega}$ 上有一个原函数 $F\in C^{1}(\mathbf{R}^{\omega},\mathbf{R})$ 为偶泛函（即 $F(-\boldsymbol{u})=F(\boldsymbol{u})$，$\boldsymbol{u}\in\mathbf{R}^{\omega}$）且 $F(0)=0$ 和下面条件成立：

（i）存在常数 $\delta>0$ 和 $\alpha\in\left(0,\ \frac{1}{2}\lambda_{r+1}\right)$，使得当 $\boldsymbol{u}\in\mathbf{R}^{\omega}$ 且 $|\boldsymbol{u}|_{2}\leqslant\delta$ 时，有

$$F(\boldsymbol{u})\leqslant\alpha|\boldsymbol{u}|_{2}^{2},$$

（ii）存在常数 $M>0$，$\alpha>0$ 和 $a_{1}\in\left(\frac{1}{2}\lambda_{\omega},+\infty\right)$，使得当 $\boldsymbol{u}\in\mathbf{R}^{\omega}$ 且 $|\boldsymbol{u}|_{2}\geqslant M$ 时，有

$$F(\boldsymbol{u})\geqslant a_{1}|\boldsymbol{u}|_{2}^{2}-a,$$

则（6.1）有 $2(\omega-r)$ 个非平凡解．

证明：设泛函 I：$\mathbf{R}^{\omega}\to\mathbf{R}$ 定义为

$$I(\boldsymbol{u})=-\frac{1}{2}\boldsymbol{u}^{\mathrm{T}}\boldsymbol{B}\boldsymbol{u}+F(\boldsymbol{u}),\ \boldsymbol{u}\in\mathbf{R}^{\omega},$$

由定理6.3，知它是 $-\boldsymbol{B}\boldsymbol{u}+f(\boldsymbol{u})$ 在 $\mathbf{R}^{\omega}$ 上的一个原函数．易知 $I\in C^{1}(\mathbf{R}^{\omega},\mathbf{R})$，$I(0)=0$ 且当 $\boldsymbol{u}\in\mathbf{R}^{\omega}$，$I(-\boldsymbol{u})=I(\boldsymbol{u})$，即 I 是偶泛函．现证 I 有下界，令

$$a'=\max\{|F(\boldsymbol{u})-a_{1}|\boldsymbol{u}|_{2}^{2}+a|:|\boldsymbol{u}|_{2}\leqslant M\}$$

和 $a_{2}=a+a'$，结合条件（ii），知对任意 $\boldsymbol{u}\in\mathbf{R}^{\omega}$，有

$$F(\boldsymbol{u})\geqslant a_{1}|\boldsymbol{u}|_{2}^{2}-a_{2}.$$

这样，对任意 $\boldsymbol{u}\in\mathbf{R}^{\omega}$，有

$$\begin{aligned}I(\boldsymbol{u})&=-\frac{1}{2}\boldsymbol{u}^{\mathrm{T}}\boldsymbol{B}\boldsymbol{u}+F(\boldsymbol{u})\\&\geqslant-\frac{1}{2}\lambda_{\omega}|\boldsymbol{u}|_{2}^{2}+a_{1}|\boldsymbol{u}|_{2}^{2}-a_{2}\\&\geqslant\left(a_{1}-\frac{1}{2}\lambda_{\omega}\right)|\boldsymbol{u}|_{2}^{2}-a_{2}\end{aligned}\tag{6.30}$$

由于 $a_{1}>\frac{1}{2}\lambda_{\omega}$，所以对任意 $\boldsymbol{u}\in\mathbf{R}^{\omega}$，有

$$I(\boldsymbol{u})>-a_{2}.$$

故 I 有下界．设 $\{\boldsymbol{u}^{(n)}\}$ 是 $\mathbf{R}^{\omega}$ 中任何使得 $\{I(\boldsymbol{u}^{(n)})\}$ 有界的序列，可设正数 P，使得对任意 $n\in\mathbf{Z}$，有

$$I(\boldsymbol{u}^{(n)})\leqslant P.\tag{6.31}$$

由（6.30）和（6.31），有

$$\left(a_{1}-\frac{1}{2}\lambda_{\omega}\right)|\boldsymbol{u}^{(n)}|_{2}^{2}-a_{2}\leqslant I(\boldsymbol{u}^{(n)})\leqslant P.$$

推出

$$|\boldsymbol{u}^{(n)}|_2^2 \leqslant \left(a_1 - \frac{1}{2}\lambda_\omega\right)^{-1}(P + a_2),$$

即 $\{u^{(n)}\}$ 是 $\mathbf{R}^\omega$ 中有界的序列．从而 $\{\boldsymbol{u}^{(n)}\}$ 必有收敛子列．可知 I 满足 P－S 条件．令

$$W_1 = \{\boldsymbol{u} \in \mathbf{R}^\omega:\ \boldsymbol{Bu} = 0\},$$

$$W = W_1 \oplus W_2,$$

则 $\mu := \dim W_2 = \omega - r > 0$. 由条件（ⅰ），知存在常数 $\delta > 0$ 和 $\alpha \in \left(0,\ \frac{1}{2}\lambda_{r+1}\right)$，使得当 $\boldsymbol{u} \in \mathbf{R}^\omega$，$|\boldsymbol{u}|_2 \leqslant \delta$，有

$$F(\boldsymbol{u}) \leqslant \alpha |\boldsymbol{u}|_2^2.$$

令 $K = \{\boldsymbol{u} \in W_2:\ |\boldsymbol{u}|_2 = \delta\}$，易知 K 是 $S^{\mu-1}$ 的一个奇同胚且对任意 $\boldsymbol{u} \in K$，则 $\boldsymbol{u} \in W_2$ 且 $|\boldsymbol{u}|_2 = \delta$. 于是有

$$I(\boldsymbol{u}) = -\frac{1}{2}\boldsymbol{u}^{\mathrm{T}}\boldsymbol{Bu} + F(\boldsymbol{u})$$

$$\leqslant -\left(\frac{1}{2}\lambda_{r+1} - \alpha\right)|\boldsymbol{u}|_2^2 = -\sigma < 0,$$

这里 $\sigma = \left(\frac{1}{2}\lambda_{r+1} - \alpha\right) > 0$. 这样由引理 6.4，知 I 有 2μ 个非平凡临界点. 即（6.1）有 2μ 个非平凡稳态解．证毕．

推论 6.17　假设 $\boldsymbol{B}$ 为半正定矩阵．$f_k \in C(\mathbf{R},\mathbf{R})$，$k \in \mathbf{Z}[1,\omega]$ 且下面条件成立：

（ⅰ）当 $z \neq 0$ 时，$f_k(-z) = -f_k(z) \neq 0$ 和 $f_k(z) = o(z)$，$z \to 0$ 对一切 $k \in \mathbf{Z}[1,\omega]$ 成立.

（ⅱ）存在正数 a_1，a_2 和 M，使得当 $|z| \geqslant M$ 时，对一切 $k \in \mathbf{Z}[1,\omega]$，都有

$$\int_0^z f_k(s)\,\mathrm{d}s \geqslant a_1 |z|^2 - a_2,$$

则对每个 $\lambda > \frac{1}{2a_1}\lambda_\omega$，（6.3）有 $2(\omega - r)$ 个非平凡稳态解．

作为（6.3）的特例，考虑系统

$$\boldsymbol{B}_{\omega\times\omega}\boldsymbol{u} = f(\boldsymbol{u}), \tag{6.32}$$

其中 $\omega \geqslant 3$，$\boldsymbol{u} = (u_1,\ u_2,\ \cdots,\ u_\omega)^{\mathrm{T}}$，$\in \mathbf{R}^\omega$，$f(\boldsymbol{u}) = (f_1(u_1),\ f_2(u_2),\ \cdots,\ f_\omega(u_n))^{\mathrm{T}}$，$f_k \in C(\mathbf{R},\mathbf{R})$，$k \in \mathbf{Z}[1,\omega]$，而

$$\boldsymbol{B}_{\omega\times\omega} = \begin{pmatrix} 2 & -1 & 0 & \cdots & 0 & -1 \\ -1 & 2 & -1 & \cdots & 0 & 0 \\ 0 & -1 & 2 & \cdots & 0 & 0 \\ \vdots & \vdots & \vdots & \cdots & \vdots & \vdots \\ -1 & 0 & 0 & \cdots & -1 & 2 \end{pmatrix}^m_{\omega\times\omega},$$

m 为正整数．易知 $\boldsymbol{B}_{\omega\times\omega}$ 是实半正定矩阵，它的特征值为

$$\lambda_1 = 0,\ \lambda_2 = 2^m\left(1 - \cos\frac{2\pi}{\omega}\right)^m,\ \cdots,\ \lambda_\omega = \begin{cases} 2^{2m}, & \omega \text{ 为偶数}, \\ 2^m\left(1 + \cos\frac{\pi}{\omega}\right), & \omega \text{ 为奇数}, \end{cases}$$

令

$$F(u_1, u_2, \cdots, u_\omega) = \sum_{k=1}^{\omega}\int_0^{u_k} f_k(s)\,\mathrm{d}s,$$

则

$$\frac{\partial}{\partial u_k}F(u_1, u_2, \cdots, u_\omega) = f_k(u_k),\ k\in \mathbf{Z}[1,\omega],\ F\in C^1(\mathbf{R}^\omega, \mathbf{R}).$$

由定理 6.13，有

推论 6.18 设 $\omega \geqslant 3$，假设 $x\neq 0$ 时，$xf_k(x)<0$，则（6.32）不存在非平凡解.

由推论 6.17，即得

推论 6.19 设 $\omega\geqslant 3$，假设当 $z\neq 0$ 时，$zf_k(z)>0$ 和 $f_k(-z) = -f_k(z)$，对一切 $k\in \mathbf{Z}[1,\omega]$ 成立且下面条件成立：

（ⅰ）存在常数 $\delta>0$ 和 $\alpha\in\left(0,\ 2^{m-1}\left(1-\cos\dfrac{2\pi}{\omega}\right)^m\right)$，使得当 $x\in\mathbf{R}$ 且 $|x|\leqslant\delta$ 时，对一切 $k\in\mathbf{Z}[1,\omega]$，都有

$$\int_0^x f_k(s)\,\mathrm{d}s\leqslant \alpha x^2,$$

（ⅱ）存在常数 $\rho>0$，$\gamma>0$ 和 β：当 ω 为偶数时，$\beta\in(2^{2m-1}, +\infty)$；当 ω 为奇数时，$\beta\in\left(2^{m-1}\left(1+\cos\dfrac{\pi}{\omega}\right)^m, +\infty\right)$，使得当 $x\in\mathbf{R}$ 且 $|x|\geqslant\rho$ 时，对一切 $k\in\mathbf{Z}[1,\omega]$，都有

$$\int_0^x f_k(s)\,\mathrm{d}s\geqslant \beta x^2-\gamma,$$

则（6.32）存在 $2(\omega-1)$ 个非平凡解.

注：（6.32）的解的 ω - 周期延拓，就是纯量差分方程

$$-\Delta^{2m}u_{n-m} = f_n(x_n),\ n\in\mathbf{Z} \qquad (6.33)$$

的 ω - 周期解.（6.33）中 m 为固定的正整数，$f_k\in C(\mathbf{R},\mathbf{R})$ 且 $f_k = f_{k \bmod \omega}$，$k\in\mathbf{Z}$.

定理 6.15 设 $\omega\geqslant 3$，假设当 $x\neq 0$ 时，$xf_k(x)>0$ 对一切 $k\in\mathbf{Z}[1,\omega]$ 成立，则（6.32）的每个非平凡解都是振动的.

事实上，设 $\boldsymbol{u}=(u_1, u_2, \cdots, u_\omega)^{\mathrm{T}}$ 为（6.32）的非平凡解，将它进行 ω - 周期延拓并由（6.32），有

$$f_1(u_1)+f_2(u_2)+\cdots+f_\omega(u_\omega) = \sum_{k=1}^{\omega}(2\Delta^{2(m-1)}u_k - \Delta^{2(m-1)}u_{k+1} - \Delta^{2(m-1)}u_{k-1}) = 0.$$

注意到 $xf_k(x)>0$，$x\neq 0$ 和 $k\in\mathbf{Z}[1,\ \omega]$，可知 $\boldsymbol{u}=(u_1, u_2, \cdots, u_\omega)^{\mathrm{T}}$ 是振动的.

Zhou，Yu 和 Cheng 在本章参考文献 41 中研究 $2n$ 阶差分方程周期解时，做了很好的工作. 检查本章参考文献 41 中定理 4.2 的证明，不难发现该定理可以拓广为（6.1）的解的一个存在性定理：

定理 6.16 假设 $\boldsymbol{B}$ 为半正定矩阵，f 在 $\mathbf{R}^\omega$ 上有一个原函数 $F\in C^1(\mathbf{R}^\omega,\mathbf{R})$ 且 $f(0)\neq 0$，又下面条件成立：

（ⅰ）存在常数 $b_1>0$，$b_2>0$ 和 $0\leqslant\alpha<1$，使当 $\boldsymbol{u}\in\mathbf{R}^\omega$ 时，对一切 $k\in\mathbf{Z}[1,\omega]$，都有

$$|f_k(\boldsymbol{u})|\leqslant b_1|\boldsymbol{u}|_2^\alpha + b_2,$$

(ⅱ) $\lim\limits_{|u|_2\to+\infty}\dfrac{F(u)}{|u|_2^{2\alpha}}=+\infty$,

则 (6.1) 存在一个非平凡解.

证明: 考虑泛函

$$J(u)=\frac{1}{2}u^{\mathrm{T}}Bu-F(u),$$

令

$$W_1=\{u\in\mathbf{R}^{\omega}: Bu=0\},$$

$$\mathbf{R}^{\omega}=W_1\oplus W_2,$$

则$\mu:=\dim W_2=\omega-r>0$. 先证J满足P-S条件: 设$\{u^{(n)}\}$(其中$u^{(n)}=(u_1^{(n)},\cdots,u_{\omega}^{(n)})^{\mathrm{T}}$)是$\mathbf{R}^{\omega}$中任何使得$\{J(u^{(n)})\}$有界的序列且当$n\to\infty$时, $J'(u^{(n)})\to0$, 因而存在正数M, 使得$|J(u^{(n)})|\leqslant M$和$|J'(u^{(n)})|_2\leqslant1$. 现证$\{u^{(n)}\}$有界. 若$\{u^{(n)}\}$无界, 不失一般性(否则可选子列), 可设$\lim\limits_{n\to\infty}|u^{(n)}|_2=+\infty$且$|u^{(n)}|_2>1$, $n=1,2,\cdots$, 记$u^{(n)}=y^{(n)}+z^{(n)}$(这里$y^{(n)}\in W_1$, $z^{(n)}\in W_2$). 由条件(ⅰ), 知F在$u^{(n)}$的梯度的范数为

$$\begin{aligned}|\nabla F(u^{(n)})|_2&=|(f_1(u^{(n)}),f_2(u^{(n)}),\cdots,f_1(u^{(n)}))^{\mathrm{T}}|_2\\&\leqslant\sum_{k=1}^{\omega}|f_k(u^{(n)})|\leqslant\sum_{k=1}^{\omega}(b_1|u^{(n)}|_2^{\alpha}+b_2)\\&\leqslant\omega b_1|u^{(n)}|_2^{\alpha}+\omega b_2.\end{aligned}$$

由上式及$J'(u^{(n)})=Bu^{(n)}-\nabla F(u^{(n)})$, 可得

$$|Bu^{(n)}|_2\leqslant|J'(u^{(n)})|_2+|\nabla F(u^{(n)})|_2\leqslant1+\omega b_1|u^{(n)}|_2^{\alpha}+\omega b_2.$$

又

$$|Bu^{(n)}|_2=|Bz^{(n)}|_2\geqslant\lambda_{r+1}|z^{(n)}|_2,$$

故

$$\lambda_{r+1}|z^{(n)}|_2\leqslant1+\omega b_1|u^{(n)}|_2^{\alpha}+\omega b_2\leqslant(1+\omega b_1+\omega b_2)|u^{(n)}|_2^{\alpha}.$$

推出

$$|z^{(n)}|_2\leqslant\lambda_{r+1}^{-1}(1+b_1+b_2)|u^{(n)}|_2^{\alpha}.\tag{6.34}$$

由此可得

$$\lim_{n\to\infty}\frac{|z^{(n)}|_2}{|u^{(n)}|_2}=0,\ \lim_{n\to\infty}\frac{|y^{(n)}|_2}{|u^{(n)}|_2}=1.\tag{6.35}$$

进一步, 由J的定义、微分不等式、条件(ⅰ)和向量的正交性, 得

$$\begin{aligned}F(y^{(n)})&=\frac{1}{2}(u^{(n)})^{\mathrm{T}}Bu^{(n)}-(F(u^{(n)})-F(y^{(n)}))-J(u^{(n)})\\&=\frac{1}{2}<Bz^{(n)},z^{(n)}>-<\nabla F(y^{(n)}+\theta_nz^{(n)}),z^{(n)}>-J(u^{(n)})\\&\leqslant\frac{1}{2}\lambda_{\omega}|z^{(n)}|_2^2+(\omega b_1|y^{(n)}+\theta_nz^{(n)}|_2^{\alpha}+\omega b_2)|z^{(n)}|_2+M\\&\leqslant\frac{1}{2}\lambda_{\omega}|z^{(n)}|_2^2+(\omega b_1|y^{(n)}+\theta_nz^{(n)}|_2^{\alpha}+\omega b_2)|z^{(n)}|_2+M\\&\leqslant\frac{1}{2}\lambda_{\omega}|z^{(n)}|_2^2+(\omega b_1|x^{(n)}|_2^{\alpha}+\omega b_2)|z^{(n)}|_2+M,\end{aligned}$$

这里 $\theta_n \in (0, 1)$．由（6.34），（6.35）和上式，知存在正常数 M_1，使得

$$\frac{F(\boldsymbol{y}^{(n)})}{|\boldsymbol{y}^{(n)}|_2^{2\alpha}} \leqslant M_1,\ n=1,\ 2,\ \cdots$$

且 $\lim\limits_{n\to\infty} |\boldsymbol{y}^{(n)}|_2 = +\infty$．这与条件（ⅱ）矛盾，因此 $\{\boldsymbol{u}^{(n)}\}$ 有界，即 J 满足 P－S 条件．由条件（ⅰ），知存在常数 $b_3>0$，$b_4>0$ 和 $0\leqslant\alpha<1$，使得对任何 $\boldsymbol{u}\in\mathbf{R}^{\omega}$，有

$$|F(\boldsymbol{u})| \leqslant b_3 |\boldsymbol{u}|_2^{1+\alpha} + b_4 |\boldsymbol{u}|_2.$$

当 $\boldsymbol{u}\in W_2$ 时，

$$\begin{aligned} J(\boldsymbol{u}) &= \frac{1}{2}\boldsymbol{u}^{\mathrm{T}}\boldsymbol{B}\boldsymbol{u} - F(\boldsymbol{u}) \\ &\geqslant \frac{1}{2}\lambda_{r+1}|\boldsymbol{u}|_2^2 - b_3|\boldsymbol{u}|_2^{1+\alpha} - b_4|\boldsymbol{u}|_2. \end{aligned}$$

注意到 $\alpha\in[0,\ 1)$，可知存在常数 σ，使得当 $\boldsymbol{u}\in W_2$ 时，有 $J(\boldsymbol{u})>\sigma$．令 $e=0$，则引理 6.3 的条件（ⅱ）满足．另外，当 $\boldsymbol{u}\in W_1$ 时

$$J(\boldsymbol{u}) = \frac{1}{2}\boldsymbol{u}^{\mathrm{T}}\boldsymbol{B}\boldsymbol{u} - F(\boldsymbol{u}) = -F(\boldsymbol{u}).$$

结合条件（ⅰ），知 $\lim\limits_{|\boldsymbol{u}|_2\to\infty} J(\boldsymbol{u}) = -\infty$．因此，存在正常数 ρ，使得 $J|_{\partial B_\rho\cap W_1} \leqslant \sigma-1<\sigma$．因此，引理6.3 的条件（ⅰ）也满足．由引理6.3，知 J 有一个临界点．因此（6.1）存在一个解．进一步，由条件 $f(0)\neq 0$ 直接检验，知 $(0,\ 0,\ \cdots,\ 0)^{\mathrm{T}}\in\mathbf{R}^{\omega}$ 不是（6.1）的解．故（6.1）存在一个非平凡解．证毕．

推论 6.20 假设 $\boldsymbol{B}$ 是实半正定矩阵且下面条件成立：

（ⅰ）存在常数 $b_1>0$，$b_2>0$ 和 $0\leqslant\alpha<1$，使得当 $z\in\mathbf{R}$ 时，对一切 $k\in\mathbf{Z}[1,\omega]$，都有

$$|f_k(z)| \leqslant b_1|z|^{\alpha} + b_2.$$

（ⅱ）对任何 $k\in\mathbf{Z}[1,\omega]$，有

$$\lim_{|z|\to+\infty} \frac{\int_0^z f_k(s)\,\mathrm{d}s}{|z|^{2\alpha}} = +\infty,$$

（ⅲ）存在某个 $k\in\mathbf{Z}[1,\omega]$，使得 $f_k(0)\neq 0$，

则（6.2）存在一个非平凡解．

事实上，设

$$F(\boldsymbol{u}) = \sum_{k=1}^{\omega}\int_0^{u_k} f_k(s)\,\mathrm{d}s,$$

由条件（ⅱ），知对任何 $k\in\mathbf{Z}[1,\omega]$，有

$$\lim_{|z|\to+\infty} \frac{\int_0^z f_k(s)\,\mathrm{d}s}{|z|^{2\alpha}} = +\infty.$$

于是，对任给正数 G，存在正数 δ，使得当 $0<|u_k|<\delta$ 时，就有

$$\int_0^{u_k} f_k(s)\,\mathrm{d}s \geqslant G|u_k|^{2\alpha},\ k=\mathbf{Z}[1,\omega]$$

注意到当某个 $u_k=0$ 时，上式仍然成立，从而推出当 $0<|\boldsymbol{u}|_2<\delta$ 时，有

$$F(\boldsymbol{u})=\sum_{k=1}^{\omega}\int_0^{u_k}f_k(s)\,ds\geqslant G(|u_1|^{2\alpha}+|u_2|^{2\alpha}+\cdots+|u_\omega|^{2\alpha})$$

$$\geqslant G\max_{1\leqslant k\leqslant\omega}(|u_k|^2)^\alpha\geqslant\frac{G}{\omega^\alpha}|\boldsymbol{u}|_2^{2\alpha},$$

即

$$\frac{F(\boldsymbol{u})}{|\boldsymbol{u}|_2^{2\alpha}}\geqslant\frac{G}{\omega^\alpha}.$$

证得

$$\lim_{|\boldsymbol{u}|_2\to+\infty}\frac{F(\boldsymbol{u})}{|\boldsymbol{u}|_2^{2\alpha}}=+\infty.$$

结合已知的其他条件，由定理6.16，知（6.2）存在一个非平凡解.

作为推论6.20的应用，考察$2n$阶非线性差分方程

$$(-1)^n\Delta^n(r_k\Delta^n u_{k-n})=f_k(u_k),\ k\in\mathbf{Z}\tag{6.36}$$

的ω-周期解.（6.36）中，$\{r_k\}_{k\in\mathbf{Z}}$是ω-周期实数列，$f_k\in C(\mathbf{R},\mathbf{R})$且$f_k=f_{k\bmod\omega}$，$k\in\mathbf{Z}$，若令（6.2）中的矩阵$\boldsymbol{B}$为二次型$\sum_{k=1}^{\omega}r_k(\Delta^n u_{k-n})^2$（这里$u_k=u_{k\bmod\omega}$，$k\in\mathbf{Z}$）对应的矩阵，则找（6.36）的$\omega$-周期解等价于找（6.2）的解的问题（参见本章参考文献41）.

注意到当$r_k>0$，$k\in\mathbf{Z}$时，$\boldsymbol{B}$为半正定矩阵.故由推论6.20，不难知本章参考文献41中的定理4.2成立.

§6.4 带一般对称矩阵非线性代数系统的非平凡解

Guo 和 Yu 在本章参考文献12中做了开创性的工作，率先用临界点理论中的环绕定理研究二阶差分方程的周期解问题，得到很好的结果.后被一些文献所发展，如Zhou，Yu和Chen的本章参考文献41中的定理4.1.检查本章参考文献41中的定理4.1的证明，不难发现该定理可以拓广为给出（6.1）的解的存在性定理：

定理6.17 假设$\boldsymbol{B}$是实对称矩阵，$\lambda_{\max}^+$和$\lambda_{\min}^+$分别表示它的正特征值的最大与最小者且所有正特征值的特征向量空间的直和的维数r：$1\leqslant r\leqslant\omega-1$，$f$在$\mathbf{R}^\omega$上有一个非负值的原函数$F\in C^1(\mathbf{R}^\omega,\mathbf{R})$满足$F(0)=0$，又假设下面条件成立：

（ⅰ）存在常数$\delta>0$和$\alpha\in\left(0,\ \frac{1}{2}\lambda_{\min}^+\right)$，使得对任何$\boldsymbol{u}\in\mathbf{R}^\omega$且$|\boldsymbol{u}|_2\leqslant\delta$，有

$$F(\boldsymbol{u})\leqslant\alpha|\boldsymbol{u}|_2^2,$$

（ⅱ）存在常数$\rho>0$，$\gamma>0$和$\beta\in\left(\frac{1}{2}\lambda_{\max}^+,\ +\infty\right)$，使得当$\boldsymbol{u}\in\mathbf{R}^\omega$且$|\boldsymbol{u}|_2\geqslant\rho$时，有

$$F(\boldsymbol{u})\geqslant\beta|\boldsymbol{u}|_2^2-\gamma,$$

则（6.1）存在两个非平凡解.

证明：考虑泛函

$$J(\boldsymbol{u})=\frac{1}{2}\boldsymbol{u}^{\mathrm{T}}\boldsymbol{B}\boldsymbol{u}-F(\boldsymbol{u}),$$

令

$$\gamma_1=\max\{|F(\boldsymbol{u})-\beta|\boldsymbol{u}|_2^2+\gamma|:\ |u|_2\leqslant\rho\}\tag{6.37}$$

和 $\gamma'=\gamma+\gamma_1$，则由（ⅱ）和（6.37），知对任何 $\boldsymbol{u}\in\mathbf{R}^{\omega}$，有

$$F(\boldsymbol{u})\geqslant\beta|\boldsymbol{u}|_2^2-\gamma'.\tag{6.38}$$

因此，对任何 $\boldsymbol{u}\in\mathbf{R}^{\omega}$，有

$$\begin{aligned}J(\boldsymbol{u})&=\frac{1}{2}\boldsymbol{u}^{\mathrm{T}}\boldsymbol{B}\boldsymbol{u}-F(\boldsymbol{u})\\&\leqslant\frac{1}{2}\lambda_{\max}^{+}|\boldsymbol{u}|_2^2-\beta|\boldsymbol{u}|_2^2+\gamma'\\&=\frac{1}{2}(\lambda_{\max}^{+}-b)|\boldsymbol{u}|_2^2+\gamma'.\end{aligned}\tag{6.39}$$

又 $\beta\in\left(\frac{1}{2}\lambda_{\max}^{+},+\infty\right)$，所以对任何 $\boldsymbol{u}\in\mathbf{R}^{\omega}$，有 $J(\boldsymbol{u})\leqslant\gamma'$，即 J 有上界．记 $c_0=\sup\limits_{\boldsymbol{u}\in\mathbf{R}^{\omega}}J(\boldsymbol{u})$.
设 $\{\boldsymbol{u}^{(n)}\}$ 是 $\mathbf{R}^{\omega}$ 中任何使得 $\{J(\boldsymbol{u}^{(n)})\}$ 有界的序列，可设正数 M,

$$-M\leqslant J(\boldsymbol{u}^{(n)}),\ n=1,\ 2,\ \cdots,\tag{6.40}$$

由（6.39）和（6.40），有

$$-M\leqslant J(\boldsymbol{u}^{(n)})\leqslant\left(\frac{1}{2}\lambda_{\max}^{+}-\beta\right)|\boldsymbol{u}^{(n)}|_2^2+\gamma'.$$

推出

$$|\boldsymbol{u}^{(n)}|_2^2\leqslant\left(\beta-\frac{1}{2}\lambda_{\max}^{+}\right)^{-1}(M+\gamma').$$

因此，$\{\boldsymbol{u}^{(n)}\}$ 是 $\mathbf{R}^{\omega}$ 中有界的序列．从而 $\{\boldsymbol{u}^{(n)}\}$ 必有收敛子列．可知 J 满足 $P-S$ 条件.
结合 $c_0=\sup\limits_{\boldsymbol{u}\in\mathbf{R}^{\omega}}J(\boldsymbol{u})$ 和 J 连续，可知存在一点 $\bar{\boldsymbol{x}}\in\mathbf{R}^{\omega}$，使 $J(\bar{\boldsymbol{x}})=c_0$. 令 W_1 为矩阵 $\boldsymbol{B}$ 的所有非正的特征值对应的特征子空间的直和，W_2 为矩阵 $\boldsymbol{B}$ 的所有正的特征值对应的特征子空间的直和，则

$$\mathbf{R}^{\omega}=W_1\oplus W_2$$

且 $\mu:=\dim W_2=\omega-r>0$. 设 $\{\boldsymbol{e}^{(1)},\ \cdots,\ \boldsymbol{e}^{(\mu)}\}$ 是 W_2 的一组标准正交基．由（ⅰ）可得出对任何 $\boldsymbol{u}=\sum_{i=1}^{\mu}b_i\boldsymbol{e}^{(i)}\in W_2$ 且 $|\boldsymbol{u}|_2=\delta$，有

$$\begin{aligned}J(\boldsymbol{u})&=\frac{1}{2}\boldsymbol{u}^{\mathrm{T}}\boldsymbol{B}\boldsymbol{u}-F(\boldsymbol{u})\\&\geqslant\frac{1}{2}\lambda_{\min}^{+}\sum_{i=1}^{\omega-r}|b_i|^2-\alpha|\boldsymbol{u}|_2^2=\left(\frac{1}{2}\lambda_{\min}^{+}-\alpha\right)|\boldsymbol{u}|_2^2=\sigma>0,\end{aligned}$$

这里 $\sigma=\left(\frac{1}{2}\lambda_{\min}^{+}-\alpha\right)\delta^2$，即对任何 $\boldsymbol{u}\in W_2\cap\partial D_{\delta}$，$J(\boldsymbol{u})\geqslant\sigma>0$. 因此，引理 6.2 的条件（ⅰ）成立．因存在正数 $R_1>\delta$，使得当 $|x|\geqslant R_1$ 时，有

$$\left(\frac{1}{2}\lambda_{\max}^{+}-\beta\right)x^2+\gamma'\leqslant 0.$$

易知对任何 $\boldsymbol{u}\in\partial Q$（这里 $Q=(\bar{D}_{R_1}\cap W_1)\oplus\{r\boldsymbol{e}^{(1)}:\ 0<r<R_1\}$），有 $J(\boldsymbol{u})\leqslant 0$. 事实上 $\boldsymbol{u}\in$

∂Q_j 可设 $\boldsymbol{u}=t\boldsymbol{e}^{(1)}+\boldsymbol{p}$，其中 $\boldsymbol{p}\in\overline{D}_{R_1}\cap W_1$. 只需讨论如下两种情形：

情形一：$\boldsymbol{u}=\boldsymbol{p}\in\overline{D}_{R_1}\cap W_1$，这时

$$J(\boldsymbol{u})=\frac{1}{2}\boldsymbol{u}^{\mathrm{T}}\boldsymbol{B}_{\omega}\boldsymbol{u}-F(\boldsymbol{u})\leqslant -F(\boldsymbol{u})\leqslant 0.$$

情形二：$\boldsymbol{u}=t\boldsymbol{e}^{(1)}+\boldsymbol{p}$，$0<t\leqslant R_1$，$\boldsymbol{p}\in W_1$ 且 $|t|$，$|\boldsymbol{p}|_2$ 有一个等于 R_1，这时

$$\begin{aligned}J(\boldsymbol{u})&=\frac{1}{2}\boldsymbol{u}^{\mathrm{T}}\boldsymbol{B}\boldsymbol{u}-F(\boldsymbol{u})\\&\leqslant\frac{1}{2}\lambda_{\max}^{+}t^2-\beta|t\boldsymbol{e}^{(1)}+\boldsymbol{p}|_2^2+\gamma'\\&=\frac{1}{2}\lambda_{\max}^{+}t^2-\beta(t^2+|\boldsymbol{p}|_2^2)+\gamma'\\&\leqslant\left(\frac{1}{2}\lambda_{\max}^{+}-\beta\right)(t^2+|\boldsymbol{p}|_2^2)+\gamma'\leqslant 0.\end{aligned}$$

由上证得对任何 $\boldsymbol{u}\in\partial Q$，都有 $J(\boldsymbol{u})\leqslant 0$. 因此，引理 6.2 的条件（ⅱ）也满足. 由引理 6.2，知 J 有一个临界值 c_1，使得

$$0<\sigma\leqslant c_1=\inf_{h\in\Gamma}\max_{\boldsymbol{u}\in\overline{Q}}J(h(\boldsymbol{u})),\tag{6.41}$$

其中 $\Gamma=\{h\in C(\overline{Q},\ \mathbf{R}^{\omega}):\ h|_{\partial Q}=id\}$. 将上述的 $\boldsymbol{e}^{(1)}$ 换成 $-\boldsymbol{e}^{(1)}$，类似上面的推导过程，可知存在正数 $R_2>\delta$ 使得对任何 $\boldsymbol{u}\in\partial Q_1$（这里 $Q_1=(\overline{B}_{R_2}\cap W_1)\oplus\{-r\boldsymbol{e}^{(1)}:\ 0<r<R_2\}$），有 $J(\boldsymbol{u})\leqslant 0$. 由引理 6.2，可得 J 有一个临界值 c_2，使得

$$0<\sigma\leqslant c_2=\inf_{h\in\Gamma}\max_{\boldsymbol{u}\in\overline{Q}_1}J(h(\boldsymbol{u})).\tag{6.42}$$

注意到 $J(0)=0$，若 c_0，c_1，c_2 中有两个不相等，则定理的结论已真. 否则，由（6.41）和（6.42），推出

$$c_0=\sup_{\boldsymbol{u}\in\mathbf{R}^{\omega}}J(\boldsymbol{u})=\max_{\boldsymbol{u}\in\overline{Q}}J(\boldsymbol{u})=\max_{\boldsymbol{u}\in\overline{Q}_1}J(\boldsymbol{u}).$$

可知 J 在 $\mathbf{R}^{\omega}$ 上的最大值可以在 $\overline{Q}$ 和 $\overline{Q}_1$ 上同时取得，而在 $\partial Q\cap\partial Q_1=\overline{Q}\cap\overline{Q}_1$ 上，$J(\boldsymbol{u})\leqslant 0$，故 J 在 $\mathbf{R}^{\omega}$ 上的最大值可以在 $\overline{Q}\cup\overline{Q}_1$ 上两个不同点同时取得，即 J 有两个不同非平凡的临界点. 证毕.

作为定理 6.17 的直接推论，我们有

推论 6.21 假设 $\boldsymbol{B}$ 是实对称矩阵，$\lambda_{\max}^{+}$ 和 $\lambda_{\min}^{+}$ 分别表示它的正特征值的最大与最小者且所有正特征值的特征向量空间的直和的维数 r：$1\leqslant r\leqslant\omega-1$，又下面条件成立：

（ⅰ）当 $z\in\mathbf{R}$ 时，$\int_0^z f_k(s)\,\mathrm{d}s\geqslant 0$ 对一切 $k\in\mathbf{Z}[1,\omega]$ 成立且存在常数 $\delta>0$ 和 $\alpha\in\left(0,\ \frac{1}{2}\lambda_{\min}^{+}\right)$，使得当 $z\in\mathbf{R}$ 且 $|z|\leqslant\delta$ 时，对一切 $k\in\mathbf{Z}[1,\omega]$，都有

$$\int_0^z f_k(s)\,\mathrm{d}s\leqslant\alpha|z|^2,$$

（ⅱ）存在常数 $\rho>0$，$\gamma>0$ 和 $\beta\in\left(\frac{1}{2}\lambda_{\max}^{+},\ +\infty\right)$，使得当 $z\in\mathbf{R}$ 且 $|z|\geqslant\rho$ 时对一切 $k\in\mathbf{Z}[1,\omega]$，都有

$$\int_0^z f_k(s)\,\mathrm{d}s \geqslant \beta |z|^2 - \gamma,$$

则（6.2）存在两个非平凡解．

注： 考察 $2n$ 阶非线性差分方程（6.36），注意到当$\sum_{k=1}^{\omega} r_k \geqslant 0$ 且 r_k，$k \in \mathbf{Z}[1,\omega]$ 不同时为 0 时，二次型$\sum_{k=1}^{\omega} r_k(\Delta^n u_{k-n})^2$（这里 $u_k = u_{k \bmod \omega}$，$k \in \mathbf{Z}$）对应的矩阵 $\boldsymbol{B}$ 至少有一个正特征值．因此，由推论 6.21，可以推出本章参考文献 41 的定理 4.1 的结论成立．

下面定理的证明方法是修改本章参考文献 41 的定理 4.3 的证明，而结论适用系统（6.1）．

定理 6.18 假设 $\boldsymbol{B}$ 是非退化且有一个正特征值的实对称矩阵，f 在 $\mathbf{R}^\omega$ 上有一个原函数 $F \in C^1(\mathbf{R}^\omega,\mathbf{R})$ 满足 $F(0)=0$，又下面条件成立：

（ⅰ）对任何 $k \in \mathbf{Z}[1,\omega]$，有

$$\lim_{|\boldsymbol{u}|_2 \to +\infty} \frac{f_k(\boldsymbol{u})}{|\boldsymbol{u}|_2} = 0,$$

（ⅱ）存在某个 $k \in \mathbf{Z}[1,\omega]$，使得 $f_k(0) \neq 0$，

则（6.1）有一个非平凡解．

证明： 因 $\boldsymbol{B}$ 是非退化且有一个正特征值的实对称矩阵，令 W_1 为矩阵 $\boldsymbol{B}$ 的所有负的特征值对应的特征子空间的直和，W_2 为矩阵 $\boldsymbol{B}$ 的所有正的特征值对应的特征子空间的直和，则 $W_2 \neq \{0\}$ 且

$$\mathbf{R}^\omega = W_1 \oplus W_2$$

记 $\bar{\lambda}$ 为矩阵 $\boldsymbol{B}$ 的所有特征值的绝对值的最小者，固定 $\varepsilon \in \left(0, \frac{\bar{\lambda}}{2\omega}\right)$，由条件（ⅰ），知存在正常数 c，使得

$$|f_k(\boldsymbol{u})| \leqslant \varepsilon |\boldsymbol{u}|_2 + c, \quad \boldsymbol{u} \in \mathbf{R}^\omega, \quad k \in \mathbf{Z}[1,\omega]. \tag{6.43}$$

考虑泛函

$$J(\boldsymbol{u}) = \frac{1}{2}\boldsymbol{u}^{\mathrm{T}}\boldsymbol{B}\boldsymbol{u} - F(\boldsymbol{u}),$$

由 Minkowski 不等式，知 F 在点 $\boldsymbol{u}$ 的梯度范数满足

$$|\nabla F(\boldsymbol{u})|_2 = \sqrt{\sum_{k=1}^{\omega} |f_k(\boldsymbol{u})|^2} \leqslant \sqrt{\sum_{k=1}^{\omega} (\varepsilon |\boldsymbol{u}|_2 + c)^2} \leqslant \varepsilon\sqrt{\omega}|\boldsymbol{u}|_2 + \sqrt{\omega}c.$$

分两种情形来讨论：

情形一：$W_1 \neq \{0\}$．先证 J 满足 P－S 条件．设 $\{\boldsymbol{u}^{(n)}\}$ 是 $\mathbf{R}^\omega$ 中任何使得$\{J(\boldsymbol{u}^{(n)})\}$有界的序列且当 $n\to\infty$ 时，$J'(\boldsymbol{u}^{(n)}) \to 0$. 不失一般性，可设对所有的 n，都有$|J(\boldsymbol{u}^{(n)})| \leqslant M$ 且$|J'(\boldsymbol{u}^{(n)})|_2 \leqslant 1$，由 $J'(\boldsymbol{u}^{(n)}) = \boldsymbol{B}_\omega \boldsymbol{u}^{(n)} - \nabla F(\boldsymbol{u}^{(n)})$，知

$$\begin{aligned}|\boldsymbol{B}\boldsymbol{u}^{(n)}|_2 &= |J'(\boldsymbol{u}^{(n)}) + \nabla F(\boldsymbol{u}^{(n)})|_2 \leqslant |J'(\boldsymbol{u}^{(n)})| + |\nabla F(\boldsymbol{u}^{(n)})|_2 \\ &\leqslant 1 + \varepsilon\sqrt{\omega}|\boldsymbol{u}^{(n)}|_2 + \sqrt{\omega}c.\end{aligned}$$

设 $\boldsymbol{u}^{(n)} = \boldsymbol{y}^{(n)} + \boldsymbol{z}^{(n)}$，其中 $\boldsymbol{y}^{(n)} \in W_1$，$\boldsymbol{z}^{(n)} \in W_2$，则

$$\begin{aligned}|Bu^{(n)}|_2^2 &= |By^{(n)}+Bz^{(n)}|_2^2\\ &= |By^{(n)}|_2^2+|Bz^{(n)}|_2^2\\ &\geqslant \bar{\lambda}^2|y^{(n)}|_2^2+\bar{\lambda}^2|z^{(n)}|_2^2\\ &= \bar{\lambda}^2|u^{(n)}|_2^2\end{aligned}$$

因此，

$$\bar{\lambda}|u^{(n)}|_2\leqslant|Bu^{(n)}|_2\leqslant 1+\varepsilon\sqrt{\omega}|u^{(n)}|_2+\sqrt{\omega}c.$$

推出

$$|u^{(n)}|_2\leqslant(\bar{\lambda}-\varepsilon\sqrt{\omega})^{-1}(1+\sqrt{\omega}c).$$

可知 $\{u^{(n)}\}$ 必有收敛子列. 因此 J 满足 $P-S$ 条件. 再证引理 6.3 的条件（ⅰ）和（ⅱ）满足. 注意到 $F(0)=0$ 由（6.43）和微分中值不等式知对任何 $u\in\mathbf{R}^{\omega}$，有

$$|F(u)|\leqslant\varepsilon\omega|u|_2^2+\omega c|u|_2.$$

于是对任何 $u\in W_2$，有

$$\begin{aligned}J(u) &= \frac{1}{2}u^{\mathrm{T}}Bu-F(u)\\ &\geqslant \frac{1}{2}\bar{\lambda}|u|_2^2-\omega\varepsilon|u|_2^2-\omega c|u|_2\\ &= \frac{1}{2}(\bar{\lambda}-2\varepsilon\omega)|u|_2^2-\omega c|u|_2\\ &= \frac{1}{2}(\bar{\lambda}-2\varepsilon\omega)\left(|u|_2^2-\frac{c\omega}{\bar{\lambda}-2\varepsilon\omega}\right)^2-\frac{c^2\omega^2}{2(\bar{\lambda}-2\varepsilon\omega)}.\end{aligned}\tag{6.44}$$

可知存在常数 μ，使得当 $u\in W_2$ 时，有 $J(u)\geqslant\mu$. 由对任何 $u\in W_1$ 时，

$$\begin{aligned}J(u) &\leqslant \frac{1}{2}u^{\mathrm{T}}Bu+|F(u)|\\ &\leqslant -\frac{1}{2}\bar{\lambda}|u|_2^2+\varepsilon\omega|u|_2^2+\omega c|u|_2\\ &= -\frac{1}{2}(\bar{\lambda}-2\varepsilon\omega)|u|_2^2+\omega c|u|_2\end{aligned}$$

可以看出 $\lim\limits_{|u|\to\infty}J(u)=-\infty$. 因此，存在常数 $\rho>0$ 和 $\sigma(<\mu)$，使得 $J|_{\partial D_\rho\cap W_1}\leqslant\sigma$. 故引理 6.3 的条件（ⅰ）满足. 又上面已证当 $u\in W_2$ 时，有 $J(u)\geqslant\mu$. 可知若令 $e=0$，则 $J|_{e+W_2}\geqslant\mu$. 因此，引理 6.4 的条件（ⅱ）满足. 由引理 6.3，知 J 有一个临界点.

情形二：$W_1=\{0\}$. 这时 B 为正定矩阵. 证明可由修改情形一的过程，知 J 满足 P－S 且在 $\mathbf{R}^{\omega}$ 上有下界. 由（6.44），知 $\lim\limits_{|u|\to\infty}J(u)=+\infty$. 因此存在一点 $\bar{x}\in\mathbf{R}^{\omega}$，使得 J 在该点的函数值是它在 $\mathbf{R}^{\omega}$ 的最小值. 故 J 有一个临界点.

综合上述两种情况的讨论，知（6.1）有一个解. 由条件（ⅲ）直接检验，知 $(0,\cdots,0)^{\mathrm{T}}\in\mathbf{R}^{\omega}$ 不是（6.1）的解. 故（6.1）存在一个非平凡解. 证毕.

作为定理 6.18 的直接推论，我们有

推论 6.22 假设 B 是非退化且有一个正特征值的实对称矩阵，进一步假设下面条件成立：

（ⅰ）对任何 $k\in\mathbf{Z}[1,\omega]$，有

$$\lim_{x\to\infty}\frac{f_k(x)}{x}=0.$$

（ⅱ）存在某个 $k\in\mathbf{Z}[1,\omega]$，使得 $f_k(0)\neq 0$ ，

则（6.2）有一个非平凡解.

最后，我们直接对系统（6.2）中当 $\boldsymbol{B}$ 为非负实对称矩阵时进行讨论，导出一些有趣的结论：

定理 6.19 假设 $\boldsymbol{B}=(b_{ij})_{\omega\times\omega}$ 是有一个正特征值的非负实对称矩阵且对于每个 $k\in\mathbf{Z}[1,\ \omega]$，$b_{kk}$ 和 $b_{k,k+1}$（倘若 $k=\omega$，约定 $b_{k,k+1}=b_{k,1}$）中有一个大于0，$\lambda_{\max}^{+}$ 表示矩阵 $\boldsymbol{B}$ 的正特征值的最大者，进一步假设下面条件成立：

（ⅰ）存在正数 $a_1>\dfrac{1}{2}\lambda_{\max}^{+}$，$a_2>0$ 和 $M>0$，使得当 $z\geqslant M$ 时对一切 $k\in\mathbf{Z}[1,\omega]$，都有

$$\int_0^z f_k(s)\,\mathrm{d}s\geqslant a_1z^2-a_2.$$

（ⅱ）对任何 $k\in\mathbf{Z}[1,\omega]$，有

$$\lim_{z\to0^+}\frac{\int_0^z f_k(s)\,\mathrm{d}s}{z^2}=0,$$

则（6.2）有一个正解.

证明：设

$$\Omega_\omega^+=\{\boldsymbol{u}=(u_1,\ u_2,\ \cdots,\ u_\omega)^{\mathrm{T}}:\ u_k\geqslant0,\ k\in\mathbf{Z}[1,\omega]\},$$

定义泛函 I：$\Omega_\omega^+\to\mathbf{R}$，使得

$$I(\boldsymbol{u})=\frac{1}{2}\boldsymbol{u}^{\mathrm{T}}\boldsymbol{B}\boldsymbol{u}-\sum_{k=1}^{\omega}\int_0^{u_k}f_k(s)\,\mathrm{d}s.$$

令

$$a'_2=\max_{1\leqslant k\leqslant\omega}\left\{\left|\int_0^z f(s)\,\mathrm{d}s-a_1|z|^2+a_2\right|:\ 0\leqslant z\leqslant M\right\}$$

和 $a=a_2+a'_2$，则由条件（ⅰ），知当 $z\in\mathbf{R}$ 且 $z\geqslant0$ 时，有

$$\int_0^z f_k(s)\,\mathrm{d}s\geqslant a_1|z|^2-a,\ k\in\mathbf{Z}[1,\omega].$$

这样，可推出对任意 $\boldsymbol{u}=(u_1,\ u_2,\ \cdots,\ u_\omega)^{\mathrm{T}}\in\Omega_\omega^+$，有

$$\begin{aligned}I(\boldsymbol{u})&=\frac{1}{2}\boldsymbol{u}^{\mathrm{T}}\boldsymbol{B}\boldsymbol{u}-\sum_{k=1}^{\omega}\int_0^{u_k}f_k(s)\,\mathrm{d}s\\&\leqslant\frac{1}{2}\lambda_{\max}^{+}|\boldsymbol{u}|_2^2-a_1\sum_{k=1}^{\omega}|u_k|^2+\omega a\\&\leqslant\left(\frac{1}{2}\lambda_{\max}^{+}-a_1\right)|\boldsymbol{u}|_2^2+\omega a\end{aligned}\tag{6.45}$$

由于 $a_1>\dfrac{1}{2}\lambda_{\max}^{+}$，所以对任意 $\boldsymbol{u}=(u_1,\ u_2,\ \cdots,\ u_\omega)^{\mathrm{T}}\in\Omega_\omega^+$，有

$$I(\boldsymbol{u})\leqslant\omega a.$$

故 I 在 Ω_ω^+ 有上界. 设 $c_1=\sup\limits_{\boldsymbol{u}\in\Omega_\omega^+}I(\boldsymbol{u})$，可证得 $c_1>0$. 事实上，由条件（ⅱ），知存在常数 $\delta>0$ 和 $\beta<\frac{1}{2}(\min\limits_{1\leqslant k\leqslant\omega}\max\{b_{k,k},\ b_{k,k+1}\})$，使得当 $0\leqslant z\leqslant\delta$ 时，对任何 $k\in\mathbf{Z}[1,\omega]$，有

$$\int_0^z f_k(s)\,\mathrm{d}s\leqslant\beta z^2 \tag{6.46}$$

由于 $\boldsymbol{B}$ 是非负实对称矩阵，从而对 $\boldsymbol{v}=(\delta,\ \delta,\ \cdots,\ \delta)^{\mathrm{T}}\in\Omega_\omega^+$，由（6.46），有

$$\begin{aligned}I(\boldsymbol{v})&=\frac{1}{2}\boldsymbol{v}^{\mathrm{T}}\boldsymbol{B}\boldsymbol{v}-\sum_{k=1}^{\omega}\int_0^{v_k}f_k(s)\,\mathrm{d}s\\&=\frac{1}{2}\sum_{i,j}b_{ij}v_iv_j-\sum_{k=1}^{\omega}\int_0^{v_k}f_k(s)\,\mathrm{d}s\\&\geqslant\frac{1}{2}\left(\min_{1\leqslant k\leqslant\omega}\max\ \{b_{k,k},\ b_{k,k+1}\}\right)\sum_{k=1}^{\omega}\delta^2-\beta|\boldsymbol{v}|_2^2\\&=\left(\frac{1}{2}\left(\min_{1\leqslant k\leqslant\omega}\max\{b_{k,k},\ b_{k,k+1}\}\right)-\beta\right)\sum_{k=1}^{\omega}\delta^2>0.\end{aligned}$$

这样 $c_1=\sup\limits_{u\in\Omega_\omega^+}I(\boldsymbol{u})>0$. 由 c_1 的定义，知存在 $\{\boldsymbol{u}^{(n)}\}$，使得 $c_1=\lim\limits_{n\to\infty}I(\boldsymbol{u}^{(n)})$. 易知存在正数 p，使得对任意的正整数 n，有

$$-p\leqslant I(\boldsymbol{u}^{(n)}). \tag{6.47}$$

由（6.46）和（6.47），得

$$-p\leqslant I(\boldsymbol{u}^{(n)})\leqslant(1-a_1)\,|\boldsymbol{u}^{(n)}|_2^2+\omega a.$$

推出

$$|\boldsymbol{u}^{(n)}|_2^2\leqslant(a_1-1)^{-1}(p+\omega a).$$

因此 $\{\boldsymbol{u}^{(n)}\}$ 是 Ω_ω^+ 中的有界序列. 从而 $\{\boldsymbol{u}^{(n)}\}$ 必有收敛子列 $\{\boldsymbol{u}^{(n_i)}\}$. 设 $\lim\limits_{i\to\infty}\boldsymbol{u}^{(n_i)}=\boldsymbol{u}^{(0)}$，则 $\boldsymbol{u}^{(0)}=(u_1^{(0)},\ u_2^{(0)}\cdots,\ u_\omega^{(0)})^{\mathrm{T}}\in\Omega_\omega^+$ 且 $I(\boldsymbol{u}^{(0)})=c_1$. 可以断言 $\boldsymbol{u}^{(0)}\in\mathrm{int}\ \Omega_\omega^+$. 事实上，注意到 $I(0)=0$ 和 $c_1>0$，故 $\boldsymbol{u}^{(0)}$ 是非平凡的. 令 $u_0{}^{(0)}=u_\omega^{(0)}$，$u_{\omega+1}^{(0)}=u_1{}^{(0)}$，不失一般性，假设存在 $k_0\in\mathbf{Z}[1,\omega]$，使得 $u_{k_0}^{(0)}>0$，若 $u_{k_0+1}^{(0)}=0$，则有

$$c_1=I(\boldsymbol{u}^{(0)})=\frac{1}{2}\sum_{i\neq k_0+1,j\neq k_0+1}b_{i,j}u_i^{(0)}u_j^{(0)}-\sum_{k\neq k_0+1}\int_0^{u_k^{(0)}}f_k(s)\,\mathrm{d}s.$$

另一方面，

$$\begin{aligned}I_0(u_{k_0+1}):&=\frac{1}{2}b_{k_0+1,k_0+1}(u_{k_0+1})^2+u_{k_0+1}\sum_{j\neq k_0+1}b_{k_0+1,j}u_j^{(0)}-\int_0^{u_{k_0+1}}f_{i_0}(s)\,\mathrm{d}s\\&\geqslant\frac{1}{2}b_{k_0+1,k_0+1}(u_{k_0+1})^2+b_{k_0,k_0+1}u_{k_o}^{(0)}u_{k_0+1}-\int_0^{u_{k_0+1}}f_{k_0+1}(s)\,\mathrm{d}s,\end{aligned} \tag{6.48}$$

注意到 b_{k_0,k_0+1} 和 b_{k_0+1,k_0+1} 都非负且有一个大于0，由条件（ⅲ）和（6.48），可选择 $\bar{u}_{k_0+1}>0$，使得 $I_0(\bar{u}_{k_0+1})>0$. 取

$$\bar{\boldsymbol{u}}=(u_1^{(0)},\ \cdots,\ u_{k_0}^{(0)},\ \bar{u}_{k_0+1},\ u_{k_0+2}^{(0)},\ \cdots,\ u_\omega^{(0)})^{\mathrm{T}}\in\Omega_\omega^+,$$

则有

$$I(\bar{\boldsymbol{u}})=I(u^{(0)})+I_0(\bar{u}_{k_0+1})>I(u^{(0)})=c_1.$$

这与 c_1 的定义矛盾. 故 $u_{k_0+1}^{(0)}>0$. 由同样的方法可证 $\boldsymbol{u}^{(0)}$ 的各个坐标都是正的. 因此 $\boldsymbol{u}^{(0)}\in$

int Ω_ω^+. 推知 $\boldsymbol{u}^{(0)}$是 I 的一个临界点，即 $\boldsymbol{u}^{(0)}$是（6.2）的正解．证毕．

定理 6.20 假设 $\boldsymbol{B}=(b_{ij})_{\omega\times\omega}$是有一个正特征值的非负实对称矩阵且对于每个 $k\in\mathbf{Z}[1,\omega]$，b_{kk}和 $b_{k,k+1}$（倘若 $k=\omega$，约定 $b_{k,k+1}=b_{k,1}$）中有一个大于0，$\lambda_{\max}^+$表示矩阵 $\boldsymbol{B}$ 的正特征值的最大者，进一步假设下面条件成立：

（ⅰ）存在正数 $a_1>\frac{1}{2}\lambda_{\max}^+$，$a_2>0$ 和 $M>0$，使得当 $z\leqslant -M$ 时对一切 $k\in\mathbf{Z}[1,\omega]$，都有

$$\int_0^z f_k(s)\,\mathrm{d}s\geqslant a_1z^2-a_2,$$

（ⅱ）对任何 $k\in\mathbf{Z}[1,\omega]$，有

$$\lim_{z\to 0^-}\frac{\int_0^z f_k(s)\,\mathrm{d}s}{z^2}=0,$$

则（6.2）有一个负解．

这里只给出定理6.20的证明思路：为找（6.2）有一个负解，令

$$\Omega_\omega^-=\{\boldsymbol{v}=(v_1,\ v_2,\ \cdots,\ v_\omega)^{\mathrm{T}}:\ -v_k\geqslant 0,\ k\in\mathbf{Z}[1,\omega]\},$$

取泛函 I：$\Omega_\omega^-\to\mathbf{R}$，使得

$$I(\boldsymbol{v})=\frac{1}{2}\boldsymbol{v}^{\mathrm{T}}\boldsymbol{B}\boldsymbol{v}-\sum_{k=1}^{\omega}\int_0^{v_k}f_k(s)\,\mathrm{d}s$$

和令 $\boldsymbol{v}=-\boldsymbol{u}$. 则问题转化为找泛函

$$J(\boldsymbol{u})=\frac{1}{2}\boldsymbol{u}^{\mathrm{T}}\boldsymbol{B}\boldsymbol{u}-\sum_{k=1}^{\omega}\int_0^{-u_k}f_k(s)\,\mathrm{d}s,\ \boldsymbol{u}\in\Omega_\omega^+$$

的正的临界点．余下的证法与定理6.19的证明类似，可以略去．

结合定理6.19和定理6.20，有下面的结论：

定理 6.21 假设 $\boldsymbol{B}=(b_{ij})_{\omega\times\omega}$是有一个正特征值的非负实对称矩阵且对于每个 $k\in\mathbf{Z}[1,\ \omega]$，$b_{kk}$和 $b_{k,k+1}$（倘若 $k=\omega$，约定 $b_{k,k+1}=b_{k,1}$）中有一个大于0，$\lambda_{\max}^+$表示矩阵 $\boldsymbol{B}$ 的正特征值的最大者，进一步假设下面条件成立：

（ⅰ）存在正数 $a_1>\frac{1}{2}\lambda_{\max}^+$，$a_2>0$ 和 $M>0$，使得当 $|z|\geqslant M$ 时对一切 $k\in\mathbf{Z}[1,\omega]$，都有

$$\int_0^z f_k(s)\,\mathrm{d}s\geqslant a_1z^2-a_2,$$

（ⅱ）对任何 $k\in\mathbf{Z}[1,\omega]$，有

$$\lim_{z\to 0}\frac{\int_0^z f_k(s)\,\mathrm{d}s}{z^2}=0,$$

则（6.2）至少有两个弃零解且其中一个是正的，另一个是负的．

值得指出：满足定理6.19～6.21的矩阵是很多的．例如矩阵

$$\boldsymbol{B}=\begin{pmatrix} 0 & a & 0 & 0 & \cdots & 0 & a \\ a & 0 & a & 0 & \cdots & 0 & 0 \\ 0 & a & 0 & a & \cdots & 0 & 0 \\ \vdots & \vdots & \vdots & \vdots & \cdots & \vdots & \vdots \\ 0 & 0 & 0 & 0 & \cdots & 0 & a \\ a & 0 & 0 & 0 & \cdots & a & 0 \end{pmatrix}_{\omega\times\omega} \tag{6.49}$$

其中 $a>0$ 且 $\omega\geqslant 3$. 易知矩阵 $\boldsymbol{B}$ 的特征值为

$$\lambda_i=2a\cos\frac{2i\pi}{\omega},\ i=1,\ 2,\ \cdots,\ \omega.$$

因此，

$$\lambda_\omega=\max_{1\leqslant k\leqslant\omega}\{\lambda_i\}=\max_{1\leqslant i\leqslant\omega}\{|\lambda_i|\}=2a>0,$$

$$\lambda_{[\frac{\omega+1}{2}]}=\min_{1\leqslant i\leqslant\omega}\{\lambda_i\}=2a\cos\left([\frac{\omega+1}{2}]\frac{2\pi}{\omega}\right)<0.$$

本章参考文献 33 研究了（6.2）中当矩阵 $\boldsymbol{B}$ 为（6.52）的情形．上面定理 6.19 至 6.21 是本章参考文献 33 的主要结论的推广．我们也注意到定理 6.19 至 6.21 的证法可以推广到系统（6.1）来，得到相应的结果．

§6.5　二维分布神经网络的非平凡稳态解

考虑分布在环面上数位神经网络：设 ω_1，ω_2 都是大于 2 的整数，考虑 $\omega_1\omega_2$ 个神经元 U_{ij}，$i\in\mathbf{Z}[1,\omega_1]$，$j\in\mathbf{Z}[1,\omega_2]$，它们分布在环面上，使得每个神经元 U_{ij} 左右和前后紧挨着四个神经元（邻域）$U_{i-1,j}$，$U_{i+1,j}$，$U_{i,j-1}$，$U_{i,j+1}$（这里 $U_{0j}=U_{\omega_1 j}$，$U_{i,0}=U_{i\omega_2}$）．$u_{ij}^{(t)}$ 表示神经元 U_{ij} 在时刻 $t\in\mathbf{N}$ 的状态值（或电子含量），假设神经元 U_{ij} 的状态被与它相邻的四个邻域所“激活”，两个相连时刻间神经元 U_{ij} 的状态值的改变量为

$$\begin{cases} u_{ij}^{(t+1)}-u_{ij}^{(t)}=u_{i-1,j}^{(t)}+u_{i+1,j}^{(t)}+u_{i,j-1}^{(t)}+u_{i,j+1}^{(t)}-f_{ij}(u_{ij}^{(t)}),\ (i,\ j)\in\boldsymbol{\Theta},\ t\in\mathbf{N}, \\ u_{0,j}^{(t)}=u_{\omega_1,j}^{(t)},\ u_{\omega_1+1,j}^{(t)}=u_{1,j}^{(t)},\ u_{i,0}^{(t)}=u_{i\omega_2}^{(t)},\ u_{i,\omega_2+1}^{(t)}=u_{i,1}^{(t)}, \end{cases} \tag{6.50}$$

其中 $\boldsymbol{\Theta}=\mathbf{Z}[1,\omega_1]\times\mathbf{Z}[1,\omega_2]$．

为讨论（6.50）的稳态解的问题，先设相应的偏差分方程：

$$u_{i-1,j}+u_{i+1,j}+u_{i,j-1}+u_{i,j+1}=f_{ij}\ (u_{ij}),\ i,\ j\in\mathbf{Z}, \tag{6.51}$$

这里 f_{ij}：$\mathbf{R}\to\mathbf{R}$，$f_{i+\omega_1,j+\omega_2}=f_{ij}$，$i$，$j\in\mathbf{Z}$. 易知寻找（6.50）的稳态解本质上等价于寻找偏差分方程（6.51）对 i 是 ω_1－周期而对 j 是 ω_2－周期的“双周期”解的问题.

下面介绍 Wang 和 Cheng 在本章参考文献 24 的工作，利用临界点理论中的 Mountain Pass 定理（本章引理 6.5）给出（6.51）存在这样的“双周期”解的充分性定理．为此，先介绍一些概念和做一些准备工作．

（6.51）的一个解 $\boldsymbol{u}=\{u_{ij}\}_{i,j\in\mathbf{Z}}$ 是一个实双标数列，它代入（6.51）后，使（6.51）成为恒等式；一个实双标数列 $\boldsymbol{u}=\{u_{ij}\}_{i,j\in\mathbf{Z}}$ 成为 (ω_1,ω_2)－周期的，若对所有 i，$j\in\mathbf{Z}$ 都有 $u_{i+\omega_1,j+\omega_2}$

$=u_{i,j}$.

记 Ω 是所有 $(\omega_1,\ \omega_2)$ - 周期实双标数列所成的集合．Ω 中的元素赋予通常的向量的线性运算，内积 $\langle\cdot,\cdot\rangle_\Omega$ 和范数 $|\cdot|_\Omega$ 分别定义为

$$\langle \boldsymbol{u},\ \boldsymbol{v}\rangle_\Omega=\sum_{(i,j)\in\theta}\boldsymbol{u}_{ij}\boldsymbol{v}_{ij},\quad |\boldsymbol{u}|_\Omega=\langle \boldsymbol{u},\ \boldsymbol{u}\rangle_\Omega^{\frac{1}{2}},$$

则 Ω 成为一个 Hilbert 空间．

为寻找（6.51）的 $(\omega_1,\ \omega_2)$ - 周期解，我们总假设每个 f_{ij} 都是连续函数，从而存在相应的连续可微函数 F_{ij}，使得 $F'_{ij}=f_{ij}$.

定理 6.22 假设当 $(i,\ j)\in\Theta$ 和 $x\in\mathbf{R}$，$F_{ij}(x)\geqslant 0$，$F_{ij}(0)=0$，进一步假设

（ⅰ）存在常数 $\delta>0$ 和 $\alpha\in(0,\ 2)$，使得任意 $(i,\ j)\in\Theta$ 和 $|x|=\delta$，有

$$F_{ij}(x)\leqslant\alpha x^2,$$

（ⅱ）存在常数 $\rho>0$，$\gamma>0$ 和 $\beta\in(2,\ +\infty)$，使得任意 $(i,\ j)\in\theta$ 和 $|x|\geqslant\rho$，有

$$F_{ij}(x)\geqslant\beta x^2-\gamma,$$

则（6.51）有一个 $(\omega_1,\ \omega_2)$ - 周期非平凡解．

证明： 考虑泛函：

$$I(\boldsymbol{u})=\sum_{(i,j)\in\Theta}(u_{i+1,j}u_{ij}+u_{i,j+1}u_{ij}-F_{ij}(u_{ij})),\quad \boldsymbol{u}\in\Theta, \tag{6.52}$$

其中，$u_{0,j}=u_{\omega_1,j}$，$u_{\omega_1+1,j}=u_{1,j}$，$u_{i,0}=u_{i,w_2}$，$u_{i,\omega_1+1}=u_{i,1}$，由于 Ω 与 $\mathbf{R}^{\omega_1\omega_2}$ 线性同构，所以 Ω 与 $\mathbf{R}^{\omega_1\omega_2}$ 可看成一样．I 可视为定义在有限维的 Hilbert 空间的连续可微泛函．特别地，F - 导数 $I'(\boldsymbol{u})=0$，当且仅当对所有 $(i,\ j)\in\Theta$，$\dfrac{\partial I(\boldsymbol{u})}{\partial u_{ij}}=0$. 由于

$$\frac{\partial I(\boldsymbol{u})}{\partial u_{ij}}=u_{i-1,j}+u_{i+1,j}+u_{i,j-1}+u_{i,j+1}-f_{ij}(u_{ij})=0,\ (i,\ j)\in\Theta,$$

我们看到 $\boldsymbol{u}$ 是 I 的临界点，当且仅当 $\boldsymbol{u}$ 是（6.51）的 $(\omega_1,\ \omega_2)$ - 周期解. 现证 I 在 Ω 有上界：事实上，令

$$\gamma_1=\max\{|F_{ij}(x)-\beta x^2+\gamma|:\ (i,\ j)\in\Theta,\ |x|\leqslant\rho\}$$

和 $\gamma'=\gamma+\gamma_1$. 则由条件（ⅱ），可推出对任意 $(i,\ j)\in\Theta$ 和 $x\in\mathbf{R}$，有

$$F_{ij}(x)\geqslant\beta x^2+\gamma'.$$

因此，由(6.52)和 Cauchy 不等式，得对任意 $\boldsymbol{u}=\{u_{ij}\}_{i,j\in\mathbf{Z}}\in\Omega$，有

$$I(\boldsymbol{u})\ \leqslant\sum_{(i,j)\in\Theta}(|u_{i+1,j}u_{ij}|+|u_{i,j+1}u_{ij}|-F_{ij}(u_{ij}))\leqslant(2-\beta)|\boldsymbol{u}|_\Omega^2+\gamma'\omega_1\omega_2. \tag{6.53}$$

注意到 $\beta\in(2,\ +\infty)$，由上式可得对任意 $\boldsymbol{u}=\{u_{ij}\}_{i,j\in Z}\in\Omega$，有

$$I(\boldsymbol{u})\leqslant\gamma'\omega_1\omega_2.$$

故证 I 在 Ω 有上界．再证 I 满足 P - S 条件．事实上，设$\{I(\boldsymbol{u}^{(i)})\}_{i=1}^{\infty}$是有下界的数列，即存在正数 M，使得当 $i\geqslant1$ 时，有

$$-M\leqslant I(\boldsymbol{u}^{(i)}).$$

结合（6.53），有

$$-M\leqslant I(\boldsymbol{u}^{(i)})\leqslant(2-\beta)|\boldsymbol{u}^{(i)}|_\Omega^2+\gamma'\omega_1\omega_2.$$

推出

$$|\boldsymbol{u}^{(i)}|_\Omega^2\leqslant(2-\beta)^{-1}(M+\gamma'\omega_1\omega_2).$$

可知$\{\boldsymbol{u}^{(i)}\}_{i=1}^{\infty}$是有界的数列．注意到$\Omega$是有限维空间，从而$\{\boldsymbol{u}^{(i)}\}_{i=1}^{\infty}$有收敛子列．故$I$满足P－S条件．这样，由引理6.5，知$I$有一个临界值$c_0=\sup\limits_{u\in\Omega}I(\boldsymbol{u})$．令$\boldsymbol{u}^*\in\Omega$，使得$I(\boldsymbol{u}^*)=c_0$，可证$c_0>0$．事实上，由条件（i），知对任何满足$|\delta'|=\delta$的常数列$\boldsymbol{u}=\{\delta'\}_{i,j\in Z}\in\Omega$，有

$$I(\boldsymbol{u})\geqslant 2|\boldsymbol{u}|_{\Omega}^{2}-\alpha\sum_{(i,j)\in\Theta}u_{ij}^{2}=(2-\alpha)|\boldsymbol{u}|_{\Omega}^{2}>0.$$

故$c_0>0$．由于$I(0)=0$，所以$\boldsymbol{u}^*\in\Omega$是非平凡临界点．故（6.51）有一个$(\omega_1,\omega_2)$－周期非平凡解．证毕．

推论6.23 假设下面条件成立：

（i）对任意$(i,j)\in\Theta$和$x\in\mathbf{R}$，有$\int_0^x f_{ij}(t)\,\mathrm{d}t\geqslant 0$，

（ii）对任意$(i,j)\in\Theta$，有$f_{ij}(x)=o(x),(x\to 0)$，

（iii）存在常数$R_1>0$和$\alpha_1>2$，使得对任意$(i,j)\in\Theta$和$|x|\geqslant R_1$，有

$$xf_{ij}(x)\geqslant\alpha_1\int_0^x f_{ij}(t)\,\mathrm{d}t>0,$$

则（6.51）有一个(ω_1,ω_2)－周期非平凡解．

事实上，令$F_{ij}(x)=\int_0^x f_{ij}(t)\,\mathrm{d}t$，则对任意$(i,j)\in\Theta$和$x\in\mathbf{R}$，有$F_{ij}(x)\geqslant 0$，$F_{ij}(0)=0$．由条件（ii），得对任意$(i,j)\in\Theta$，有

$$\lim_{x\to 0}\frac{F_{ij}(x)}{x^2}=0.$$

可知定理6.22的条件（i）满足．由条件（iii），知对任意$(i,j)\in\Theta$和$|x|\geqslant R_1$，有

$$\frac{x}{|x|}\frac{f_{ij}(x)}{\int_0^x f_{ij}(t)\,\mathrm{d}t}\geqslant\frac{\alpha_1}{|x|}.$$

因此有

$$\frac{x}{|x|}\frac{\mathrm{d}\ln(F_{ij}(x))}{\mathrm{d}x}\geqslant\frac{x}{|x|}\frac{\mathrm{d}(\alpha_1\ln|x|)}{\mathrm{d}x},$$

即对任意$(i,j)\in\Theta$和$|x|\geqslant R_1$，有

$$\frac{x}{|x|}\frac{\mathrm{d}}{\mathrm{d}x}(\ln F_{ij}(x)-\alpha_1\ln|x|)\geqslant 0.$$

设$\phi=\min\{\ln F_{ij}(x)-\alpha_1\ln|x|:|x|\geqslant R_1,(i,j)\in\Theta\}$，则对任意$(i,j)\in\Theta$和$|x|\geqslant R_1$，有

$$\ln F_{ij}(x)-\alpha_1\ln|x|\geqslant\phi$$

推出对任意$(i,j)\in\Theta$和$|x|\geqslant R_1$，有

$$F_{ij}(x)\geqslant\beta_1|x|^{\alpha_1},$$

这里$\beta_1=e^{\phi}$．令$\rho_1\geqslant R_1$且$\beta_1\rho_1^{\alpha_1-2}>2$，则对任意$(i,j)\in\Theta$和$|x|\geqslant\rho_1$，有

$$F_{ij}(x)\geqslant\beta_1|x|^{\alpha_1-2}|x|^2\geqslant\beta_1\rho_1^{\alpha_1-2}|x|^2.$$

可知定理6.22的条件（ii）满足．这样，由定理6.22推出推论6.23的结论成立．

例6.8 令$(i_0,j_0)\in\Theta$，$f_{i_0j_0}(x)=9x^3$，而当$(i,j)\in\Theta\setminus\{(i_0,j_0)\}$，$f_{ij}(x)=8x^3$，取

$R_1=3$ 和 $\alpha_1>\frac{5}{2}$，不难验证推论 6.23 的所有条件都满足．故此时（6.51）有一个（ω_1，ω_2）-周期非平凡解．

本章参考文献

1. D. Y. Bai and Y. T. Xu. Nontrivial solutions of boundary value problems of second - order difference equations. *J. Math. Anal. Appl.*, 326 (2007): 297 - 302.

2. X. C. Cai, J. S. Yu and Z. M. Guo. Existence of periodic solutions for fourth - order difference equations. *Comput Math Appl.*, 50 (2005): 49 - 55.

3. X. C. Cai and J. S. Yu. Existence of periodic solutionsfor a 2nth - order nonlinear difference equations. *J. Math. Anal. Appl.*, 329 (2007): 870 - 878.

4. X. C. Cai. An existence theorem for second order discrete boundary value problems. *Mathematics in Economics*, 22, 2 (2005): 208 - 214.

5. 蔡晓春，周梦．二阶离散边值问题的临界点方法．湖南大学学报（自然科学版），2006，33（6）：130—132.

6. S. S. Cheng and F. Y. Hsieh. Existence and localization theorems for a discrete nonlinear eigenvalue problem. *Math. Comput. Modelling*, 34 (2001): 623 - 640.

7. S. S. Cheng. Discrete quadratic Wirtinger's inequalities. *Linear Algebra Appl.*, 85 (1987): 57 - 73.

8. S. S. Cheng. Sturmian comparison theorems for three - term recurrence equations. *J. Math. Anal. Appl.*, 111, 2 (1985): 465 - 474.

9. 崔东霞．二阶双共振离散边值问题解的多重性．太原理工大学 2010 年硕士学位论文.

10. X. Q. Deng and H. P. Shi. On boundary value problems for second order nonlinear functional difference equations. *Acta. Appl. Math.*, *DOI* 10.1007/s10440 - 009 - 9509 - 2.

11. 郭大钧，孙经先，刘兆理．非线性常微分方程泛函方法．济南：山东科学技术出版社，1995.

12. Z. M. Guo and J. S. Yu. Existence of periodic and subharmonic solutions for second order superlinear difference equations. *Sci. China A*, 46 (2003), 506 - 515.

13. Z. M. Guo and J. S. Yu. Existence of periodic and subharmonic solutions to subquadratic second - order difference equations. *J. London Math. Soc.*, 68 (2003): 419 - 430.

14. 贺铁山，陈文革．一类二阶非线性差分方程的多重周期解．工程数学学报，2008，25（5）：804—810.

15. 胡蓉晖，黄立宏．一类高阶差分方程周期解的存在性．应用数学学报，2008，31（3）：492—499.

16. R. H. Hu and L. H. Huang. Existence of periodoc solutions of a higer order difference system. *J. Korean Math. Soc.*, 45, 2 (2008): 405 - 423.

17. L. Q. J and Z. Zhou. Existence of nontrivial solutions for discrete nonlinear two point boundary value problems. *Applied Mathematics and Computation*, 180 (2006): 318 - 329.

18. H. H. Liang and P. X. Weng. Existence and multiple solutions for a second order difference boundary value problem via critical point theory. *J. Math. Anal. Appl.*, 326 (2007): 511 - 520.

19. H. L. Liu and G. Q, Wang. Periodic steady state solutions of a three - dimensional neural network via a mountain pass theorem. *Far East Journal of Mathematical Sciences*, 40, 2 (2010): 201 - 214 .

20. J. Mawhin and M. Willem. *Critical Point Theory and Hamiltonian Systems*. New York: Springer - Verlag, 1989.

21. P. H. Rabinowitz. *Minimax Methods in Critical Point Theory with Applications to Differential Equations*. CBMS, AMS, number 6.

22. Q. W. Sun and Z. Zhou. Existence of multiple periodic solutions to discrete Hamiltonian Systems. *MATHEMATICA APPLICATA* , 21, 3 (2008): 529 - 534.

23. 谭伟明，覃学文．离散广义 Emden - Fowler 方程边值问题的多解存在性．数学的实践与认识，2009，39（17）：152—158.

24. G. Q. Wang and S. S. Cheng. Steady state solutions of a toroidal neural network via a mountain pass theorem. *Ann. Diff. Eq.*, 22, 3 (2006): 360 - 363.

25. G. Q. Wang and S. S. Cheng. Critical points of a real functional arising from periodic difference boundary value problems. *J. Math. Anal. Approx. Theory*, 1, 1 (2006): 10 - 16.

26. G. Q. Wang and S. S. Cheng. Multiple steady state solutions of a circular neural network. *Chaos, Solitons & Fractals*, 37, 4 (2008): 1228 - 1232.

27. G. Q. Wang and S. S. Cheng. Elementary variational approach to zero free solutions of anonlinear eigenvalue problem. *Nonlinear Analysis*, 69 (2008): 3030 - 3041.

28. G. Q. Wang and S. S. Cheng. A remark on multiple solutions for a nonlinear eigenvalue problem. *Port. Math.*, 65, 4 (2008): 497 - 507.

29. G. Q. Wang and S. S. Cheng. Fixed point theorems arising from seeking steady states of neural networks. *Applied Math. Modelling*, 33, 1 (2009): 499 - 506.

30. G. Q. Wang and S. S. Cheng. Positive fixed point theorems arising from seeking steady states of neural networks. *Math. Bohemica*, 135, 1 (2010): 99 - 112.

31. G. Q. Wang and S. S. Cheng. Bifurcation in a nonlinear steady state system. *Opuscula Math.*, 30, 3 (2010): 349 - 360.

32. G. Q. Wang and S. S. Cheng. Bifurcation in a nonlinear dynamical system arising from seeking steady states of a neural network. *International J. Bifurcation and Chaos*, 20, 8 (2010): 2585 - 2588.

33. G. Q. Wang and S. S. Cheng. Variational approach to positive and negative steady state-solutions of a circular neural network. *J. Difference Eq. Appl.*, 18, 2 (2012): 195 - 221.

34. 庾建设，郭志明．离散广义 Emden - Fowler 方程的边值问题．中国科学（A 辑）：

数学，2006，36（7）：721—732.

35. 张恭庆．临界点理论及其应用．上海：上海科学出版社，1980.

36. G. Zhang. Existence of non - zero solutions for a nonlinear system with a parameter. *Nonlinear Anal.*，66，6（2007）：1410 - 1416.

37. G. Zhang and S. S. Cheng. Existence of solutions for a nonlinear system with a parameter. *J. Math. Anal. Appl.*，314（2006）：311 - 319.

38. G. Zhang and Z. L. Yang. Existence of 2n nontrivial solutions for discrete two - point boundary value problems. *Nonlinear Anal.*，59（2004）：1181 - 1187.

39. Q. Q. Zhang. Existence of solutions for a nonlinear system with applications to difference equations. *Applied Mathematics E - Notes*，6（2006）：153 - 158.

40. Z. Zhou，J. S. Yu and Z. M. Guo. Periodic solutions for higher dimensional discrete systems. *Proc. Roy. Soc. Edinburgh*，134A（2004）：1013 - 1022.

41. Z. Zhou，J. S. Yu and Y. M. Chen. Periodic solutions of a 2nth - order nonlinear difference equation. *Sci. China. Math.*，53，1（2010）：41 - 50 .

42. B. S. Zhu and J. S. Yu. Multiple positive solutions for resonant difference equations. *Mathematical and Computer Modelling*，49（2009）：1928 - 1936.

第七章　数位神经网络的周期行波解简介

双周期行波可以用来描述动物的动作信号的动态模式．本章先介绍数位神经网络的周期行波解的概念，然后介绍 Wang 和 Cheng 在本章参考文献 8 中的工作，讨论一个 Bang Bang 控制数位神经网络的 6 – 周期行波解．

§7.1　基本概念与研究对象

在自然科学的许多分支中，往往碰到研究由递推关系所确定的周期序列．然而，对于涉及不连续控制函数的递推关系，现有成果比较少（参见本章参考文献 5），而其他现有文献大都是讨论带有连续控制函数的递推关系的情形．鉴于此，本章参考文献 9 讨论了一个很简单的原型方程：

$$\varphi_{m-1}+\varphi_{m+1}=H(\varphi_m),\ m\in\mathbf{Z}$$

其中

$$H(x)=\begin{cases}+1,\ x\geqslant 0,\\-1,\ x<0\end{cases}$$

为 Heaviside 阶梯函数（或 Bang Bang 控制）．得到该方程所有具最小正周期 1 到 8 的解．

本章参考文献 9 指出，上述方程的研究涉及带有 Bang Bang 控制人工神经网络“驻波解”的问题．除了驻波解，更一般的行波解也十分有趣．事实上，本章参考文献 4（参见本章参考文献 6）指出“双周期行波解”可以用来描述蝾螈运动的动态变化信号．出于这个原因，为寻求此类行波解，将继续研究相应的差分方程（但仍涉及同样的 Bang Bang 控制）的周期解．

为此，先引出数位神经网络的周期行波解的概念．回顾本章参考文献 9 和 4 的引言部分．设神经元序列：$\cdots,\ u_{-2},\ u_{-1},\ u_0,\ u_1,\ u_2\cdots$，依次放置在一条直线上，每个神经元 u_i 的左邻是 u_{i-1}，右邻是 u_{i+1}，进一步设 $u_i^{(t)}$ 是 $t\in\mathbf{N}$ 时刻第 i 个神经元的状态值，在时刻 t，如果值 $u_i^{(t)}$ 高于 $u_{i-1}^{(t)}$，则信息从第 i 个神经元流向左邻，第 i 个神经元的状态值变化数列为 $\{u_i^{(t+1)}-u_i^{(t)}\}$．假设 $u_i^{(t+1)}-u_i^{(t)}$ 与 $u_i^{(t)}-u_{i-1}^{(t)}$ 成正比，类似地，如果值 $u_{i+1}^{(t)}$ 高于 $u_i^{(t)}$，则信息从右邻流向第 i 个神经元．这样

$$u_i^{(t+1)}-u_i^{(t)}=(u_{i-1}^{(t)}-u_i^{(t)})+(u_{i+1}^{(t)}-u_i^{(t)})=u_{i+1}^{(t)}-2u_i^{(t)}+u_{i-1}^{(t)},\ i\in\mathbf{Z},\ t\in\mathbf{N}.\quad(7.1)$$

如果进一步假设每个神经元都有一种控制机制，则有更复杂的模型：

$$u_i^{(t+1)}=u_{i+1}^{(t)}-u_i^{(t)}+u_{i-1}^{(t)}+f(u_i^{(t)}),\ i\in\mathbf{Z},\ t\in\mathbf{N}. \tag{7.2}$$

这种人工神经网络的性能取决于函数f.

当f: $\mathbf{R}\to\mathbf{R}$时，(7.2)的解的存在性和唯一性是容易看出的．事实上，只要给出初始分布数列$\{u_i^{(0)}\}_{i\in\mathbf{Z}}$，则可以通过唯一的方法依次算出：

$$u_{-1}^{(1)},\ u_0^{(1)},\ u_1^{(1)};\ u_{-2}^{(1)},\ u_{-1}^{(2)},\ u_0^{(2)},\ u_1^{(2)},\ u_2^{(1)},\ \cdots$$

从而得到唯一解$\{u_i^{(t)}\}_{i\in\mathbf{N},t\in\mathbf{Z}}$.

我们感兴趣的是，考虑(7.2)满足$u_i^{(t+1)}=u_{i-m}^{(t)}$（对某整数$m$，所有的$i\in\mathbf{Z}$和所有的$t\in\mathbf{N}$）的解$\{u_i^{(t)}\}_{t\in\mathbf{N},i\in\mathbf{Z}}$. 这样的解如果存在的话，就叫做行波解．由于经过一个单位时间，当m是正时，初始分布向右移动m个单位长度；当m是负时，初始分布向左移动$-m$个单位长度．而当$m=0$时，初始分布不移动，这样的解也叫做驻波解．

更一般地，我们考虑是否存在满足$u_i^{(t+\tau)}=u_{i+\delta}^{(t)}$（对某正整数$\tau$，某整数$\delta$，所有的$i\in\mathbf{Z}$和所有的$t\in\mathbf{N}$）的解$\{u_i^{(t)}\}_{t\in\mathbf{N},i\in\mathbf{Z}}$. 这样的解$\{u_i^{(t)}\}_{t\in\mathbf{N},i\in\mathbf{Z}}$也叫做行波解．由于经过$\tau$个单位时间，初始分布移动$|\delta|$个单位长度．

注意到如果τ和δ同时扩大同一正整数倍，不会产生新的解．因此，可以合理限制τ和δ. 正是由于这个原因，本文总假设

$(H_1)\ \tau\in\mathbf{N}_+$，$\delta\in\mathbf{Z}$和$(\tau,\ \delta)=1$（这里用$(\tau,\ \delta)$表示$\tau$和$\delta$的最大公因数），

给出$\tau\in\mathbf{N}_+$，$\delta\in\mathbf{Z}$，使得$(\tau,\ \delta)=1$，对于双标实数列$\{u_i^{(t)}\}_{t\in\mathbf{N},i\in\mathbf{Z}}$，如果总有

$$u_i^{(t+\tau)}=u_{i+\delta}^{(t)},\ t\in\mathbf{N},\ i\in\mathbf{Z},$$

则它叫做速度为$-\dfrac{\delta}{\tau}$的行波．

注意到$\{u_i^{(t)}\}_{t\in\mathbf{N},i\in\mathbf{Z}}$是速度为$-\dfrac{\delta}{\tau}$的行波，当且仅当存在对某个$\varphi$: $\mathbf{Z}\to\mathbf{R}$使得

$$u_i^{(t)}=\varphi_{\tau i+\delta t},\ t\in\mathbf{N},\ i\in\mathbf{Z}. \tag{7.3}$$

事实上，若存在对某个φ: $\mathbf{Z}\to\mathbf{R}$，使得$u_i^{(t)}=\varphi_{\tau i+\delta t}$ $(t\in\mathbf{N},\ i\in\mathbf{Z})$，则

$$u_i^{(t+\tau)}=\varphi_{\tau i+\delta t+\delta\tau}=\varphi_{\tau(i+\delta)+\delta t}=u_{i+\delta}^{(t)},\ t\in\mathbf{N},\ i\in\mathbf{Z},$$

即$\{u_i^{(t)}\}_{t\in\mathbf{N},i\in\mathbf{Z}}$是速度为$-\dfrac{\delta}{\tau}$的行波．反之，设$\{u_i^{(t)}\}_{t\in\mathbf{N},i\in\mathbf{Z}}$是速度为$-\dfrac{\delta}{\tau}$的行波，则对任意$m\in\mathbf{Z}$，可找唯一的$i\in\mathbf{Z}$和$t\in\{0,\ 1,\ \cdots,\ \tau-1\}$，使得$m=i\tau+t\delta$. 可以定义$\varphi$: $\mathbf{Z}\to\mathbf{R}$，使得

$$\varphi_m=\varphi_{i\tau+t\delta}=u_i^{(t)},\ t\in\mathbf{N},\ i\in\mathbf{Z}.$$

将(7.3)代入(7.2)，得

$$\varphi_{m+\delta}=\varphi_{m-\tau}-\varphi_m+\varphi_{m+\tau}+f(\varphi_m),\ m\in\mathbf{Z}.$$

可知(7.2)的行波解集可以由上述差分方程的解集所确定．

在常用的控制函数f中，Bang Bang 函数H是有一个点不连续的最简单函数．出于这个原因，我们仍然选择它进行讨论．这时有

$$\varphi_{m+\delta}=\varphi_{m-\tau}-\varphi_m+\varphi_{m+\tau}+H(\varphi_m),\ m\in\mathbf{Z}, \tag{7.4}$$

可知(7.2)的行波解集可以由(7.4)的解集所确定．这里规定：实数列$\boldsymbol{\varphi}=\{\varphi_m\}_{m\in\mathbf{Z}}$叫做(7.4)的一个解是指它代入(7.4)后对每个$m\in\mathbf{Z}$都成为等式．

正如本章参考文献 9 所指出，不同的类型的行波解可以用来解释动物的动作：

$$u_{i+\xi}^{(t)}=u_i^{(t)},\ i\in\mathbf{Z},\ t\in\mathbf{N}\ (\text{空间周期条件})$$

和

$$u_i^{(t+\eta)}=u_i^{(t)},\ i\in\mathbf{Z},\ t\in\mathbf{N}\ (\text{时间周期条件}).$$

对某 $\xi,\ \eta\in\mathbf{Z}[1,+\infty)$，改用 $\boldsymbol{\varphi}$ 表示，则

$$\varphi_{\tau i+\delta t}=\varphi_{\tau(i+\xi)+\delta t}\quad \text{和}\ \varphi_{\tau i+\delta t}=\varphi_{i\tau+\delta(t+\eta)},\ i\in\mathbf{Z},\ t\in\mathbf{N}$$

或

$$\varphi_m=\varphi_{m+\tau\xi}\quad \text{和}\ \varphi_m=\varphi_{m+\delta\eta},\ m\in\mathbf{Z}.$$

这就是我们要找（7.4）的周期解的原因．

给定一个抽象序列 $\boldsymbol{\psi}=\{\psi_k\}_{k\in\mathbf{Z}}$，如果存在正整数 T，使得对所有 $k\in\mathbf{Z}$ 都有 $\psi_{k+T}=\psi_k$，则 T 叫做 $\boldsymbol{\psi}$ 的一个周期．如果 ω 是 ψ 的所有周期中的最小者，则 ω 叫做 $\boldsymbol{\psi}$ 的最小正周期．

从下一节开始，我们将在条件（H_1）下，寻找（7.4）的周期解，但这不是一个容易的问题．因为整数 τ 和 δ 是先验不明的，再加上现在有一个不连续函数 H，经典的不动点定理难以使用．事实上，如果我们寻求带周期 6 的解，则需要处理涉及 20 种不同的情况，而每种又对应了 14 对不同的 τ 和 δ. 本文中，我们将只讨论（7.4）的所有具最小正周期 1 到 6 的解．尽管如此，我们希望在这里讨论的技术能启发更多的一般性的讨论．

对于偏差分方程（7.2）的更详细介绍，读者可以参见本章参考文献 2. 有关离散动力系统的行波一些早期作品，可以查阅本章参考文献 3，11，12.

§7.2　Bang Bang 控制数位神经网络的周期行波解的性质

一个列向量 $(\varphi_1,\ \varphi_2,\ \cdots,\ \varphi_\omega)^{\mathrm{T}}$ 的周期延拓是指一个数列 $\overline{\boldsymbol{\varphi}}=\{\overline{\varphi}_m\}_{m\in\mathbf{Z}}$，它满足

$$\overline{\varphi}_m=\varphi_{m \bmod \omega},\ m\in\mathbf{Z}.$$

一个 ω 维向量的周期延拓具周期 ω，但不一定具最小正周期 ω. 例如，向量

$$(t+1,\ t,\ t+1,\ t)^{\mathrm{T}},\ t\in[-1,\ 0)$$

的周期延拓具最小正周期 2，而向量

$$(t+1,\ t+1,\ t,\ t)^{\mathrm{T}},\ t\in[-1,\ 0)$$

的周期延拓具最小正周期 4.

首先给出一些有用的性质：

引理 7.1　设 $\boldsymbol{\varphi}=\{\varphi_m\}_{m\in\mathbf{Z}}$ 是（7.4）的具最小正周期 ω 的解，则 ω 是偶数且 $(\varphi_1,\ \varphi_2,\ \cdots,\ \varphi_\omega)^{\mathrm{T}}$ 中非负项的项数和负项的项数都等于 $\frac{\omega}{2}$.

事实上，注意到对任意 $\mu\in\mathbf{Z}$，有

$$\sum_{m=1}^{\omega}\varphi_m=\sum_{m=1}^{\omega}\varphi_{m+\mu}. \tag{7.5}$$

因此，由（7.4），有

$$0=\sum_{m=1}^{\omega}(\varphi_{m+\delta}-\varphi_{m-\tau}+\varphi_m-\varphi_{m+\tau})=\sum_{m=1}^{\omega}H(\varphi_m)\ . \tag{7.6}$$

让 κ 是$(\varphi_1, \varphi_2, \cdots\varphi_\omega)^{\mathrm{T}}$ 中负项的项数，则

$$0=\sum_{m=1}^{\omega}H(\varphi_m)=-\kappa+(\omega-\kappa).$$

因此 $\kappa=\frac{\omega}{2}$.

作为一个推论，我们知道（7.4）的每个周期解都是具偶周期的．

引理 7.2 设 $\boldsymbol{\varphi}=\{\varphi_m\}_{m\in\mathbf{Z}}$是（7.4）的具最小正周期 ω 的解，则 $\tau\neq0 \bmod \omega$.

证明： 设 $\boldsymbol{\varphi}=\{\varphi_m\}_{m\in\mathbf{Z}}$是（7.4）的具最小正周期 ω 的解，由引理 7.1，知 ω 是偶数且存在 $m_0\in\mathbf{Z}[1,\omega]$，使得 $\varphi_{m_0}\geqslant0$. 必须讨论两种情形：$\delta=0 \bmod \omega$ 或 $\delta\neq0 \bmod \omega$. 前一情形，若 $\tau=0 \bmod \omega$，则由（7.4），$H(\varphi_m)=0$，$m\in\mathbf{Z}$. 这与 H 的定义矛盾．后一情形，若 $\tau=0 \bmod \omega$，则由（7.4），有

$$\varphi_{m+\delta}=\varphi_m+H(\varphi_m),\ m\in\mathbf{Z}. \tag{7.7}$$

由（7.7）和 $\varphi_{m_0}\geqslant0$，可导出 $\varphi_{m_0+n\delta}=\varphi_{m_0}+n$，$n\in\mathbf{Z}[1,+\infty)$ 这与 $\boldsymbol{\varphi}$ 的周期性矛盾．证毕．

在引理 7.2 中，我们证明了如果 $\boldsymbol{\varphi}=\{\varphi_m\}_{m\in\mathbf{Z}}$是（7.4）的具最小正周期 ω 的解，则 $\tau\neq0 \bmod \omega$. 注意到若 $\boldsymbol{\varphi}=\{\varphi_m\}_{m\in\mathbf{Z}}$是（7.4）当 $\tau=1, 2, \cdots, \frac{\omega}{2} \bmod \omega$ 的具最小正周期 ω 的解，则由（7.4），可知 $\boldsymbol{\varphi}=\{\varphi_m\}_{m\in\mathbf{Z}}$是（7.4）当 $\tau=\omega-1, \omega-2, \cdots, \frac{\omega}{2} \bmod \omega$ 的具最小正周期 ω 的解．反之也成立．

由上面讨论，为找（7.4）的具最小正周期 ω 的解，我们可以限制

(H_2) ω 是正偶数和 $\tau=1, 2, \cdots, \frac{\omega}{2} \bmod \omega$.

接着，注意到若 $\boldsymbol{\varphi}=\{\varphi_m\}_{m\in\mathbf{Z}}$是（7.4）的具周期 ω 的解，则$(\varphi_1, \varphi_2, \cdots, \varphi_\omega)^{\mathrm{T}}$是系统

$$\begin{aligned}
\varphi_{(1+\delta)\bmod \omega}&=\varphi_{(1-\tau)\bmod \omega}-\varphi_1+\varphi_{(1+\tau)\bmod \omega}+H(\varphi_1),\\
\varphi_{(2+\delta)\bmod \omega}&=\varphi_{(2-\tau)\bmod \omega}-\varphi_2+\varphi_{(2+\tau)\bmod \omega}+H(\varphi_2),\\
&\cdots\cdots,\\
\varphi_{(\omega+\delta)\bmod \omega}&=\varphi_{(\omega-\tau)\bmod \omega}-\varphi_\omega+\varphi_{(\omega+\tau)\bmod \omega}+H(\varphi_\omega)
\end{aligned} \tag{7.8}$$

的解．反之，若$(\varphi_1, \varphi_2\cdots, \varphi_\omega)^{\mathrm{T}}$是（7.8）的解，则其周期延拓是（7.4）的周期解．但系统（7.8）的任一方程可以由其余方程相加得到．例如最后一个方程可以其余方程相加得到．事实上，由（7.5）和（7.6），有

$$-H(\varphi_\omega)=\sum_{m=1}^{\omega-1}H(\varphi_m)=\sum_{m=1}^{\omega-1}(\varphi_{m+\delta}-\varphi_{m-\tau}+\varphi_m-\varphi_{m+\tau})=-\varphi_{\omega+\delta}+\varphi_{\omega-\tau}-\varphi_\omega+\varphi_{\omega+\tau}.$$

其他情形可以类似地给出证明．因此，（7.4）具周期 ω 的解可以由系统

$$\begin{aligned}
\varphi_{(1+\delta)\bmod \omega}&=\varphi_{(1-\tau)\bmod \omega}-\varphi_1+\varphi_{(1+\tau)\bmod \omega}+H(\varphi_1),\\
\varphi_{(2+\delta)\bmod \omega}&=\varphi_{(2-\tau)\bmod \omega}-\varphi_2+\varphi_{(2+\tau)\bmod \omega}+H(\varphi_2),\\
&\cdots\cdots,\\
\varphi_{(-1+\delta)\bmod \omega}&=\varphi_{(-1-\tau)\bmod \omega}-\varphi_{\omega-1}+\varphi_{(-1+\tau)\bmod \omega}+H(\varphi_{\omega-1})
\end{aligned} \tag{7.9}$$

的解$(\varphi_1, \varphi_2, \cdots, \varphi_\omega)^{\mathrm{T}}$的周期延拓得到.

为了进一步的讨论，我们引入向量的旋转概念：$\boldsymbol{u}=(u_1, u_2, \cdots, u_\omega)^{\mathrm{T}}$，$\boldsymbol{v}=(v_1, v_2, \cdots, v_\omega)^{\mathrm{T}}$是两个实$\omega$维向量，如果

$$v_1=u_\omega,\ v_2=u_1,\ \cdots,\ v_\omega=u_{\omega-1},$$

则$\boldsymbol{v}$叫做$\boldsymbol{u}$的向前旋，而$\boldsymbol{u}$叫做$\boldsymbol{v}$的向后旋. 记作$\boldsymbol{v}=\theta(\boldsymbol{u})$或$\boldsymbol{u}=\theta^{-1}(\boldsymbol{v})$. 我们也对正整数$k$定义$\theta^{k+1}(\boldsymbol{u})=\theta^k(\theta(\boldsymbol{u}))$，$\theta^{-k-1}(\boldsymbol{u})=\theta^{-k}(\theta^{-1}(\boldsymbol{u}))$，特别地，记$\theta^0(\boldsymbol{u})=\boldsymbol{u}$，有了上面的定义，我们可以称$\theta^m$，这里$m\in\mathbf{Z}$是定义在$\mathbf{R}^\omega$的旋转算子.

下面介绍一些与旋转算子联系的基本知识：首先，容易检验$\{\theta^m\}_{m\in\mathbf{Z}}$具最小正周期$\omega$，因此，对$\boldsymbol{u}\in\mathbf{R}^\omega$，有

$$\theta^{-k}(\boldsymbol{u})=\theta^{\omega-k}(\boldsymbol{u}),\ k\in\mathbf{Z}[1,\omega]. \tag{7.10}$$

给出一个实的行向量$\boldsymbol{a}=(a_1, a_2, \cdots, a_\omega)$，旋转算子的定义与上述相同. 为了方便，我们用符号$\Theta\boldsymbol{a}$表示循环矩阵：

$$\begin{pmatrix} \boldsymbol{a} \\ \theta(\boldsymbol{a}) \\ \vdots \\ \theta^{\omega-1}(\boldsymbol{a}) \end{pmatrix}=\begin{pmatrix} a_1 & a_2 & a_3 & \cdots & a_{\omega-1} & a_\omega \\ a_\omega & a_1 & a_2 & \cdots & a_{\omega-2} & a_{\omega-1} \\ \vdots & \vdots & \vdots & \cdots & \vdots & \vdots \\ a_3 & a_4 & a_5 & \cdots & a_1 & a_2 \\ a_2 & a_3 & a_4 & \cdots & a_\omega & a_1 \end{pmatrix}.$$

通过简单的验证，我们可得到循环矩阵的不变性：

引理 7.3 设$\boldsymbol{a}=(a_1, a_2, \cdots, a_\omega)$是实的行向量和$\boldsymbol{v}=(v_1, v_2, \cdots, v_\omega)^{\mathrm{T}}$是实的列向量，则线性系统

$$(\Theta\boldsymbol{a})\boldsymbol{x}=\theta(\boldsymbol{v})$$

的解集Ω可由$(\Theta\boldsymbol{a})\boldsymbol{u}=\boldsymbol{v}$的所有解旋转得到，即$\Omega=\{\theta(\boldsymbol{u}) \mid (\Theta\boldsymbol{a})\boldsymbol{u}=\boldsymbol{v}\}$.

设$\boldsymbol{\varphi}=\{\varphi_m\}_{m\in\mathbf{Z}}$是(7.4)的具最小正周期$\omega$的解，这里$\omega$是偶数. 考虑向量

$$\boldsymbol{v}=(H(\varphi_1), H(\varphi_2), \cdots, H(\varphi_\omega))^{\mathrm{T}}, \tag{7.11}$$

它的每个分量为1或-1. 进一步，由引理7.1和H的定义，知$\boldsymbol{v}$有$\frac{\omega}{2}$个分量取值1，而另外$\frac{\omega}{2}$个分量取值-1. 因此形如(7.11)的向量$\boldsymbol{v}$共有

$$C_\omega^{\frac{\omega}{2}}=\frac{\omega!}{\frac{\omega}{2}!\ \frac{\omega}{2}!}$$

(种)可能. 例如，当$\omega=2$，形如(7.11)的向量有两个：$(+1, -1)^{\mathrm{T}}$，$(-1, +1)^{\mathrm{T}}$且

$$(-1, +1)^{\mathrm{T}}=\theta(+1, -1)^{\mathrm{T}}.$$

进一步，若$\boldsymbol{v}=(+1, -1)^{\mathrm{T}}$，则$\varphi_1\geqslant 0$和$\varphi_2<0$；若$\boldsymbol{v}=(-1, +1)^{\mathrm{T}}$，则$\varphi_1<0$和$\varphi_2\geqslant 0$. 当$\omega=4$和6的情形将在后面给出.

§7.3 Bang Bang 控制模型具最小正周期 2 的行波解

这一节，我们将找出（7.4）的所有最小正周期 2 的解．由（H_2），我们只需讨论如下两种情形：

（ⅰ）τ 和 δ 都是奇数；

（ⅱ）τ 是奇数和 δ 是偶数．

定理 7.1 假设 τ 和 δ 都是奇数，则（7.4）有具最小正周期 2 的解，而且（7.4）的所有具最小正周期 2 的解可由向量$(t,\ t-1)^{\mathrm{T}}$或$(t-1,\ t)^{\mathrm{T}}$（这里 $t\in[0,1)$）周期延拓得到．

证明：假设 τ 和 δ 都是奇数，由系统（7.9），得

$$-\varphi_2+\varphi_1=H(\varphi_1). \tag{7.12}$$

由引理 7.1，有 $\varphi_1\geqslant 0$ 和 $\varphi_2<0$ 或 $\varphi_1<0$ 和 $\varphi_2\geqslant 0$. 前一种情形，（7.12）可写成 $-\varphi_2+\varphi_1=1$. 推出 $\varphi_2=\varphi_1-1<0$. 令 $\varphi_1=t$，则$(\varphi_1,\ \varphi_2)^{\mathrm{T}}=(t,\ t-1)^{\mathrm{T}}$，这里 $t\in[0,1)$．后一种情形，类似可得$(\varphi_1,\ \varphi_2)^{\mathrm{T}}=(t-1,\ t)^{\mathrm{T}}$（这里 $t\in[0,1)$）．证毕．

定理 7.2 假设 τ 是奇数，δ 是偶数，则（7.4）有具最小正周期 2 的解，而且（7.4）的所有具最小正周期 2 的解可由向量$\left(t,\ t-\frac{1}{2}\right)^{\mathrm{T}}$或$\left(t-\frac{1}{2},\ t\right)^{\mathrm{T}}$，这里 $t\in\left[0,\frac{1}{2}\right)$周期延拓得到．

证明：假设 τ 是奇数，δ 是偶数，由系统（7.9），得

$$2\varphi_1-2\varphi_2=H(\varphi_1)\ . \tag{7.13}$$

由引理 7.1，有 $\varphi_1\geqslant 0$ 和 $\varphi_2<0$ 或 $\varphi_1<0$ 和 $\varphi_2\geqslant 0$．前一种情形，（7.13）可写成 $2\varphi_1-2\varphi_2=1$. 推出 $\varphi_2=\varphi_1-\frac{1}{2}<0$. 令 $\varphi_1=t$，则$(\varphi_1,\ \varphi_2)^{\mathrm{T}}=(t,\ t-1)^{\mathrm{T}}$，这里$t\in\left[0,\frac{1}{2}\right)$. 后一种情形类似可得$(\varphi_1,\ \varphi_2)^{\mathrm{T}}=\left(t-\frac{1}{2},\ t\right)^{\mathrm{T}}$，这里 $t\in\left[0,\frac{1}{2}\right)$. 证毕．

§7.4 Bang Bang 控制模型具最小正周期 4 的行波解

这一节，我们将找出（7.4）的所有具最小正周期 4 的解．设 $\boldsymbol{\varphi}=\{\varphi_m\}_{m\in\mathbf{Z}}$是（7.4）的具最小正周期 4 的解，则由引理 7.1，得向量

$$\boldsymbol{v}=(H(\varphi_1),\ H(\varphi_2),\ H(\varphi_3),\ H(\varphi_4))^{\mathrm{T}} \tag{7.14}$$

有 $C_{\omega}^{\frac{\omega}{2}}=6$(种）可能的形式：

$$(+1,+1,-1,-1)^T,\ (-1,+1,+1,-1)^T,\ (-1,-1,+1,+1)^T,$$
$$(+1,-1,-1,+1)^T,\ (+1,-1,+1,-1)^T,\ (-1,+1,-1,+1)^T.$$

它们可以写成：

$$\boldsymbol{x}=(+1,+1,-1,-1)^T,\ \theta(\boldsymbol{x}),\ \theta^2(\boldsymbol{x}),\ \theta^3(\boldsymbol{x}),$$
$$\boldsymbol{y}=(+1,-1,+1,-1)^T,\ \theta(\boldsymbol{y}).$$

由（H_1）和（H_2），我们需要讨论如下 6 种不同的情况：

（ⅰ）$\delta=0 \bmod 4$ 和 $\tau=1 \bmod 4$；

（ⅱ）$\delta=1 \bmod 4$ 和 $\tau=1 \bmod 4$；

（ⅲ）$\delta=1 \bmod 4$ 和 $\tau=2 \bmod 4$；

（ⅳ）$\delta=2 \bmod 4$ 和 $\tau=1 \bmod 4$；

（ⅴ）$\delta=3 \bmod 4$ 和 $\tau=1 \bmod 4$；

（ⅵ）$\delta=3 \bmod 4$ 和 $\tau=2 \bmod 4$.

定理 7.3 假设 $\delta=0 \bmod 4$ 和 $\tau=1 \bmod 4$，则（7.4）有具最小正周期 4 的解．而且（7.4）的所有具最小正周期 4 的解可由向量 $\boldsymbol{p}$，$\theta(\boldsymbol{p})$，$\theta^2(\boldsymbol{p})$ 或 $\theta^3(\boldsymbol{p})$ 周期延拓得到．这里

$$\boldsymbol{p}\in\{(t+1,t+1,t,t)^T:\ t\in[-1,0)\}$$

证明：假设 $\delta=0 \bmod 4$ 和 $\tau=1 \bmod 4$，则由（7.8），得

$$\boldsymbol{M}_1(\varphi_1,\varphi_2,\varphi_3,\varphi_4)^T=\boldsymbol{v},$$

其中 $\boldsymbol{v}$ 是由（7.14）所给出，而循环矩阵

$$\boldsymbol{M}_1=\boldsymbol{\Theta}(2,-1,0,-1).$$

若 $\boldsymbol{v}=\boldsymbol{x}$，则由（7.8）得

$$\boldsymbol{M}_1(\varphi_1,\varphi_2,\varphi_3,\varphi_4)^T=(1,1,-1,-1)^T.$$

再由（7.9），推出

$$\begin{pmatrix}2 & -1 & 0\\ -1 & 2 & -1\\ 0 & -1 & 2\end{pmatrix}\begin{pmatrix}\varphi_1\\ \varphi_2\\ \varphi_3\end{pmatrix}=\begin{pmatrix}1+t\\ 1\\ -1+t\end{pmatrix},$$

这里 $\varphi_4=t$. 所以

$$(\varphi_1,\varphi_2,\varphi_3)^T=(t+1,t+1,t)^T.$$

由于 $\boldsymbol{v}=\boldsymbol{x}$，可知 $\varphi_1\geqslant 0$，$\varphi_2\geqslant 0$，$\varphi_3<0$ 和 $\varphi_4<0$. 推出 $-1\leqslant t<0$. 因此 $(\varphi_1,\varphi_2,\varphi_3,\varphi_4)^T$ 具有形式 $(t+1,t+1,t,t)^T$，这里 $t\in[-1,0)$ 且由第一个坐标和第三个坐标不相等，可知向量 $(t+1,t+1,t,t)^T$ 的周期延拓具最小正周期 4.

若 $\boldsymbol{v}=\boldsymbol{y}$，则由（7.8）得

$$\boldsymbol{M}_1(\varphi_1,\varphi_2,\varphi_3,\varphi_4)^T=(1,-1,1,-1)^T.$$

再由（7.9），推出

$$\begin{pmatrix}2 & -1 & 0\\ -1 & 2 & -1\\ 0 & -1 & 2\end{pmatrix}\begin{pmatrix}\varphi_1\\ \varphi_2\\ \varphi_3\end{pmatrix}=\begin{pmatrix}1+t\\ -1\\ 1+t\end{pmatrix},$$

这里 $\varphi_4=t$，所以

$$(\varphi_1,\ \varphi_2,\ \varphi_3)^{\mathrm{T}}=\left(t+\frac{1}{2},\ t,\ t+\frac{1}{2}\right)^{\mathrm{T}}.$$

由于 $\boldsymbol{v}=\boldsymbol{y}$，可知 $\varphi_1\geqslant 0$，$\varphi_2<0$，$\varphi_3\geqslant 0$ 和 $\varphi_4<0$. 推出 $-\frac{1}{2}\leqslant t<0$. 因此 $(\varphi_1,\ \varphi_2,\ \varphi_3,\ \varphi_4)^{\mathrm{T}}$ 具有形式 $\left(t+\frac{1}{2},\ t,\ t+\frac{1}{2},\ t\right)^{\mathrm{T}}$，这里 $t\in[-1,0)$，但由第一个坐标和第三个坐标相等，第二个坐标和第四个坐标相等，可知向量 $\left(t+\frac{1}{2},\ t,\ t+\frac{1}{2},\ t\right)^{\mathrm{T}}$ 的周期延拓具最小正周期 2，应舍去.

其他情况可由引理 7.3 推出. 证毕.

定理 7.4 假设 $\delta=1 \bmod 4$ 和 $\tau=1 \bmod 4$，则（7.4）没有具最小正周期 4 的解.

证明： 假设 $\delta=1 \bmod 4$ 和 $\tau=1 \bmod 4$. 则由（7.8），推出

$$\boldsymbol{M}_2(\varphi_1,\ \varphi_2,\ \varphi_3,\ \varphi_4)^{\mathrm{T}}=\boldsymbol{v},$$

其中 $\boldsymbol{v}$ 由（7.14）所给出，而循环矩阵

$$\boldsymbol{M}_2=\Theta(1,\ 0,\ 0,\ -1).$$

向量 $\boldsymbol{v}$ 可能取 $\boldsymbol{x}$，$\theta(\boldsymbol{x})$，$\theta^2(\boldsymbol{x})$，$\theta^3(\boldsymbol{x})$，$\boldsymbol{y}$，$\theta(\boldsymbol{y})$ 中的任一个.

若 $\boldsymbol{v}=\boldsymbol{x}$，则由（7.8），推出

$$\boldsymbol{M}_2(\varphi_1,\ \varphi_2,\ \varphi_3,\ \varphi_4)^{\mathrm{T}}=(1,\ 1,\ -1,\ -1)^{\mathrm{T}}.$$

再由（7.9），推出

$$\begin{pmatrix}1&0&0\\-1&1&0\\0&-1&1\end{pmatrix}\begin{pmatrix}\varphi_1\\\varphi_2\\\varphi_3\end{pmatrix}=\begin{pmatrix}1+t\\1\\-1\end{pmatrix},$$

这里 $\varphi_4=t$. 所以

$$(\varphi_1,\ \varphi_2,\ \varphi_3)^{\mathrm{T}}=(t+1,\ t+2,\ t+1)^{\mathrm{T}}.$$

推出 $\varphi_1=\varphi_3$，这与 $\varphi_1\geqslant 0$，$\varphi_3<0$ 矛盾.

若 $\boldsymbol{v}=\boldsymbol{y}$，由（7.8），得到

$$\boldsymbol{M}_2(\varphi_1,\ \varphi_2,\ \varphi_3,\ \varphi_4)^{\mathrm{T}}=(1,\ -1,\ 1,\ -1)^{\mathrm{T}}.$$

再由（7.9），推出

$$\begin{pmatrix}1&0&0\\-1&1&0\\0&-1&1\end{pmatrix}\begin{pmatrix}\varphi_1\\\varphi_2\\\varphi_3\end{pmatrix}=\begin{pmatrix}1+t\\-1\\1\end{pmatrix},$$

这里 $\varphi_4=t$，所以

$$(\varphi_1,\ \varphi_2,\ \varphi_3)^{\mathrm{T}}=(t+1,\ t,\ t+1)^{\mathrm{T}}.$$

由于 $\boldsymbol{v}=\boldsymbol{y}$，可知 $\varphi_1\geqslant 0$，$\varphi_2<0$，$\varphi_3\geqslant 0$ 和 $\varphi_4<0$. 推出 $-1\leqslant t<0$. 因此 $(\varphi_1,\ \varphi_2,\ \varphi_3,\ \varphi_4)^{\mathrm{T}}$ 具有形式 $(t+1,\ t,\ t+1,\ t)^{\mathrm{T}}$，这里 $t\in[-1,0)$. 但由第一个坐标和第三个坐标相等，第二个坐标和第四个坐标相等，可知向量 $(t+1,\ t,\ t+1,\ t)^{\mathrm{T}}$ 的周期延拓具最小正周期 2，应舍去.

其他情况可由引理 7.3 推出．证毕．

定理 7.5 假设 $\delta=0 \bmod 4$ 和 $\tau=2 \bmod 4$，则（7.4）有具最小正周期 4 的解，而且（7.4）的所有最小正周期 4 的解可由向量 $\boldsymbol{p}$，$\theta(\boldsymbol{p})$，$\theta^2(\boldsymbol{p})$ 或 $\theta^3(\boldsymbol{p})$ 周期延拓得到．这里

$$\boldsymbol{p}\in\left\{\left(t+\frac{3}{5},\ t+\frac{4}{5},\ t+\frac{1}{5},\ t\right)^{\mathrm{T}}:\ t\in\left[-\frac{3}{5},-\frac{1}{5}\right)\right\}.$$

证明： 假设 $\delta=0 \bmod 4$ 和 $\tau=2 \bmod 4$，则由（7.8），得到

$$\boldsymbol{M}_3\,(\varphi_1,\ \varphi_2,\ \varphi_3,\ \varphi_4)^{\mathrm{T}}=\boldsymbol{v},$$

其中 $\boldsymbol{v}$ 是由（7.14）所给出，而循环矩阵

$$\boldsymbol{M}_3=\boldsymbol{\Theta}(1,\ 1,\ -2,\ 0),$$

向量 $\boldsymbol{v}$ 可能取 $\boldsymbol{x}$，$\theta(\boldsymbol{x})$，$\theta^2(\boldsymbol{x})$，$\theta^3(\boldsymbol{x})$，$\boldsymbol{y}$，$\theta(\boldsymbol{y})$ 中的任一个．

若 $\boldsymbol{v}=\boldsymbol{x}$，则由（7.8），可得

$$M_3\,(\varphi_1,\ \varphi_2,\ \varphi_3,\ \varphi_4)^{\mathrm{T}}=(1,\ 1,\ -1,\ -1)^{\mathrm{T}}.$$

再由（7.9），推出

$$\begin{pmatrix}1 & 1 & -2\\ 0 & 1 & 1\\ -2 & 0 & 1\end{pmatrix}\begin{pmatrix}\varphi_1\\ \varphi_2\\ \varphi_3\end{pmatrix}=\begin{pmatrix}1\\ 1+2t\\ -1-t\end{pmatrix},$$

这里 $\varphi_4=t$. 所以

$$(\varphi_1,\ \varphi_2,\ \varphi_3)^{\mathrm{T}}=\left(t+\frac{3}{5},\ t+\frac{4}{5},\ t+\frac{1}{5}\right)^{\mathrm{T}}.$$

由于 $\boldsymbol{v}=\boldsymbol{x}$，可知 $\varphi_1\geqslant 0$，$\varphi_2\geqslant 0$，$\varphi_3<0$ 和 $\varphi_4<0$. 推出 $-\frac{3}{5}\leqslant t<-\frac{1}{5}$. 因此 $(\varphi_1,\ \varphi_2,\ \varphi_3,\ \varphi_4)^{\mathrm{T}}$ 具有形式 $\left(t+\frac{3}{5},\ t+\frac{4}{5},\ t+\frac{1}{5},\ t\right)^{\mathrm{T}}$，这里 $t\in\left[-\frac{3}{5},-\frac{1}{5}\right)$ 且由第一个坐标和第三个坐标不相等，可知向量 $\left(t+\frac{3}{5},\ t+\frac{4}{5},\ t+\frac{1}{5},\ t\right)^{\mathrm{T}}$ 的周期延拓具最小正周期 4.

若 $\boldsymbol{v}=\boldsymbol{y}$，则由（7.8），推出

$$\boldsymbol{M}_3\,(\varphi_1,\ \varphi_2,\ \varphi_3,\ \varphi_4)^{\mathrm{T}}=(1,\ -1,\ 1,\ -1)^{\mathrm{T}}.$$

再由（7.9），推出

$$\begin{pmatrix}1 & 1 & -2\\ 0 & 1 & 1\\ -2 & 0 & 1\end{pmatrix}\begin{pmatrix}\varphi_1\\ \varphi_2\\ \varphi_3\end{pmatrix}=\begin{pmatrix}1\\ -1+2t\\ 1-t\end{pmatrix},$$

这里 $\varphi_4=t$. 所以

$$(\varphi_1,\ \varphi_2,\ \varphi_3)^{\mathrm{T}}=(t-1,\ t,\ t-1)^{\mathrm{T}}.$$

所以 $\varphi_1=\varphi_4-1$. 这与 $\varphi_1\geqslant 0$ 和 $\varphi_4<0$ 矛盾．

其他情况可由引理 7.3 推出．证毕．

定理 7.6 假设 $\delta=2 \bmod 4$ 和 $\tau=1 \bmod 4$，则（7.4）有具最小正周期 4 的解，而且

(7.4) 的所有具最小正周期 4 的解可由向量 $\boldsymbol{q}$ 或 $\theta(\boldsymbol{q})$ 周期延拓得到. 这里
$\boldsymbol{q}\in\{(1+s-w+t,\ s,\ w,\ t)^{\mathrm{T}}:\ s<0,\ w\geqslant 0,\ t<0,\ 1+s-w+t\geqslant 0,\ (1+s-w+t,\ s)\neq(w,\ t)\}$.

证明: 假设 $\delta=2 \bmod 4$ 和 $\tau=1 \bmod 4$, 则由 (7.8), 有

$$\boldsymbol{M}_4(\varphi_1,\ \varphi_2,\ \varphi_3,\ \varphi_4)^{\mathrm{T}}=\boldsymbol{v}.$$

其中 $\boldsymbol{v}$ 是由 (7.14) 所给出, 而循环矩阵

$$\boldsymbol{M}_4=\Theta(1,\ -1,\ 1,\ -1),$$

向量 $\boldsymbol{v}$ 可能取 $\boldsymbol{x}$, $\theta(\boldsymbol{x})$, $\theta^2(\boldsymbol{x})$, $\theta^3(\boldsymbol{x})$, $\boldsymbol{y}$, $\theta(\boldsymbol{y})$ 中任一个.

若 $\boldsymbol{v}=\boldsymbol{x}$, 则由 (7.8), 可得

$$\boldsymbol{M}_4(\varphi_1,\ \varphi_2,\ \varphi_3,\ \varphi_4)^{\mathrm{T}}=(1,\ 1,\ -1,\ -1)^{\mathrm{T}}.$$

再由 (7.9), 推出

$$\begin{pmatrix}1 & -1 & 1\\ -1 & 1 & -1\\ 1 & -1 & 1\end{pmatrix}\begin{pmatrix}\varphi_1\\ \varphi_2\\ \varphi_3\end{pmatrix}=\begin{pmatrix}1+t\\ 1-t\\ -1+t\end{pmatrix},$$

这里 $\varphi_4=t$. 可看出

$$\varphi_1-\varphi_2+\varphi_3=1+t,$$
$$\varphi_1-\varphi_2+\varphi_3=-1+t.$$

矛盾.

若 $\boldsymbol{v}=\boldsymbol{y}$, 则由 (7.8), 有

$$\boldsymbol{M}_4(\varphi_1,\ \varphi_2,\ \varphi_3,\ \varphi_4)^{\mathrm{T}}=(1,\ -1,\ 1,\ -1)^{\mathrm{T}}.$$

再由 (7.9), 推出

$$\begin{pmatrix}1 & -1 & 1\\ -1 & 1 & -1\\ 1 & -1 & 1\end{pmatrix}\begin{pmatrix}\varphi_1\\ \varphi_2\\ \varphi_3\end{pmatrix}=\begin{pmatrix}1+t\\ -1-t\\ 1+t\end{pmatrix},$$

这里 $\varphi_4=t$. 所以

$$\varphi_1-\varphi_2+\varphi_3=1+t.$$

由于 $\boldsymbol{v}=\boldsymbol{y}$, 可知 $\varphi_1\geqslant 0$, $\varphi_2<0$, $\varphi_3\geqslant 0$ 和 $\varphi_4<0$. 因此 $(\varphi_1,\ \varphi_2,\ \varphi_3,\ \varphi_4)^{\mathrm{T}}$ 具有形式 $(1+s-w+t,\ s,\ w,\ t)^{\mathrm{T}}$, 这里 $s<0$, $w\geqslant 0$, $t<0$ 和 $1+s-w+t\geqslant 0$. 注意到当且仅当 $(1+s-w+t,\ s)\neq(w,\ t)$ 时, 向量 $(1+s-w+t,\ s,\ w,\ t)^{\mathrm{T}}$ 的周期延拓具最小正周期 4.

其他情况可由引理 7.3 推出. 证毕.

定理 7.7 假设 $\delta=3 \bmod 4$ 和 $\tau=1 \bmod 4$, 则 (7.4) 没有具最小正周期 4 的解.

证明: 假设 $\delta=3 \bmod 4$ 和 $\tau=1 \bmod 4$, 由 (7.8), 得

$$\boldsymbol{M}_5(\varphi_1,\ \varphi_2,\ \varphi_3,\ \varphi_4)^{\mathrm{T}}=\boldsymbol{v},$$

其中 $\boldsymbol{v}$ 是由 (7.14) 所给出, 而循环矩阵

$$\boldsymbol{M}_5=\Theta(1,\ -1,\ 0,\ 0).$$

若 $\boldsymbol{v}=\boldsymbol{x}$, 则由 (7.8) 可得

$$\boldsymbol{M}_5(\varphi_1,\ \varphi_2,\ \varphi_3,\ \varphi_4)^{\mathrm{T}}=(1,\ 1,\ -1,\ -1)^{\mathrm{T}}.$$

再由 (7.9), 推出

$$\begin{pmatrix}1 & -1 & 0\\0 & 1 & -1\\0 & 0 & 1\end{pmatrix}\begin{pmatrix}\varphi_1\\\varphi_2\\\varphi_3\end{pmatrix}=\begin{pmatrix}1\\1\\-1+t\end{pmatrix},$$

这里 $\varphi_4=t$. 所以

$$(\varphi_1,\ \varphi_2,\ \varphi_3)^{\mathrm{T}}=(t+1,\ t,\ t-1)^{\mathrm{T}}.$$

推出 $\varphi_2=\varphi_4$. 这与 $\varphi_2\geqslant 0$，$\varphi_4<0$ 矛盾.

若 $\boldsymbol{v}=\boldsymbol{y}$，则由（7.8），有

$$\boldsymbol{M}_5(\varphi_1,\ \varphi_2,\ \varphi_3,\ \varphi_4)^{\mathrm{T}}=(1,\ -1,\ 1,\ -1)^{\mathrm{T}}.$$

再由（7.9），推出

$$\begin{pmatrix}1 & -1 & 0\\0 & 1 & -1\\0 & 0 & 1\end{pmatrix}\begin{pmatrix}\varphi_1\\\varphi_2\\\varphi_3\end{pmatrix}=\begin{pmatrix}1\\-1\\1+t\end{pmatrix},$$

这里 $\varphi_4=t$. 所以

$$(\varphi_1,\ \varphi_2,\ \varphi_3)^{\mathrm{T}}=(t-1,\ t-2,\ t-1)^{\mathrm{T}}$$

可看出 $\varphi_1=\varphi_4-1$. 这与 $\varphi_1\geqslant 0$ 和 $\varphi_4<0$ 矛盾.

其他情况可由引理 7.3 推出. 证毕.

定理 7.8 假设 $\delta=3 \bmod 4$ 和 $\boldsymbol{\tau}=2 \bmod 4$，则（7.4）有具最小正周期 4 的解，而且（7.4）的所有具最小正周期 4 的解可由向量 $\boldsymbol{p}$，$\theta(\boldsymbol{p})$，$\theta^2(\boldsymbol{p})$ 或 $\theta^3(\boldsymbol{p})$ 周期延拓得到. 这里

$$\boldsymbol{p}\in\left\{\left(t+\frac{3}{5},\ t+\frac{2}{5},\ t-\frac{1}{5},\ t\right)^{\mathrm{T}}:\ t\in\left[-\frac{2}{5},\ 0\right)\right\}.$$

证明： 假设 $\delta=3 \bmod 4$ 和 $\boldsymbol{\tau}=2 \bmod 4$. 则由（7.8），有

$$\boldsymbol{M}_5(\varphi_1,\ \varphi_2,\ \varphi_3,\ \varphi_4)^{\mathrm{T}}=\boldsymbol{v},$$

其中 $\boldsymbol{v}$ 是由（7.14）所给出，而循环矩阵

$$\boldsymbol{M}_6=\boldsymbol{\Theta}(1,\ 0,\ -2,\ 1),$$

若 $\boldsymbol{v}=\boldsymbol{x}$，则由（7.8），可得

$$\boldsymbol{M}_6(\varphi_1,\ \varphi_2,\ \varphi_3,\ \varphi_4)^{\mathrm{T}}=(1,\ 1,\ -1,\ -1)^{\mathrm{T}}.$$

再由（7.9），推出

$$\begin{pmatrix}1 & 0 & -2\\1 & 1 & 0\\-2 & 1 & 1\end{pmatrix}\begin{pmatrix}\varphi_1\\\varphi_2\\\varphi_3\end{pmatrix}=\begin{pmatrix}1-t\\1+2t\\-1\end{pmatrix},$$

这里 $\varphi_4=t$. 所以

$$(\varphi_1,\ \varphi_2,\ \varphi_3)^{\mathrm{T}}=\left(t+\frac{3}{5},\ t+\frac{2}{5},\ t-\frac{1}{5}\right)^{\mathrm{T}}.$$

由于 $\boldsymbol{v}=\boldsymbol{x}$，可知 $\varphi_1\geqslant 0$，$\varphi_2\geqslant 0$，$\varphi_3<0$ 和 $\varphi_4<0$. 推出 $-\frac{2}{5}\leqslant t<0$. 因此 $(\varphi_1,\ \varphi_2,\ \varphi_3,\ \varphi_4)^{\mathrm{T}}$ 具有形式 $\left(t+\frac{3}{5},\ t+\frac{2}{5},\ t-\frac{1}{5},\ t\right)^{\mathrm{T}}$，这里 $t\in\left[-\frac{2}{5},\ 0\right)$ 且由第一个

坐标和第三个坐标不相等，可知向量$\left(t+\frac{3}{5},\ t+\frac{2}{5},\ t-\frac{1}{5},\ t\right)^{\mathrm{T}}$的周期延拓具最小正周期4.

若$\boldsymbol{v}=\boldsymbol{y}$，则由（7.8），可得

$$\boldsymbol{M}_6(\varphi_1,\ \varphi_2,\ \varphi_3,\ \varphi_4)^{\mathrm{T}}=(1,\ -1,\ 1,\ -1)^{\mathrm{T}}.$$

再由（7.9），推出

$$\begin{pmatrix} 1 & 0 & -2 \\ 1 & 1 & 0 \\ -2 & 1 & 1 \end{pmatrix}\begin{pmatrix} \varphi_1 \\ \varphi_2 \\ \varphi_3 \end{pmatrix}=\begin{pmatrix} 1-t \\ -1+2t \\ 1 \end{pmatrix},$$

这里$\varphi_4=t$. 所以

$$(\varphi_1,\ \varphi_2,\ \varphi_3)^{\mathrm{T}}=(t-1,\ t,\ t-1)^{\mathrm{T}}.$$

可看出$\varphi_1=\varphi_4-1$. 这与$\varphi_1\geqslant 0$和$\varphi_4<0$矛盾.

其他情况可由引理7.3推出. 证毕.

§7.5 Bang Bang 控制模型具最小正周期6的行波解

这一节，我们将找出（7.4）的所有具最小正周期6的解. 设$\boldsymbol{\varphi}=\{\varphi_m\}_{m\in\mathbf{Z}}$是（7.4）的具最小正周期6的解，则由引理7.1，得向量

$$\boldsymbol{v}=(H(\varphi_1),\ H(\varphi_2),\ H(\varphi_3),\ H(\varphi_4),\ H(\varphi_5),\ H(\varphi_6))^{\mathrm{T}} \tag{7.15}$$

有$C_{\omega}^{\frac{\omega}{2}}=20$(种) 可能的形式:

$$\begin{aligned}
&(+1,\ +1,\ +1,\ -1,\ -1,\ -1)^{\mathrm{T}},\ (-1,\ +1,\ +1,\ +1,\ -1,\ -1)^{\mathrm{T}},\\
&(-1,\ -1,\ +1,\ +1,\ +1,\ -1)^{\mathrm{T}},\ (-1,\ -1,\ -1,\ +1,\ +1,\ +1)^{\mathrm{T}},\\
&(+1,\ -1,\ -1,\ -1,\ +1,\ +1)^{\mathrm{T}},\ (+1,\ +1,\ -1,\ -1,\ -1,\ +1)^{\mathrm{T}},\\
&(+1,\ +1,\ -1,\ -1,\ +1,\ -1)^{\mathrm{T}},\ (-1,\ +1,\ +1,\ -1,\ -1,\ +1)^{\mathrm{T}},\\
&(+1,\ -1,\ +1,\ +1,\ -1,\ -1)^{\mathrm{T}},\ (-1,\ +1,\ -1,\ +1,\ +1,\ -1)^{\mathrm{T}},\\
&(-1,\ -1,\ +1,\ -1,\ +1,\ +1)^{\mathrm{T}},\ (+1,\ -1,\ -1,\ +1,\ -1,\ +1)^{\mathrm{T}},\\
&(-1,\ -1,\ +1,\ +1,\ -1,\ +1)^{\mathrm{T}},\ (+1,\ -1,\ -1,\ +1,\ +1,\ -1)^{\mathrm{T}},\\
&(-1,\ +1,\ -1,\ -1,\ +1,\ +1)^{\mathrm{T}},\ (+1,\ -1,\ +1,\ -1,\ -1,\ +1)^{\mathrm{T}},\\
&(+1,\ +1,\ -1,\ +1,\ -1,\ -1)^{\mathrm{T}},\ (-1,\ +1,\ +1,\ -1,\ +1,\ -1)^{\mathrm{T}},\\
&(+1,\ -1,\ +1,\ -1,\ +1,\ -1)^{\mathrm{T}},\ (-1,\ +1,\ -1,\ +1,\ -1,\ +1)^{\mathrm{T}}.
\end{aligned}$$

它们可以写成:

$$\begin{aligned}
&\boldsymbol{x}=(+1,\ +1,\ +1,\ -1,\ -1,\ -1)^{\mathrm{T}},\ \theta(\boldsymbol{x}),\ \theta^2(\boldsymbol{x}),\ \theta^3(\boldsymbol{x}),\ \theta^4(\boldsymbol{x}),\ \theta^5(\boldsymbol{x});\\
&\boldsymbol{y}=(+1,\ +1,\ -1,\ -1,\ +1,\ -1)^{\mathrm{T}},\ \theta(\boldsymbol{y}),\ \theta^2(\boldsymbol{y}),\ \theta^3(\boldsymbol{y}),\ \theta^4(\boldsymbol{y}),\ \theta^5(\boldsymbol{y});\\
&\boldsymbol{z}=(-1,\ -1,\ +1,\ +1,\ -1,\ +1)^{\mathrm{T}},\ \theta(\boldsymbol{z}),\ \theta^2(\boldsymbol{z}),\ \theta^3(\boldsymbol{z}),\ \theta^4(\boldsymbol{z}),\ \theta^5(\boldsymbol{z});\\
&\boldsymbol{w}=(+1,\ -1,\ +1,\ -1,\ +1,\ -1)^{\mathrm{T}},\ \theta(\boldsymbol{w}).
\end{aligned}$$

由（H_1）和（H_2），我们需要讨论如下 13 种不同的情况：

1）$\delta=0 \bmod 6$ 和 $\tau=1 \bmod 6$；

2）$\delta=1 \bmod 6$ 和 $\tau=1 \bmod 6$；

3）$\delta=1 \bmod 6$ 和 $\tau=2 \bmod 6$；

4）$\delta=1 \bmod 6$ 和 $\tau=3 \bmod 6$；

5）$\delta=2 \bmod 6$ 和 $\tau=1 \bmod 6$；

6）$\delta=2 \bmod 6$ 和 $\tau=3 \bmod 6$；

7）$\delta=3 \bmod 6$ 和 $\tau=1 \bmod 6$；

8）$\delta=3 \bmod 6$ 和 $\tau=2 \bmod 6$；

9）$\delta=4 \bmod 6$ 和 $\tau=1 \bmod 6$；

10）$\delta=4 \bmod 6$ 和 $\tau=3 \bmod 6$；

11）$\delta=5 \bmod 6$ 和 $\tau=1 \bmod 6$；

12）$\delta=5 \bmod 6$ 和 $\tau=2 \bmod 6$；

13）$\delta=5 \bmod 6$ 和 $\tau=3 \bmod 6$.

定理 7.9 假设 $\delta=0 \bmod 6$ 和 $\tau=1 \bmod 6$，则（7.4）有具最小正周期 6 的解，而且（7.4）的所有具最小正周期 6 的解可由向量 $\boldsymbol{p}$，$\theta(\boldsymbol{p})$，$\theta^2(\boldsymbol{p})$，$\theta^3(\boldsymbol{p})$，$\theta^4(\boldsymbol{p})$，$\theta^5(\boldsymbol{p})$，$\boldsymbol{q}$，$\theta(\boldsymbol{q})$，$\theta^2(\boldsymbol{q})$，$\theta^3(\boldsymbol{q})$，$\theta^4(\boldsymbol{q})$，$\theta^5(\boldsymbol{q})$，$\boldsymbol{r}$，$\theta(\boldsymbol{r})$，$\theta^2(\boldsymbol{r})$，$\theta^3(\boldsymbol{r})$，$\theta^4(\boldsymbol{r})$ 或 $\theta^5(\boldsymbol{r})$ 周期延拓得到．这里

$$\boldsymbol{p}\in\left\{\left(t+\frac{3}{2},\ t+2,\ t+\frac{3}{2},\ t,\ t-\frac{1}{2},\ t\right)^{\mathrm{T}}:\ t\in\left[-\frac{3}{2},\ 0\right)\right\},$$

$$\boldsymbol{q}\in\left\{\left(t+\frac{5}{6},\ t+\frac{2}{3},\ t-\frac{1}{2},\ t-\frac{2}{3},\ t+\frac{1}{6},\ t\right)^{\mathrm{T}}:\ t\in\left[-\frac{1}{6},\ 0\right)\right\},$$

$$\boldsymbol{r}\in\left\{\left(t-\frac{5}{6},\ t-\frac{2}{3},\ t+\frac{1}{2},\ t+\frac{2}{3},\ t-\frac{1}{6},\ t\right)^{\mathrm{T}}:\ t\in\left[0,\ \frac{1}{6}\right)\right\}.$$

证明：假设 $\delta=0 \bmod 6$ 和 $\tau=1 \bmod 6$. 则由（7.8），有

$$\overline{\boldsymbol{M}}_1(\varphi_1,\ \varphi_2,\ \varphi_3,\ \varphi_4,\ \varphi_5,\ \varphi_6)^{\mathrm{T}}=\boldsymbol{v},$$

其中 $\boldsymbol{v}$ 是由（7.15）所给出，而循环矩阵

$$\overline{\boldsymbol{M}}_1=\Theta(2,\ -1,\ 0,\ 0,\ 0,\ -1).$$

若 $\boldsymbol{v}=\boldsymbol{x}$，则由（7.8），可得

$$\overline{\boldsymbol{M}}_1(\varphi_1,\ \varphi_2,\ \varphi_3,\ \varphi_4,\ \varphi_5,\ \varphi_6)^{\mathrm{T}}=(1,\ 1,\ 1,\ -1,\ -1,\ -1)^{\mathrm{T}}.$$

再由（7.9），推出

$$\begin{pmatrix}2 & -1 & 0 & 0 & 0\\ -1 & 2 & -1 & 0 & 0\\ 0 & -1 & 2 & -1 & 0\\ 0 & 0 & -1 & 2 & -1\\ 0 & 0 & 0 & -1 & 2\end{pmatrix}\begin{pmatrix}\varphi_1\\ \varphi_2\\ \varphi_3\\ \varphi_4\\ \varphi_5\end{pmatrix}=\begin{pmatrix}t+1\\ 1\\ 1\\ -1\\ t-1\end{pmatrix},$$

这里 $\varphi_6=t$. 所以

$$(\varphi_1,\ \varphi_2,\ \varphi_3,\ \varphi_4,\ \varphi_5)^{\mathrm{T}}=\left(t+\frac{3}{2},\ t+2,\ t+\frac{3}{2},\ t,\ t-\frac{1}{2}\right)^{\mathrm{T}}.$$

由于 $v=x$，可知 $\varphi_1\geqslant 0$，$\varphi_2\geqslant 0$，$\varphi_3\geqslant 0$，$\varphi_4<0$，$\varphi_5<0$ 和 $\varphi_6<0$. 因此

$$(\varphi_1,\ \varphi_2,\ \varphi_3,\ \varphi_4,\ \varphi_5,\ \varphi_6)^{\mathrm{T}}=\left(t+\frac{3}{2},\ t+2,\ t+\frac{3}{2},\ t,\ t-\frac{1}{2},\ t\right)^{\mathrm{T}},$$

这里 $t\in\left[-\frac{3}{2},\ 0\right)$. 且 $\left(t+\frac{3}{2},\ t+2,\ t+\frac{3}{2},\ t,\ t-\frac{1}{2},\ t\right)^{\mathrm{T}}$ 的周期延拓是最小正周期 6 的.

若 $v=y$，则由（7.8），有

$$\overline{M}_1(\varphi_1,\ \varphi_2,\ \varphi_3,\ \varphi_4,\ \varphi_5,\ \varphi_6)^{\mathrm{T}}=(1,\ 1,\ -1,\ -1,\ 1,\ -1)^{\mathrm{T}}.$$

再由（7.9），推出

$$\begin{pmatrix}2&-1&0&0&0\\-1&2&-1&0&0\\0&-1&2&-1&0\\0&0&-1&2&-1\\0&0&0&-1&2\end{pmatrix}\begin{pmatrix}\varphi_1\\\varphi_2\\\varphi_3\\\varphi_4\\\varphi_5\end{pmatrix}=\begin{pmatrix}t+1\\1\\1\\-1\\t+1\end{pmatrix},$$

这里 $\varphi_6=t$. 所以

$$(\varphi_1,\ \varphi_2,\ \varphi_3,\ \varphi_4,\ \varphi_5)^{\mathrm{T}}=\left(t+\frac{5}{6},\ t+\frac{2}{3},\ t-\frac{1}{2},\ t-\frac{1}{3},\ t+\frac{1}{6}\right)^{\mathrm{T}}.$$

由 $v=y$，知 $\varphi_1\geqslant 0$，$\varphi_2\geqslant 0$，$\varphi_3<0$，$\varphi_4<0$，$\varphi_5\geqslant 0$ 和 $\varphi_6<0$. 故

$$(\varphi_1,\ \varphi_2,\ \varphi_3,\ \varphi_4,\ \varphi_5,\ \varphi_6)^{\mathrm{T}}=\left(t+\frac{5}{6},\ t+\frac{2}{3},\ t-\frac{1}{2},\ t-\frac{1}{3},\ t+\frac{1}{6},\ t\right)^{\mathrm{T}}$$

这里 $t\in\left[-\frac{1}{6},\ 0\right)$ 且向量 $\left(t+\frac{5}{6},\ t+\frac{2}{3},\ t-\frac{1}{2},\ t-\frac{1}{3},\ t+\frac{1}{6},\ t\right)^{\mathrm{T}}$ 的周期延拓具最小正周期 6.

若 $v=y$，则由（7.8），可得

$$\overline{M}_1(\varphi_1,\ \varphi_2,\ \varphi_3,\ \varphi_4,\ \varphi_5,\ \varphi_6)^{\mathrm{T}}=(-1,\ -1,\ 1,\ 1,\ -1,\ 1)^{\mathrm{T}}.$$

再由（7.9），推出

$$\begin{pmatrix}2&-1&0&0&0\\-1&2&-1&0&0\\0&-1&2&-1&0\\0&0&-1&2&-1\\0&0&0&-1&2\end{pmatrix}\begin{pmatrix}\varphi_1\\\varphi_2\\\varphi_3\\\varphi_4\\\varphi_5\end{pmatrix}=\begin{pmatrix}t-1\\-1\\1\\1\\t-1\end{pmatrix},$$

这里 $\varphi_6=t$. 所以

$$(\varphi_1,\ \varphi_2,\ \varphi_3,\ \varphi_4,\ \varphi_5)^{\mathrm{T}}=\left(t-\frac{5}{6},\ t-\frac{2}{3},\ t+\frac{1}{2},\ t+\frac{2}{3},\ t-\frac{1}{6}\right)^{\mathrm{T}}.$$

由 $v=z$，可知 $\varphi_1<0$，$\varphi_2<0$，$\varphi_3\geqslant 0$，$\varphi_4\geqslant 0$，$\varphi_5<0$ 和 $\varphi_6\geqslant 0$. 故 $(\varphi_1,\ \varphi_2,\ \varphi_3,\ \varphi_4,\ \varphi_5,\ \varphi_6)^{\mathrm{T}}$ 有形式

$$\left(t-\frac{5}{6},\ t-\frac{2}{3},\ t+\frac{1}{2},\ t+\frac{2}{3},\ t-\frac{1}{6},\ t\right)^{\mathrm{T}},$$

这里 $t\in\left[0,\ \frac{1}{6}\right)$ 且向量 $\left(t-\frac{5}{6},\ t-\frac{2}{3},\ t+\frac{1}{2},\ t+\frac{2}{3},\ t-\frac{1}{6},\ t\right)^{\mathrm{T}}$ 的周期延拓具最小正周

期6.

若 $\boldsymbol{v}=\boldsymbol{w}$，则由（7.8），推出

$$\overline{\boldsymbol{M}}_1(\varphi_1,\varphi_2,\varphi_3,\varphi_4,\varphi_5,\varphi_6)^{\mathrm{T}}=(1,-1,1,-1,1,-1)^{\mathrm{T}}.$$

再由（7.9），推出

$$\begin{pmatrix}2&-1&0&0&0\\-1&2&-1&0&0\\0&-1&2&-1&0\\0&0&-1&2&-1\\0&0&0&-1&2\end{pmatrix}\begin{pmatrix}\varphi_1\\\varphi_2\\\varphi_3\\\varphi_4\\\varphi_5\end{pmatrix}=\begin{pmatrix}t+1\\-1\\1\\-1\\t+1\end{pmatrix},$$

这里 $\varphi_6=t$. 所以

$$(\varphi_1,\varphi_2,\varphi_3,\varphi_4,\varphi_5)^{\mathrm{T}}=\left(t+\frac{1}{2},t,t+\frac{1}{2},t,t+\frac{1}{2}\right)^{\mathrm{T}}.$$

由 $\boldsymbol{v}=\boldsymbol{w}$，知 $\varphi_1\geqslant 0$，$\varphi_2<0$，$\varphi_3\geqslant 0$，$\varphi_4<0$，$\varphi_5\geqslant 0$ 和 $\varphi_6<0$. 故 $(\varphi_1,\varphi_2,\varphi_3,\varphi_4,\varphi_5,\varphi_6)^{\mathrm{T}}$ 有形式 $\left(t+\frac{1}{2},t,t+\frac{1}{2},t,t+\frac{1}{2},t\right)^{\mathrm{T}}$，这里 $t\in\left[-\frac{1}{2},0\right)$，但向量 $\left(t+\frac{1}{2},t,t+\frac{1}{2},t,t+\frac{1}{2},t\right)^{\mathrm{T}}$ 的周期延拓具最小正周期2，应舍去.

其他情况可由引理7.3推出. 证毕.

定理7.10 假 $\delta=1 \bmod 6$ 和 $\tau=1 \bmod 6$，则（7.4）没有具最小正周期6的解.

证明： 假设 $\delta=1 \bmod 6$ 和 $\tau=1 \bmod 6$，则由（7.8），有

$$\overline{\boldsymbol{M}}_2(\varphi_1,\varphi_2,\varphi_3,\varphi_4,\varphi_5,\varphi_6)^{\mathrm{T}}=\boldsymbol{v},$$

其中 $\boldsymbol{v}$ 是由（7.15）所给出，而循环矩阵

$$\overline{\boldsymbol{M}}_2=\Theta(1,0,0,0,0,-1).$$

若 $\boldsymbol{v}=\boldsymbol{x}$，则由（7.8），可得

$$\overline{\boldsymbol{M}}_2(\varphi_1,\varphi_2,\varphi_3,\varphi_4,\varphi_5,\varphi_6)^{\mathrm{T}}=(1,1,1,-1,-1,-1)^{\mathrm{T}}.$$

再由（7.9），推出

$$\begin{pmatrix}1&0&0&0&0\\-1&1&0&0&0\\0&-1&1&0&0\\0&0&-1&1&0\\0&0&0&-1&1\end{pmatrix}\begin{pmatrix}\varphi_1\\\varphi_2\\\varphi_3\\\varphi_4\\\varphi_5\end{pmatrix}=\begin{pmatrix}t+1\\1\\1\\-1\\-1\end{pmatrix},$$

这里 $\varphi_6=t$. 所以

$$(\varphi_1,\varphi_2,\varphi_3,\varphi_4,\varphi_5)^{\mathrm{T}}=(t+1,t+2,t+3,t+2,t+1)^{\mathrm{T}}.$$

可知 $\varphi_1=\varphi_5$. 这与 $\varphi_1\geqslant 0$ 和 $\varphi_5<0$ 矛盾.

若 $\boldsymbol{v}=\boldsymbol{y}$，则由（7.8），有

$$\overline{\boldsymbol{M}}_2(\varphi_1,\varphi_2,\varphi_3,\varphi_4,\varphi_5,\varphi_6)^{\mathrm{T}}=(1,1,-1,-1,1,-1)^{\mathrm{T}}.$$

再由（7.9），推出

$$\begin{pmatrix}1&0&0&0&0\\-1&1&0&0&0\\0&-1&1&0&0\\0&0&-1&1&0\\0&0&0&-1&1\end{pmatrix}\begin{pmatrix}\varphi_1\\\varphi_2\\\varphi_3\\\varphi_4\\\varphi_5\end{pmatrix}=\begin{pmatrix}1+t\\1\\-1\\-1\\1\end{pmatrix},$$

这里 $\varphi_6=t$. 所以

$$(\varphi_1,\ \varphi_2,\ \varphi_3,\ \varphi_4,\ \varphi_5)^{\mathrm{T}}=(t+1,\ t+2,\ t+1,\ t,\ t+1)^{\mathrm{T}}.$$

可知 $\varphi_1=\varphi_3$，这与 $\varphi_1\geqslant 0$ 和 $\varphi_3<0$ 矛盾.

若 $\boldsymbol{v}=\boldsymbol{z}$，则由（7.8），可得

$$\overline{\boldsymbol{M}}_2(\varphi_1,\ \varphi_2,\ \varphi_3,\ \varphi_4,\ \varphi_5,\ \varphi_6)^{\mathrm{T}}=(-1,\ -1,\ 1,\ 1,\ -1,\ 1)^{\mathrm{T}}.$$

再由（7.9），推出

$$\begin{pmatrix}1&0&0&0&0\\-1&1&0&0&0\\0&-1&1&0&0\\0&0&-1&1&0\\0&0&0&-1&1\end{pmatrix}\begin{pmatrix}\varphi_1\\\varphi_2\\\varphi_3\\\varphi_4\\\varphi_5\end{pmatrix}=\begin{pmatrix}-1+t\\-1\\1\\1\\-1\end{pmatrix},$$

这里 $\varphi_6=t$. 所以

$$(\varphi_1,\ \varphi_2,\ \varphi_3,\ \varphi_4,\ \varphi_5)^{\mathrm{T}}=(t-1,\ t-2,\ t-1,\ t,\ t-1)^{\mathrm{T}}.$$

可知 $\varphi_1=\varphi_3$. 这与 $\varphi_1<0$ 和 $\varphi_3\geqslant 0$ 矛盾.

若 $\boldsymbol{v}=\boldsymbol{w}$，则由（7.8），可得

$$\overline{\boldsymbol{M}}_2(\varphi_1,\ \varphi_2,\ \varphi_3,\ \varphi_4,\ \varphi_5,\ \varphi_6)^{\mathrm{T}}=(1,\ -1,\ 1,\ -1,\ 1,\ -1)^{\mathrm{T}}.$$

再由（7.9），推出

$$\begin{pmatrix}1&0&0&0&0\\-1&1&0&0&0\\0&-1&1&0&0\\0&0&-1&1&0\\0&0&0&-1&1\end{pmatrix}\begin{pmatrix}\varphi_1\\\varphi_2\\\varphi_3\\\varphi_4\\\varphi_5\end{pmatrix}=\begin{pmatrix}1+t\\-1\\1\\-1\\1\end{pmatrix},$$

这里 $\varphi_6=t$. 所以

$$(\varphi_1,\ \varphi_2,\ \varphi_3,\ \varphi_4,\ \varphi_5)^{\mathrm{T}}=(1+t,\ t,\ 1+t,\ t,\ 1+t)^{\mathrm{T}}.$$

由 $\boldsymbol{v}=\boldsymbol{w}$，知 $\varphi_1\geqslant 0$，$\varphi_2<0$，$\varphi_3\geqslant 0$，$\varphi_4<0$，$\varphi_5\geqslant 0$ 和 $\varphi_6<0$. 故 $(\varphi_1,\ \varphi_2,\ \varphi_3,\ \varphi_4,\ \varphi_5,\ \varphi_6)^{\mathrm{T}}$ 有形式 $(1+t,\ t,\ 1+t,\ t,\ 1+t,\ t)^{\mathrm{T}}$，这里 $t\in[-1,0)$ 且向量 $(1+t,\ t,\ 1+t,\ t,\ 1+t,\ t)^{\mathrm{T}}$ 的周期延拓具最小正周期 2，应舍去.

其他情况可由引理 7.3 推出. 证毕.

定理 7.11 假设 $\delta=1 \bmod 6$ 和 $\tau=2 \bmod 6$，则（7.4）没有具最小正周期 6 的解.

证明： 假设 $\delta=1 \bmod 6$ 和 $\tau=2 \bmod 6$，则由（7.8），有

$$\overline{\boldsymbol{M}}_3(\varphi_1,\ \varphi_2,\ \varphi_3,\ \varphi_4,\ \varphi_5,\ \varphi_6)^{\mathrm{T}}=\boldsymbol{v},$$

其中 $\boldsymbol{v}$ 是由（7.15）所给出，而循环矩阵

$$\overline{\boldsymbol{M}}_3=\Theta(1,\ 1,\ -1,\ 0,\ -1,\ 0).$$

若 $\boldsymbol{v}=\boldsymbol{x}$，则由（7.8），有

$$\overline{\boldsymbol{M}}_3(\varphi_1,\ \varphi_2,\ \varphi_3,\ \varphi_4,\ \varphi_5,\ \varphi_6)^{\mathrm{T}}=(1,\ 1,\ 1,\ -1,\ -1,\ -1)^{\mathrm{T}}.$$

再由（7.9），推出

$$\begin{pmatrix}1&1&-1&0&-1\\0&1&1&-1&0\\-1&0&1&1&-1\\0&-1&0&1&1\\-1&0&-1&0&1\end{pmatrix}\begin{pmatrix}\varphi_1\\\varphi_2\\\varphi_3\\\varphi_4\\\varphi_5\end{pmatrix}=\begin{pmatrix}1\\1+t\\1\\-1+t\\-1-t\end{pmatrix},$$

这里 $\varphi_6=t$. 所以

$$(\varphi_1,\ \varphi_2,\ \varphi_3,\ \varphi_4,\ \varphi_5)^{\mathrm{T}}=\left(t+\frac{1}{7},\ t+\frac{6}{7},\ t+\frac{3}{7},\ t+\frac{2}{7},\ t-\frac{3}{7}\right)^{\mathrm{T}}.$$

可知 $\varphi_1=\varphi_6+\frac{1}{7}=\varphi_4-\frac{1}{7}$. 这与 $\varphi_1\geqslant 0$ 和 $\varphi_4<0$ 矛盾.

若 $\boldsymbol{v}=\boldsymbol{y}$，则由（7.8），可得

$$\overline{\boldsymbol{M}}_3(\varphi_1,\ \varphi_2,\ \varphi_3,\ \varphi_4,\ \varphi_5,\ \varphi_6)^{\mathrm{T}}=(1,\ 1,\ -1,\ -1,\ 1,\ -1)^{\mathrm{T}}.$$

再由（7.9），推出

$$\begin{pmatrix}1&1&-1&0&-1\\0&1&1&-1&0\\-1&0&1&1&-1\\0&-1&0&1&1\\-1&0&-1&0&1\end{pmatrix}\begin{pmatrix}\varphi_1\\\varphi_2\\\varphi_3\\\varphi_4\\\varphi_5\end{pmatrix}=\begin{pmatrix}-1\\1+t\\-1\\-1+t\\-1-t\end{pmatrix},$$

这里 $\varphi_6=t$. 所以

$$(\varphi_1,\ \varphi_2,\ \varphi_3,\ \varphi_4,\ \varphi_5)^{\mathrm{T}}=\left(t-\frac{1}{7},\ t+\frac{8}{7},\ t-\frac{3}{7},\ t-\frac{2}{7},\ t+\frac{3}{7}\right)^{\mathrm{T}}.$$

可知 $\varphi_1=\varphi_6-\frac{1}{7}$. 这与 $\varphi_1\geqslant 0$ 和 $\varphi_6<0$ 矛盾.

若 $\boldsymbol{v}=\boldsymbol{z}$，则由（7.8），可得

$$\overline{\boldsymbol{M}}_3(\varphi_1,\ \varphi_2,\ \varphi_3,\ \varphi_4,\ \varphi_5,\ \varphi_6)^{\mathrm{T}}=(-1,\ -1,\ 1,\ 1,\ -1,\ 1)^{\mathrm{T}}.$$

再由（7.9），推出

$$\begin{pmatrix}1&1&-1&0&-1\\0&1&1&-1&0\\-1&0&1&1&-1\\0&-1&0&1&1\\-1&0&-1&0&1\end{pmatrix}\begin{pmatrix}\varphi_1\\\varphi_2\\\varphi_3\\\varphi_4\\\varphi_5\end{pmatrix}=\begin{pmatrix}-1\\-1+t\\1\\1+t\\-1-t\end{pmatrix},$$

这里 $\varphi_6=t$. 所以

$$(\varphi_1, \varphi_2, \varphi_3, \varphi_4, \varphi_5)^{\mathrm{T}} = \left(t+\frac{1}{7}, t-\frac{8}{7}, t+\frac{3}{7}, t+\frac{2}{7}, t-\frac{3}{7}\right)^{\mathrm{T}}.$$

可知 $\varphi_1 = \varphi_6 + \frac{1}{7}$. 这与 $\varphi_1 < 0$ 和 $\varphi_6 \geqslant 0$ 矛盾.

若 $\boldsymbol{v} = \boldsymbol{w}$, 则由 (7.8), 有

$$\overline{\boldsymbol{M}}_3 (\varphi_1, \varphi_2, \varphi_3, \varphi_4, \varphi_5, \varphi_6)^{\mathrm{T}} = (1, -1, 1, -1, 1, -1)^{\mathrm{T}}.$$

再由 (7.9), 推出

$$\begin{pmatrix} 1 & 1 & -1 & 0 & -1 \\ 0 & 1 & 1 & -1 & 0 \\ -1 & 0 & 1 & 1 & -1 \\ 0 & -1 & 0 & 1 & 1 \\ -1 & 0 & -1 & 0 & 1 \end{pmatrix} \begin{pmatrix} \varphi_1 \\ \varphi_2 \\ \varphi_3 \\ \varphi_4 \\ \varphi_5 \end{pmatrix} = \begin{pmatrix} 1 \\ -1+t \\ 1 \\ -1+t \\ 1-t \end{pmatrix},$$

这里 $\varphi_6 = t$. 所以

$$(\varphi_1, \varphi_2, \varphi_3, \varphi_4, \varphi_5)^{\mathrm{T}} = (t-1, t, t-1, t, t-1)^{\mathrm{T}}.$$

可知 $\varphi_1 = \varphi_6 - 1$. 这与 $\varphi_1 \geqslant 0$ 和 $\varphi_6 < 0$ 矛盾.

其他情况 t 可由引理 7.3 推出. 证毕.

定理 7.12 假设 $\delta = 1 \bmod 6$ 和 $\tau = 3 \bmod 6$, 则 (7.4) 有具最小正周期 6 的解, 而且 (7.4) 的所有具最小正周期 6 的解可由向量 $\boldsymbol{p}$, $\theta(\boldsymbol{p})$, $\theta^2(\boldsymbol{p})$, $\theta^3(\boldsymbol{p})$, $\theta^4(\boldsymbol{p})$ 或 $\theta^5(\boldsymbol{p})$ 周期延拓得到. 这里

$$\boldsymbol{p} \in \left\{\left(t+\frac{9}{13}, t+\frac{8}{13}, t+\frac{11}{13}, t+\frac{2}{13}, t+\frac{3}{13}, t\right)^{\mathrm{T}} : t \in \left[-\frac{8}{13}, -\frac{3}{13}\right)\right\}.$$

证明: 假设 $\delta = 1 \bmod 6$ 和 $\tau = 3 \bmod 6$, 则由 (7.8), 有

$$\overline{\boldsymbol{M}}_4 (\varphi_1, \varphi_2, \varphi_3, \varphi_4, \varphi_5, \varphi_6)^{\mathrm{T}} = \boldsymbol{v},$$

其中 $\boldsymbol{v}$ 是由 (7.15) 所给出, 而循环矩阵

$$\overline{\boldsymbol{M}}_4 = \boldsymbol{\Theta}(1, 1, 0, -2, 0, 0).$$

若 $\boldsymbol{v} = \boldsymbol{x}$, 则由 (7.8), 可得

$$\overline{\boldsymbol{M}}_4 (\varphi_1, \varphi_2, \varphi_3, \varphi_4, \varphi_5, \varphi_6)^{\mathrm{T}} = (1, 1, 1, -1, -1, -1)^{\mathrm{T}}.$$

再由 (7.9), 推出

$$\begin{pmatrix} 1 & 1 & 0 & -2 & 0 \\ 0 & 1 & 1 & 0 & -2 \\ 0 & 0 & 1 & 1 & 0 \\ -2 & 0 & 0 & 1 & 1 \\ 0 & -2 & 0 & 0 & 1 \end{pmatrix} \begin{pmatrix} \varphi_1 \\ \varphi_2 \\ \varphi_3 \\ \varphi_4 \\ \varphi_5 \end{pmatrix} = \begin{pmatrix} 1 \\ 1 \\ 1+2t \\ -1 \\ -1-t \end{pmatrix},$$

这里 $\varphi_6 = t$. 所以

$$(\varphi_1, \varphi_2, \varphi_3, \varphi_4, \varphi_5)^{\mathrm{T}} = \left(t+\frac{9}{13}, t+\frac{8}{13}, t+\frac{11}{13}, t+\frac{2}{13}, t+\frac{3}{13}\right)^{\mathrm{T}}.$$

由于 $\boldsymbol{v} = \boldsymbol{x}$, 可知 $\varphi_1 \geqslant 0$, $\varphi_2 \geqslant 0$, $\varphi_3 \geqslant 0$, $\varphi_4 < 0$, $\varphi_5 < 0$ 和 $\varphi_6 < 0$. 因此 $(\varphi_1, \varphi_2, \varphi_3, \varphi_4, \varphi_5, \varphi_6)^{\mathrm{T}}$ 有形式

$$\left(t+\frac{9}{13},\ t+\frac{8}{13},\ t+\frac{11}{13},\ t+\frac{2}{13},\ t+\frac{3}{13},\ t\right)^{\mathrm{T}},$$

这里 $t\in\left[-\frac{8}{13},-\frac{3}{13}\right)$ 且向量 $\left(t+\frac{9}{13},\ t+\frac{8}{13},\ t+\frac{11}{13},\ t+\frac{2}{13},\ t+\frac{3}{13},\ t\right)^{\mathrm{T}}$ 的周期延拓具最小正周期6.

若 $\boldsymbol{v}=\boldsymbol{y}$, 则由 (7.8), 可得

$$\overline{\boldsymbol{M}}_4(\varphi_1,\varphi_2,\varphi_3,\varphi_4,\varphi_5,\varphi_6)^{\mathrm{T}}=(1,\ 1,\ -1,\ -1,\ 1,\ -1)^{\mathrm{T}}.$$

再由 (7.9), 推出

$$\begin{pmatrix}1&1&0&-2&0\\0&1&1&0&-2\\0&0&1&1&0\\-2&0&0&1&1\\0&-2&0&0&1\end{pmatrix}\begin{pmatrix}\varphi_1\\\varphi_2\\\varphi_3\\\varphi_4\\\varphi_5\end{pmatrix}=\begin{pmatrix}1\\1\\-1+2t\\-1\\1-t\end{pmatrix},$$

这里 $\varphi_6=t$. 所以

$$(\varphi_1,\varphi_2,\varphi_3,\varphi_4,\varphi_5)^{\mathrm{T}}=\left(t-\frac{7}{13},\ t-\frac{12}{13},\ t+\frac{3}{13},\ t-\frac{16}{13},\ t-\frac{11}{13}\right)^{\mathrm{T}}.$$

可知 $\varphi_5=\varphi_6-\frac{11}{13}$. 这与 $\varphi_5\geqslant0$ 和 $\varphi_6<0$ 矛盾.

若 $\boldsymbol{v}=\boldsymbol{z}$, 则由 (7.8), 可得

$$\overline{\boldsymbol{M}}_4(\varphi_1,\varphi_2,\varphi_3,\varphi_4,\varphi_5,\varphi_6)^{\mathrm{T}}=(-1,\ -1,\ 1,\ 1,\ -1,\ 1)^{\mathrm{T}}.$$

再由 (7.9), 推出

$$\begin{pmatrix}1&1&0&-2&0\\0&1&1&0&-2\\0&0&1&1&0\\-2&0&0&1&1\\0&-2&0&0&1\end{pmatrix}\begin{pmatrix}\varphi_1\\\varphi_2\\\varphi_3\\\varphi_4\\\varphi_5\end{pmatrix}=\begin{pmatrix}1\\-1\\1+2t\\1\\-1-t\end{pmatrix},$$

这里 $\varphi_6=t$. 所以

$$(\varphi_1,\varphi_2,\varphi_3,\varphi_4,\varphi_5)^{\mathrm{T}}=\left(t+\frac{7}{13},\ t+\frac{12}{13},\ t-\frac{3}{13},\ t+\frac{16}{13},\ t+\frac{11}{13}\right)^{\mathrm{T}}.$$

可知 $\varphi_5=\varphi_6+\frac{11}{13}$. 这与 $\varphi_5<0$ 和 $\varphi_6\geqslant0$ 矛盾.

若 $\boldsymbol{v}=\boldsymbol{w}$, 则由 (7.8), 有

$$\overline{\boldsymbol{M}}_4(\varphi_1,\varphi_2,\varphi_3,\varphi_4,\varphi_5,\varphi_6)^{\mathrm{T}}=(1,\ -1,\ 1,\ -1,\ 1,\ -1)^{\mathrm{T}}.$$

再由 (7.9), 推出

$$\begin{pmatrix}1&1&0&-2&0\\0&1&1&0&-2\\0&0&1&1&0\\-2&0&0&1&1\\0&-2&0&0&1\end{pmatrix}\begin{pmatrix}\varphi_1\\\varphi_2\\\varphi_3\\\varphi_4\\\varphi_5\end{pmatrix}=\begin{pmatrix}1\\-1\\1+2t\\-1\\1-t\end{pmatrix},$$

这里 $\varphi_6=t$. 所以

$$\overline{\boldsymbol{M}}_4(\varphi_1, \varphi_2, \varphi_3, \varphi_4, \varphi_5)^{\mathrm{T}}=(t+1, t, t+1, t, t+1)^{\mathrm{T}}.$$

由于 $\boldsymbol{v}=\boldsymbol{w}$, 可知 $\varphi_1\geqslant 0$, $\varphi_2<0$, $\varphi_3\geqslant 0$, $\varphi_4<0$, $\varphi_5\geqslant 0$ 和 $\varphi_6<0$. 因此 $(\varphi_1, \varphi_2, \varphi_3, \varphi_4, \varphi_5, \varphi_6)^{\mathrm{T}}$ 有形式 $(t+1, t, t+1, t, t+1, t)^{\mathrm{T}}$, 这里 $t\in[-1, 0)$, 但向量 $(t+1, t, t+1, t, t+1, t)^{\mathrm{T}}$ 的周期延拓具最小正周期2, 应舍去.

其他情况可由引理7.3推出. 证毕.

定理7.13　假设 $\delta=2 \bmod 6$ 和 $\tau=1 \bmod 6$, 则 (7.4) 没有具最小正周期6的解.

证明　假设 $\delta=2 \bmod 6$ 和 $\tau=1 \bmod 6$. 则由 (7.8), 有

$$\overline{\boldsymbol{M}}_5(\varphi_1, \varphi_2, \varphi_3, \varphi_4, \varphi_5, \varphi_6)^{\mathrm{T}}=\boldsymbol{v},$$

其中 $\boldsymbol{v}$ 是由 (7.15) 所给出, 而循环矩阵

$$\overline{\boldsymbol{M}}_5=\Theta(1, -1, 1, 0, 0, -1).$$

若 $\boldsymbol{v}=\boldsymbol{x}$, 则由 (7.8), 可得

$$\overline{\boldsymbol{M}}_5(\varphi_1, \varphi_2, \varphi_3, \varphi_4, \varphi_5, \varphi_6)^{\mathrm{T}}=(1, 1, 1, -1, -1, -1)^{\mathrm{T}}.$$

再由 (7.9), 推出

$$\begin{pmatrix} 1 & -1 & 1 & 0 & 0 \\ -1 & 1 & -1 & 1 & 0 \\ 0 & -1 & 1 & -1 & 1 \\ 0 & 0 & -1 & 1 & -1 \\ 1 & 0 & 0 & -1 & 1 \end{pmatrix}\begin{pmatrix} \varphi_1 \\ \varphi_2 \\ \varphi_3 \\ \varphi_4 \\ \varphi_5 \end{pmatrix}=\begin{pmatrix} 1+t \\ 1 \\ 1 \\ -1-t \\ -1+t \end{pmatrix},$$

这里 $\varphi_6=t$. 所以

$$(\varphi_1, \varphi_2, \varphi_3, \varphi_4, \varphi_5)^{\mathrm{T}}=\left(t-\frac{1}{2}, t, t+\frac{3}{2}, t+2, t+\frac{3}{2}\right)^{\mathrm{T}}.$$

可知 $\varphi_2=\varphi_6$. 这与 $\varphi_2\geqslant 0$ 和 $\varphi_6<0$ 矛盾.

若 $\boldsymbol{v}=\boldsymbol{y}$, 则由 (7.8), 有

$$\overline{\boldsymbol{M}}_5(\varphi_1, \varphi_2, \varphi_3, \varphi_4, \varphi_5, \varphi_6)^{\mathrm{T}}=(1, 1, -1, -1, 1, -1)^{\mathrm{T}}.$$

再由 (7.9), 推出

$$\begin{pmatrix} 1 & -1 & 1 & 0 & 0 \\ -1 & 1 & -1 & 1 & 0 \\ 0 & -1 & 1 & -1 & 1 \\ 0 & 0 & -1 & 1 & -1 \\ 1 & 0 & 0 & -1 & 1 \end{pmatrix}\begin{pmatrix} \varphi_1 \\ \varphi_2 \\ \varphi_3 \\ \varphi_4 \\ \varphi_5 \end{pmatrix}=\begin{pmatrix} 1+t \\ 1 \\ -1 \\ -1-t \\ 1+t \end{pmatrix},$$

这里 $\varphi_6=t$. 所以

$$(\varphi_1, \varphi_2, \varphi_3, \varphi_4, \varphi_5)^{\mathrm{T}}=\left(t+\frac{3}{2}, t+2, t+\frac{3}{2}, t+2, t+\frac{3}{2}\right)^{\mathrm{T}}.$$

可知 $\varphi_1=\varphi_3$. 这与 $\varphi_1\geqslant 0$ 和 $\varphi_3<0$ 矛盾.

若 $\boldsymbol{v}=\boldsymbol{z}$, 则由 (7.8), 有

$$\overline{\boldsymbol{M}}_5(\varphi_1, \varphi_2, \varphi_3, \varphi_4, \varphi_5, \varphi_6)^{\mathrm{T}}=(-1, -1, 1, 1, -1, 1)^{\mathrm{T}}.$$

再由（7.9），推出

$$\begin{pmatrix} 1 & -1 & 1 & 0 & 0 \\ -1 & 1 & -1 & 1 & 0 \\ 0 & -1 & 1 & -1 & 1 \\ 0 & 0 & -1 & 1 & -1 \\ 1 & 0 & 0 & -1 & 1 \end{pmatrix}\begin{pmatrix} \varphi_1 \\ \varphi_2 \\ \varphi_3 \\ \varphi_4 \\ \varphi_5 \end{pmatrix} = \begin{pmatrix} -1+t \\ -1 \\ 1 \\ 1-t \\ -1+t \end{pmatrix},$$

这里 $\varphi_6 = t$. 所以

$$(\varphi_1, \varphi_2, \varphi_3, \varphi_4, \varphi_5)^{\mathrm{T}} = \left(t-\frac{3}{2}, t-2, t-\frac{3}{2}, t-2, t-\frac{3}{2}\right)^{\mathrm{T}}.$$

可知 $\varphi_1 = \varphi_3$. 这与 $\varphi_1 < 0$ 和 $\varphi_3 \geqslant 0$ 矛盾.

若 $\boldsymbol{v} = \boldsymbol{w}$，则由（7.8），可得

$$\overline{\boldsymbol{M}}_5(\varphi_1, \varphi_2, \varphi_3, \varphi_4, \varphi_5, \varphi_6)^{\mathrm{T}} = (1, -1, 1, -1, 1, -1)^{\mathrm{T}}.$$

再由（7.9），推出

$$\begin{pmatrix} 1 & -1 & 1 & 0 & 0 \\ -1 & 1 & -1 & 1 & 0 \\ 0 & -1 & 1 & -1 & 1 \\ 0 & 0 & -1 & 1 & -1 \\ 1 & 0 & 0 & -1 & 1 \end{pmatrix}\begin{pmatrix} \varphi_1 \\ \varphi_2 \\ \varphi_3 \\ \varphi_4 \\ \varphi_5 \end{pmatrix} = \begin{pmatrix} 1+t \\ -1 \\ 1 \\ -1-t \\ 1+t \end{pmatrix},$$

这里 $\varphi_6 = t$. 所以

$$(\varphi_1, \varphi_2, \varphi_3, \varphi_4, \varphi_5)^{\mathrm{T}} = \left(t+\frac{1}{2}, t, t+\frac{1}{2}, t, t+\frac{1}{2}\right)^{\mathrm{T}}.$$

由于 $\boldsymbol{v} = \boldsymbol{w}$，可知 $\varphi_1 \geqslant 0$，$\varphi_2 < 0$，$\varphi_3 \geqslant 0$，$\varphi_4 < 0$，$\varphi_5 \geqslant 0$ 和 $\varphi_6 < 0$. 因此 $(\varphi_1, \varphi_2, \varphi_3, \varphi_4, \varphi_5, \varphi_6)^{\mathrm{T}}$ 有形式 $\left(t+\frac{1}{2}, t, t+\frac{1}{2}, t, t+\frac{1}{2}, t\right)^{\mathrm{T}}$，这里 $t \in \left[-\frac{1}{2}, 0\right)$，但向量 $\left(t+\frac{1}{2}, t, t+\frac{1}{2}, t, t+\frac{1}{2}, t\right)^{\mathrm{T}}$ 的周期延拓具最小正周期 2，应舍去.

其他情况可由引理 7.3 推出. 证毕.

定理 7.14 假设 $\delta = 2 \bmod 6$ 和 $\tau = 3 \bmod 6$，则（7.4）有具最小正周期 6 的解，而且（7.4）的所有具最小正周期 6 的解可由向量 $\boldsymbol{p}$，$\theta(\boldsymbol{p})$，$\theta^2(\boldsymbol{p})$，$\theta^3(\boldsymbol{p})$，$\theta^4(\boldsymbol{p})$ 或 $\theta^5(\boldsymbol{p})$ 周期延拓得到. 这里

$$\boldsymbol{p} \in \left\{\left(t+\frac{9}{14}, t+\frac{6}{7}, t+\frac{13}{14}, t+\frac{2}{7}, t+\frac{1}{14}, t\right)^{\mathrm{T}}: t \in \left[-\frac{9}{14}, -\frac{2}{7}\right)\right\}.$$

证明： 假设 $\delta = 2 \bmod 6$ 和 $\tau = 3 \bmod 6$，则由（7.8），有

$$\overline{\boldsymbol{M}}_6(\varphi_1, \varphi_2, \varphi_3, \varphi_4, \varphi_5, \varphi_6)^{\mathrm{T}} = \boldsymbol{v},$$

其中 $\boldsymbol{v}$ 是由（7.15）所给出，而循环矩阵

$$\overline{\boldsymbol{M}}_6 = \Theta(1, 0, 1, -2, 0, 0).$$

若 $\boldsymbol{v} = \boldsymbol{x}$，则由（7.8），有

$$\overline{\boldsymbol{M}}_6(\varphi_1, \varphi_2, \varphi_3, \varphi_4, \varphi_5, \varphi_6)^{\mathrm{T}} = (1, 1, 1, -1, -1, -1)^{\mathrm{T}}.$$

再由（7.9），推出

$$\begin{pmatrix} 1 & 0 & 1 & -2 & 0 \\ 0 & 1 & 0 & 1 & -2 \\ 0 & 0 & 1 & 0 & 1 \\ -2 & 0 & 0 & 1 & 0 \\ 1 & -2 & 0 & 0 & 1 \end{pmatrix}\begin{pmatrix} \varphi_1 \\ \varphi_2 \\ \varphi_3 \\ \varphi_4 \\ \varphi_5 \end{pmatrix} = \begin{pmatrix} 1 \\ 1 \\ 1+2t \\ -1-t \\ -1 \end{pmatrix},$$

这里 $\varphi_6 = t$. 所以

$$(\varphi_1, \varphi_2, \varphi_3, \varphi_4, \varphi_5)^{\mathrm{T}} = \left(t+\frac{9}{14}, t+\frac{6}{7}, t+\frac{13}{14}, t+\frac{2}{7}, t+\frac{1}{14}\right)^{\mathrm{T}}.$$

由于 $\boldsymbol{v} = \boldsymbol{x}$，可知 $\varphi_1 \geqslant 0$，$\varphi_2 \geqslant 0$，$\varphi_3 \geqslant 0$，$\varphi_4 < 0$，$\varphi_5 < 0$ 和 $\varphi_6 < 0$. 因此 $(\varphi_1, \varphi_2, \varphi_3, \varphi_4, \varphi_5, \varphi_6)^{\mathrm{T}}$ 有形式

$$\left(t+\frac{9}{14}, t+\frac{6}{7}, t+\frac{13}{14}, t+\frac{2}{7}, t+\frac{1}{14}, t\right)^{\mathrm{T}},$$

这里 $t \in \left[-\frac{9}{14}, -\frac{2}{7}\right)$ 且向量 $\left(t+\frac{9}{14}, t+\frac{6}{7}, t+\frac{13}{14}, t+\frac{2}{7}, t+\frac{1}{14}, t\right)^{\mathrm{T}}$ 的周期延拓具最小正周期6.

若 $\boldsymbol{v} = \boldsymbol{y}$，则由（7.8），可得

$$\overline{\boldsymbol{M}}_6 (\varphi_1, \varphi_2, \varphi_3, \varphi_4, \varphi_5, \varphi_6)^{\mathrm{T}} = (1, 1, -1, -1, 1, -1)^{\mathrm{T}}.$$

再由（7.9），推出

$$\begin{pmatrix} 1 & 0 & 1 & -2 & 0 \\ 0 & 1 & 0 & 1 & -2 \\ 0 & 0 & 1 & 0 & 1 \\ -2 & 0 & 0 & 1 & 0 \\ 1 & -2 & 0 & 0 & 1 \end{pmatrix}\begin{pmatrix} \varphi_1 \\ \varphi_2 \\ \varphi_3 \\ \varphi_4 \\ \varphi_5 \end{pmatrix} = \begin{pmatrix} 1 \\ 1 \\ -1+2t \\ -1-t \\ 1 \end{pmatrix},$$

这里 $\varphi_6 = t$. 所以

$$(\varphi_1, \varphi_2, \varphi_3, \varphi_4, \varphi_5)^{\mathrm{T}} = \left(t+\frac{5}{14}, t-\frac{6}{7}, t+\frac{1}{14}, t-\frac{2}{7}, t-\frac{15}{14}\right)^{\mathrm{T}}.$$

可知 $\varphi_5 = \varphi_6 - \frac{15}{14}$. 这与 $\varphi_5 \geqslant 0$ 和 $\varphi_6 < 0$ 矛盾.

若 $\boldsymbol{v} = \boldsymbol{z}$，则由（7.8），有

$$\overline{\boldsymbol{M}}_6 (\varphi_1, \varphi_2, \varphi_3, \varphi_4, \varphi_5, \varphi_6)^{\mathrm{T}} = (-1, -1, 1, 1, -1, 1)^{\mathrm{T}}.$$

再由（7.9），推出

$$\begin{pmatrix} 1 & 0 & 1 & -2 & 0 \\ 0 & 1 & 0 & 1 & -2 \\ 0 & 0 & 1 & 0 & 1 \\ -2 & 0 & 0 & 1 & 0 \\ 1 & -2 & 0 & 0 & 1 \end{pmatrix}\begin{pmatrix} \varphi_1 \\ \varphi_2 \\ \varphi_3 \\ \varphi_4 \\ \varphi_5 \end{pmatrix} = \begin{pmatrix} -1 \\ -1 \\ 1+2t \\ 1-t \\ -1 \end{pmatrix},$$

这里 $\varphi_6=t$. 所以

$$(\varphi_1, \varphi_2, \varphi_3, \varphi_4, \varphi_5)^{\mathrm{T}}=\left(t-\frac{5}{14}, t+\frac{6}{7}, t-\frac{1}{14}, t+\frac{2}{7}, t+\frac{15}{14}\right)^{\mathrm{T}}$$

可知 $\varphi_5=\varphi_6+\frac{15}{14}$. 这与 $\varphi_5<0$ 和 $\varphi_6\geqslant0$ 矛盾.

若 $\boldsymbol{v}=\boldsymbol{w}$, 则由 (7.8), 推出

$$\overline{\boldsymbol{M}}_6(\varphi_1, \varphi_2, \varphi_3, \varphi_4, \varphi_5, \varphi_6)^{\mathrm{T}}=(1, -1, 1, -1, 1, -1)^{\mathrm{T}}.$$

再由 (7.9), 推出

$$\begin{pmatrix} 1 & 0 & 1 & -2 & 0 \\ 0 & 1 & 0 & 1 & -2 \\ 0 & 0 & 1 & 0 & 1 \\ -2 & 0 & 0 & 1 & 0 \\ 1 & -2 & 0 & 0 & 1 \end{pmatrix}\begin{pmatrix} \varphi_1 \\ \varphi_2 \\ \varphi_3 \\ \varphi_4 \\ \varphi_5 \end{pmatrix}=\begin{pmatrix} 1 \\ -1 \\ 1+2t \\ -1-t \\ 1 \end{pmatrix},$$

这里 $\varphi_6=t$. 所以

$$(\varphi_1, \varphi_2, \varphi_3, \varphi_4, \varphi_5)^{\mathrm{T}}=\left(t+\frac{1}{2}, t, t+\frac{1}{2}, t, t+\frac{1}{2}\right)^{\mathrm{T}}.$$

由于 $\boldsymbol{v}=\boldsymbol{w}$, 可知 $\varphi_1\geqslant0$, $\varphi_2<0$, $\varphi_3\geqslant0$, $\varphi_4<0$, $\varphi_5\geqslant0$ 和 $\varphi_6<0$. 因此 $(\varphi_1, \varphi_2, \varphi_3, \varphi_4, \varphi_5, \varphi_6)^{\mathrm{T}}$ 有形式 $\left(t+\frac{1}{2}, t, t+\frac{1}{2}, t, t+\frac{1}{2}, t\right)^{\mathrm{T}}$, 这里 $t\in\left[-\frac{1}{2}, 0\right)$, 但向量 $\left(t+\frac{1}{2}, t, t+\frac{1}{2}, t, t+\frac{1}{2}, t\right)^{\mathrm{T}}$ 的周期延拓具最小正周期 2, 应舍去.

其他情况可由引理 7.3 推出. 证毕.

定理 7.15 假设 $\delta=3 \bmod 6$ 和 $\tau=1 \bmod 6$, 则 (7.4) 没有具最小正周期 6 的解.

证明: 假设 $\delta=3 \bmod 6$ 和 $\tau=1 \bmod 6$. 则由 (7.8), 有

$$\overline{\boldsymbol{M}}_7(\varphi_1, \varphi_2, \varphi_3, \varphi_4, \varphi_5, \varphi_6)^{\mathrm{T}}=\boldsymbol{v},$$

其中 $\boldsymbol{v}$ 是由 (7.15) 所给出, 而循环矩阵

$$\overline{\boldsymbol{M}}_7=\boldsymbol{\Theta}(1, -1, 0, 1, 0, -1).$$

若 $\boldsymbol{v}=\boldsymbol{x}$, 则由 (7.8), 有

$$\overline{\boldsymbol{M}}_7(\varphi_1, \varphi_2, \varphi_3, \varphi_4, \varphi_5, \varphi_6)^{\mathrm{T}}=(1, 1, 1, -1, -1, -1)^{\mathrm{T}}.$$

再由 (7.9), 推出

$$\begin{pmatrix} 1 & -1 & 0 & 1 & 0 \\ -1 & 1 & -1 & 0 & 1 \\ 0 & -1 & 1 & -1 & 0 \\ 1 & 0 & -1 & 1 & -1 \\ 0 & 1 & 0 & -1 & 1 \end{pmatrix}\begin{pmatrix} \varphi_1 \\ \varphi_2 \\ \varphi_3 \\ \varphi_4 \\ \varphi_5 \end{pmatrix}=\begin{pmatrix} 1+t \\ 1 \\ 1-t \\ -1 \\ -1+t \end{pmatrix},$$

这里 $\varphi_6=t$. 所以

$$(\varphi_1, \varphi_2, \varphi_3, \varphi_4, \varphi_5)^{\mathrm{T}}=(t-1, t-2, t-1, t, t+1)^{\mathrm{T}}$$

可知 $\varphi_1=\varphi_6-1$. 这与 $\varphi_1\geqslant0$ 和 $\varphi_6<0$ 矛盾.

若 $\boldsymbol{v}=\boldsymbol{y}$，则由（7.8），可得

$$\overline{\boldsymbol{M}}_7(\varphi_1,\ \varphi_2,\ \varphi_3,\ \varphi_4,\ \varphi_5,\ \varphi_6)^{\mathrm{T}}=(1,\ 1,\ -1,\ -1,\ 1,\ -1)^{\mathrm{T}}.$$

再由（7.9），推出

$$\begin{pmatrix} 1 & -1 & 0 & 1 & 0 \\ -1 & 1 & -1 & 0 & 1 \\ 0 & -1 & 1 & -1 & 0 \\ 1 & 0 & -1 & 1 & -1 \\ 0 & 1 & 0 & -1 & 1 \end{pmatrix}\begin{pmatrix} \varphi_1 \\ \varphi_2 \\ \varphi_3 \\ \varphi_4 \\ \varphi_5 \end{pmatrix}=\begin{pmatrix} 1+t \\ 1 \\ -1-t \\ -1 \\ 1+t \end{pmatrix},$$

这里 $\varphi_6=t$. 所以

$$(\varphi_1,\ \varphi_2,\ \varphi_3,\ \varphi_4,\ \varphi_5)^{\mathrm{T}}=\left(t+\frac{1}{3},\ t+\frac{2}{3},\ t+1,\ t+\frac{4}{3},\ t+\frac{5}{3}\right)^{\mathrm{T}}$$

可知 $\varphi_4=\varphi_6+\dfrac{4}{3}=\varphi_1+1$. 这与 $\varphi_1\geqslant 0$ 和 $\varphi_4<0$ 矛盾.

若 $\boldsymbol{v}=\boldsymbol{z}$，则由（7.8），可得

$$\overline{\boldsymbol{M}}_7(\varphi_1,\ \varphi_2,\ \varphi_3,\ \varphi_4,\ \varphi_5,\ \varphi_6)^{\mathrm{T}}=(-1,\ -1,\ 1,\ 1,\ -1,\ 1)^{\mathrm{T}}.$$

再由（7.9），推出

$$\begin{pmatrix} 1 & -1 & 0 & 1 & 0 \\ -1 & 1 & -1 & 0 & 1 \\ 0 & -1 & 1 & -1 & 0 \\ 1 & 0 & -1 & 1 & -1 \\ 0 & 1 & 0 & -1 & 1 \end{pmatrix}\begin{pmatrix} \varphi_1 \\ \varphi_2 \\ \varphi_3 \\ \varphi_4 \\ \varphi_5 \end{pmatrix}=\begin{pmatrix} -1+t \\ -1 \\ 1-t \\ 1 \\ -1+t \end{pmatrix},$$

这里 $\varphi_6=t$. 所以

$$(\varphi_1,\ \varphi_2,\ \varphi_3,\ \varphi_4,\ \varphi_5)^{\mathrm{T}}=\left(t-\frac{1}{3},\ t-\frac{2}{3},\ t-1,\ t-\frac{4}{3},\ t-\frac{5}{3}\right)^{\mathrm{T}}.$$

可知 $\varphi_2=\varphi_6-\dfrac{2}{3}=\varphi_4+\dfrac{2}{3}$. 这与 $\varphi_2<0$ 和 $\varphi_4\geqslant 0$ 矛盾.

若 $\boldsymbol{v}=\boldsymbol{w}$，则由（7.8），有

$$\overline{\boldsymbol{M}}_7(\varphi_1,\ \varphi_2,\ \varphi_3,\ \varphi_4,\ \varphi_5,\ \varphi_6)^{\mathrm{T}}=(1,\ -1,\ 1,\ -1,\ 1,\ -1)^{\mathrm{T}}.$$

再由（7.9），推出

$$\begin{pmatrix} 1 & -1 & 0 & 1 & 0 \\ -1 & 1 & -1 & 0 & 1 \\ 0 & -1 & 1 & -1 & 0 \\ 1 & 0 & -1 & 1 & -1 \\ 0 & 1 & 0 & -1 & 1 \end{pmatrix}\begin{pmatrix} \varphi_1 \\ \varphi_2 \\ \varphi_3 \\ \varphi_4 \\ \varphi_5 \end{pmatrix}=\begin{pmatrix} 1+t \\ -1 \\ 1-t \\ -1 \\ 1+t \end{pmatrix},$$

这里 $\varphi_6=t$. 所以

$$(\varphi_1,\ \varphi_2,\ \varphi_3,\ \varphi_4,\ \varphi_5)^{\mathrm{T}}=(t+1,\ t,\ t+1,\ t,\ t+1)^{\mathrm{T}}.$$

由于 $\boldsymbol{v}=\boldsymbol{w}$，可知 $\varphi_1\geqslant 0$，$\varphi_2<0$，$\varphi_3\geqslant 0$，$\varphi_4<0$，$\varphi_5\geqslant 0$ 和 $\varphi_6<0$. 因此（φ_1，φ_2，φ_3，φ_4，

φ_5, $\varphi_6)^{\mathrm{T}}$ 有形式 $(t+1, t, t+1, t, t+1, t)^{\mathrm{T}}$，这里 $t\in[-1, 0)$，但向量 $(t+1, t, t+1, t, t+1, t)^{\mathrm{T}}$ 的周期延拓具最小正周期 2，应舍去.

其他情况可由引理 7.3 推出. 证毕.

定理 7.16 假设 $\delta=3 \bmod 6$ 和 $\tau=2 \bmod 6$，则（7.4）有具最小正周期 6 的解，而且（7.4）的所有最小正周期 6 的解可由向量 $\boldsymbol{p}$，$\theta(\boldsymbol{p})$，$\theta^2(\boldsymbol{p})$，$\theta^3(\boldsymbol{p})$，$\theta^4(\boldsymbol{p})$ 或 $\theta^5(\boldsymbol{p})$ 周期延拓得到. 这里

$$\boldsymbol{p}\in\{(t+1, t+2, t+1, t, t-1, t)^{\mathrm{T}}: t\in[-1, 0)\}$$

证明：假设 $\delta=3 \bmod 6$ 和 $\tau=2 \bmod 6$. 则由（7.8），有

$$\overline{\boldsymbol{M}}_8(\varphi_1, \varphi_2, \varphi_3, \varphi_4, \varphi_5, \varphi_6)^{\mathrm{T}}=\boldsymbol{v},$$

其中 $\boldsymbol{v}$ 是由（7.15）所给出，而循环矩阵

$$\overline{\boldsymbol{M}}_8=\Theta(1, 0, -1, 1, -1, 0).$$

若 $\boldsymbol{v}=\boldsymbol{x}$，则由（7.8），有

$$\overline{\boldsymbol{M}}_6(\varphi_1, \varphi_2, \varphi_3, \varphi_4, \varphi_5, \varphi_6)^{\mathrm{T}}=(1, 1, 1, -1, -1, -1)^{\mathrm{T}}.$$

再由（7.9），推出

$$\begin{pmatrix} 1 & 0 & -1 & 1 & -1 \\ 0 & 1 & 0 & -1 & 1 \\ -1 & 0 & 1 & 0 & -1 \\ 1 & -1 & 0 & 1 & 0 \\ -1 & 1 & -1 & 0 & 1 \end{pmatrix}\begin{pmatrix} \varphi_1 \\ \varphi_2 \\ \varphi_3 \\ \varphi_4 \\ \varphi_5 \end{pmatrix}=\begin{pmatrix} 1 \\ t+1 \\ 1-t \\ -1+t \\ -1 \end{pmatrix},$$

这里 $\varphi_6=t$. 所以

$$(\varphi_1, \varphi_2, \varphi_3, \varphi_4, \varphi_5)^{\mathrm{T}}=(t+1, t+2, t+1, t, t-1)^{\mathrm{T}}$$

由于 $\boldsymbol{v}=\boldsymbol{x}$，可知 $\varphi_1\geqslant 0$，$\varphi_2\geqslant 0$，$\varphi_3\geqslant 0$，$\varphi_4<0$，$\varphi_5<0$ 和 $\varphi_6<0$. 因此 $(\varphi_1, \varphi_2, \varphi_3, \varphi_4, \varphi_5, \varphi_6)^{\mathrm{T}}$ 有形式 $(t+1, t+2, t+1, t, t-1, t)^{\mathrm{T}}$，这里 $t\in[-1, 0)$ 且向量 $(t+1, t+2, t+1, t, t-1, t)^{\mathrm{T}}$ 的周期延拓具最小正周期 6.

若 $\boldsymbol{v}=\boldsymbol{y}$，则由（7.8），有

$$\overline{\boldsymbol{M}}_8(\varphi_1, \varphi_2, \varphi_3, \varphi_4, \varphi_5, \varphi_6)^{\mathrm{T}}=(1, 1, -1, -1, 1, -1)^{\mathrm{T}}.$$

再由（7.9），推出

$$\begin{pmatrix} 1 & 0 & -1 & 1 & -1 \\ 0 & 1 & 0 & -1 & 1 \\ -1 & 0 & 1 & 0 & -1 \\ 1 & -1 & 0 & 1 & 0 \\ -1 & 1 & -1 & 0 & 1 \end{pmatrix}\begin{pmatrix} \varphi_1 \\ \varphi_2 \\ \varphi_3 \\ \varphi_4 \\ \varphi_5 \end{pmatrix}=\begin{pmatrix} 1 \\ 1+t \\ -1-t \\ -1+t \\ 1 \end{pmatrix},$$

这里 $\varphi_6=t$. 所以

$$(\varphi_1, \varphi_2, \varphi_3, \varphi_4, \varphi_5)^{\mathrm{T}}=\left(t+\frac{1}{3}, t+\frac{2}{3}, t-1, t-\frac{2}{3}, t-\frac{1}{3}\right)^{\mathrm{T}}.$$

可知 $\varphi_5=\varphi_6-\frac{1}{3}$. 这与 $\varphi_5\geqslant 0$ 和 $\varphi_6<0$ 矛盾.

若 $\boldsymbol{v}=\boldsymbol{z}$，则由（7.8），有

$$\overline{\boldsymbol{M}}_8(\varphi_1, \varphi_2, \varphi_3, \varphi_4, \varphi_5, \varphi_6)^{\mathrm{T}}=(-1, -1, 1, 1, -1, 1)^{\mathrm{T}}.$$

再由（7.9），推出

$$\begin{pmatrix} 1 & 0 & -1 & 1 & -1 \\ 0 & 1 & 0 & -1 & 1 \\ -1 & 0 & 1 & 0 & -1 \\ 1 & -1 & 0 & 1 & 0 \\ -1 & 1 & -1 & 0 & 1 \end{pmatrix}\begin{pmatrix} \varphi_1 \\ \varphi_2 \\ \varphi_3 \\ \varphi_4 \\ \varphi_5 \end{pmatrix}=\begin{pmatrix} -1 \\ -1+t \\ 1-t \\ 1+t \\ -1 \end{pmatrix},$$

这里 $\varphi_6=t$. 所以

$$(\varphi_1, \varphi_2, \varphi_3, \varphi_4, \varphi_5)^{\mathrm{T}}=\left(t-\frac{1}{3}, t-\frac{2}{3}, t+1, t+\frac{2}{3}, t+\frac{1}{3}\right)^{\mathrm{T}}.$$

可知 $\varphi_5=\varphi_6+\frac{1}{3}$. 这与 $\varphi_5<0$ 和 $\varphi_6\geqslant 0$ 矛盾.

若 $\boldsymbol{v}=\boldsymbol{w}$，则由（7.8），可得

$$\overline{\boldsymbol{M}}_8(\varphi_1, \varphi_2, \varphi_3, \varphi_4, \varphi_5, \varphi_6)^{\mathrm{T}}=(1, -1, 1, -1, 1, -1)^{\mathrm{T}}.$$

再由（7.9），推出

$$\begin{pmatrix} 1 & 0 & -1 & 1 & -1 \\ 0 & 1 & 0 & -1 & 1 \\ -1 & 0 & 1 & 0 & -1 \\ 1 & -1 & 0 & 1 & 0 \\ -1 & 1 & -1 & 0 & 1 \end{pmatrix}\begin{pmatrix} \varphi_1 \\ \varphi_2 \\ \varphi_3 \\ \varphi_4 \\ \varphi_5 \end{pmatrix}=\begin{pmatrix} 1 \\ -1+t \\ 1-t \\ -1+t \\ 1 \end{pmatrix},$$

这里 $\varphi_6=t$. 所以

$$(\varphi_1, \varphi_2, \varphi_3, \varphi_4, \varphi_5)^{\mathrm{T}}=(t-1, t, t-1, t, t-1)^{\mathrm{T}}.$$

可知 $\varphi_5=\varphi_6-1$. 这与 $\varphi_5<0$ 和 $\varphi_6\geqslant 0$ 矛盾.

其他情况可由引理 7.3 推出. 证毕.

定理 7.17 假设 $\delta=4 \bmod 6$ 和 $\tau=1 \bmod 6$，则（7.4）没有具最小正周期 6 的解.

证明： 假设 $\delta=4 \bmod 6$ 和 $\tau=1 \bmod 6$，则由（7.8），有

$$\overline{\boldsymbol{M}}_9(\varphi_1, \varphi_2, \varphi_3, \varphi_4, \varphi_5, \varphi_6)^{\mathrm{T}}=\boldsymbol{v}.$$

其中 $\boldsymbol{v}$ 是由（7.15）所给出，而循环矩阵

$$\overline{\boldsymbol{M}}_9=\boldsymbol{\Theta}(1, -1, 0, 0, 1, -1).$$

若 $\boldsymbol{v}=\boldsymbol{x}$，则由（7.8），有

$$\overline{\boldsymbol{M}}_9(\varphi_1, \varphi_2, \varphi_3, \varphi_4, \varphi_5, \varphi_6)^{\mathrm{T}}=(1, 1, 1, -1, -1, -1)^{\mathrm{T}}.$$

再由（7.9），推出

$$\begin{pmatrix} 1 & -1 & 0 & 0 & 1 \\ -1 & 1 & -1 & 0 & 0 \\ 1 & -1 & 1 & -1 & 0 \\ 0 & 1 & -1 & 1 & -1 \\ 0 & 0 & 1 & -1 & 1 \end{pmatrix}\begin{pmatrix} \varphi_1 \\ \varphi_2 \\ \varphi_3 \\ \varphi_4 \\ \varphi_5 \end{pmatrix}=\begin{pmatrix} 1+t \\ 1-t \\ 1 \\ -1 \\ -1+t \end{pmatrix},$$

这里 $\varphi_6=t$. 所以

$$(\varphi_1,\ \varphi_2,\ \varphi_3,\ \varphi_4,\ \varphi_5)^{\mathrm{T}}=\left(t-\frac{1}{2},\ t-2,\ t-\frac{1}{2},\ t-2,\ t-\frac{1}{2}\right)^{\mathrm{T}}.$$

可知 $\varphi_1=\varphi_6-\frac{1}{2}$. 这与 $\varphi_1\geqslant 0$ 和 $\varphi_6<0$ 矛盾.

若 $\boldsymbol{v}=\boldsymbol{y}$, 则由 (7.8), 有

$$\overline{\boldsymbol{M}}_9(\varphi_1,\ \varphi_2,\ \varphi_3,\ \varphi_4,\ \varphi_5,\ \varphi_6)^{\mathrm{T}}=(1,\ 1,\ -1,\ -1,\ 1,\ -1)^{\mathrm{T}}.$$

再由 (7.9), 推出

$$\begin{pmatrix}1&-1&0&0&1\\-1&1&-1&0&0\\1&-1&1&-1&0\\0&1&-1&1&-1\\0&0&1&-1&1\end{pmatrix}\begin{pmatrix}\varphi_1\\\varphi_2\\\varphi_3\\\varphi_4\\\varphi_5\end{pmatrix}=\begin{pmatrix}1+t\\1-t\\-1\\-1\\1+t\end{pmatrix},$$

这里 $\varphi_6=t$. 所以

$$(\varphi_1,\ \varphi_2,\ \varphi_3,\ \varphi_4,\ \varphi_5)^{\mathrm{T}}=\left(t-\frac{1}{2},\ t,\ t-\frac{1}{2},\ t,\ t+\frac{3}{2}\right)^{\mathrm{T}}.$$

可知 $\varphi_1=\varphi_6-\frac{1}{2}$. 这与 $\varphi_1\geqslant 0$ 和 $\varphi_4<0$ 矛盾.

若 $\boldsymbol{v}=\boldsymbol{z}$, 则由 (7.8), 可得

$$\overline{\boldsymbol{M}}_9(\varphi_1,\ \varphi_2,\ \varphi_3,\ \varphi_4,\ \varphi_5,\ \varphi_6)^{\mathrm{T}}=(-1,\ -1,\ 1,\ 1,\ -1,\ 1)^{\mathrm{T}}.$$

再由 (7.9), 推出

$$\begin{pmatrix}1&-1&0&0&1\\-1&1&-1&0&0\\1&-1&1&-1&0\\0&1&-1&1&-1\\0&0&1&-1&1\end{pmatrix}\begin{pmatrix}\varphi_1\\\varphi_2\\\varphi_3\\\varphi_4\\\varphi_5\end{pmatrix}=\begin{pmatrix}-1+t\\-1-t\\1\\1\\-1+t\end{pmatrix},$$

这里 $\varphi_6=t$. 所以

$$(\varphi_1,\ \varphi_2,\ \varphi_3,\ \varphi_4,\ \varphi_5)^{\mathrm{T}}=\left(t+\frac{1}{2},\ t,\ t+\frac{1}{2},\ t,\ t-\frac{3}{2}\right)^{\mathrm{T}}.$$

可知 $\varphi_1=\varphi_6+\frac{1}{2}$. 这与 $\varphi_1<0$ 和 $\varphi_6\geqslant 0$ 矛盾.

若 $\boldsymbol{v}=\boldsymbol{w}$, 则由 (7.8), 可得

$$\overline{\boldsymbol{M}}_9(\varphi_1,\ \varphi_2,\ \varphi_3,\ \varphi_4,\ \varphi_5,\ \varphi_6)^{\mathrm{T}}=(1,\ -1,\ 1,\ -1,\ 1,\ -1)^{\mathrm{T}}.$$

再由 (7.9), 推出

$$\begin{pmatrix}1&-1&0&0&1\\-1&1&-1&0&0\\1&-1&1&-1&0\\0&1&-1&1&-1\\0&0&1&-1&1\end{pmatrix}\begin{pmatrix}\varphi_1\\\varphi_2\\\varphi_3\\\varphi_4\\\varphi_5\end{pmatrix}=\begin{pmatrix}1+t\\-1-t\\1\\-1\\1+t\end{pmatrix},$$

这里 $\varphi_6=t$. 所以

$$(\varphi_1,\varphi_2,\varphi_3,\varphi_4,\varphi_5)^{\mathrm T}=\left(t+\frac{1}{2},\ t,\ t+\frac{1}{2},\ t,\ t+\frac{1}{2}\right)^{\mathrm T}.$$

由于 $\boldsymbol v=\boldsymbol w$，可知 $\varphi_1\geqslant 0$，$\varphi_2<0$，$\varphi_3\geqslant 0$，$\varphi_4<0$，$\varphi_5\geqslant 0$ 和 $\varphi_6<0$. 因此 $(\varphi_1,\varphi_2,\varphi_3,\varphi_4,\varphi_5,\varphi_6)^{\mathrm T}$ 有形式 $\left(t+\frac{1}{2},\ t,\ t+\frac{1}{2},\ t,\ t+\frac{1}{2},\ t\right)^{\mathrm T}$，这里 $t\in\left[-\frac{1}{2},\ 0\right)$，但向量 $\left(t+\frac{1}{2},\ t,\ t+\frac{1}{2},\ t,\ t+\frac{1}{2},\ t\right)^{\mathrm T}$ 的周期延拓具最小正周期 2，应舍去.

其他情况可由引理 7.3 推出. 证毕.

定理 7.18 假设 $\delta=4 \bmod 6$ 和 $\tau=3 \bmod 6$，则（7.4）有具最小正周期 6 的解，而且（7.4）所有具最小正周期 6 的解可由向量 $\boldsymbol p$，$\theta(\boldsymbol p)$，$\theta^2(\boldsymbol p)$，$\theta^3(\boldsymbol p)$，$\theta^4(\boldsymbol p)$ 或 $\theta^5(\boldsymbol p)$ 周期延拓得到. 这里

$$\boldsymbol p\in\left\{\left(t+\frac{9}{14},\ t+\frac{4}{7},\ t+\frac{5}{14},\ t-\frac{2}{7},\ t-\frac{3}{14},\ t\right)^{\mathrm T}:\ t\in\left[-\frac{5}{14},\ 0\right)\right\}.$$

证明：假设 $\delta=4 \bmod 6$ 和 $\tau=3 \bmod 6$. 则由（7.8），有

$$\overline{\boldsymbol M}_{10}(\varphi_1,\varphi_2,\varphi_3,\varphi_4,\varphi_5,\varphi_6)^{\mathrm T}=\boldsymbol v,$$

其中 $\boldsymbol v$ 是由（7.15）所给出，而循环矩阵

$$\overline{\boldsymbol M}_{10}=\Theta(1,\ 0,\ 0,\ -2,\ 1,\ 0).$$

若 $\boldsymbol v=\boldsymbol x$，则由（7.8），可得

$$\overline{\boldsymbol M}_{10}(\varphi_1,\varphi_2,\varphi_3,\varphi_4,\varphi_5,\varphi_6)^{\mathrm T}=(1,\ 1,\ 1,\ -1,\ -1,\ -1)^{\mathrm T}.$$

再由（7.9），推出

$$\begin{pmatrix}1&0&0&-2&1\\0&1&0&0&-2\\1&0&1&0&0\\-2&1&0&1&0\\0&-2&1&0&1\end{pmatrix}\begin{pmatrix}\varphi_1\\\varphi_2\\\varphi_3\\\varphi_4\\\varphi_5\end{pmatrix}=\begin{pmatrix}1\\1-t\\1+2t\\-1\\-1\end{pmatrix},$$

这里 $\varphi_6=t$. 所以

$$(\varphi_1,\varphi_2,\varphi_3,\varphi_4,\varphi_5)^{\mathrm T}=\left(t+\frac{9}{14},\ t+\frac{4}{7},\ t+\frac{5}{14},\ t-\frac{2}{7},\ t-\frac{3}{14}\right)^{\mathrm T}.$$

由于 $\boldsymbol v=\boldsymbol x$，可知 $\varphi_1\geqslant 0$，$\varphi_2\geqslant 0$，$\varphi_3\geqslant 0$，$\varphi_4<0$，$\varphi_5<0$ 和 $\varphi_6<0$. 因此 $(\varphi_1,\varphi_2,\varphi_3,\varphi_4,\varphi_5,\varphi_6)^{\mathrm T}$ 有形式 $\left(t+\frac{9}{14},\ t+\frac{4}{7},\ t+\frac{5}{14},\ t-\frac{2}{7},\ t-\frac{3}{14},\ t\right)^{\mathrm T}$，这里 $t\in\left[-\frac{5}{14},\ 0\right)$ 且向量 $\left(t+\frac{9}{14},\ t+\frac{4}{7},\ t+\frac{5}{14},\ t-\frac{2}{7},\ t-\frac{3}{14},\ t\right)^{\mathrm T}$ 的周期延拓具最小正周期 6.

若 $\boldsymbol v=\boldsymbol y$，则由（7.8），有

$$\overline{\boldsymbol M}_{10}(\varphi_1,\varphi_2,\varphi_3,\varphi_4,\varphi_5,\varphi_6)^{\mathrm T}=(1,\ 1,\ -1,\ -1,\ 1,\ -1)^{\mathrm T}.$$

再由（7.9），推出

$$\begin{pmatrix}1&0&0&-2&1\\0&1&0&0&-2\\1&0&1&0&0\\-2&1&0&1&0\\0&-2&1&0&1\end{pmatrix}\begin{pmatrix}\varphi_1\\\varphi_2\\\varphi_3\\\varphi_4\\\varphi_5\end{pmatrix}=\begin{pmatrix}1\\1-t\\-1+2t\\-1\\1\end{pmatrix},$$

这里 $\varphi_6=t$. 所以

$$(\varphi_1,\ \varphi_2,\ \varphi_3,\ \varphi_4,\ \varphi_5)^{\mathrm{T}}=\left(t-\frac{11}{14},\ t-\frac{8}{7},\ t-\frac{3}{14},\ t-\frac{10}{7},\ t-\frac{15}{14}\right)^{\mathrm{T}}.$$

可知 $\varphi_1=\varphi_6-\frac{11}{14}$. 这与 $\varphi_1\geqslant 0$ 和 $\varphi_6<0$ 矛盾.

若 $\boldsymbol{v}=\boldsymbol{z}$, 则由 (7.8), 可得

$$\overline{\boldsymbol{M}}_{10}(\varphi_1,\ \varphi_2,\ \varphi_3,\ \varphi_4,\ \varphi_5,\ \varphi_6)^{\mathrm{T}}=(-1,\ -1,\ 1,\ 1,\ -1,\ 1)^{\mathrm{T}}.$$

再由 (7.9), 推出

$$\begin{pmatrix}1&0&0&-2&1\\0&1&0&0&-2\\1&0&1&0&0\\-2&1&0&1&0\\0&-2&1&0&1\end{pmatrix}\begin{pmatrix}\varphi_1\\\varphi_2\\\varphi_3\\\varphi_4\\\varphi_5\end{pmatrix}=\begin{pmatrix}-1\\-1-t\\1+2t\\1\\-1\end{pmatrix},$$

这里 $\varphi_6=t$. 所以

$$(\varphi_1,\ \varphi_2,\ \varphi_3,\ \varphi_4,\ \varphi_5)^{\mathrm{T}}=\left(t+\frac{11}{14},\ t+\frac{8}{7},\ t+\frac{3}{14},\ t+\frac{10}{7},\ t+\frac{15}{14}\right)^{\mathrm{T}}.$$

可知 $\varphi_1=\varphi_6+\frac{11}{14}$. 这与 $\varphi_1<0$ 和 $\varphi_6\geqslant 0$ 矛盾.

若 $\boldsymbol{v}=\boldsymbol{w}$, 则由 (7.8), 可得

$$\overline{\boldsymbol{M}}_{10}(\varphi_1,\ \varphi_2,\ \varphi_3,\ \varphi_4,\ \varphi_5,\ \varphi_6)^{\mathrm{T}}=(1,\ -1,\ 1,\ -1,\ 1,\ -1)^{\mathrm{T}}.$$

再由 (7.9), 推出

$$\begin{pmatrix}1&0&0&-2&1\\0&1&0&0&-2\\1&0&1&0&0\\-2&1&0&1&0\\0&-2&1&0&1\end{pmatrix}\begin{pmatrix}\varphi_1\\\varphi_2\\\varphi_3\\\varphi_4\\\varphi_5\end{pmatrix}=\begin{pmatrix}1\\-1-t\\1+2t\\-1\\1\end{pmatrix},$$

这里 $\varphi_6=t$. 所以

$$(\varphi_1,\ \varphi_2,\ \varphi_3,\ \varphi_4,\ \varphi_5)^{\mathrm{T}}=\left(t+\frac{1}{2},\ t,\ t+\frac{1}{2},\ t,\ t+\frac{1}{2}\right)^{\mathrm{T}}$$

由于 $\boldsymbol{v}=\boldsymbol{w}$, 可知 $\varphi_1\geqslant 0$, $\varphi_2<0$, $\varphi_3\geqslant 0$, $\varphi_4<0$, $\varphi_5\geqslant 0$ 和 $\varphi_6<0$. 因此 $(\varphi_1,\ \varphi_2,\ \varphi_3,\ \varphi_4,\ \varphi_5,\ \varphi_6)^{\mathrm{T}}$ 有形式 $\left(t+\frac{1}{2},\ t,\ t+\frac{1}{2},\ t,\ t+\frac{1}{2},\ t\right)^{\mathrm{T}}$, 这里 $t\in\left[-\frac{1}{2},\ 0\right)$, 但向量

$\left(t+\frac{1}{2}, t, t+\frac{1}{2}, t, t+\frac{1}{2}, t\right)^{\mathrm{T}}$ 的周期延拓具最小正周期 2，应舍去．

其他情况可由引理 7.3 推出．证毕．

定理 7.19 假设 $\delta=5 \bmod 6$ 和 $\tau=1 \bmod 6$，则（7.4）没有具最小正周期 6 的解

证明： 假设 $\delta=5 \bmod 6$ 和 $\tau=1 \bmod 6$，则由（7.8），有

$$\overline{\boldsymbol{M}}_{11}(\varphi_1, \varphi_2, \varphi_3, \varphi_4, \varphi_5, \varphi_6)^{\mathrm{T}}=\boldsymbol{v},$$

其中 $\boldsymbol{v}$ 是由（7.15）所给出，而循环矩阵

$$\overline{\boldsymbol{M}}_{11}=\Theta(1, -1, 0, 0, 0, 0).$$

若 $\boldsymbol{v}=\boldsymbol{x}$，则由（7.8），有

$$\overline{\boldsymbol{M}}_{11}(\varphi_1, \varphi_2, \varphi_3, \varphi_4, \varphi_5, \varphi_6)^{\mathrm{T}}=(1, 1, 1, -1, -1, -1)^{\mathrm{T}}.$$

再由（7.9），推出

$$\begin{pmatrix} 1 & -1 & 0 & 0 & 0 \\ 0 & 1 & -1 & 0 & 0 \\ 0 & 0 & 1 & -1 & 0 \\ 0 & 0 & 0 & 1 & -1 \\ 0 & 0 & 0 & 0 & 1 \end{pmatrix}\begin{pmatrix} \varphi_1 \\ \varphi_2 \\ \varphi_3 \\ \varphi_4 \\ \varphi_5 \end{pmatrix}=\begin{pmatrix} 1 \\ 1 \\ 1 \\ -1 \\ -1+t \end{pmatrix},$$

这里 $\varphi_6=t$. 所以

$$(\varphi_1, \varphi_2, \varphi_3, \varphi_4, \varphi_5)^{\mathrm{T}}=(t+1, t, t-1, t-2, t-1)^{\mathrm{T}}.$$

可知 $\varphi_3=\varphi_5$. 这与 $\varphi_3 \geqslant 0$ 和 $\varphi_5<0$ 矛盾．

若 $\boldsymbol{v}=\boldsymbol{y}$，则由（7.8），有

$$\overline{\boldsymbol{M}}_{11}(\varphi_1, \varphi_2, \varphi_3, \varphi_4, \varphi_5, \varphi_6)^{\mathrm{T}}=(1, 1, -1, -1, 1, -1)^{\mathrm{T}}.$$

再由（7.9），推出

$$\begin{pmatrix} 1 & -1 & 0 & 0 & 0 \\ 0 & 1 & -1 & 0 & 0 \\ 0 & 0 & 1 & -1 & 0 \\ 0 & 0 & 0 & 1 & -1 \\ 0 & 0 & 0 & 0 & 1 \end{pmatrix}\begin{pmatrix} \varphi_1 \\ \varphi_2 \\ \varphi_3 \\ \varphi_4 \\ \varphi_5 \end{pmatrix}=\begin{pmatrix} 1 \\ 1 \\ -1 \\ -1 \\ 1+t \end{pmatrix},$$

这里 $\varphi_6=t$. 所以

$$(\varphi_1, \varphi_2, \varphi_3, \varphi_4, \varphi_5)^{\mathrm{T}}=(t+1, t, t-1, t, t+1)^{\mathrm{T}}.$$

可知 $\varphi_2=\varphi_6$. 这与 $\varphi_2 \geqslant 0$ 和 $\varphi_6<0$ 矛盾．

若 $\boldsymbol{v}=\boldsymbol{z}$，则由（7.8），有

$$\overline{\boldsymbol{M}}_{11}(\varphi_1, \varphi_2, \varphi_3, \varphi_4, \varphi_5, \varphi_6)^{\mathrm{T}}=(-1, -1, 1, 1, -1, 1)^{\mathrm{T}}.$$

再由（7.9），推出

$$\begin{pmatrix} 1 & -1 & 0 & 0 & 0 \\ 0 & 1 & -1 & 0 & 0 \\ 0 & 0 & 1 & -1 & 0 \\ 0 & 0 & 0 & 1 & -1 \\ 0 & 0 & 0 & 0 & 1 \end{pmatrix}\begin{pmatrix} \varphi_1 \\ \varphi_2 \\ \varphi_3 \\ \varphi_4 \\ \varphi_5 \end{pmatrix}=\begin{pmatrix} -1 \\ -1 \\ 1 \\ 1 \\ -1+t \end{pmatrix},$$

这里 $\varphi_6=t$. 所以

$$(\varphi_1, \varphi_2, \varphi_3, \varphi_4, \varphi_5)^{\mathrm{T}}=(t-1, t, t+1, t, t-1)^{\mathrm{T}}.$$

可知 $\varphi_2=\varphi_6$. 这与 $\varphi_2<0$ 和 $\varphi_6\geqslant 0$ 矛盾.

若 $\boldsymbol{v}=\boldsymbol{w}$, 则由（7.8），有

$$\overline{\boldsymbol{M}}_{11}(\varphi_1, \varphi_2, \varphi_3, \varphi_4, \varphi_5, \varphi_6)^{\mathrm{T}}=(1, -1, 1, -1, 1, -1)^{\mathrm{T}}.$$

再由（7.9），推出

$$\begin{pmatrix}1 & -1 & 0 & 0 & 0\\ 0 & 1 & -1 & 0 & 0\\ 0 & 0 & 1 & -1 & 0\\ 0 & 0 & 0 & 1 & -1\\ 0 & 0 & 0 & 0 & 1\end{pmatrix}\begin{pmatrix}\varphi_1\\ \varphi_2\\ \varphi_3\\ \varphi_4\\ \varphi_5\end{pmatrix}=\begin{pmatrix}1\\ -1\\ 1\\ -1\\ 1+t\end{pmatrix},$$

这里 $\varphi_6=t$. 所以

$$(\varphi_1, \varphi_2, \varphi_3, \varphi_4, \varphi_5)^{\mathrm{T}}=(t+1, t, t+1, t, t+1)^{\mathrm{T}}.$$

由于 $\boldsymbol{v}=\boldsymbol{w}$ 可知 $\varphi_1\geqslant 0$, $\varphi_2<0$, $\varphi_3\geqslant 0$, $\varphi_4<0$, $\varphi_5\geqslant 0$ 和 $\varphi_6<0$. 因此 $(\varphi_1, \varphi_2, \varphi_3, \varphi_4, \varphi_5, \varphi_6)^{\mathrm{T}}$ 有形式 $(t+1, t, t+1, t, t+1, t)^{\mathrm{T}}$, 这里 $t\in[-1, 0)$, 但向量 $(t+1, t, t+1, t, t+1, t)^{\mathrm{T}}$ 的周期延拓具最小正周期 2，应舍去.

其他情况可由引理 7.3 推出. 证毕.

定理 7.20 假设 $\delta=5 \bmod 6$ 和 $\tau=2 \bmod 6$, 则（7.4）没有具最小正周期 6 的解

证明: 假设 $\delta=5 \bmod 6$ 和 $\tau=2 \bmod 6$, 则由（7.8），有

$$\overline{\boldsymbol{M}}_{12}(\varphi_1, \varphi_2, \varphi_3, \varphi_4, \varphi_5, \varphi_6)^{\mathrm{T}}=\boldsymbol{v},$$

其中 $\boldsymbol{v}$ 是由（7.15）所给出，而循环矩阵

$$\overline{\boldsymbol{M}}_{12}=\Theta(1, 0, -1, 0, -1, 1).$$

若 $\boldsymbol{v}=\boldsymbol{x}$, 则由（7.8），有

$$\overline{\boldsymbol{M}}_{12}(\varphi_1, \varphi_2, \varphi_3, \varphi_4, \varphi_5, \varphi_6)^{\mathrm{T}}=(1, 1, 1, -1, -1, -1)^{\mathrm{T}}.$$

再由（7.9），推出

$$\begin{pmatrix}1 & 0 & -1 & 0 & -1\\ 1 & 1 & 0 & -1 & 0\\ -1 & 1 & 1 & 0 & -1\\ 0 & -1 & 1 & 1 & 0\\ -1 & 0 & -1 & 1 & 1\end{pmatrix}\begin{pmatrix}\varphi_1\\ \varphi_2\\ \varphi_3\\ \varphi_4\\ \varphi_5\end{pmatrix}=\begin{pmatrix}1-t\\ 1+t\\ 1\\ -1+t\\ -1\end{pmatrix},$$

这里 $\varphi_6=t$. 所以

$$(\varphi_1, \varphi_2, \varphi_3, \varphi_4, \varphi_5)^{\mathrm{T}}=\left(t+\frac{1}{7}, t+\frac{4}{7}, t-\frac{1}{7}, t-\frac{2}{7}, t-\frac{5}{7}\right)^{\mathrm{T}}.$$

可知 $\varphi_3=\varphi_6-\frac{1}{7}$. 这与 $\varphi_3\geqslant 0$ 和 $\varphi_6<0$ 矛盾.

若 $\boldsymbol{v}=\boldsymbol{y}$, 则由（7.8），可得

$$\overline{\boldsymbol{M}}_{12}(\varphi_1, \varphi_2, \varphi_3, \varphi_4, \varphi_5, \varphi_6)^{\mathrm{T}}=(1, 1, -1, -1, 1, -1)^{\mathrm{T}}.$$

再由（7.9），推出

$$\begin{pmatrix} 1 & 0 & -1 & 0 & -1 \\ 1 & 1 & 0 & -1 & 0 \\ -1 & 1 & 1 & 0 & -1 \\ 0 & -1 & 1 & 1 & 0 \\ -1 & 0 & -1 & 1 & 1 \end{pmatrix}\begin{pmatrix} \varphi_1 \\ \varphi_2 \\ \varphi_3 \\ \varphi_4 \\ \varphi_5 \end{pmatrix} = \begin{pmatrix} 1-t \\ 1+t \\ -1 \\ -1+t \\ 1 \end{pmatrix},$$

这里 $\varphi_6 = t$. 所以

$$(\varphi_1, \varphi_2, \varphi_3, \varphi_4, \varphi_5)^{\mathrm{T}} = \left(t+\frac{5}{7}, t+\frac{6}{7}, t-\frac{5}{7}, t+\frac{4}{7}, t+\frac{3}{7}\right)^{\mathrm{T}}.$$

可知 $\varphi_4 = \varphi_6 + \frac{4}{7} = \varphi_5 + \frac{1}{7}$. 这与 $\varphi_4 < 0$ 和 $\varphi_5 \geqslant 0$ 矛盾.

若 $\boldsymbol{v} = \boldsymbol{z}$，则由（7.8），可得

$$\overline{\boldsymbol{M}}_{12}(\varphi_1, \varphi_2, \varphi_3, \varphi_4, \varphi_5, \varphi_6)^{\mathrm{T}} = (-1, -1, 1, 1, -1, 1)^{\mathrm{T}}.$$

再由（7.9），推出

$$\begin{pmatrix} 1 & 0 & -1 & 0 & -1 \\ 1 & 1 & 0 & -1 & 0 \\ -1 & 1 & 1 & 0 & -1 \\ 0 & -1 & 1 & 1 & 0 \\ -1 & 0 & -1 & 1 & 1 \end{pmatrix}\begin{pmatrix} \varphi_1 \\ \varphi_2 \\ \varphi_3 \\ \varphi_4 \\ \varphi_5 \end{pmatrix} = \begin{pmatrix} -1-t \\ -1+t \\ 1 \\ 1+t \\ -1 \end{pmatrix},$$

这里 $\varphi_6 = t$. 所以

$$(\varphi_1, \varphi_2, \varphi_3, \varphi_4, \varphi_5)^{\mathrm{T}} = \left(t-\frac{5}{7}, t-\frac{6}{7}, t+\frac{5}{7}, t-\frac{4}{7}, t-\frac{3}{7}\right)^{\mathrm{T}}.$$

可知 $\varphi_4 = \varphi_6 - \frac{4}{7} = \varphi_5 - \frac{1}{7}$. 这与 $\varphi_4 \geqslant 0$ 和 $\varphi_5 < 0$ 矛盾.

若 $\boldsymbol{v} = \boldsymbol{w}$，则由（7.8），有

$$\overline{\boldsymbol{M}}_{12}(\varphi_1, \varphi_2, \varphi_3, \varphi_4, \varphi_5, \varphi_6)^{\mathrm{T}} = (1, -1, 1, -1, 1, -1)^{\mathrm{T}}.$$

再由（7.9），推出

$$\begin{pmatrix} 1 & 0 & -1 & 0 & -1 \\ 1 & 1 & 0 & -1 & 0 \\ -1 & 1 & 1 & 0 & -1 \\ 0 & -1 & 1 & 1 & 0 \\ -1 & 0 & -1 & 1 & 1 \end{pmatrix}\begin{pmatrix} \varphi_1 \\ \varphi_2 \\ \varphi_3 \\ \varphi_4 \\ \varphi_5 \end{pmatrix} = \begin{pmatrix} 1-t \\ -1+t \\ 1 \\ -1+t \\ 1 \end{pmatrix},$$

这里 $\varphi_6 = t$. 所以

$$(\varphi_1, \varphi_2, \varphi_3, \varphi_4, \varphi_5)^{\mathrm{T}} = (t-1, t, t-1, t, t-1)^{\mathrm{T}}.$$

可知 $\varphi_1 = \varphi_6 - 1$. 这与 $\varphi_1 \geqslant 0$ 和 $\varphi_6 < 0$ 矛盾.

其他情况可由引理 7.3 推出. 证毕.

定理 7.21 假设 $\delta = 5 \bmod 6$ 和 $\tau = 3 \bmod 6$，则（7.4）有具最小正周期 6 的解，而且

(7.4) 所有具最小正周期 6 的解可由向量 $\boldsymbol{p}$，$\theta(\boldsymbol{p})$，$\theta^2(\boldsymbol{p})$，$\theta^3(\boldsymbol{p})$，$\theta^4(\boldsymbol{p})$ 或 $\theta^5(\boldsymbol{p})$ 周期延拓得到．这里

$$\boldsymbol{p}\in\left\{\left(t+\frac{9}{13},\ t+\frac{6}{13},\ t+\frac{7}{13},\ t-\frac{2}{13},\ t+\frac{1}{13},\ t\right)^{\mathrm{T}}:\ t\in\left[-\frac{6}{13},-\frac{1}{13}\right)\right\}.$$

证明：假设 $\delta=5\bmod 6$ 和 $\tau=3\bmod 6$，则由 (7.8)，有

$$\overline{\boldsymbol{M}}_{13}(\varphi_1,\ \varphi_2,\ \varphi_3,\ \varphi_4,\ \varphi_5,\ \varphi_6)^{\mathrm{T}}=\boldsymbol{v},$$

其中 $\boldsymbol{v}$ 是由 (7.15) 所给出，而循环矩阵

$$\overline{\boldsymbol{M}}_{13}=\Theta(1,\ 0,\ 0,\ -2,\ 0,\ 1).$$

若 $\boldsymbol{v}=\boldsymbol{x}$，则由 (7.8)，有

$$\overline{M}_{13}(\varphi_1,\ \varphi_2,\ \varphi_3,\ \varphi_4,\ \varphi_5,\ \varphi_6)^{\mathrm{T}}=(1,\ 1,\ 1,\ -1,\ -1,\ -1)^{\mathrm{T}}.$$

再由 (7.9)，推出

$$\begin{pmatrix}1&0&0&-2&0\\1&1&0&0&-2\\0&1&1&0&0\\-2&0&1&1&0\\0&-2&0&1&1\end{pmatrix}\begin{pmatrix}\varphi_1\\\varphi_2\\\varphi_3\\\varphi_4\\\varphi_5\end{pmatrix}=\begin{pmatrix}1-t\\1\\1+2t\\-1\\-1\end{pmatrix},$$

这里 $\varphi_6=t$. 所以

$$(\varphi_1,\ \varphi_2,\ \varphi_3,\ \varphi_4,\ \varphi_5)^{\mathrm{T}}=\left(t+\frac{9}{13},\ t+\frac{6}{13},\ t+\frac{7}{13},\ t-\frac{2}{13},\ t+\frac{1}{13}\right)^{\mathrm{T}}.$$

由于 $\boldsymbol{v}=\boldsymbol{x}$，可知 $\varphi_1\geqslant 0$，$\varphi_2\geqslant 0$，$\varphi_3\geqslant 0$，$\varphi_4<0$，$\varphi_5<0$ 和 $\varphi_6<0$. 因此 $(\varphi_1,\ \varphi_2,\ \varphi_3,\ \varphi_4,\ \varphi_5,\ \varphi_6)^{\mathrm{T}}$ 有形式

$$\left(t+\frac{9}{13},\ t+\frac{6}{13},\ t+\frac{7}{13},\ t-\frac{2}{13},\ t+\frac{1}{13},\ t\right)^{\mathrm{T}},$$

这里 $t\in\left[-\frac{6}{13},-\frac{1}{13}\right)$ 且向量 $\left(t+\frac{9}{13},\ t+\frac{6}{13},\ t+\frac{7}{13},\ t-\frac{2}{13},\ t+\frac{1}{13},\ t\right)^{\mathrm{T}}$ 的周期延拓具最小正周期 6.

若 $\boldsymbol{v}=\boldsymbol{y}$，则由 (7.8)，有

$$\overline{\boldsymbol{M}}_{13}(\varphi_1,\ \varphi_2,\ \varphi_3,\ \varphi_4,\ \varphi_5,\ \varphi_6)^{\mathrm{T}}=(1,\ 1,\ -1,\ -1,\ 1,\ -1)^{\mathrm{T}}.$$

再由 (7.9)，推出

$$\begin{pmatrix}1&0&0&-2&0\\1&1&0&0&-2\\0&1&1&0&0\\-2&0&1&1&0\\0&-2&0&1&1\end{pmatrix}\begin{pmatrix}\varphi_1\\\varphi_2\\\varphi_3\\\varphi_4\\\varphi_5\end{pmatrix}=\begin{pmatrix}1-t\\1\\-1+2t\\-1\\1\end{pmatrix},$$

这里 $\varphi_6=t$. 所以

$$(\varphi_1,\ \varphi_2,\ \varphi_3,\ \varphi_4,\ \varphi_5)^{\mathrm{T}}=\left(t+\frac{5}{13},\ t-\frac{14}{13},\ t+\frac{1}{13},\ t-\frac{4}{13},\ t-\frac{11}{13}\right)^{\mathrm{T}}.$$

可知 $\varphi_2=\varphi_6-\frac{14}{13}$. 这与 $\varphi_2\geqslant 0$ 和 $\varphi_6<0$ 矛盾．

若 $\boldsymbol{v}=\boldsymbol{z}$，则由（7.8），得

$$\overline{\boldsymbol{M}}_{13}(\varphi_1,\varphi_2,\varphi_3,\varphi_4,\varphi_5,\varphi_6)^{\mathrm{T}}=(-1,-1,1,1,-1,1)^{\mathrm{T}}.$$

再由（7.9），推出

$$\begin{pmatrix}1&0&0&-2&0\\1&1&0&0&-2\\0&1&1&0&0\\-2&0&1&1&0\\0&-2&0&1&1\end{pmatrix}\begin{pmatrix}\varphi_1\\\varphi_2\\\varphi_3\\\varphi_4\\\varphi_5\end{pmatrix}=\begin{pmatrix}-1-t\\-1\\1+2t\\1\\-1\end{pmatrix},$$

这里 $\varphi_6=t$. 所以

$$(\varphi_1,\varphi_2,\varphi_3,\varphi_4,\varphi_5)^{\mathrm{T}}=\left(t-\frac{5}{13},\ t+\frac{14}{13},\ t-\frac{1}{13},\ t+\frac{4}{13},\ t+\frac{11}{13}\right)^{\mathrm{T}}.$$

可知 $\varphi_2=\varphi_6+\frac{14}{13}$. 这与 $\varphi_2<0$ 和 $\varphi_6\geqslant0$ 矛盾.

若 $\boldsymbol{v}=\boldsymbol{w}$，则（7.8），可得

$$\overline{\boldsymbol{M}}_{13}(\varphi_1,\varphi_2,\varphi_3,\varphi_4,\varphi_5,\varphi_6)^{\mathrm{T}}=(1,-1,1,-1,1,-1)^{\mathrm{T}}.$$

再由（7.9），推出

$$\begin{pmatrix}1&0&0&-2&0\\1&1&0&0&-2\\0&1&1&0&0\\-2&0&1&1&0\\0&-2&0&1&1\end{pmatrix}\begin{pmatrix}\varphi_1\\\varphi_2\\\varphi_3\\\varphi_4\\\varphi_5\end{pmatrix}=\begin{pmatrix}1-t\\-1\\1+2t\\-1\\1\end{pmatrix},$$

这里 $\varphi_6=t$. 所以

$$(\varphi_1,\varphi_2,\varphi_3,\varphi_4,\varphi_5)^{\mathrm{T}}=(t+1,t,t+1,t,t+1)^{\mathrm{T}}.$$

由于 $\boldsymbol{v}=\boldsymbol{w}$，可知 $\varphi_1\geqslant0$，$\varphi_2<0$，$\varphi_3\geqslant0$，$\varphi_4<0$，$\varphi_5\geqslant0$ 和 $\varphi_6<0$. 因此 $(\varphi_1,\varphi_2,\varphi_3,\varphi_4,\varphi_5,\varphi_6)^{\mathrm{T}}$ 有形式 $(t+1,t,t+1,t,t+1,t)^{\mathrm{T}}$，这里 $t\in[-1,0)$，但向量 $(t+1,t,t+1,t,t+1,t)^{\mathrm{T}}$ 的周期延拓具最小正周期 2，应舍去.

其他情况可由引理 7.3 推出. 证毕.

§7.6　问题小结和展望

在前面的讨论中，我们考虑了涉及不连续的 Bang Bang 函数 H 和先验未知参数 δ，τ 的方程

$$\varphi_{m+\delta}=\varphi_{m-\tau}-\varphi_m+\varphi_{m+\tau}+H(\varphi_m),\ m\in\mathbf{Z}$$

具最小正周期 ω 的解的问题. 所得的结论表明，在条件（H_1）下，条件（H_2）是存在周期解的必要条件. 因为 δ，τ 和 ω 有很多种可能，我们考虑选择 $\omega=2,4,6$ 的情形，然后，我们证明对某些 δ 和 τ 不存在的最小正周期 ω，而对其余的 ω，我们可以找出所有

具最小正周期 ω 的解．

我们的技术是创新而又基础的，相反，通常处理连续的问题的标准分析技术，如不动点定理不能用来处理带有不连续 Bang Bang 函数的问题．本章的讨论表明，不变量与传统线性代数学的技术，可以用来取得令人满意的结果．

我们的技术还显示，当 ω 是相对较小的整数时，可以借助于一些数学软件，如 Mathematica、Maple 和 Matlab 来处理相应的问题．而当 ω 是较大的整数时，则要讨论很多种情形．在这种情况下，附加一些实际应用意义的性质（如更高效地控制动物的动作的模式）来找周期解或许是比较合理的．

本章参考文献

1. M. di Bernardo, C. J. Budd, A. R. Champneys and P. Kowalczyk. *Piecewise Smooth Dynamical Systems.* Springer, New York, 2008.

2. S. S. Cheng. *Partial Difference Equations.* Taylor and Francis, 2003.

3. S. S. Cheng, Y. Z. Lin and G. Zhang. Traveling waves of a discrete conservation law. *PanAmerican J. Math.*, 11, 1 (2001): 45 -52.

4. S. S. Cheng and J. J. Lin. Periodic traveling waves in an arti-cial neural network. *J. Difference Eq. Appl.*, 15, 10 (2009): 963 -999.

5. E. A. Grove and G. Ladas. *Periodicities in Nonlinear Difference Equations.* Advances in Discrete Mathematics and Applications. 4, Chapman and Hall/CRC, Boca Raton, Fl., 2005.

6. G. Szekely. Logical network for controlling limb movements in Urodela. *Acta Physiol. Hung.*, 27 (1965): 285 -289.

7. H. Sedaghat. *Nonlinear Difference Equations: Theory with Applications to Social Science Models.* Kluwer Academic, Dordrecht, 2003.

8. G. Q. Wang and S. S. Cheng. 6 - Periodic travelling waves in an artificial neural network with bang - bang control. *J. Difference Eq. Appl.*, to appear.

9. G. Q. Wang and S. S. Cheng. Periodic solutions of a Bang Bang recurrence equation with least periods 1 through 8. *J. Difference Eq. Appl.*, 18, 2 (2012): 195 -221.

10. Z. H. Yuan, L. H. Huang and Y. M. Chen. Convergence and periodicity of solutions for adiscrete - time network model of two neurons. *Math. Comp. Modeling*, 35 (2002): 941 -950.

11. H. L. Zhao, G. Zhang and S. S. Cheng. Exact traveling wave solutions for discrete conservation laws. *Portugaliae Math.*, 62 (2005): 89 -108.

12. G. Zhang, D. M. Jiang and S. S. Cheng. 3 - Periodic traveling wave solutions for a dynamical coupled map lattice. *Nonlinear Dynamics*, 50 (2007): 235 -247.

13. Z. H. Yuan, L. H. Huang and Y. M. Chen. Convergence and periodicity of solutions for a discrete - time network model of two neurons. *Math. Comp. Modeling*, 35 (2002): 941 - 950.